細說陶瓷

工作室運作指導

新一代圖書有限公司

細說陶瓷
工作室運作指導

鄧肯·胡森&安東尼·昆

國家圖書館出版品預行編目資料

細說陶瓷：工作室運作指導/鄧肯.胡森(Duncan Hooson)，
安東尼. 昆(Anthony Quinn)作；譚秋寧，瑞克，徐冠華
譯. -- 初版. -- 新北市：新一代圖書, 2016.10
　　面；　公分
譯自：The workshop guide to ceramics
ISBN 978-986-6142-71-0(平裝)

1.陶瓷工藝

464.1　　　　　　　　　　　105011934

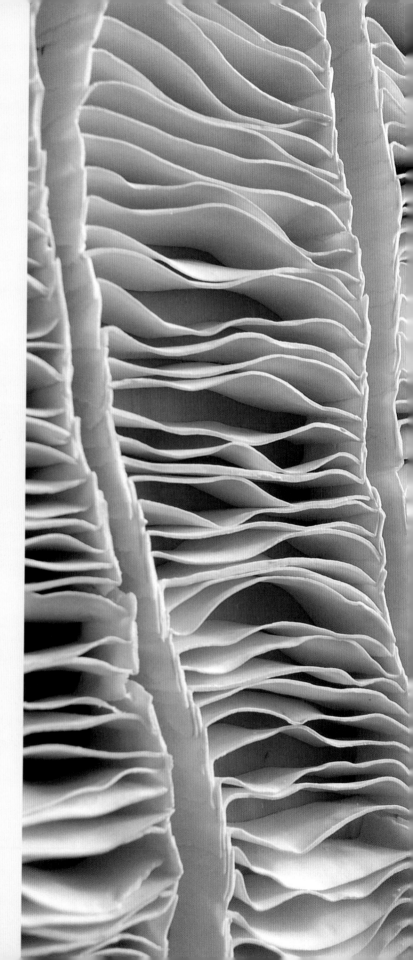

細說陶瓷──工作室運作指導
The Workshop Guide to Ceramics

作　　者：鄧肯·胡森、安東尼·昆
　　　　　（Duncan Hooson & Anthony Quinn）

譯　　者：譚秋寧、瑞克(Ric)、徐冠華

校　　審：李明松、吳淑芳

發 行 人：顏士傑

編輯顧問：林行健

資深顧問：陳寬祐

資深顧問：朱炳樹

出 版 者：新一代圖書有限公司
　　　　　新北市中和區中正路908號B1
　　　　　電話：(02)2226-3121
　　　　　傳真：(02)2226-3123

經 銷 商：北星文化事業有限公司
　　　　　新北市永和區中正路456號B1
　　　　　電話：(02)2922-9000
　　　　　傳真：(02)2922-9041

印　　刷：鴻興印刷

郵政劃撥：50078231新一代圖書有限公司

定價：980元

◎ 本書如有裝訂錯誤破損缺頁請寄回退換 ◎

ISBN：978-986-6142-71-0

2016年10月初版一刷

目　錄

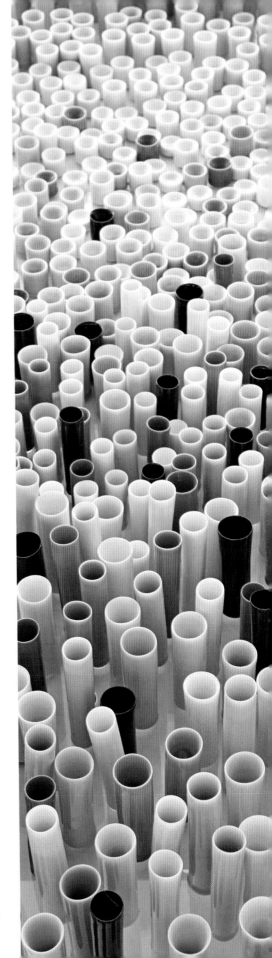

繼續下一頁 ⟶

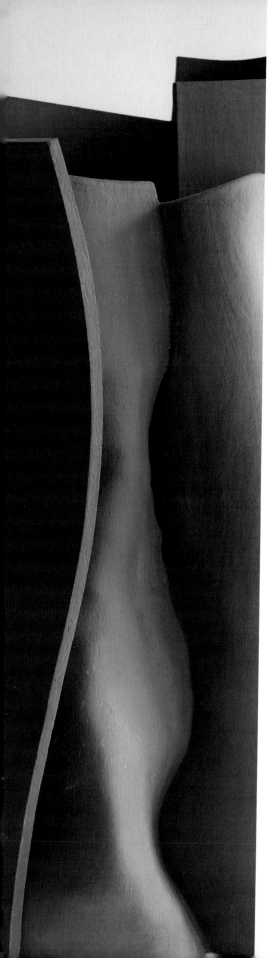

目錄內容

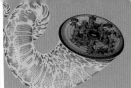

技術名詞索引

本書共有八個部分，包括了你需要知道的關於製作陶瓷作品的所有知識。

關於本書

材料，工具和工序
（第20-51頁）

這個綜合性的部分著眼於泥土這一最原始又最不尋常的原材料；探尋不同泥巴的種類和各自用途特點。這是一個詳盡的工具和設備指導，涵蓋了從簡單的手制工具到先進的機器設備，並包括了一個該買什麼的"新手裝備"的指導。如何具體地建設你自己的工作室，與此同時還有一個陶瓷工序的概觀，均在本節呈現。

成形技術（第52-169頁）

從用泥條盤築的巨大的形狀到拉坯製作的精緻花瓶，再到模具注漿成形坯件，這個部分詳細介紹了範圍廣闊的成形技術，以適應製作者的需要。除了手工成形、拉坯成形，本章還涵蓋了車床車模、車模機切削和計算機輔助設計。

燒前表面裝飾（第170-217頁）

在這裡你會找到各種方法運用在你的作品上來產生色彩和紋理的效果。這些可能來自於泥漿，直接絲網印刷，拋光，或其它廣泛的技術。

（版式說明）導航

這個部分提供本書所有章節的總覽列表，也包括當前章節的下一章。

面板要點

錯誤及修正方法，提示和有用的技術詞彙的擴充在這些帶色彩的方塊中被高亮顯示。

技術號碼

每一步的技術都被編號，便於查找和使用在第7頁的技術名詞。

與正文有關的實例

精選由專業製作者完成的精美作品，展示文中涵蓋的廣闊的技術領域。

工作順序

某項技術的幾個簡短的指示，以幫助你記憶關鍵步驟。

逐步圖示

逐步的清楚的照片配以準確的講解，幫助你完成工序。每項技術都被編號，完整的全部技術的列表在第7頁。

富有靈感的作品
　　每個部分開始於一組精美的作品，它們體現了新的一章的技術。

燒製（第218-243頁）
　　學習今天的製作者可用的無數種燒製選擇：從穩定的可控制電窯，到實驗性的工序如鋸屑燒製法，同樣也解釋了不同方法的結果。這個章節還包括了有用的窯的圖解。

上釉（第244-261頁）
　　這個章節探索保護燒製過的陶瓷表面的程序，把表面變得無孔。除了上釉的功能方面，這個章節提供了一系列的釉料配方和應用的方法。

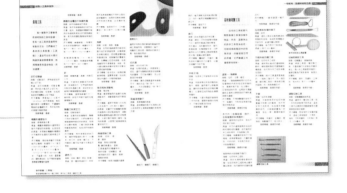

新手裝備
　　這個符號指示了每一位新手應該擁有的設備。

釉上表面裝飾（第262-283頁）
　　上釉並不是裝飾環節的結束，還有多種技術可以應用，來延伸形狀的表面之美。

設計（第284-295頁）
　　這個章節觀察設計的環節，從發現最初的靈感到記錄下來製作一個技術草圖，讓別人來實現它。

圖解
　　書中清楚的圖解幫助理解各種陶瓷工序和特點。

專業實踐（第296-307頁）
　　本章介紹發現如何建立專業生涯，包括如何定價、銷售、展覽你的作品。還有如何為作品拍照並進行宣傳，如何處理委託訂製等。

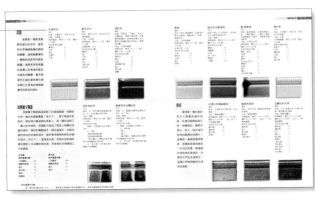

配方
　　每一個配方詳細介紹了描述和圖示的釉料的用途，燒窯溫度範圍，和需要得到的成分。

前　言

　　陶瓷領域通常是一個廣闊的範圍，精神豐富。在我和這種叫做泥巴的令人痴迷的材料打交道的整個過程中，我感到一份驚訝，一份喜悅。因為在這個行業裡，有著信息共享，有著大家對我不斷的鼓勵和關照。所以，在你的手觸摸泥土時，你會發現你的手和思想都被陷入土中，但有理由相信，你不會被困許久；因為支持就在那裡，在這本書中。不要坐等，不要以日常的經驗來面對材料，走出來探索和發展你的想法，帶上你的速寫本和相機去美術館和博物館，重新審視你身邊的問題。振作精神，捕捉靈感，全心全力投入其中！

　　我們知道這個主題巨大，我們這本書也盡力來涵蓋相關的實踐領域。這些都是對我的合作者的一個問題的回答：“你覺得一起寫一本書，來介紹我們知道的和我們做的東西怎麼樣？”斯托克（英國陶瓷產業的歷史名城）的人和我一樣，被認為血管中流的不是血而是泥漿。展望未來，加油，陶藝家和陶瓷製作者！

鄧肯・胡森

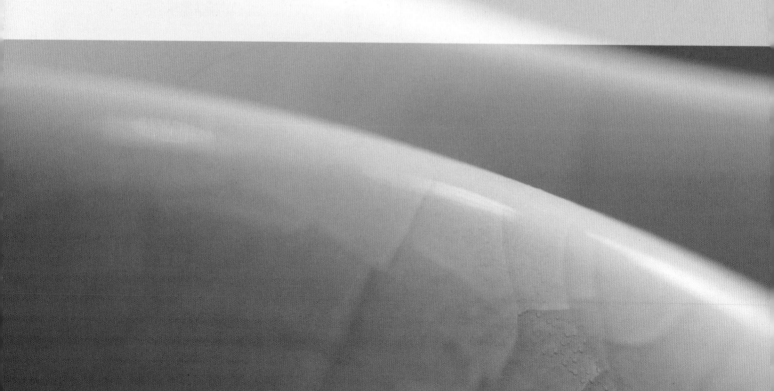

陶瓷是我二十年前不小心接觸的活動，而且在我每日的實踐中，我越陷越深。能夠使泥土材料變形並支配它，過程中不斷地給我帶來喜悅；換句話說，這種變形性的材料使我著迷並總是給我的教育和設計生涯帶來挑戰。

有機會精心寫作這樣一本信息量大、範圍廣闊、探索詳盡的書是令人興奮的。在我的腦海中，很少有書籍是以這樣的方式來涵蓋這些題目，來探索技術和質量之間的關係，並目標明確地以此指導讀者。

作為一名教育者和寫作者，我的重要的一個興趣是向讀者揭露這些題目裡沈默的知識。這是一種需要花費時間和身體力行才能得到的知識。以本書來幫助讀者跨越障礙，並使他們得到信心、有目標地更深入發掘，這是我的目的。

安東尼·昆

對於想要從事陶藝工作的人來說，最吸引人的是，材料純粹廣闊的潛在應用，和技術的即興創作的自然效果。這引發了當代實踐的可能的典型特徵——藝術、工藝美術和設計對傳統束縛的突破，實踐者無視傳統的戒條和技巧，走一條非常個性化的道路。

當代實踐

藝術家們使用大量的生產品來提出問題，諸如精確、重複、內容。尼爾·布朗斯沃德的作品是對工業的直接反應，他經常使用工業化生產的手法如切削、金屬細屑（金屬矬屑和刮擦）和矬削來製作雕塑器形。克萊爾·圖美的作品挑戰我們對工業化大量生產和產品消費這個概念的理解：她的裝置作品《永遠》複製了1345年版本的同樣物品，把它們裝置在一個巨大的美術館空間內，並邀請公眾在一定條件下，即接受者同意讓人們在自己家中觀看這件作品的條件下，把一件物品帶回家，有效地把家變成一個博物館。艾未未的裝置作品向日葵種子，是在倫敦泰特現代博物館巨大的輪機廳裡，用手繪和注漿來生產千萬個簡單的向日葵種子。它向

反抗
克拉爾·雷蘭德

他的作品給觀眾提供了一副充滿疑問的圖景，這是一大堆盤子，隨機擺放在晾曬瓷器的架子上。盤子都被減少到只剩下裝飾性的邊沿，沒有實際功能。這給觀眾留下更多的問題而不是答案。

SY系列
尼爾·布朗斯沃德

這件作品挑戰觀眾，使他們陷入對傳統和技藝失落的思考，呈現一些引起歧義的物品，作為產業化程序的考古的遺物。這些物品經常在這樣的電影中出現，遭受破壞的生產工藝和工廠的圖像並排放在一起。

未燒製的裝置
菲比・卡明斯

把泥土用作未燒製的材料，成為這個特殊地點裝置的中心。當意識到一桶水就會馬上改變這些複雜的作品時，參觀者能體會作品脆弱易碎，而且又有吸引力。

每日的美
安德斯・魯赫沃德

這些泥條盤築和手工製作的陶土器形是受我們每日生活啟發。這些物件干擾了我們對經常忽視的物體之中美的偏見。

紀念碑
克萊爾・圖美

這件氣勢恢宏的、嚇人的裝置由陶瓷碎品組成，高達30英尺（9米）。藝術家把這種工業化生產的水壺瓷片在美術館中堆起來，再現了其背景。

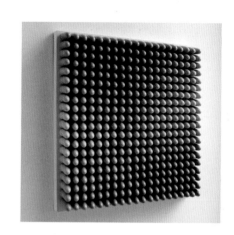

棉纖表皮

杰西卡·德萊克

　　這件不同尋常的作品是用棉纖浸泡在泥漿中做成的。長期以來，從使用編條和塗料到硅片和其它材料的復合運用所製作品，都是如此，而且有待於進一步探索。

反光的性能

道恩·尤爾

　　通過位置和聯想，這些有趣的注漿器型（中圖）擺出問題的姿勢讓我們思考。這些物品作為一種標誌和象徵，為觀者進行敘事。

我們挑戰，在眾多物品之中摒棄漂亮的個體，因此不在乎生產了每一單件物品的工藝。

　　手工藝製作者在使用CAD（電腦輔助設計）技術來生產獨特的產品，挑戰手工製作的概念，然而仍然反映出跟他們領域相聯繫的質量和定製的本質。邁克爾·伊頓的《非維奇伍德》蓋碗是一個技術促使工藝發展到新階段的例子。他的作品訴說了很多材料和原型，把一件傳統的物品在現在變得累贅的，如蓋碗，用一種現代的形式和方法建造。它打破了長期和陶瓷相連的規律；在結構上穿孔，在先前這是不可能的，使形式同時顯得既傳統又未來。塔夫斯·喬根生先進行CAD編程和用電子手套在"虛擬工作室"中做出器形，然後再運用快速原型設計技術用泥巴製作這些物品。先前，他作為一名陶藝家和設計師參加了一些訓練，這一經歷使他對該編程的體系本質更有認同感，工序更為流暢。泥巴技術從一種最基礎的材料向另一種最先進的發展，也吸引了設計者來嘗試它。阿密·德拉奇和多夫·甘奇柔的《+/-熱盤》轉印技術，把印刷電路板的技術移植到一種對熱反應的表面設計，能保持食物溫度。表面上的紋樣是好玩的，同時又是實用的。

黃色的lingham

庫迪普·馬希

　　製作者對印第安人的Shav-ism感興趣，受其影響，製作出這些令人震撼的注漿多重掛件，從牆面突出，釉色微妙細膩，豐富多彩，氣韻生動。

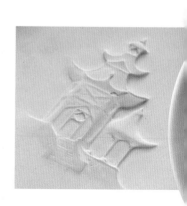

未名的景觀

卡洛琳·斯洛特

　　這件精美的作品耗時費力，細節清楚，富有詩情畫意。通過刪減其它可視細節的描寫，圖案中的最重要的細節突顯出來，躍然瓷上。

油罐系列

小澤松永

　　這些形狀不必解釋，是合併運用泥條盤築和印坯成形技術。松永沒有使用釉，以墨水和蠟完成了作品。

轉動的碳纖維椅子

薩蒂德拉‧帕克海爾

　　椅子中央使用傳統的拉坯技術，轉角結合未來主義的碳纖維材料。形式上覆蓋以閃亮的碳，給人一種另一個世界的感覺。圖像併排放在一起。

　　設計者在工業化大量生產的背景下重新發現了手工藝和追求獨特的觀念。格力斯羅工作室是一個盎格魯-荷蘭設計團體，他們的作品著重手工藝和製作中的細節而知名。《奔跑的模具》是使用雪橇車滑切法在美術館空間中形成的一對石膏凳子；作品讓人想起曾被廣泛使用的技術遭受失落。赫拉‧瓊傑里爾斯利用印花和燒製工序中的潛在缺陷，在工廠和大量生產中製作獨特的物品。她和大企業如宜家、寧芬堡陶瓷等的合作，導致這樣的想法，即這些沈默的物件被轉移到許多人們家中。薩蒂德拉‧帕克海爾是一名印第安的工業設計家，他的作品由手工藝品轉化為工業產品。他的限量版的傢具組合詮釋了拉坯和泥條盤築工藝的背景，展示了在陶工的轉輪上早已消逝了的品質。他的《轉動的碳纖維椅子》是一個手工製作的陶瓷製品，其表面罩上了一層高科技的碳纖維。馬騰‧巴斯的傢俱也使用瓷土，但表面效果完全移自帕克哈勒的作品。他的手工成形的椅子看起來像是要否定重力和重量，並挑戰使用者來坐，如果他敢的話。他這組傢俱好像要否定物質的邏輯，因為它進化為陶瓷桌子和地板上的扇形。

　　在當代領域中一個最不可阻擋的潮流，是對陶瓷原型的挑戰。

加強了的陶瓷傢具

馬騰‧巴斯

　　這個瓷質傢具組合好像要以其柔弱的外表挑戰重力。這個外觀是有姿勢的，由在金屬支架上手工使泥巴成形。

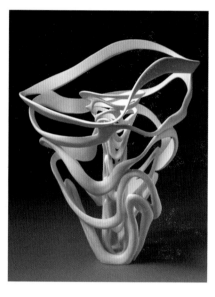

牛皮癬系列

塔姆辛·凡·艾森

這件作品利用上釉環節的缺陷，在一個藥罐的複製品上做出一個具有欺騙性的、潰爛腐朽的表面效果。疾病和藥的並置使得最終的作品成為一個更有說服力的載體。

背道而馳

邁克爾·伊頓

通過使用3D印刷技術，藝術家挑戰陶瓷慣例，望向未來，開始了新的工藝可能性（中國）。

藝術家、製作者和設計者都被吸引到傳統製瓷的方面，被視為一個有創造性的機會。一件對傳統進行詩意的闡釋的作品是卡洛琳·斯洛特的《未名的景觀》——手工製作的盤子，營造出一幅辛酸的畫面，令人傷感懷舊，無語。她的作品沒進慈善店，而進了美術館，可費了一番周折。她用手提式旋轉工具從圖案中挑出感興趣的細節，變換一種方式，來敘述昨天的故事。巴納比·巴福特的作品也不缺少詩意，說的更直接點，在作品創作伊始就是如此。巴福特收集人們不要的陶瓷雕像，把它們放在一起，組合成一幅打胎似的作品，像一面鏡子，反映出社會人間百相。他的作品帶有諷刺性和政治性的含義；他最近出品的是一個停幀動畫叫做《被毀壞的貨物》，是一個在小古董店裡的愛情故事。荷蘭設計家Jo·密斯特的《裝飾性的遺產》，使用大量生產中裝飾性的物件和一個噴砂機，把裝飾性的設計轉變成一個天際線，顯示出麥當勞的標誌和風機，訴說我們對物品和事物消費的渴望。

就繁雜的陶瓷雕塑創作和實踐而言，做好陶瓷雕塑的幾率有增無減。一些製作者直接在泥巴上製作大尺度的雕刻性作品。阿·利昂創作出令人嘆為觀止的陶瓷雕塑《視覺的欺騙》，把模仿的潛力提高到一個

透雕的瓷器雕塑

詹妮弗·邁克科迪

這件動感十足的支架形器物把陶瓷土坯和透雕技術推到了登峰造極的地步，使該材料更具表現力。

月亮罐
格雷森·佩雷

　　這件泥條盤築的花瓶提供了三維陶瓷畫面，使用了多種泥漿和表面裝飾技術。層次的更迭和所繪畫面，使人真切地感受到該器物泥條盤築的層次深度和畫面的豐富多彩。

新的水平。當他的作品變形為一座風化飄搖的木橋或學校課桌的時候，顛覆我們的觀念和對材料的理解。埃德蒙·德·沃爾既是陶藝家也是雕刻家；他的壺是限量製作的，常常針對一個特殊的地點或環境而作，經過深思熟慮，有序地把它們湊在一起，激發人們凝神關注或陷入沈思。他至今為止最為雄心勃勃的作品是《標誌和奇觀》，是由一個大量的圓環架子，裝置在倫敦維多利亞和阿爾伯特博物館穹頂之下：放在它上面的，是一組大型手工製作的瓷壺和碟子，提醒我們博物館的角色，即我們家中有的東西它都收藏。

　　傳統陶瓷工藝仍然興旺發達，美術館、交易會、收藏家為陶瓷製作者提供了越來越多的機會。不管是魯帕特·斯比拉的精緻典雅的器型，朱利安·斯戴爾的氣勢磅礴的冥器，還是伯第爾·曼茲的裝飾性較強的簡單的幾何形，林林總總的作品令人目不暇接，流連忘返。

　　當代陶瓷實踐活動，單從其廣闊層面來看，正進入了一個朝氣蓬勃，令人興奮的時期。我們希望，通過書中涵蓋的這些作品，會鼓勵讀者來使用同樣的技術，增加該媒介的豐富性。

花之瓶·黃色
菲力斯蒂·阿里福

　　這件大尺寸的作品是拉坯而成的。手工繪畫的圖案參考了家用器具的內容，但其規格（57英寸,146厘米）突破了家用產品的概念。和家用器具放在一起，只是作個有趣的參照。

健康和安全

由於陶瓷技術和材料的廣泛使用，有很多要考慮的健康和安全的問題。你應該考慮的是關於使用有害的材料和重型機具的預防措施，這裡都是常識。其它的如涉及到劃分你的工作室空間，和理智地組織創造實踐。

當你建造工作室的時候，要考慮整個工作室內材料和技術的使用通道。大的工作室對每項活動都分有各自的區域，這樣就簡單化了跟各個技術相聯繫的健康和安全問題。如果你的工作區域是有限的和多功能的，你會需要一個精心考慮的工作程序，使塵土、有毒物質、水、釉料和泥巴都設法安全。如果你對工作日進行計劃，在每項活動之後做恰當的清理，這完全是可能的。在日常基礎上，確保所有個人的容器和設備都能被移動到乾淨的地方。

風險評估

當你在可能對你的健康有害的環境中工作時，很重要的是，你必須對你的工作環境進行一個正確的風險評估。查閱正式指導，尋求如何做這些的建議。

風險評估是一項對從事一項特殊活動時包括所有因素的分析，正式標示出風險等級。在你自己的工作室實行風險評估是很好的實踐。考慮如下事項：被絆倒，被電擊，燒傷灼傷，接觸有害的物質，飛動的微粒，架子倒塌的風險等。審視兩個方面：①你自己的空間；②還有誰在使用。

看看你是怎樣在特定的空間使用設備的。你的工作室有恰當的儲存空間嗎？在日常打掃時，你的材料和容器能夠被放在帶輪子的板（手推車）上輕易移動嗎？在通道上有絆倒你的有害的東西嗎？材料都被正確地貼了標籤嗎？你意識到在使用它們的時候涉及到的危險嗎？在每個事項中，不論你認為意外的風險是低或高，都記錄下來；如果風險高，弄明白你能做到的使風險降低的方法。

防護服

如果你一直採用正確的工作實踐，很多潛在的問題都能被預防。總是穿戴防護服，如連體衣或圍裙；這些應該是化纖的，不像自然材質那樣附著塵土，後者是要避免的。

▲在工作室中穿戴合適的鞋襪，特別是當排窯和爬梯子的時候。

▲在使用設備和機器的時候，特別是轉輪，全部頭髮都要用束髮帶束到後面。

▲打掃和鏟除釉料架子的碎屑的時候，應該在一個隱蔽的地方進行，佩戴恰當的護目鏡。

▲在沒有戴正確的眼部設備之前，不要往窯的觀測孔裡面看。

▲開窯時，要戴厚的鑄造手套，在使用陶瓷材料時，要戴外科用長手套，以保護皮膚，預防割傷。

▲永遠不要去掉設備的保護裝置，不要使用無效的安全斷電裝置設備。

上釉

在調合釉料的時候，一個防塵口罩是最低的要求了，戴一個防毒面罩是防止吸入塵土和毒物的最佳方式。如果工作室有抽風機，那就一定在抽風機下面調合釉料。你必須要戴長的外科手套來預防皮膚感染。

清潔工作

▲在每項活動後用濕海綿打掃工作台和設備，包括噴釉台。確保噴濺物得到及時清理。

▲在每個階段後清洗所有工具。使用帆布後定期擦洗。

▲每天用濕拖把清潔地面，而不是清掃地面，因為掃地會形成懸浮空中幾個小時的塵土團。掉落地面的小塊泥巴應立即用撮鬥和刷子掃走。

▲每星期沖洗噴水器。

手工操作

當操作沈重的成袋材料，如泥巴、石膏或釉料時，要確保你觀察了安全起運的過程。

排窯時，判斷你將怎樣擺放支架，不要延伸過長。

對所有的窯來說，正確地安放支架是一個關鍵部分。你必須確保這個高度能方便地夠得著。還有，要查閱健康和安全指導書，找到所建議的最大的支架高度。

處理有害的和有毒的物質

很多釉料物質不是有害，就是有毒。供貨商會提供所有物質的資料表，如果在集體工作的環境，必須要把它展示出來。儲存在櫃櫥裡的內容物的標籤也應該展示出來。資料表會告訴你所有需要知道的東西，以安全使用和儲存這種物質。

為避免吸收到有害的物質，千萬不要在工作室吃喝東西。

灰塵

很可能陶瓷作坊中的最大健康和安全問題是灰塵，它會導致從感染到中毒。黏土是微小的二氧化硅微粒，如果吸入會非常危險，因為它們會沈積在肺部，導致矽肺，一直被認定是陶工的職業病。通過佩戴防毒面具和口罩，打開吸風扇，常把工作台洗濕，及濕拖地板。矽肺和類似的問題是可以避免的。

機器

轉輪、車床、球磨機、窯和其它很多跟

陶瓷相關聯的機器都有潛在的危險；在使用任何機器之前，查閱工作安全說明書，因為這會給你這台機器的具體情況和各種狀況的細節，如緊急關閉開關。重要的是在你使用任何機器之前，要使自己對其熟悉；最理想的是請人演示如何使用。隨時穿戴護目鏡和連體衣或圍裙，挽緊任何鬆了的衣服和長頭髮，這樣它才不會被捲入運行的機器中。確保機器在關閉狀態下，進行安裝和調試。

窯和燒製

窯是作坊設備中非常重要的物品，每次都必須正確的排窯和操作。不管甚麼時候都得按照排窯程序來操作，而且只使用提供的配套工具燒窯。燒窯時，不要觸摸窯的外表，因為它會變得非常燙手。

▲如何排窯，得好好考慮。排窯的位置應和窯牆有間隔，不能碰到，製窯者會告訴你它應該離牆多遠，並提供其它有用的安全信息。

▲理想的情況是，窯應該被放置在單獨的一間屋子裡；如果確實有困難，那麼通道應該被限制──特別是在學校裡，通常它們被安裝在金屬骨架結構中。在燒製中和燒製後，窯的金屬表面部分會非常熱，能夠導致灼傷。

▲如果窯是在室內，要求有優良的通風設備來從窯上直接排放燃氣、燃煙和煙霧，在窯的上方安裝抽風罩就成；如果不能這樣做，開鐵格子窗或抽風扇也能有用。如果你是在一個小的作坊裡燒窯，可以在晚上燒，以避免在這樣的空氣中工作。

▲如果吸入四周的煙氣會很有害，因為燒窯會排放不同的燃氣和燃煙。釉上彩、光澤彩料和印花顏料是特別有毒的，應避免吸入。

▲從前面開口排窯的小型到中型的窯，需安裝台式窯車，因為你需要通道到後面去維修和換掉部件和接觸器。

▲理想的情況是，窯應該被放置在混凝土厚板上、地板上或瓷板上──永遠不要放在木地板上。

▲燒窯時，附近不能有可燃物──比如晾作品的木板。

▲只使用鑄造手套從熱的窯裡取出作品，或者打開通風口塞的磚以及蓋上觀測孔。

電窯

所有的窯都應由合格的電工來安裝，還應該有相關的獨立的安全控制跳閘。

▲不要在窯的任何部位附近放水。清潔表面的時候，只使用一塊濕海綿，而且總是關掉窯爐。

▲為電窯買正確的滅火器。

▲所有的電窯都應該配置掛鎖或電源安全切斷電子鍵鎖。新式窯應配置相關的電源安全切斷設備。

▲如果窯溫達不到，很可能是至少一塊電阻絲開關不行了，需要更換。如果不止一塊電阻絲開關壞了，就把整套開關都更換。

瓦斯窯

依照跟安裝和使用瓦斯窯有關的當地規劃條例的限制、法律，還有你的個人保險的條款行事。

▲要求有圍繞瓦斯窯的通道，以便檢查和維修能夠實施。你要定期檢查所有的管道和燃燒器，確保不會有洩漏引起爆炸。

▲燃氣比空氣稍重，會停留在最低的地方，特別是在角落，會被困在那裡。優良的通風設備是必要的，能夠使燃氣分散出去。

▲燃燒器應該有安全切斷設施，以防止沒有點燃的時候燃氣進入窯內。

▲如果沒有點著的燃氣在低溫狀態進入窯倉體內，然後被點燃的話，會出現爆炸。

陶瓷纖維（防火棉）

由於陶瓷纖維的優良隔熱性能，它被廣泛應用於窯的建造中。關注目前的健康和安全條例來謹慎的使用它，因為它被歸為是致癌的，而且還對皮膚有刺激性。新研發的新纖維是安全的，但它們又不能抗高於華氏2280度（攝氏1250度）的高溫。

陶瓷纖維是一種氧化鋁、二氧化硅助熔劑和瓷土的混合物。它很好使用，但是要隨時注意佩戴口罩和保護性的手套來處理它。始終保持這種材料處於乾燥狀態，因為濕的時候它會斷。有一種黏著液，它可以被塗在表面形成一個黏合的外衣，有助於預防這種纖維的容易折斷。

柴燒，鹽燒，蘇打燒

查閱當地規劃條例，來看這些燒製是否允許。更多的製作者在探索蘇打燒，因為它被認為比鹽燒的毒害性更小。而且在社區內也能被接受。

樂燒

這個涉及到在非常高的溫度直接接觸陶瓷。根據窯的位置，採取所有的預防措施，以防止陷入危害。燃燒器被拔掉時，穿戴正確的鞋襪和防護服──手套，護目鏡，口罩──都是必要的。隨手能拎上一桶水和滅火器，還有其它的防火措施。如果你和別人一起工作，寫一份完整的總結，詳盡闡明安全工作程序，確保每個人都知道他們各人的角色和責任。

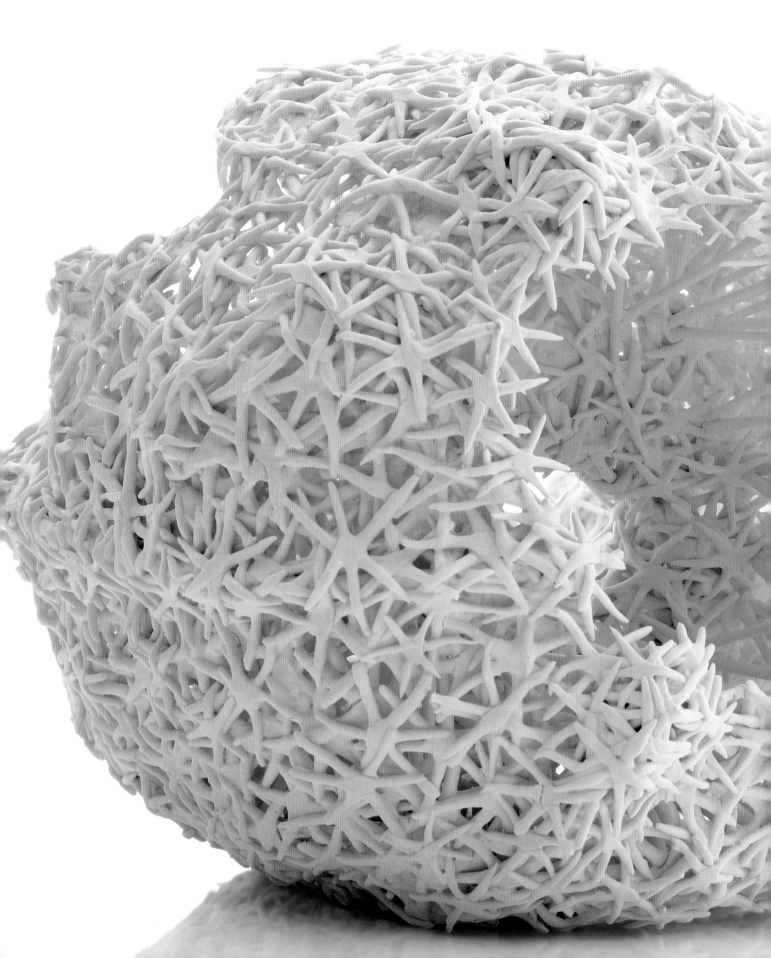

第一部分

材料
工具和工序

精致的瓷器雕刻
奴拉・歐'多諾萬
　　陶瓷可以做成厚重的實心的塊狀，
也可以做成精美的吸引人的網狀，如此圖
所示。製作者(由左至右)：約遜・路德，
菲比・卡寧，費 爾南多・卡沙塞姆帕。

黏土是這個行星上最為豐富的自然資源之一——很可能是最為豐富的。它就在那兒，在地表裡，幾乎遍布全世界。它的發現地方以及個體黏土的混合，是幾百萬年一直在變化的地質演變的最後結果。

到底什麼是黏土？

通常，黏土在地上或非常靠近地表的地方被發現。在修路的地方，挖地基的地方，從花園地面刻劃出來的地方，掀開地表裡，就能發現一層一層的黏土，或一大塊一大塊的黏土。出了城鎮和市區，在道路和高速公路通過山體被切割的地方；小河和溪流的堤岸；在海灘和峭壁露出地面的地方，你會發現黏土。和包著黏土的沙層、卵石層、土壤層和岩石層相比，這一層層的黏土密度高，而且手感滑膩。

黏土的種類

大多數黏土起初的生命形式為長石和花崗岩，在數百萬年以前，受水熱活動（地殼裡的熱水）和風化（水、太陽、風、熱、植物、動物）影響，開始分解。

地質上，黏土分為一次黏土和二次黏

礦物質黏土

這些材料可以被用以製作一定範圍的不同的泥巴坯料，或被用作基礎。

地表黏土或紅陶

這些是最為普遍的，世界各地都有，其顏色來自氧化鐵。在這類範圍廣闊的黏土中，有很多不同種類，每一種都有自己的紋理、顏色、加工性。其顏色變化為，從灰白色到黃赭色，到暗鐵紅色到幾乎黑色，這取決於泥土的有機物和鐵的含量。

它們能夠熔化，具有高度可塑性，很多具有低的熔點，這些黏土被廣泛地使用，比如當你旅遊世界，隨處可見的建築用磚。由於地質運動的程度，這些黏土沾染了其它物質，當被發現時變得粗糙；但一旦經過提純，它們是高度可塑的，很光滑，因為地質運動早已把其中的顆粒粉碎的更小。黏土的燒成溫度很廣，有的熔點低華氏1900度（攝氏1050度）。很多的瓷化點是華氏2100度左右（攝氏1150度）到華氏2200度（攝氏1200度）。

球土

球土在其自然狀態中，是灰色到藍色到黑色的一是植物分解的結果。然而，一經燒製，它們就變成白色到淺黃色。（"球土"的名字來自於早期英國製陶業。那時泥巴由馬馱著運輸，被做成球形以方便裝載、運送和卸下。）球土具有高度的可塑性，這就是為甚麼它經常被用於混合的泥巴體中。由於它們細密的顆粒，其可塑性使得它們光滑，燒製溫度達到一個很高的範圍，在華氏2400度左右（攝氏1310度）。

（圖）地表黏土

	澳大利亞	中國	加納	英國	美國
燒製為：華氏2190度 攝氏1200度					
燒製為：華氏1830度 攝氏1000度					
濕的					

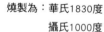

土——也被稱作原生黏土和次生、沉積黏土。原生黏土不如次生黏土那麼豐富，很多都停留在它最初形成的地方。它被稱作"高嶺土"，或更普遍的被稱作"瓷土"——這樣得名是由於相信在中國高嶺發現的高度可塑的黏土是唯一的這種土。"高嶺"這個詞源自中國名詞——高嶺（gaoling或kao-ling），意為高山，——在18世紀早期經由法語進入英語。

原生黏土常常透過使用高壓水流來沖洗使黏土成為懸浮液而開採，由此把它跟周圍的岩石和沙子分離開來。然後再被放入一個大水池，在那兒晾乾，為它的多種用途做好準備。其中也被用作紙張的填充劑。由於它的純度高，所以原生黏土很少適合以其自然狀態加工，通常要跟其它泥料調合在一起。它被用作為一種調合的材料，因為它的可塑性和白度，常常是瓷土的主要成分，也被用作釉料中的成分。

次生黏土是那些從形成之後，其結構和地點都發生了某種顯著變化的泥土。它們被在沈積層中發現，是由氣候和其它地質過程造成的。風化過程造成一種特別純的、層壓的微粒結構。這些次生黏土被歸類為炻器黏土，地表黏土，耐火黏土，及球土。這些黏土在它們被發現的州可以被使用，常常被公司或泥巴製作者用作創造泥巴坯料的成分。

耐火黏土

之所以這樣稱呼是因為它常常在煤層旁被發現，或由於其高度的耐燒的特性。它在全世界都很普遍，由於金屬氧化物的含量不同，有各種各樣的顏色。它通常紋理粗糙，由於其高熔點（耐燒），廣泛用於混合的炻器泥巴坯料中。它的燒製溫度範圍為從華氏2200度（攝氏1200度）到華氏2370度（攝氏1300度）。它還常被用作泥巴坯料中的熟料，來增加坯體的強度，減少收縮度，增加紋理。熟料（廢瓷粉，燒瓷土）是一種物質，通常製自黏土，是被燒過的和粉碎了的一這種生產活動被稱作煅燒。

炻器黏土

這是對介於球土和耐火黏土之間的自然黏土的通常的稱呼，相當難找到；這些被製造出來，商業性生產中被和其它泥巴個體的礦物質成分相混合。

從被發掘開始，黏土開始變化顏色，由於黏土中的水分蒸發或被熱量驅出，在陶瓷過程中的不同階段繼續變化顏色。燒製過程幾乎完全燒掉了有機質，留下了一個相當少的顏色範圍，從白色到灰色，到紅土（義大利語"燒製的黏土"）的不同色調。

雖然泥巴坯料包含有少部分的其它物質，它們主要是由氧化鋁和二氧化硅組成。正是由於這兩種礦物質的不同比例，及其它共熔的礦物質，促進了泥巴坯料在燒製過程中的融化和熔化。大自然花費了數百萬年來製造出黏土，把岩石演變為柔軟的、有可塑性的物質，然而，陶工能夠用自己的雙手，使用窯的熱量，在數小時內顯著地反演這個過程，把柔軟的黏土變回永久的、岩石一般的物質。這就是陶瓷物質的質變。

製作黏土的材料	球土	瓷土	耐火黏土	正長石	石英
燒到華氏2280度（攝氏1250度）					
濕的			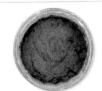		
乾的					

除非你想要自己挖出黏土，你將會需要使用商業性生產混合的泥巴坯料。每一個生產者都有至少50種泥巴坯料的目錄，其中新的變化定期出現。每種不同的坯料都是為了不同的目標而設計的，而不同的目標有不同的性質。

買什麼或挖什麼—及其它考慮

你會為不同目的使用不同黏土。例如，拉坯時，你想要高度可塑、容易彎曲的黏土，但製作大件作品時，你將需要加了熟料的黏土，不會歪塌。

特點

選擇泥巴坯料時，你需要考慮不同的特點：可塑性，坯體（未燒製的）的強度、總體收縮率、你希望創造的紋理等，當然，還有它對你所選擇的釉料的反應、燒製、溫度範圍，以及高溫下的抗變形性。

混合黏土

甚至在買了泥巴坯料之後，製作者通常繼續混合的程序。把最多三種不同數量的主要成分混合在一起，這很常見。學校常常提供一些由碎片和不同黏土種類的不想要的作品混合的黏土——這是一個好辦法來回收不同黏土，製作可用的不同泥巴坯料。

大多數買來即可用的黏土其基礎都是那種高度可塑性的球土，跟添加的陶瓷礦物質為長石、氧化鋁和二氧化硅或無可塑性的物質如高嶺土、康瓦爾石，或白粉等。（譯者注：前者被稱作可塑性原料，後者被稱作瘠性原料）

在混合物中不同黏土成分的性質會決定泥巴坯料被用作甚麼。買來的泥巴一般有一定程度的稠度和質量，但要記得，它們是由自然物質混合製成的。這些物質是從不同地點採掘，而在一定區域中，也存在物質變化的。為了減少顏色的不確定性，製造商會單獨添加一些特

黏土可塑性測試

通過把黏土滾動和彎曲為緊密的拱形和圓環形是一種簡單可行的來評價其可塑性的方法。加了熟料的黏土需要分成幾段來彎曲，用濕海綿來使之光滑，防止裂開。而高度可塑的則會保持光滑。

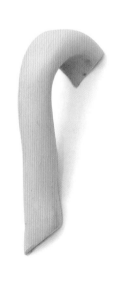

瓷的炻器土　　　　加了熟料的白色炻器土　　　鐵鏽斑炻器土　　　光滑的紅色陶土

黏土的特點

以下是當你需要為某一目的評價一種黏土的質量，要檢測的特徵。

可塑性

對製作者來說，最重要的性質是可塑性的級別──小的微粒活動時抱團和保持形狀。一次黏土非常純粹，但其微粒較大，所以可塑性不好。二次黏土更可塑──是地質運動和侵蝕造成物質粉碎的結果。這些細小的微粒比大頭針頭還要小1000倍。通常，可塑性可以通過向泥巴坯料添加膨潤土來提高，它是一種礦物質，成分與初級黏土相似。

可塑性越高，黏土就越能禁得起伸展、拉長和彎曲，而沒有表面開口和裂紋。你操作泥巴越久，它會越乾，因為你的皮膚從泥巴中吸收水分；這就不可避免地降低了泥巴的可塑性。有了經驗之後，你就能夠根據不同的任務、技術和項目來做出有根據的決定，採用要求的不同級別的可塑性。

素坯

這個階段要考慮依據你在製作的作品的不同。越大越複雜的作品會需要強度越高的素坯。較大的作品使用更粗糙的、添加了廢瓷粉或燒瓷土製作的坯料，就會很好。這種泥巴可塑性較差，但比更精細的瓷土能夠禁得起更大的重量和尺寸；它收縮得少，所以不用太擔心晾乾和燒製過程中的變形。

收縮/變形

你使用的大部分黏土在製作和燒製過程中都會收縮。有經驗的製作者知道在製作過程中的這個量──特別添加了熟料等種類。土商通常會提供小袋裝供測試。他們也知道，僅憑閱讀標籤或目錄條目，是難以評價一種能觸知的材料的表現的。通過添加其它成分來改變可塑性或創造不同紋理是很簡單的。如果你想通過校正配方來改變泥巴的表現特點，這就需要一定數量的探索、試驗，當然，還有不可避免的錯誤。

有孔性

燒製後吸水性的比率是泥巴被歸類的依據：陶器，炻器，瓷器。知道甚麼溫度泥巴出現氣孔、半氣孔、瓷化很有用，因為你可以使用正確的釉料做出有依據的決定。知道這方面的知識可以防止釉龜裂，當你製作外部作業和功能性產品時，這很關鍵。

紋理

黏土可以買到精細的、光滑的或加了熟料的等種類。製造者通常會提供小袋裝供測試。他們也知道，僅憑閱讀標籤或目錄條目，是難以評價一種能觸知的材料的表現的。通過添加其它成分來改變可塑性或創造不同紋理是很簡單的。如果你想通過校正配方來改變泥巴的表現特點，這就需要一定數量的探索、試驗，當然，還有不可避免的錯誤。

釉的反應

黏土的顏色會影響你使用的釉料的反應。這也跟據你想要的效果需要施加的釉料層數有關。然而，你總是可以選擇使用泥漿（化妝土）來改變黏土的顏色。

在為特殊項目和技術而處理和使用種類廣泛的黏土時，你總是要做出妥協。但是，與其是為了純粹的實踐的原因，你對黏土的選擇不如可以建立在對某種類型的顏色、紋理的觸覺和視覺效果反應，這一類的個人直覺上。

定顏色的泥土進去。在特定泥巴坯料中，唯一的不同是加進去的顏色。

可以通過向可塑性很好的黏土中添加某些形式的沙子或熟料來獲得粗糙的坯料。選擇為泥巴坯料添加何種成分取決於你將要製作的作品類型。

用粉末來拌出你自己的泥巴坯料

有的陶工購買粉末，在自己工作室使用一個泥團或水泥攪拌機來混合攪拌。這沒有那麼昂貴，也能夠使你把黏土攪拌為自己的配方，使之具有你希望的稠度。如果你按這個方法做的話，你必須考慮這個過程中自己花費的時間因素。

你可以很容易地攪拌和製作自己的泥巴坯料；然而當製作量大時，你就需要使用一台攪拌機。

在不用攪拌機，僅用手工製作少量或測試用泥巴時，把水放入一個容器，以防止粉塵飛舞。然後稱重稱出乾的粉末，放入容器。加水，直至淹沒粉末，讓它停留十分鐘來浸泡。製作過程的結束取決於成分混合得如何，以及得到的稠度如何。

黏土的成分

黏土不僅僅是一種物質，而是一種包含不同數量的多種元素的物質。黏土的基本化學成分是氧化鋁和二氧化硅。從化學上看，它被歸類為含水硅酸鋁。現成的黏土具有不同特性，在世界的不同地點有著不同批次的種類，於是人們把它混合來得到預期的效果。自然的黏土被以其他地質形式分類：球土，高嶺土/瓷土，耐火黏土，炻器黏土和地表黏土。製造商製造造泥巴坯料，提供試驗過和測驗過的燒製範圍和顏色。

氧化鋁

這種白色的粉末通常不受普通的窯溫影響。它的熔點高於華氏3630度（攝氏2000度）。它以不同方式添加入坯料中：以其純形式，或作為黏土、熔塊和長石的添加劑。長石是一種群體岩石形礦物質，組成了高達60%的地殼。

二氧化硅

這種物質被發現有多種形式，但普遍的是海灘的沙子和石英。它的熔點為大約華氏3000度（攝氏1650度）。它以不同形式加入到坯料中：例如，黏土，長石，熔塊，滑石，硅灰石。

水

黏土天然就含有水，作為混合過程的一部分，要加水來把微粒結合到一起。

燒製範圍

不管你是處在燒製的哪個階段，它應該靠近瓷化點（當黏土不再吸水分的時候）。根據器物種類的不同和坯料組合的不同，這個會相應變化，但下面是瓷化點溫度的一般指導。供貨商會把每種不同黏土的燒製範圍信息貼在袋子上。

紅陶土，磚，紅瓦	華氏1650-1900度（攝氏900-1040度）
一般陶土	華氏1900-2080度（攝氏1040-1140度）
精細陶土	華氏2010-2190度（攝氏1100-1200度）
炻器土	華氏2190-2370度（攝氏1200-1300度）
瓷土	華氏2260-2460度（攝氏1240-1350度）
骨質瓷	華氏2240-2250或2340-2410度（攝氏1230-1240或1280-1320度）

如果你不得不加大量水來使之充分混合的話，那就需要把它放在石膏板上使其部分乾燥（見143頁）。如果要做22磅（10公斤）或更多，則需要使用一個附帶有石膏混合刀片的電鑽或者一個混料機。

當使用攪拌機來製作大量材料時，可以在混合時往裡面加水來立即得到所需的稠度。沒有攪拌機的時候，通常需要加入更多的水來使成分混合。所以，如果混合物太濕的話，可能需要把它經過一個30-60目的篩子（這取決於你需要的稠度），然後和回收的泥巴一起放在石膏板上晾乾（見29頁）。

理想的存儲黏土的方法是，將其放入一個磚砌的或混凝土的隔間，用塑料覆蓋，存放至少六個月，越久越好。新鮮的黏土陳腐了之後性能會提高，因為細菌會增加其可塑性。理想的做法是，在使用前把黏土經過練土機來進一步混合以排出空氣。

發掘：找到資源和提純黏土

發掘、辨別和提純你自己的黏土會給人一種實在的感覺，使你知道將要操作的物質實質上是甚麼。現成的泥土可能無法適合你的特殊需求，但這個過程給了你一種珍貴的經驗對自己選擇的物質可以有基本的理解。

在貝拉姆家後院的挖掘
鄧肯·胡森和賈爾斯·科比

這是一個定點雕塑，目的是勘探黏土和陶瓷碎片。這裡顯示的是入口通道。外面是金屬板，內壁使用紅陶土來營造一種將要入礦開採的感覺。

發掘泥土

在有些地方，你能在地面上發現泥土，但是有些地方則需要挖掘來找到。

配方	陶 器			炻 器		瓷 器	
	1	2	3	1	2	1	2
成分	%	%	%	%	%	%	%
耐火黏土	-	-	-	-	60	-	-
球土	65	30	48	25	20	-	17
高嶺土	14	25	25	25	-	55	50
燧石	11	35	4	-	10	-	-
白粉	10	-	-	-	-	-	8
康瓦爾石	-	15	23	25	-	-	25
沙子（銀色的）	-	-	-	25	-	-	-
長石	-	-	-	-	10	25	-
膨潤土	-	-	-	-	-	5	-
石英	-	-	-	-	-	15	-
燒製溫度	華氏980-2050度（攝氏1080-1120度）			華氏2300-2340度（攝氏1260-1280度）		華氏2340-2410度（攝氏2800-1320度）	

你可以對當地的泥土進行試驗，然後和買到的摻在一起，使之具有不同的特性。例如，一些現成的黏土自身不具有很好的可塑性，但和其它的混合之後能夠有效地使用。

當你發現了一些當地的黏土，要知道它是否有用的快速測試方式是：把它弄濕，搓在一起。如果它看上去感覺很黏，那麼就表示它含有黏土。把它滾成球形，看是否能黏在一起；如果能，你就繼續挖吧。還有一項最終測試來檢查它的可塑性：試著來捲一個小泥條，用它包繞你的手指。如果它可以被做成戒指，那麼它絕對值得好好研究一番。

當你發現了一種黏土時，讓它跟其它物質一起晾乾——土壤、有機物、石頭等——你找到時跟它在一起的物質。這會讓它在碰到水時快速分解——這個程序被稱作熟化。

下面的測試能夠很好地展示黏土粉碎得多乾或多濕。把同一種黏土的兩個樣本——一乾一濕——放進單獨的玻璃杯，加水。觀察乾的泥巴多快分解，而濕的則數天甚至數星期保持不變。

粉碎黏土

這些圖片顯示了當乾透時，黏土多快分解。上圖中濕的黏土是被放入水中停留一天的情景。它會保持原樣一些時候。中間的圖是乾的黏土。下圖是乾的黏土加水五分鐘後的情景。現在可以回收和揉泥了。

提純工序

希望這些步驟會鼓舞你走出門去，不管你在哪裡，開始挖掘你腳下的泥土吧！一旦你開始進行，你會對黏土的無處不在和其多種多樣的顏色感到驚訝，開始挖掘吧！

1 盡可能地丟掉你找到的黏土雜質——樹枝、石塊等。把剩餘物徹底乾透，然後使用一個攪棒或小錘粉碎為小片。把物質放入一個容器，倒水進去，直至淹沒。攪動，讓它停留一天，讓較重的物質包括黏土沈在底部。

2 倒掉混合物的上半部。攪拌剩餘的混合物，直至像優酪乳一樣黏稠，能夠順利通過一個篩子，然後把它倒入一個30目的篩子。液態的細泥巴直接通過。接著可以過60-80目的篩子，來進一步提純混合物。

3 把液體狀的細泥巴混合物倒在一個石膏板或任何其它吸收性的物質上，將其盡量平攤開來以加速乾燥的過程。泥巴乾燥的速度取決於其性質和泥漿的稠度：因為這是一個薄層，30分鐘內就足夠乾，可以加入泥巴坯料，量大的會需要至少一天時間。

4 一旦泥巴變乾，就應該容易從板上脫離，可以使用一個橢圓形刮擦板或用一團泥巴在上面擠壓使其聚集在一起。

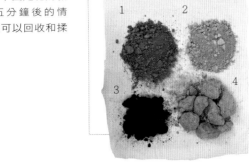

世界的黏土
黏土的顏色會因開採地的不同而改變。

1 美國　　3 巴基斯坦
2 中國　　4 日本

測試黏土

你要實施的黏土測試包括：可塑性，收縮率，有孔率，燒製溫度範圍，瓷化（熔化）點。

為方便測試，可製作一些 6×3/4 英吋（15×2 厘米）的泥條。在它們的中央畫一個 4 英吋（10 厘米）長的線條。通過測量和記錄它們在不同的陶瓷製作過程中不同階段的情況，你可以進行比較，從而判斷它們是否適合使用。你可以一直往現成的黏土中加入其它物質，使之可用。

測試可塑性

可塑性取決於黏土坯料是由何種成分構成。黏土的顆粒大小決定了它的可塑性，不同尺寸顆粒的混合物能夠把泥巴更好地團聚在一起。通過擠壓、滾動、彎曲、彎折可以測試可塑性；當施加按壓的時候，可塑性佳的黏土應該有一種幾乎有彈性的感覺。

測試收縮率

泥巴在陶瓷過程的三個階段中收縮：第一，在乾燥過程中通過水汽蒸發；第二，素坯階段——也就是第一遍燒至華氏 1830 度（攝氏 1000 度）時（素燒階段）；第三，施釉後燒製時，特別是燒到最高的炻器溫度華氏 2340 度（攝氏 1280 度）時（釉燒階段）。泥巴坯料的熟料含量越重，收縮越少。除了以低收縮率為賣點的坯料，大部分買來的泥巴收縮率在 10-12% 之間。瓷土收縮率為 15-18% 左右。通過測量製作過程中每個階段的中央線，你會看到總體的收縮率：濕的時候→乾的時候→素坯燒成時→最後陶瓷燒成時。如果收縮率高於 15%，那麼說明這種泥巴在成形上有難度，使用起來有問題，因為在晾乾和燒製過程中會有開裂和倒塌的問題。

測試有孔率

你需要知道黏土素燒後的有孔率，便於應用釉料。許多現成的地表黏土具有低熔點，這種黏土素燒後密度比原先大得多，因為主體開始瓷化，變得更致密。這是跟大部分買到的泥巴相比較而言，後者被設計為在華氏 1830 度（攝氏 1000 度）時相當多孔。這可能意味著，可以往釉料裡加少許的水再施釉；另一種辦法是，可以低溫素燒，把坯料變得多孔。為測試這些黏土的有孔率、燒製溫度範圍和瓷化點，你可以燒製三個泥巴條，溫度為華氏 1830-2200 度（攝氏 1000-1200 度）之間。為測試黏土的燒製溫度範圍，在燒製過程中總是把它們放入一個帶壁的泥巴托盤。當達到　器溫度時，泥巴能夠變成液態，會滴落在窯內支架或部件上；這是一個昂貴的實驗。這會讓你對其燒製溫度範圍有一個觀念；從中你能夠選擇一個它還有孔，但不會很快吸水的點。這會就其潛在的有用性和黏土的功能上給你一些指示。黏土的孔越少，就越堅固。

測試瓷化點

"燒結" 這個詞的意思就是燒製過程中黏土到達瓷化點（當黏土微粒開始熔化在一起）如果含有或添加了瓷土，則燒結溫度會更高。當黏土不再吸收水分時，就達到了瓷化點。有些泥巴在此點會變得外觀閃亮，有的可被用作有趣的泥漿或釉料。不同的黏土會在不同溫度熔化；標準表有陶器、炻器、瓷器的燒製溫度的分類，為大家提供一個普遍的指導。大部分可購買到的窯爐都推薦不超過華氏 2370 度（攝氏 1300 度）。

回收和利用泥巴

泥巴有其最適宜的稠度，如果超過了這個稠度，就需要被回收。

不論你使用的是哪種成形技術，總會有剩下的乾泥巴，比如：為求尺寸適合，從板子上切下的邊角料、修飾水平邊沿和底足時刮下來的剩餘物、看起來彆扭的把手、拉坯時切削下來的廢物等。泥巴的極佳的好處是，直到入窯燒製之前，它都可以被回收，只需要相對很少的功夫，不管它放置了多久都沒問題。

正如前文所述，粉碎乾的黏土比濕的黏土更容易。製作結束後，收集半乾的團塊，粉碎成小塊，加入少量的水就足夠來翻新泥巴，而不用徹底回收。把小塊放回一個袋子或泥巴容器，在各層之間灑水，最後包上塑膠袋。

然而，如果小塊泥巴再也不能被揉在一起的話，就把這些陰乾的小塊放入一個單獨的水桶，讓它乾透（如果你要創造一種混合的坯料，就把他們全放入一個小桶或垃圾桶）。倒水，直至土塊全部被淹沒，讓它浸泡一天，泥巴會很快分解，如果你要繼續向這個混合物中增加乾泥巴塊，記得確保桶中水足夠，不要放入半乾的團塊，因為它們很難粉碎。

把混合物充分攪拌一次，倒在一個石膏板或水泥厚板上晾乾幾天。石膏板或水泥厚板要放在木板條上，這樣下部空氣能夠流通，便於晾乾。要常檢查泥巴，看看其乾燥程度，必要時翻過來，使之兩面和中間乾燥均勻，然後揉泥（見30頁），或把它經過練土機攪拌，之後覆蓋塑袋儲存，以備再次使用。如果這種泥巴達不到你想要的可塑性，下次不妨往最初的混合物中加入少量的耐火黏土、球土或膨潤土。

技術名詞介紹 02

回收泥巴

這個程序應該成為你製作常規的一部分，能增加你對材料的理解，對不同技術所需的最佳稠度也會有所瞭解。

1 把同一種泥巴的碎屑收集在一起，放入一個大小適中的容器；容器最好有蓋子，來防止周圍飛舞的微塵。加水之前，泥巴應該是乾透的，並被粉碎為小塊，如右圖所示。

2 用水淹沒泥巴，讓混合物分解幾天。在泥漿倒出之前，你可以持續幾個月地加入水和泥巴；底部會有腐敗的氣味！

3 把泥漿倒出在一個石膏板上。做突起狀來增加表面面積，這樣泥巴乾得更快。經常看泥漿乾得如何；如果乾的太厲害，就要從頭來過。你可以把軟的泥巴挪到一邊，餘下底部較硬的泥巴，再次攤開泥漿。變換幾次，用塑袋覆蓋，讓它乾過夜，這樣第二天你可以繼續檢查情況。

4 底部乾了之後，就能輕鬆地從板上脫落。團塊越大越重，它就越容易擠壓並結合在一起。在這個階段，如果泥巴還要被儲存較長的時間，就要做得比馬上要用的更軟一些。

5 撿起留下的殘餘物，用一個橢圓形橡膠片刮乾淨板子。不要用任何會刮擦到板子的東西，因為不能讓泥巴受到任何其它物質的污染──特別是石膏。板子應該用濕的海綿擦，盡量不要有遺留的泥巴，因為乾塊會碎為粉塵微粒。

知道如何準備要使用的泥巴，這很重要。新的袋裝的泥巴在出廠時已經把空氣排出來了；其它的小塊和小點的泥巴，特別是剩下的，就要混合在一起使稠度均勻，並擠出氣泡，因為如果留有氣泡的話，會導致作品起泡、分裂，或甚至在燒製過程中爆炸。

泥巴製備和添加劑

有的工人每日工作之前的第一項任務就是擠出泥巴中的氣泡，而有些工人則會在任何一道工序時抽空擠一擠。買一個真空練土機能幫助省不少力，但每次使用新材料時需要把之前的泥巴清理乾淨。

如果不是使用真空練土機，可以選擇一個合適的堅固的、吸水的表面，放在一個方便向下按壓的高度。泥巴必須適當硬度；如果太硬的話，它會分層，不容易壓到一起。如果泥巴太硬，可以在上面用手指截幾個洞，用水注滿小孔，把泥巴擠壓在一起，直至混合，然後繼續揉泥。另一種方法是，切出約3/4英吋（2厘米）厚的片，在其間放入泥漿，做出一個三明治，然後揉泥。（這也是如何混合入熟料，把不同泥巴坯料摻和一起的方法。）

要在有孔隙的表面製備泥巴。如果泥巴太濕，那麼在石膏的表面揉泥（見143頁），來吸收一些水分。不同的成孔技術要求泥巴有稍微不同的稠度，這取決於你想要得到怎樣的泥巴。揉泥跟做麵包相反，因為後者是把空氣加入進去。準備小塊的泥巴比較困難，製作大塊的更為容易，然後需要時切下小塊用。有三種主要的方法：拋甩式揉泥法，牛頭形揉泥法（也稱雙頭揉泥法），菊花形揉泥法（也稱螺旋形揉泥法）。要得到想要的效果，需要進行練習。

製備泥巴時，身體的位置很重要。你要向下施力，因此，根據工作台的高度，你需要站在一個穩定的平台上。保持離工作台面一步的距離，一條腿在另一條腿前。這能讓你的身體在搖動時向前和向後移動，手臂可以向前方和上方很好地伸展。還有，當你把泥巴舉過頭頂、再拋甩下來時平衡更好。

向泥巴添加其它物質

有的添加劑在泥巴中溶解或燒掉來創造坑洞和裝飾性效果；有的與泥巴相結合，創造出新的特性，能帶來工業的、技術的、科學的或藝術上的特殊效果。

熟料（廢瓷粉）是泥巴被燒製過之後，磨

拋甩式揉泥法

這種方法在混合大塊的泥巴時是很有用的。名字意思是以某個角度把大塊切割為楔形（英文名字意為上舉式做楔形）。

1把泥巴揉為楔形，以45度角從底部向上切割。

2把泥巴舉過頭頂，把它摔下來甩到另一塊上面，它的切割的平面接觸另一塊的脊稜的上面。由於平的表面相接，空氣會被摔出來。再拿起來這個大塊，把它轉90度角繼續。重複此過程至少5次，直至混合物稠度均勻為止。

理想的牛頭形

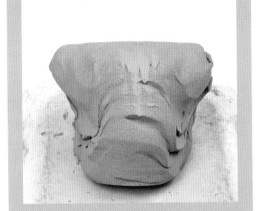

　　這就是牛頭形揉泥最後的理想形狀。此後，你可以把泥巴團成球形，或從上面割下你想要的大小。在做其它形狀時，不要讓氣泡進去。保持泥巴緊密是最困難的。如果的確太困難，就把泥團做小一些。如果泥巴太硬，揉不到一起，就加水軟化。切割時，看著切割面是否光滑緊密。如果還不是，那就繼續揉泥直到成功。

碎成為不同大小的粉末顆粒，以其數字辨別。數字越小，就越粗糙。其範圍從粗糙的砂礫（用來增加紋理）到精細的粉末，它能夠在一定程度上提高陶瓷坯料的強度，減少高溫下的變形。燒瓷土是一種白色的熟料，是瓷土的煅燒的形式。它主要被添加到白色泥巴如T材料裡。T材料是一種昂貴但優質的，適合手工成形的泥巴，尤適於大型作品。燒瓷土也可以被用於暗色泥巴，來創造一種斑點的表面，特別是在表面做成刮擦的背部的效果的作品中。這些物質可以被揉入或楔入泥巴。

牛頭形揉泥法（也稱雙頭式揉泥法）

　　用牛頭形揉泥時，把泥巴向外推出去，然後拉回來，有點像在滾動泥塊，同時在兩邊施力，使形狀緊密。這在揉少量和中量的泥巴時很有用。

1 泥巴要像是"麵團般"軟。選擇一個大小能讓你的手分開的塊來揉會更容易些。把泥團拍成一個大致的球形。使自己位於一個能夠向前和向後晃動的位置。把手放在泥巴上面的兩邊，往前推。

2 在你向前推的時候，用力從兩邊向中間壓：這會有助於保持泥巴緊密。從你的肩膀感覺你在向前往某點推，形成一個"V"字形。把泥巴卷回來，再往前推。如果你兩邊用力不夠，泥巴很快就會變成一個長卷。

菊花形揉泥法(也稱螺旋形揉泥法)

　　這個跟牛頭形揉泥法相似，區別是它就像一隻胳膊在工作時，另一隻在休息。這種方法對大的團塊很有用。

1 泥巴要像"麵團般"軟，把它做成一個大致的球形。這種方法讓你能夠控制大的團塊；在往下推轉、重復的時候，你只需控制一小部分。它把團塊形成為螺旋形，你應該能看到各層。

2 如果你是在為拉坯準備泥巴，那麼在把它做成球形時，確保在把它放上拉坯輪盤上之前，你能看到頂部的螺旋形，以避免在下面陷入氣泡。有的拉坯者說，螺旋形使得在轉盤上更容易找泥巴的中心。

陶瓷中的定義看起來令人迷惑，因為它有那麼多與一般規律相左的例外情況。由於製作者找到其它成功的方法來製作、上釉、燒製，標準的程序有所變化，關於一般規律的書就不那麼適用了。

泥巴種類的概念

首先，陶瓷中的定義看起來令人迷惑，因為它們包含了泥巴、材料、不同類型的作品、燒窯和溫度。但一旦你理解了溫度控制事物效果，一切就都迎刃而解了。

可塑的泥巴變成永久性的物質轉變發生在華氏840-1200度（攝氏450-700度）的石英轉化階段，在這一階段黏土變為陶瓷。在華氏1070度（攝氏570度）時，會發生"石英轉化"。這時分子結構經過一個物理變化。溫度越高，泥巴變得越堅硬越致密，直至到達它們各自的瓷化點。

陶器、炻器是兩個主要分類，有時瓷器會從這個概括中跳脫。

"陶器"這個詞是對燒成溫度為從華氏1760-2080度（攝氏960-1180度）泥巴的描繪。"炻器"是對燒成溫度為華氏2190-2370度（攝氏1200-1300度）之間的泥巴的描繪。瓷器燒製溫度為華氏2260-2460度（攝氏1240-1350度）。在這些分類中，又有低、中、高的燒製溫度。在這些範圍中，物質被燒成為不同溫度，直到它們到快要熔化或已經熔化。通過選擇不同的溫度，來創造出不同的觸覺和視覺效果。

陶器

我們被磚塊這一最普遍的陶器形式包圍，雖然在全世界的城市中，鋼材和玻璃正在快速地代替它。陶器在當代的其它一般用途包括花園花盆、屋瓦、煙囪管帽，以及家用的功能性器物。

黏土在全世界到處以大沈積量被發現。它構成了我們挖出的泥土的大部分，因其所含有機物和雜質的不同，有著不同顏色。雜質在燒製過程中被燒掉，形成了從淺黃色到桔色、褐色的顏色範圍。

施釉效果的筒柱
莫頓·勞伯納·艾斯帕森
這些加了熟料的大筒柱是手工成形的，上了數層的釉。每塗一層釉都要再燒一次。每次燒製，當釉料在表面反應時，都增加了龜裂和滴落的效果。

陶器泥巴常常是指紅陶土（這種紅色實際上更偏褐色）；我們也把它稱作赤陶，儘管這個詞來自意大利語，意為"燒了的泥土"，它可以是所有陶瓷的定義。燒製這種泥巴的溫度越高，它的顏色就會越深，直至達到它不同的瓷化點（取決於它所包含的礦物質）。不同百分比的氧化鐵決定了顏色，提供一種助熔劑。氧化鐵也使它熔點比炻器坯料更低。陶器的顏色、強度取決於在哪裡燒製，哪種窯爐，多高溫度。淺桔色會使作品更軟，更多孔。許多製作者使用泥漿跟陶器結合，因為陶器提供了一個有吸引力的深色背景，在其上裝飾很顯眼。

你可以購買生產時混合好的白色陶器泥巴，它是由球土和粉末礦物質混合而成。燒成後呈白色/淺黃色，如果你不想在紅陶上的白色化妝土（著色泥漿）上實施裝飾，可以選擇使用它。對某些陶瓷成形技術來說，它更難以操作，不如其它有更多紋理的泥巴耐久，因為它質地精細。往主體上疊加其它部分時要小心，要緩慢晾乾。

陶器的一般釉燒溫度是在華氏1940-2150度（攝氏1020-1180度）之間。你要想好你想要的作品有怎樣的功能性：釉使得作品更加衛生，更少小孔。你也需要使用正確、適合的釉，泥巴和釉料得是相容的，這樣就不會出現因泥巴和釉料不同的收縮率引起的龜裂。你要測試想施加在泥巴上的釉料顏色。（炻器泥巴也能被燒製到這些溫度，但為此原因，釉料配合會有缺陷，因而燒製效果會受影響。）

工業陶器常常高溫素燒到華氏2080-2150度（攝氏1140-1180度），幾乎達到瓷化點。然後被上釉，以低溫1940-1980華氏度（攝氏1060-1080度）燒製。這在工作室設備中難以做到，因為泥巴開始失去小孔。往素瓷上上釉比較困難要重複練習，除非是混合了其它黏合劑。紅陶是一種強烈的背景色，它會影響許多透明釉的色彩反應，因此它常和化妝土一起使用。紅陶還是能買到的最便宜的泥巴之一。陶器能在任何窯爐用任何燃料燒製。

陶器坯料樣本

這些泥環顯示了泥巴坯料的可塑性。燒製的陶片的印章部分展示了在高出部分釉是怎樣分開的。

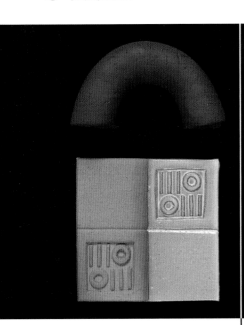

標準紅陶，一半上錫釉

加了熟料的紅陶，一半上清釉

低溫白陶坯料，一半上透明釉

炻器泥巴

毫無疑問，這個名字來自它石頭似的質地和外觀。炻器比大部分陶器都更堅固，因為它被燒到一個更高的溫度。這種泥巴通常被燒到華氏2190-2370度（攝氏1200-1300度），而有的泥巴，特別是工業用途的，甚至會燒到更高溫度。

炻器在成分上跟石頭是相似的，因為兩者均以不同方式暴露於熱處理中（石頭是自然形成的，陶瓷是人工把礦物質和黏土混合）。市場上炻器泥巴比陶器泥巴更好購買到。它們由不同尺寸的熟料混合而成，範圍廣泛，從極精細到粗糙的泥巴，適用於不同目的。精細炻器坯料對製作光滑的表面是理想的，更能體現細節，此外，還可製作家用功能性器物。粗糙的則因其紋理處理，對大尺寸的雕刻性作品很適用。它們都很堅固，有的適合於戶外使用。

炻器在許多不同類型的窯爐裡燒製，使用不同的燃料，創造出不同的窯內氣氛。兩種最普遍的氣氛類型為"氧化燒"和"還原燒"。

在氧化燒中，根據你燒的窯的類型，空氣流動進入爐腔是不受限制的，燃料充分燃燒，溫度穩定上升。而在還原燒中，空氣的進入是受限制的，不是燃料的充分燃燒、排出二氧化碳，而是產生一氧化碳。由於這是一種不穩定的氣體，它迅速地和作品的泥巴坯料及釉料中的氧原子相結合，改變其化學成分和顏色。

還原氣氛不適合電窯，因此，電窯產生氧化氣氛，或更正確地說，是中性的氣氛。

過往電窯裡放入木柴，能夠在電窯中產生局部的還原氣氛，但這會產生煙氣並導致電窯的部件電線壽命縮短——所以不建議這麼做。如果你想體驗還原氣氛，你可以把作品跟燃燒物質一起放入被稱作匣鉢的密封容器裡（見240頁），這會減少匣鉢裡面的空氣。

如果到達瓷化點，炻器一般是無孔的（根據泥巴坯料不同）。泥巴越粗糙，坯料越"開放"，這會導致有孔。有的泥巴在沒上釉時能盛水，但幾個星期後你會看到有少量的水穿透出來，在底部形成一攤小水滴。對於功能性器

雕刻的炻器花瓶
喬琛·魯艾斯
器的外觀能反映出物質的加熱和冷卻情況。這件作品好像是由大自然之力而形成的。

器和瓷器坯料樣本

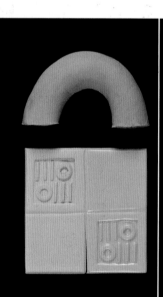

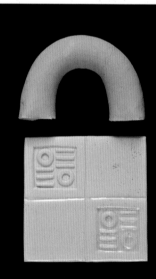

淺黃色炻器，四分之一上透明釉，四分之一上錫釉

光滑的白色炻器，一半上透明釉

T材料，一半上透明釉

標準瓷土，一半上透明釉

物，通常都需要上釉──特別是要接觸食物的作品，為了衛生的目的更應如此。

瓷土泥巴（瓷泥）

人們好像是有一種對呈現清澈的藍色或綠色的青瓷的偏好，而且未來幾年這種喜愛也不會消退，因為製作者們不斷在新地方新領域推

動它的使用。作為一種原生黏土，瓷土在中國和世界的其它區域均有發現，瓷器在最初形成之後就沒有發展太遠。在製作者的手中，它的美還在一步步發展。市場還有一些混合坯料，是由極白的黏土製作而成。它燒成後的白色彷彿是一個純粹的空白的畫布：這讓透明釉特別清澈發亮。任何內刻的線條在其上都能凸顯出來，釉色可以在其間充分發揮。

瓷器一般燒成於華氏2280度（攝氏1250度）以上。不管有釉或無釉，它的表面帶有輕微的光澤，不易做上標記。可以將其燒製到推薦的瓷化點來使之無孔。根據其形狀和形式，有的會很快開始變形和開裂。燒制之後，它就成為一種非常致密、堅固、經久耐用的材料，抗酸抗菌，因此它被用作很多工業目的。

瓷土泥巴可塑性不高，需要定期處理來提高其性能。關於這一材料，有許多特定的規則和神秘的故事，但一般來講，經常使用它的人們自會發現獨特的方法。它乾燥慢，尤其是在加入添加劑來減少開裂的風險時。泥巴越細，

瓷塊雕刻
費爾南多·卡沙森佩雷

這些實心的瓷土塊呈現出燒製過程中張力造成的深深裂縫。這件雕刻的平衡感很有意思，好像是彎成快要倒塌下來的瞬間

瓷土泥巴配方
瓷土	25%
球土	25%
長石	25%
二氧化硅	25%

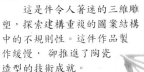

紙質瓷泥巴，一半上透明釉

複雜的瓷器雕塑
奴拉·歐'多諾萬

這是件令人著迷的三維雕塑，探索建構重複的圖案結構中的不規則性。這件作品製作緩慢，卻推進了陶瓷造型的技術成就。

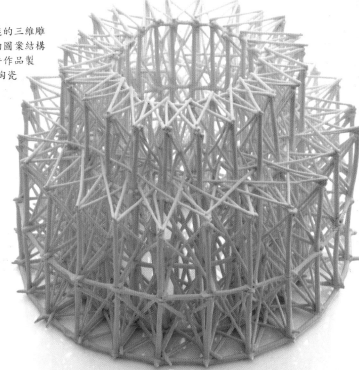

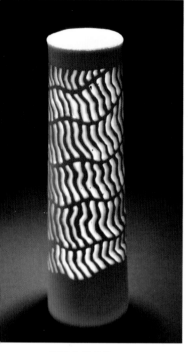

精緻的骨質瓷
阿蘭·惠妲克爾

這件精細的骨質瓷是受海灘上沙子的形狀啟發做成。它通過展示半透明的自然材質，很好地表現了這種材料的特質。

燒製溫度越高（高於華氏2280度，攝氏1250度），它變得越半透明，溫度達到某點可以透過光線看到陰影。瓷土的收縮率在所有的泥巴中是最高的，範圍為15-18%。

一系列的瓷土坯料都可以在商店買到，你也可以自己製作，來適應你的特殊需要。一般來說，它需要加入7%的精細熟料和/或者1%的纖維素纖維作添加劑，才適合用於大規模的生產；這個量不會改變瓷土的本質。

其它種類泥巴

由於製作者的創作需要，他們不斷探索新的途徑來創造不同的坯料。下面是一些小的樣本，它們在二十年前還被認為是工作室中才使用的專業材料。

骨質瓷

這種泥巴包含有煅燒了的動物骨，它在其中表現為一種助熔劑，在以高於華氏2260度（攝氏1240度）的溫度燒製之後，能創造一種像玻璃一樣的效果。當代陶瓷製作者主要是看中了它的白度和半透明度，因為這些特性加上其精細度和極大的強度，它在工業上長期被使用。它主要被用作一種注漿泥巴，但也會作為有彈性的泥巴坯料出售。在燒結（熔化）階段和瓷化點之間，骨質瓷沒有一個很寬的成熟期。根據使用的成形技術不同，這會帶來問題，因為其結構關係比其它的泥巴更脆弱，它容易變形，失去原有形狀。在和其它一些工業型的泥巴坯料混合在一起時，它可以被素燒到跟成熟區很接近的溫度，即在華氏2250-2300度（攝氏1230-1260度）之間。然後，它常常以低於華氏1980度（攝氏1080度）釉燒。

骨質瓷沒有很好的可塑性，這會使得挖核成形技術顯得困難。它的美麗的特性增加了它的吸引力，但它在燒製之前沒有很強的塑性，由此這會導致開裂和變形帶來的高失敗率。

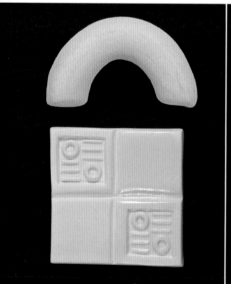

注漿做成的骨質瓷，
一半上透明釉

黑炻器，四分之一上透明釉，
四分之一上錫釉

配方

在陶瓷顏色語彙裡面，這兩種配方提供了一種反差最大的對比。
它們能放在一起使用。

黑色耐火泥漿配方（份數）		骨質瓷配方（百分比）	
瓷土	10	煅燒的骨頭	50%
二氧化錳	3	瓷土	25%
氧化鈷	3	長石	25%
紅色氧化鐵	3		

黑色泥巴

　　這種泥巴被維奇伍德的碧玉炻器發揚光大，後者擁有一種未上釉的、無光的表面。今天，人們使用黑色泥巴的主要原因是為了強調製作和處理後作品上表面的質感。顯示你如何製作表面，留下微妙的製作標記，或其它你想要的表面效果；或者，你也可以簡單地在任何泥巴表面使用黑色泥漿，再上釉。未上釉的黑色泥巴可以和部分上釉的結合使用，與有泥釉的區域形成對比，充分發揮泥巴表面的豐富表現。

　　黑色泥巴可以購買到，陶器和炻器坯料都有，根據其熟料內容不同，紋理變化從光滑到粗糙。它們可塑性很好，適合所有主要的成形技術；它的顏色範圍為從巧克力色到黑色，燒製時溫度越近瓷化點，顏色越深。應該嚴格聽從供貨商的建議燒製溫度，因為其氧化物含量很高，高溫過燒的結果就是熔化的一灘泥巴。不要把陶器黑色泥巴跟炻器泥巴弄混同燒一窯。溫度會標示在袋子上，會因供貨商不同，而有變化。

　　你可以製作自己的陶器黑泥坯料，從紅陶開始，加入5-10%黑色坯料顏料或氧化錳。其它氧化物如鈷、黑鐵和銅可以嘗試，這些元素會為最終的顏色帶來微妙的變化。

　　另一種使用黑色泥巴坯料的辦法是，在上釉時使用一種黑色的稀劑——它會覆蓋表面的微妙部分——這種稀劑十分稀薄，但會滲透在氧化物中來產生一種稠密的顏色，這樣在它之下的標誌可以被看見，不會被遮擋。

雕刻/建築泥巴坯料

　　市面上有許多種類的泥巴——有時稱之為泥灰土——被用於建築或雕刻，通常是混合物，這樣能適應大型作品。製作大件作品，增加了素坯在製作和燒製過程中的強度、收縮、抗開裂等問題，以及貫穿燒製和冷卻階段的泥巴的張力問題。

　　泥灰土由炻器泥巴和廢瓷粉或燒瓷土合併而製成，使坯料有開放的結構，能夠快速乾燥，增加素坯的強度。這減少了其可塑性，所以你還是要根據需要選擇。然而，因為其高度耐久的特點，一旦你開始使用，你就會喜歡上這種泥巴。

　　這些泥巴會有較高的瓷化點，因為在熔化和燒結時，添加的物質被阻擋在細小泥巴微粒的中間。在製作戶外用品時，這點是至關重要

切削的黑色陶瓶
薩拉·簡·西爾伍德
　　這件作品是拉坯的，完成水平很高，隨後進行了削減和重構。

加了熟料的建築用炻器泥巴，
左邊上透明釉

加了熟料的樂燒用炻器泥巴，
左邊上透明釉

建築性陶瓷雕刻

拉斐爾·佩雷斯

　　這件雕刻體現了材料的能量和戲劇性：泥巴可以被怎樣塑造，創造出一個非同尋常的形式。

樂燒的雕刻

羅威娜·布朗

　　這是用一種加了很多熟料的泥巴做在一起的樂燒的塔形雕塑，說明建造很好的作品能夠經過嚴格的樂燒燒製過程的考驗。

的，因為不能有水透入或吸收入泥巴；否則天氣冷時它會結冰，導致作品損壞。

樂燒泥巴

　　這種泥巴是特別為用於樂燒燒製程序而製作，它與許多雕刻性坯料類似。樂燒取決於對已經素燒過的作品快速燒製和快速冷卻（通常在一個小時內）來完成。作品從燒得紅紅的華氏1830度（攝氏1000度）左右的窯裡拿出來，泥巴會經歷劇烈的溫度變化。

　　樂燒泥巴看起來粗糙，具有開放的紋理，由大量的廢瓷粉或燒瓷土在泥巴中製成。你可以自己製作樂燒泥巴，只需把廢瓷粉或燒瓷土用揉泥法（見30頁）揉進一個準備好的坯料裡，或在回收階段（見29頁）把它們加入。廢瓷粉能夠預防裂紋和龜裂。其它泥巴也能被用於樂燒，但要經過測試，看哪種能經受這種溫度變化的考驗。

紙質陶泥

　　紙質陶坯料是泥巴和紙的混合物；由於其中紙的分子狀態，它也被稱作"纖維坯料"。這個名詞概括了所有含有5-50%紙成分的泥巴坯料。泥巴和紙的混合比例很重要，取決於你想要製作什麼作品，在其上主要使用甚麼成形技術，因為可實現的效果是很多的。紙的含量影響到紋理、最終強度和耐久性。形式豐富的紙

質陶泥現在很好買到。

　　近年來，紙質陶泥的出現改變了很多基本的成形規律，特別是結合程序。新鮮的泥巴能夠被卡在骨架乾的或甚至是素燒過的泥巴上，因此複雜的結構能夠被建造出來，只需使用紙質陶泥漿用作膠水和黏合劑。把濕的區域黏結一起，就夠了。在乾燥的狀態下，纖維素的中空的纖維為濕的泥巴提供毛細管來連接和結合在一起。由金屬線篩目做成的為雕刻的金屬骨架也可使用，但通常不需要。紙質陶可以以任何溫度燒製，期間紙灰被燒掉；這也會減輕它的重量。隨時確保通風良好，因為燒製的早期過程中會產生燃煙和煙氣，濃度取決於你在混合物中使用紙的多少。

　　製作你自己的紙質陶，最好從泥巴泥漿開始；首先粉碎一個現成的泥巴團（見29頁），或把要添加的乾料混合起來。可以使用製石膏者的電鑽孔機，或者使用一個陶瓷混料機，來創造出一種像黏稠奶油紋理的泥漿。紙張選擇有：報紙、衛生紙、裝蛋的紙板箱都可以；另外，你還可以從建築商店和一些陶瓷供貨商那裡購買纖維素纖維。把你選擇的纖維浸入水中，使之軟化，然後在小桶中用攪拌器進一步混合。根據紙的類型，擠出多餘的水分，然後紙可以和泥漿摻和了。由於這種特別的紙的優良本質，纖維素絕緣體可以在沒有先吸水的情況下加入，不斷混合，直至混合物中無大塊，

把泥漿倒出來在一個石膏板上乾燥。當足夠乾時，可以被攤成薄片，或儲存在一個避光涼爽的地方，裝入不透氣的袋子或容器裡，防止霉菌生長。

紙質泥巴的儲存，有健康和危害問題，許多製作者定期製作一批，在一周或兩周內使用，因為很快它就開始腐敗，產生氣味。如果霉開始顯現在表面，可以刮除，用水混合微量漂白劑噴灑；如果泥巴的內部已經變黑了，就應該把它扔掉。在最開始混合時，可以在水中加入微量漂白劑來預防腐敗。特定的纖維，如纖維素絕緣體，已經加入了硼和硼砂，來幫助防火。你可以搜索網絡，網上有許多陶瓷製作者在交流，你能搜索到許多新信息。

注漿泥巴

有一種液態的泥巴，是被倒入石膏模具以成形的，它被稱作"泥漿"。大部分的工業生產過程使用這種類型的泥巴，便於大量生產，這個過程也被稱作"注漿"。從供貨商那裡可以買到小的11磅（5公斤）左右容器裝的以及大得多的數量。使用量大的製作者通常使用攪拌機來製作自己的泥漿。大部分泥巴能夠在一種叫做水玻璃（也稱反絮凝劑，解凝劑）的液體的幫助下被做成注漿泥巴。它使泥巴微粒處於懸浮狀態，減少往泥漿裡加大量水的需要。

它還能減少整體的收縮率。

注漿的優點是便於複製，製作小的或大的添加物。它能製作極薄的坯體，還能創造多層結構作品，通過把一種泥巴倒在另一種的上面來形成不同顏色的層次。

埃及式泥糊

這種坯料很特別，市面上不能買到。它是一種自己上釉的坯料，其釉料由可溶性蘇打鹽提供，它在乾燥時被吸到作品表面。操作這種泥巴時必須要小心，不要破壞了這種蘇打或把它擦掉。外層的蘇打晶體在燒製中與坯料反應，和添加的顏料或坯料著色劑呈現的顏色形成一種釉的外衣。古埃及的小泥巴珠子就是具有歷史意義的埃及泥糊的例子，它從蘇打和銅的反應中獲得了亮麗的的藍綠色。大部分基本的氧化物，如鐵、錳、鈷和鉻，都可以被此種方式和坯料的著色劑一起使用，將會產生一系列多種多樣的亮色。

埃及式泥糊不是被用作功能性泥巴坯料，而是為了它的色彩裝飾效果。增加坯料的強度和耐久性的礦物質添加劑會交叉影響顏色的特別品質。由於在成形時泥糊的可塑性很差，它只能被用作小件作品，如珠子和裝飾性的碗。在燒製中要注意，在氧化鋁上面燒製時，要確保釉料不會黏到窯上。珠子應該用長直的鎳鉻絲支撐，預防接觸到窯內支架或彼此接觸。作品最好一次燒成，燒到接近華氏1830度（攝氏1000度）或稍低。

紙質陶環
格拉漢姆·海耶

紙質陶具有很高的可塑性，便於造型，使得在製作、乾燥和燒製階段能夠更好地支撐自身。

模具製作的花瓶
凱瑟琳·赫恩

使用石膏模具來創造形狀，注漿為不同的顏色，使得能夠複製造型，實施不同的表面處理。這些重複的形式由於不同的表面處理而變得獨特，創造了非常不同的方形圖案。

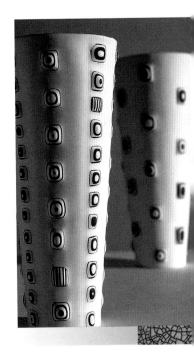

常用工具

每一個製作工藝會使用到特別的工具和設備，但有一些工具則是適用所有製作方法，它們構成了基本的工具配套（工具箱）。這些可以在大部分陶瓷供貨商那裡買到，他那裡總是有這些物品，供你選擇。

泥巴切割器

技術：切割泥巴，把物品從拉坯機上切下來。

用途：泥巴切割器（切割金屬線）用於從大塊泥巴上切下片，用於楔形切割，切泥板，在拉坯後從拉坯機轉台上切下物品。

尺寸規格：長度為12-18英寸（30-45cm）的不同規格，有尼龍和硬木一起繫緊的，不鏽鋼和彎曲的金屬線形式，用於拉坯形式使產生殼狀突起。

技術等級：基礎。

橢圓形橡膠刮片

技術：使得表面光滑。

用途：橢圓形橡膠刮片通常用於刮平可塑泥巴的表面，以及印坯的表面。非常軟的橢圓形橡膠刮片可被用於在固定花紙時使之平滑。

尺寸規格：現在有多種尺寸和規格可以獲得，但通常3×2×1/4英寸（100×55×6毫米），4 3/4×2×1/4英寸（122×57×6毫米），5 1/2×2 1/2×5/16英寸（138×64×8毫米）。不論是小的，大的，還是重的，彈性更好的，在不同的供貨商那裡都有豐富的選擇。

技術等級：基礎。

橢圓形金屬刮片和調色盤

技術：刮平和修細泥巴表面。

用途：刮平和修整陰乾的泥巴和石膏；拋光。有鋸齒的橢圓形被用於快速成形和在泥巴表面做紋理，長方形的調色盤做有角度的表面。

尺寸規格：兩種硬度——有彈性的和非常有彈性的。橢圓形尺寸有3/8×3/16英寸（90×45毫米），和7/16×3/16英寸（102×45毫米）。

常規調色盤有1/2×1/4英寸（125×51毫米）和鋸齒狀橢圓形3/8×3/16英寸（90×45毫米）。

技術等級：基礎。

針

技術：修飾壺邊，透雕，和剔花工作。

用途：可被用於測量泥巴的厚度，來保證均勻。它們通常被用作剔花和透雕工具，但好的針也被用於精確修整壺的邊緣。

尺寸規格：通常有兩種尺寸——細和粗。針也可用錐子固定在瓶塞裡製作。

技術等級：基礎。

陶藝刀和其它刀

技術：切削和修坯。

用途：在製作的各個階段，陶藝刀用於切割泥巴。它們也會用在模製器物時修切坯的表面，和用於注漿中等等。工藝刀對許多應用都是有用的，包括泥巴和紙的處理。

尺寸規格：用作常規目的的刀有一個非常堅固的2英寸（54毫米）的刀片，並有一個刀尖。不同套的工藝刀在大部分文具店可得到。

技術等級：基礎。

調色刀

技術：切削，攪拌，混合，刮擦。

用途：是一種多用途的刀，但常

用作為表面裝飾的不同手法混合或研磨顏料。也用作切削和刮擦泥巴和其它表面，以及攪拌液體。

尺寸規格：有很多尺寸，刀片範圍從2 1/2到10英寸（63到250毫米）。

技術等級：基礎。

海綿

技術：收尾，清潔，裝飾。

用途：自然的海綿被用作修坯和製作泥巴的表面效果，在模具製作中吸收軟化，把泥漿塗層和釉料掛滿全身，或裝飾性的覆蓋效果，在轉輪上拉坯時抹乾。合成海綿常用作清理表面，抹乾，但可被切割為各種形狀用於印章法泥漿或釉料裝飾。

尺寸規格：從小到大，紋理從精細到粗糙。選擇很多樣，包括常放在手邊的一大塊長條海綿。

技術等級：基礎。

擀泥棍和滾動規

技術：做泥板。

用途：擀泥棍被用作為製作泥板滾動泥巴；滾動規確保泥巴厚度均勻。

尺寸規格：通常可得到14左右和20左右英寸（355-和510-毫米）的長度。兒童尺寸的擀麵杖對製作首飾和小的泥板很有用。滾動規應被選擇為適合要求的泥板厚度；大部分製作者商人會有一系列的板調，以使得它能夠被削為要求的尺寸。

技術等級：基礎。

兩端挖削工具

技術：切削，修飾，雕刻。

用途：具有尖銳的磨製-鋼切削邊沿，這些工具被適用於精細和中等的切割，切削圈足，修掉多餘的泥巴，雕刻、裝飾陰乾的表面。

尺寸規格：有很大範圍的選擇，

選擇刮片

適用於特殊任務的單端和兩端的挖削工具固然有，但簡單的一端方一端圓的工具也是一個很好的基本工具，有全面的用途。

技術等級：基礎。

切孔器

技術：切出孔或方形。

用途：在燈的底座上、茶壺等等上切孔，還可在陰乾的表面上切出裝飾性的圖案。刀刃為半圓形，防止切割泥巴時堵塞。

尺寸規格：圓孔切割器通常有幾種尺寸，做的孔從1/8到1/2英寸（3-13毫米）；方孔切割器從1/16到1/4英寸（2.4到6毫米）。

技術等級：基礎。

兩端清理刷子

技術：清潔精緻的表面。

用途：這些螺旋形刷子在清理出來小孔和把手上面等細微處的表面很方便。

修坯刀，制模刀，修模刀

長的一端方便較大的和較深的開口，小的一端用於精細雕刻和切削工作。

尺寸規格：固定尺寸。

技術等級：基礎。

銼刀

技術：刮去多餘的泥巴和石膏。

用途：銼刨（刀片也被稱作粗銼刀片）被用作削減泥壁的厚度，找平邊沿，成形雕刻形式，製作表面紋理。在模具製作中，它們被用在注入石膏後立即剪模具的大塊，割圓滑尖銳的邊角。

尺寸規格：彎曲的、平直的、圓形的和半圓形的刀片都有，以適合相關尺寸的平面。

技術等級：基礎。

木板子/板

技術：在很多工作室程序中支持作品。

用途：木板使得在所有的階段如製作、晾乾、儲存等可以移動物品。圓形的也被用在拉坯機的轉盤上，以避免拉出的物品在拿開時變形。

尺寸規格：大部分陶瓷供貨商有一系列的板；建築供貨商也有板子，可被切為要求的形狀。

技術等級：基礎。

拉坯和切削工具

拉坯的工具配套只需對基礎工具增加幾件物品。然而，這裡列出的許多工具是為拉坯、切削或裝飾階段中的特殊用途，你會發現它們的用處，它們會讓工作變得更有效率。

塗抹──海綿棒

技術：拉坯，注漿，修坯。

用途：一個海綿棒被用於拉坯中從器物的內部來吸收掉多餘的水，那裡手夠不到。在注漿中，它有相似的作用，也用來平滑縫線的上面和注漿表面的不規則處來軟化邊緣。

尺寸規格：可得到數種形狀和尺寸，有圓形、方形和成角度的端用於特殊用途。

技術等級：基礎至中級。

木刀片（也稱刮板、刮片，也有瓷質的和角質的）

技術：通常用於拉坯中，但也可用於其它技術。

用途：木刀片通常被用作在拉坯時光滑和成形圓器，也可被用於手工成形程序，作為裝飾工具。

尺寸規格：有數種形狀和尺寸和規格：成角度彎曲的，凸圓形蛋形，平的凹的，平的長方形的，平的有彎度的。

技術等級：基礎至中級。

有把手的大拉坯板刀(刮刀)

技術：拉坯和手工成形。

用途：用於光滑和修形壺的內壁，在拉坯和手工成形時此處手難以夠到。也可被用作切割和割

泥片。

尺寸規格：一般來說是一種尺寸。

技術等級：基礎至中級。

拉坯棒和有環的棒子

技術：拉坯。

用途：這件工具在拉制有著深的窄頸的形狀時，有成形和擠壓泥巴的作用，此處手難以夠到。

尺寸規格：有不同尺寸和長度，長達12-英寸(300-毫米)。

技術等級：基礎至中級。

竹梳和做凹槽工具

技術：拉坯和手工成形。

用途：通常用在當泥巴還相對較軟時，做紋理和對拉坯器物做凹槽表面，也可用作手工成形中類似目的。

尺寸規格：梳子工具通常是兩面的，一端有三個叉子，另一端四個。做凹槽工具的一端有做凹槽的設施，另一端有兩個叉子。

技術等級：基礎至中級。

卡鉗

技術：拉坯和測量。

用途：卡鉗常常用於拉坯時測量蓋子和壺口的寬度，也可用於手工成形時，在合度非常重要的地方。卡鉗被設置為一定寬度，放在一旁，需要時拿來用。

尺寸規格：木質的，金屬的，塑料的，有數種尺寸，從小到大。

技術等級：基礎至中級。

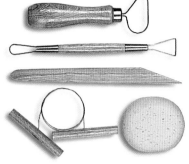

新手的拉坯工具配置

切削的柄狀工具

技術：切削圈足，裝飾表面。

用途：柄狀工具是一種切削工具，平直的鋼刀片安裝在木質手柄上。每一件工具都是多面的，當壺切削為不同形狀時，有很大的彈性。

尺寸規格：梨形，四邊形，三角形，有大約6 1/2 英寸（165毫米）長。

技術等級：基礎至中級。

鋼製切削工具

技術：切削轉輪拉坯作品。

用途：這是另一種切削工具，有一系列形狀對應不同用途。這些工具可以被用作刻劃線條和在器物表面的其它裝飾。

尺寸規格：既有窄的又有寬的版本，這些工具有點狀、三角形、梨形，方形和圓形，大約有6 1/2 英寸（158毫米）長。

技術等級：基礎至中級。

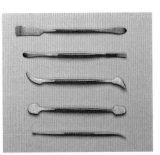

鋼製切削工具

手工成形/製模工具

手工成形會用到一些特殊的工具，而模具更是會要求一些非常特別的工具，它們對形狀和尺寸有很多的選擇。陶瓷供貨商通常銷售模具工具，獨立裝，很實用。

切削工具

技術：在手工成形、注漿等過程中精確切挖。

用途：這些工具用來挖孔，在陰乾的泥巴器物中刺穿設計作品。不同型號的的刀片，對於大型沉重的和器壁精緻的/精細的作品都同樣適用，雙面刀刃可以正切，也可以做尖銳的切削。

尺寸規格：一般有兩種尺寸：切重物的5³/₄英寸（148毫米），切精緻器物的4¹/₂英寸（114毫米）。

技術等級：基礎至中級。

精細鑽孔器

技術：手工成形，注漿，拉坯。

用途：這種兩端都是鑽子的工具適用於在素坯上鑽小孔。它被稱作鹽和胡椒粉鑽子，因為鑽的小孔很精細，適合這樣的目的，但它也可用作其它需要孔的目的。

尺寸規格：通常是一種尺寸，自己在家也能做，把一個精細的鑽子固定在一個木塞或一片木樺裡面即可。

技術等級：基礎。

挖刀工具

技術：素坯上的表面裝飾，切削，挖空，刻花。

用途：在要求精確刻花或切削等精緻工作時，這些工具是非常有用的。由於其形狀，它們能被用作來創造刻花或裝飾性的表面。

尺寸規格：圓形、環形、半圓形，都有帶木質手柄，大約7¹/₄英吋（185毫米）左右長。

技術等級：基礎至中級。

環形或帶狀工具

技術：切削，雕刻，製模，刻花。

用途：這些工具有許多用途：從拉坯形成的壺上切削泥巴，挖空和雕刻出來精細的模具製作的作品，創造凹槽和其它裝飾性的表面細節。重型環狀工具用作從模具和雕刻品上刻或挖出大量泥巴。

尺寸規格：有大量可供選擇的兩端的工具，有不同形狀和尺寸，適合任何需要，包括適合大型作品的重型工具。

技術等級：基礎至中級。

金屬雕刻/製模工具

技術：手工成形，製做模具、成形、刻泥巴或石膏。

用途：在工具箱中，對精確光滑、刮擦、做紋理、拋光是重要的。具有長手柄，多種形狀，這些工具適合在造型的內部和外部工作，具有彈性。

尺寸規格：有點狀的、有彎度的、有鋸齒的、長方形端的、環狀的、矛狀的、以及許多其它形狀。

技術等級：基礎至中級。

黃楊木成形工具

技術：製模，手工成形，裝飾。

用途：對木質工具的選擇在工具箱中是關鍵的。它們有多種用途，包括在盤泥條時混合泥巴，切塊時清理角度、按壓、拋光、做紋理，在製作模具時使細節精細。

尺寸規格：有大量的形狀和尺寸的選擇，有平的，彎的和鋸齒狀的邊緣。

技術等級：基礎。

擠泥器

技術：手工成形，擠泥條。

用途：擠泥器被用作從大塊泥巴上又快又好地擠出不同規格的泥條。它們對製作小的、形狀的、短的到中等長度的泥條，以及作為裝飾的目的有用。

尺寸規格：通常直徑為¹/₂英寸（13毫米），³/₄英寸（19毫米）和1英寸（25毫米）。

技術等級：基礎。

橡膠端成形器

技術：製模。

用途：硅酮或橡膠為尖端的成形器被用作在製模中控制泥巴。它們在泥巴上操作非常理想，因為大部分物質不會黏到上面。

尺寸規格：有數種尺寸、形狀，和不同等級的堅固度。成形器被像刷子那樣拿著使用。

技術等級：基礎至中級。

手工成形/製模工具

製作者一般會需要下列工具中的一些，為進行表面裝飾的很多方法——多種形狀的刷子是最重要的，但列出的很多工具有多種功能，所以在其它程序中也會有用。

剔花工具

技術：表面裝飾。

用途：對某種裝飾技術來說，要在泥巴上塗畫，這種兩端的工具既簡單又好用。一端的針狀點和另一端的矛狀點產生不同粗細和深度的線條。

尺寸規格：有兩個端的和一端的版本。

技術等級：基礎。

有刷子端的剔花工具

技術：表面裝飾。

用途：這種工具的一端有刷子，在陰乾的泥巴上進行剔花裝飾時，可幫助清理多餘的泥巴。一把畫筆也可做同樣的事情，但在一件上有兩件工具更方便。

尺寸規格：只有專業的陶瓷供貨商有售。

技術等級：基礎。

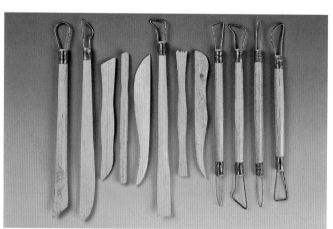

黃楊木工具和環狀工具

新手裝備（工具箱）
當這個標誌顯示在一個工具旁，指示這對新手來說是一個重要的工具。

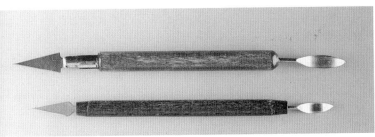

花邊工具

花邊工具（也稱蕾絲工具）
技術：表面裝飾。
用途：花邊工具看起來像其它剔花工具，它是為幫助在素瓷小雕像上，吸收泥漿做花邊而特別設計的。它們也可被用作標準的剔花工具。
尺寸規格：是兩個端的工具，一端是針狀，另一端是矛狀。
　　技術等級：基礎至中級。

盤繞的金屬線，兩端有環的工具
技術：切削和在表面做紋理。
用途：對切削有紋理的足 圈和創造拉坯器物的表面細節有用，但也可用作在其它素坯表面創造有紋理的細節，在其它用了化妝土上面來露出下面的泥巴坯料。
尺寸規格：通常一端為圓 形，另一端為長方形。
　　技術等級：基礎至中級。

泥漿擠線器
技術：泥漿拖線，大理石效果，羽化，管狀線，釉料拖尾。

泥漿擠線器

用途：泥漿擠出器傳統上 被用作在陰乾的和乾的泥巴表面畫出或拖尾拖出裝飾性的圖案和設計。它們也可用作其它泥漿技術，如大理石效果、羽化、或類似地用作上釉。
尺寸規格：有幾種尺寸，但通常燈泡形帶有可互換的從極精細到厚的噴嘴，適合不同的效果。
　　技術等級：基礎至中級。

雙重尖端紋理滾動器
技術：表面裝飾。
用途：是一個創造精細和中等針刺表面紋理的上手的工具。用來製作模具上的浮雕細節，或手工成形一個要求變粗糙的紋理細節。
尺寸規格：一種類型：兩端有滾子活動，通常為藍色。
　　技術等級：基礎至中級。

寬刷子
技術：應用於泥漿、釉料或顏料。
用途：寬的日本寬刷子通常被用作塗上大面積的顏色，不管它是氧化物、著色劑、泥漿，或釉料。刷子帶著裝飾性的材料，當器物在一個車模機上或者條紋的轉輪上轉動時，將其均勻地塗窄到寬。
尺寸規格：有數種尺寸，從窄到寬。
　　技術等級：基礎至中級。

塗抹刷子
技術：應用於泥漿，釉料，或顏料。

用途：傳統上是用於應用釉料，但也可以是泥漿，釉下彩，或任何要求稠的應用的表面處理。
尺寸規格：有一系列的長的和短的手柄的刷子，從大部分陶藝工具店那裡可以買到。
　　技術等級：基礎。

各種各樣的刷子
技術：刷子被用於製作過程和很多類型的表面裝飾。
用途：通常細的，精細的刷子被用在精緻的作品上，如瓷器繪畫、上光、釉彩作品，厚刷子用於應用更粗線條設計的地方。畫線筆，正如名字所示，用作向表面畫出彩色線條；它們也可以畫筆的方式應用。鐵線筆用於畫表面的日本風格設計。
尺寸規格：可得到大量範圍的刷子，但價錢也會很昂貴。細心選擇，為特定目的購買。
　　技術等級：基礎。

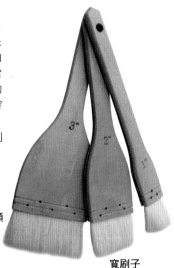

寬刷子

模具製作工具

　　這個部分列出了製模時需要的工具，適合從基礎到高級和半工業水平的技術。有的工具與其它應用相交叉，也可被用作不同階段 ── 從設計程序貫穿到最終產品。

格條銼刀
技術：製模和製作模型。
用途：通常格條銼刀有彎曲的面來銼凹面的表面。它們被設計為在製作和完成石膏模型和模具時難以夠到或不尋常成形的區域，並且對製作刻花工具的細節極為有用。
尺寸規格：在一個交叉形狀和輪廓的分類中，有小到中等尺寸的銼刀。
　　技術等級：中級至高級。

修坯刀
技術：表面修坯模具製作的表面。
用途：修坯刀是被設計和成形為具有小的刀片，特別用於切割和完成模具製作的陶瓷的表面 ── 例如，切掉注漿物品頂部的多餘部分，和在陰乾階段與乾的階段弄乾淨合模縫。
尺寸規格：供貨商不同，設計也有變化。
　　技術等級：基礎至中級。

素坯縫線清潔工具

技術：修坯和清潔。

用途：替代修坯刀的另一種方法，來清潔在素坯階段的接縫的後面和注漿形的邊沿；也用作去掉在其它表面高出的缺陷，包括多於的釉料。

尺寸規格：只在特定的陶瓷供貨商那裡有。這種工具有一個裝有彈簧的鋼切割頭和一個塑料的手柄。

技術等級：基礎至中級。

金剛砂/研磨塊

技術：工作室的多種用途。

用途：研磨塊被用作研磨，光滑和修整陶瓷表面，如燒製的壺的底面，那裡會有釉料滴落或表面粗糙。它們也被用作清潔窯內支架，磨尖工具，在製模時可被用作打磨設施。

尺寸規格：作為一種白色的燒結的鋁塊，通常在大部分陶瓷供貨商那裡可得到。

技術等級：基礎。

金剛砂紙/濕的和乾的

技術：模具和模型製作和修坯。

用途：濕的砂紙用作石膏模具製作，在製作模具之前來完成和打光表面到一個完美的水平。也被用作在模具上弄整齊尖銳的邊緣。有時，濕的和乾的砂紙在注漿上也可被用於來修補邊沿和底部。

尺寸規格：有多種的濕的和乾的砂紙。

技術等級：基礎至中級。

游標卡尺/直徑卡鉗

技術：測量。

用途：這種工具是一個測量設備，由一個L形的框和一個線狀尺子在其長的臂上，一個L形的滑動附件，來直接讀物體的空間尺寸。一個游標卡尺能夠測量非常精確。

尺寸規格：要到特殊供貨商處購買：試試工程供貨商。

技術等級：中級至高級。

新手裝備（工具箱）

當這個標誌顯示在一個工具旁，指示這時新手來說是一個重要的工具。

帶彈簧的卡鉗

技術：測量。

用途：帶彈簧的卡鉗用於測量和標記出直徑，內部的和外部的均可。它們有很多應用，如在製作草圖模型、模型和模具時。在設計階段是一種重要的工具。

尺寸規格：有數種形狀和尺寸。

技術等級：基礎至高級。

工程師用方形尺

技術：測量。

用途：一件工程師用方形尺用於在石膏製模和模具成形時測試一個正確的角度，決定一個垂直相交的表面。也可用作需要一個精確的角度的其它應用。

尺寸規格：數種尺寸，刀片為2-36英寸（5-91.5厘米）。

技術等級：基礎至高級。

表面計量器

技術：測量和做記號。

用途：表面計量器是用作精確描述石膏模板深入的線，以標記兩個部分的模具的中心點，或多個部分的模具的其它點。計量器也可用於工作室中的其它應用，當精確的線條需要被標記出來時——在素坯中或做裝飾時——對找到圓形部分物體的中心很有用。

尺寸規格：這種計量器從大部分陶瓷供貨商那裡可以買到。

技術等級：基礎至高級。

圓規

技術：設計，測量，用模具製作。

用途：在所有等級的設計和製作中很重要。當和擦不掉的鉛筆結合使用時，可被用作分割一個石膏模型來找到中心線。

尺寸規格：有不同尺寸和類型在文具店和藝術用品店廣泛可得。

技術等級：基礎。

塑料卡片/薄片

技術：製作模板。

用途：塑料薄片可被相當容易地切割為拉坯輪廓細節，和檢查塑料模具輪廓是否符合技術圖紙。由它可以製作其它工具，包括橢圓形刮片和刀片，做紋理和拋光的工具。

尺寸規格：有數種厚度，從薄而非常有彈性的到堅硬的有機玻璃均有，在特殊商店可買到。

技術等級：基礎至高級。

鑿子

技術：切削石膏。

用途：鑿子被用於在模製過程中在車模機上切削附著在杯形機頭上的石膏。

尺寸規格：在大部分建築供貨商那裡可買到大範圍的鑿子。

技術等級：中級至高級。

針銼刀

技術：輪廓和工具製作。

用途：針銼刀用於在雪橇車模具

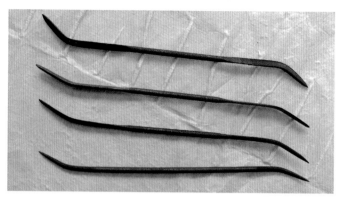

針鑿子

製作技術來完成和光滑模板和剖面的表面外形。它們也被用作在工作室中為其它應用的工具製作中使精細。

尺寸規格：它們有可選擇的形狀，常常在特殊供貨商那裡成套出售。

技術等級：基礎至高級。

環形尖端細的銼刀

技術：工具和剖面製作。

用途：這是另一種工具，用於模板、剖面及其它為模具和模型製作過程的特殊工具的製作中，使內部和外部表面精細。

尺寸規格：建築供貨商和特殊商店。

技術等級：基礎至高級。

穿刺鋸

技術：工具和剖面製作。

用途：這種鋸子一般被稱作珠寶製作者的鋸子，有一個帶鵝的可調節的框，來夾緊一個精細的像金屬線的刀片的末端，適合不同的長度。在陶瓷作坊，它被用在石膏模型製作中，為剖面和模具切割金屬薄片和有機玻璃。

尺寸規格：特殊的珠寶製作供貨商。

技術等級：中級至高級。

鋼絲鋸

技術：切削模板和剖面。

用途：在製作造型和模具，或手工成形或拉坯時，用於切削出來大型剖面和模板形狀，使母模的形狀跟建造時一樣。

尺寸規格：從很小到巨大的都有，從大部分建築供貨商可購得。

　　技術等級：中級至高級。

鑄箱

技術：製作石膏模具。

用途：不是必備的，但在製作多模塊模具時有用，因為它們可根據模型改變尺寸，在需要使用其它方法建造一個控制的壁時節省時間。

尺寸規格：一種尺寸，可以製作從小至大的模具，而框可以很容易地用家用木板和有角度的支架製作各種尺寸。

　　技術等級：基礎至高級。

肥皂水/模具製作的尺寸

技術：多個部分的模具製作。

用途：在生產石膏模具時使用，來預防表面黏在一起。肥皂水形成一道障礙，因此隨後的石膏層不能吸收，讓各部分容易脫離（即脫模）。（肥皂水是常用的一種脫模劑。）

尺寸規格：根據模具製作的尺寸所需量或肥皂水的名字購買。

　　技術等級：基礎至中級。

各種各樣的工具

除了有幾件有特別用途的物件之外，這個類別的大部分工具是作坊中所需要的很重要的物件。

矛狀工具

技術：手工成形和清潔模具。

用途：這種有兩個端的、矛形的工具被設計為從石膏模具上清潔泥巴，來避免刮擦和損壞表面。它對手工成形也很有用——來光滑表面和打磨光亮（拋光）——是一種模製工具，和在素坯的內部和外部的面上的刮擦器。

尺寸規格：通常為藍色塑料，有一個大的和一個細的矛形端。在大部分陶瓷供貨商那裡可得到。

　　技術等級：基礎。

弓形豎琴工具

技術：切泥板。

用途：在挖出泥巴之前，通過在凹槽中重複地重新把金屬線在框上上下移動，使得弓形豎琴能夠從一大塊泥巴上切割下一疊厚板。

尺寸規格：兩種規格：中等（12英吋/300毫米），大型（18英吋/457毫米）；替換的金屬線也可買到。

　　技術等級：基礎。

弓形修坯器

技術：手工成形，製作模具，拉坯。

用途：這種小的，一手握的弓形通常用作修去多餘的泥巴，特別

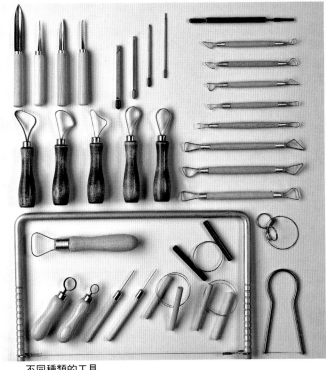

不同種類的工具

是在印坯或切泥板時，它也可被用作修切拉坯作品和其它手工成形的器物的邊沿。

尺寸規格：供貨商不同，類型不同。

　　技術等級：基礎。

篩子和濾刷

技術：製備泥漿，釉料，顏料。

用途：對工作室來說是重要的物件，這些工具被用作過濾手工挖

篩

出的泥巴，去除石頭；混合泥漿和釉料，這樣成分可以正確地混合在一起，顏色在混合物中恰當分布。當使用小劑量的顏料時，小的杯形濾刷對過濾顏料是非常理想的，如放在一個容器上面的平的泥漿篩子。

尺寸規格：篩木尺寸有20/30/40/60/80/100/120/200，在直徑為8英寸（203毫米）或10英寸（245毫米）的山毛櫸木框裡。

　　技術等級：基礎。

轉動的釉料篩

技術：快速過濾粗原料。

用途：這種設備用於混合泥漿和釉料，適合放在任何圓形的容器上，裝2加侖（9升）的原料。它可用於篩乾的物質，操作為轉動手柄使得刷子在一個平面上轉刷過去。

尺寸規格：提供有60/80/100尺寸的篩子。碗狀是16×5$^{1/2}$英寸（405×140毫米）；框的長度為24$^{1/2}$英寸（620毫米）；濾網

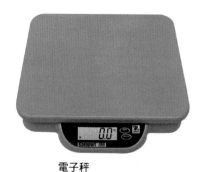

電子秤

直徑¹′²英寸（12毫米）。
　　技術等級：基礎。

鋼鋸
技術：切割物質和石膏作品。
用途：割石膏塊，為製作者切割破裂的模具，通常為切割工作室中的必需品。舊的和損壞了的鋸片可被用作做紋理和刻痕。（切割模塊的鋼鋸有樺鋸、手鋸等。）
尺寸規格：在建築供貨商那裡有金屬的、U形框和組合的細齒鋸片。
　　技術等級：基礎至高級。

塑料的測量杯
技術：測量成分。
用途：在混合泥漿、釉料、石膏，及其它液體混合物時，測量水的含量。常備幾個不同尺寸的杯子很有用。
尺寸規格：陶工商店或通常五金商店可購得。

技術等級：基礎。

碗，桶，漏斗，勺子
技術：工作室實踐的所有領域。
用途：除了明顯的用途外，大碗可用於把盤子或平直的物件在泥漿或釉料中蘸漿。桶，特別是帶有合緊的蓋子的，被用作放置乾的原料和液體混合物，如泥漿、釉料，甚至製模時石膏。漏斗被用作來輕輕倒出濕的或乾的原料進入容器，勺子被用作通常稱重時取乾的原料。
尺寸規格：在陶工商店或通常五金商店，可買到不同尺寸。
　　技術等級：基礎。

切泥片器
技術：製作泥板和泥片。
用途：切泥片器是一種快速的可靠的工具，用於從泥板上切割多個的、同一規格的泥片。
尺寸規格：方形的有數種尺寸，1英寸4¹′²和6英寸（28,108和152毫米）；六邊形—31/4英吋（82毫米）；長方形—4×2英吋（100×50毫米）；圓形—4英吋（100毫米）。微型切刀有多種形狀，從一些應用供貨商如表面裝飾供貨商處可得到。
　　技術等級：基礎。

蘸漿鉗
技術：上釉。

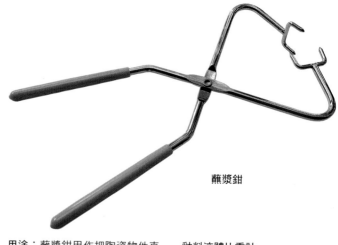

蘸漿鉗

用途：蘸漿鉗用作把陶瓷物體直接蘸入釉料。通常製自重的金屬，它們通常有尖銳的夾緊點，用於最低限度的接觸，物件蘸漿，均勻的覆蓋釉料。當需要最低限度的接觸時，它們可被用作在其它液體中蘸漿。
尺寸規格：陶工商店都有這類工具的不同版本。
　　技術等級：基礎。

搗杆和研鉢
技術：製備粗原料。
用途：搗杆和研鉢對手工研磨粗原料是有用的，這些原料在混合入泥巴、泥漿，或釉料之前，可能由於自然力的原因有大塊，或在儲存中有固化，顏色有玷污和氧化物。
尺寸規格：有從小到非常大的數種尺寸，在陶工商店和廚房用具商店可得到。
　　技術等級：基礎。

釉料液體比重計
技術：混合釉料。
用途：漂浮物，在釉料中像釣魚浮子。使得能夠從一批到另一批重複最佳效果的釉料稠度；對重複和大量生產器物很重要。
購買處：陶工商店可購得。
　　技術等級：基礎。

杆秤和克稱
技術：對粗原料稱重。
用途：沒有稱，就沒有工作室能夠對粗原料稱重，因為釉料和泥漿製備、石膏工作、顏料添加劑、對泥巴坯料的氧化物的大部分配方，都要求非常精確的測量，以使成功。
尺寸規格：三桿平衡稱精確到0.1克，配套有一個2×1000克和1×500克砝碼配套，來增加稱重量。克稱對稱少量的顏料和氧化物很有用，在1克左右的區域稱重，最高達50克。
　　技術等級：基礎。

有彈性的橡膠桶
技術：模具和模型製作。
用途：混合石膏。有彈性的橡膠桶在傾倒石膏時容易操作；它們便於大量石膏的混合，比桶壁堅硬的更容易清潔。
購買處：在大部分五金商店可得到。
　　技術等級：基礎。

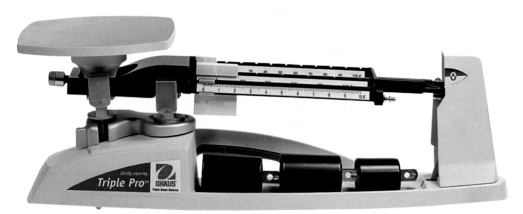

三杆平衡案秤：有三根樑，為三個刻度範圍。

新手裝備（工具箱）
當這個標誌顯示在一個工具旁，指示這對新手來說是一個重要的工具。

健康和安全設備

健康和安全在陶瓷工作地方是具有最高重要性的，因為有在使用的潛在的有危害的物質。下列基本設備是每個工作室必備的。

防塵口罩
用於在製作釉料時混合乾的物質，石膏工作和清潔時。

防毒面具
為操作和準備更多危險的物質，及一些形式的燒製如樂燒。

抗熱手套
為從窯和窯具或樂燒中操作熱的器物。

安全護目鏡
為研磨、混合特定物質，樂燒和煙燒。

圍裙
來防止衣服沾染灰塵和其它危險的物質；因此，圍裙應該是尼龍材質，容易擦洗。

防塵口罩

防毒面具

拉坯機

拉坯機有多種形狀和尺寸，但購買時的主要考慮首先和最重要的是舒適，因為它們能夠形成背上的一道拉力。

拉坯機是最多才多藝的，能產出極好的產品。但很多陶工為了審美的原因，仍然選擇動力拉坯機。

電動拉坯機
技術：拉坯。

用途：為拉坯產品和切削餐具、廚房用具和裝飾性物件，為製作石膏模具切削泥巴模型。設置為非常慢時，拉坯機可被用作在素坯或素燒過的形式上結合泥漿或釉料。

尺寸規格：很多電動拉坯機都可買到，從桌面型到有座位的大型木框版本，或適合站立的。為具體的需要咨詢陶工設備供貨商的建議。

技術等級：中級至高級。

動力/腳踢拉坯機
技術：拉坯的傳統形式。

用途：與電動拉坯機的用途一樣，但要腳踢驅動一個踏板來帶動一個沈重的飛輪，產生動力和轉矩至中心，拉動泥巴。

尺寸規格：不管是坐的還是站的類型，現代動力拉坯機建造在一個焊接的鋼框架上。在陶瓷設備供貨商那裡可買到。

技術等級：中級至高級。

做條紋裝飾的轉輪（也稱轉盤，手輪）

技術：裝飾或手工成形。

用途：做條紋裝飾的轉輪是放在地板上，可調節的，能夠使得作品安置在確切的正確位置。和板凳式轉輪一樣的使用，用作手工成形、模製、雕刻和表面裝飾。

尺寸規格：通常用鋼和鋁製成，在大部分陶瓷設備供貨商那裡可得到。

技術等級：基礎。

轉盤

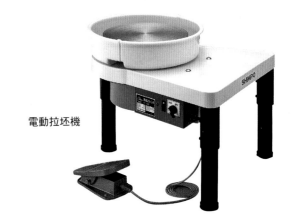

電動拉坯機

動力（腳踢）拉坯機

一般工作室設備

為了好的和有效率的工作實踐，一般要求在這個部分列出的物品來裝備一個陶瓷工作室。不是所有物品都需要在專門的供貨商那裡購買，因為它們在工藝商店現成可得，或可以從其它設備中採用。

切割揉泥台

技術：製備泥巴。

用途：每一個工作室都需要一個穩固的台面，帶有半吸收的表面，用於切割泥巴和揉泥，為了手工成形和拉坯。

尺寸規格：不同尺寸的揉泥台在大部分陶瓷設備供貨商那裡是可得的，也可在家自製，用一個鋪設的厚板固定住放在一個穩固的木桌上面。

技術等級：基礎。

吹風機

技術：手工成形。

用途：對手工成形者來說，是隨手易用的，特別是在盤泥條時，因為它能讓製作者在加上接下來的泥條之前，把器物變乾些變得更堅固。在接合之前和其它程序需要把泥巴變得更堅硬以使接下來能繼續工作之前，對把捏塑的區域變得堅硬些也是有用的。

購買處：用舊的更好——電器店可買到各種形狀和尺寸。

技術等級：基礎。

新手裝備（工具箱）

當這個標誌顯示在一個工具旁，指示這對新手來說是一個重要的工具。

大號塑膠箱子

技術：回收泥巴和儲存。

用途：除了儲存這一明顯的用途，塑膠箱子被用於泥巴回收。用一個來收集乾泥巴，另一個來鬆弛泥巴，為後邊做泥料。在各個桶裡保存不同泥巴，每一個做上確切標記。

尺寸規格：在五金商店可買到各種類型的，建議選擇沈重耐久，帶有合度的蓋子的。

技術等級：基礎。

加侖混合器

技術：製備釉料和泥漿。

用途：對釉料和泥漿的快速混合是非常重要的幫助。在按計劃逐漸地加入乾的成分之前，在操作機器時，向桶中加入需要的量的水，會得到最好的結果。這個機器被設計為能夠預防漩渦或濺水。

尺寸規格：陶瓷供貨商有他們自己的機器設計，但運轉同樣的任務。

技術等級：基礎。

沈積池

技術：安全的水排出。

用途：幫助在工作室中使用的從有潛在的危險的物質保護環境，預防泥巴、石膏或其它沈積物堵塞下水道。這個箱子安裝在工作室水池的下方，收集沈積物，但能讓水流到下水道。

尺寸規格：有數種類型可得，最好是帶輪子的便攜的，能倒空收集的沈積物。

技術等級：基礎。

半自動化設備

在這個部分列出的設備有具體的用途，有的很大。因此，通常它們用於大量生產產品的作坊，但有些在小的工作室也可用。

陶板機

技術：製作泥板。

用途：這是一種有效率的可靠的方法來把大片泥巴壓出厚板，使用於手工成形和製作泥板。這種機器的設計通過校正滾泥機的高度來擀製，能製作無限制的厚度變化的泥板。

尺寸規格：在陶瓷設備供貨商那裡有範圍廣泛的大的和小的陶板機。

技術等級：基礎。

泥巴攪拌機

技術：製作泥漿。

用途：攪拌是一種程序，粗原料、成粉末的，或可塑性的泥巴跟水混合，攪拌為注漿或裝飾用的泥漿。這種機器生產大量的泥漿，適用於產品製作。

尺寸規格：有數種尺寸，在陶瓷設備供貨商那裡可買到。

技術等級：基礎至高級。

車模機(也稱鈷轆車，陶輪)

技術：製作模型和模具。

用途：用於切削石膏模型和專業品質的工作模具生產。由於車模機產生的轉動活動，它主要生產勻稱的物體。

尺寸規格：車模機是一種專業的設備，它通常會有一個石膏頂（也稱轉輪，杯形機頭），既可以是一個手工操作、不用電的車模機，只用於模具製作，或是一個電機帶動的車模機，用於製作模型和模具。有些類型有一個相反的設置，這種車模機可以向不同方向旋轉。

技術等級：中級至高級。

球形研磨機（也稱球磨機）

技術：研磨粗原料。

用途：球形研磨機是一個特殊類型的研磨機——用一個圓筒形的設備來把粗原料研磨為精細的微粒尺寸。它對在加入泥漿、釉料和陶泥坯料之前，把氧化物、顏料研磨為精細狀態特別有用。

尺寸規格：在陶瓷設備供貨商那裡有數種尺寸可得到。

技術等級：高級。

泥料研磨機（也稱練土機）

技術：加工泥巴。

用途：泥料研磨機被用作加工重構的泥巴，把不同的泥巴混合為另一種泥巴坯料，製備好無空氣的擠出泥巴。

尺寸規格：在陶瓷設備供貨商那裡可得到數種尺寸，有平直的/台面支撐的、垂直的形式。

技術等級：基礎至高級。

擠泥條機

技術：在手工成形中擠出。

用途：用於生產泥條，成形泥巴的泥條來製作物件如把手。現在很多陶藝家完全從更大的擠壓出的形狀上建造形狀。大部分擠泥條機有不同模具，適合不同目的。

尺寸規格：一般為牆支撐，但有些供貨商現在銷售適合站立操控的擠壓器，用於沒有堅固的牆可用、可固定的地方。

技術等級：基礎至中級。

旋坯機

技術：用於在模具上方和內部成形器物的機械系統。

用途：內旋法成形指的是金屬

模板（型刀）成形一個物件里面的部分，外面是由石膏模具成形──一般是盤子、碟子和淺碗。外旋法作品是用相反的方法，外部的面由金屬模板成形，石膏模具成形裡面的面，以製作中空的器物如茶杯、深碗等。是一種用於重複生產的有用的機器。

購買處：有些陶瓷設備供貨商有。

　　技術等級：中級至高級。

振動篩

技術：製備泥漿和釉料。

用途：這種用電操作的振動器對快速篩泥漿和釉料很有用，少量的和大量的均可。

尺寸規格：大部分陶瓷供貨商有他們自己的版本，但一些機器篩比別的量大，所以要查看一下這個機器是否符合你的要求。

　　技術等級：基礎。

泥漿泵和注漿桌子組合

技術：注漿。

用途：允許做多模塊模具注漿，從一個能裝大量注漿泥漿的水箱裡面，經過一個軟管和手工控制的噴嘴。一個注漿用台面有一個用暗榫接合的頂面，能夠讓模具把多餘的泥漿瀝乾滴入下方的一個控制水箱；這個水箱按照順序，有一個下水管，來倒空和清潔，這對生產作品是有用的。大部分供貨商有他們自己版本的泵和台面/單元。

購買處：大部分供貨商有他們自己版本的泵和桌子的組合。

　　技術等級：基礎至中級。

烘乾機

技術：手工成形，拉坯，模製。

用途：這些櫃子被設計為，通過使用一個熱力學上控制的加熱部件，幫助那些泥巴坯體和石膏模具均勻乾燥。打開網眼架子，讓空氣在裡面晾乾的物品周圍自由流通。

尺寸規格：在一些陶瓷設備供貨商

那裡有，有窄的和寬的尺寸。

　　技術等級：基礎。

車床

技術：製作模型和模具。

用途：用於切削石膏模具，主要用於生產對稱的作品，依此製作模具。

購買處：專用石膏車模機床很難找到，但切削木頭的機床有時能被轉變為使用石膏。可在購物和陶瓷網站上尋找二手的車床。

　　技術等級：中級至高級。

帶形鋸

技術：工具製作。

用途：帶形鋸用於切割模板，切割在模型製作和模板製作技術中、手工成形拉坯器物的剖面形狀。它們也能用作把材料切割為工具，為了具體用途或一個具體形狀的工具。

尺寸規格：有從小到巨大的工業尺寸；在建築供貨商那裡可得到。

　　技術等級：中級至高級。

環形磨砂機

技術：表面準備或完成。

用途：環形磨砂機在改善任何素瓷，或低溫燒製的器物的表面時是非常有用的，在此要麼陶泥是留下未上釉的，要麼是透過透明釉很明顯的。

購買處：許多地方如建築、木材加工和電器供貨商都有。

　　技術等級：中級。

噴釉（噴漿）設備

　　為追求最佳效果，有許多技術都要求來噴灑覆蓋表面。噴塗灑設備在生產作坊中也是有用的，在那裡物品可能需要被快速而整齊地加工。

噴釉台（固定的）

技術：表面裝飾。

用途：這種機器用來包容和抽取灰塵和微粒，這些灰塵微粒都是噴灑液體比如做裝飾時的釉料產生的，吸入會很有害。

尺寸規格：根據製造商不同，產品也有不同。固定式的噴釉台通常安置於背靠一面牆，來讓灰塵進入空中；一定要符合當地的環保要求。

　　技術等級：基礎至中級。

噴釉台，濕的背部

技術：表面裝飾。

用途：同固定式的噴釉台是一樣的，在一個窗簾式的循環水幕的主要部分上操作，水流向下流到台的後面，噴釉台帶有一個抽取器系統，在噴灑時來捕捉多餘的釉料微粒。

尺寸規格：小型的適合陶藝工作室、學校和大學，大型的適合生產/工業產出。

　　技術等級：基礎至中級。

壓縮機

技術：上釉和裝飾。

用途：帶動一個噴槍噴釉，用於裝飾性的顏色、泥漿和用於素坯或素瓷器物表面的釉料。

尺寸規格：有數種類型，可從陶瓷設備供貨商那裡得到。

　　技術等級：基礎至中級。

噴槍、杯子和軟管

技術：上釉和表面裝飾。

用途：用于上釉和表面裝飾，特別利於均勻施工。噴釉得益於全部控制上面覆蓋的厚度，可追求不同的變化的效果。

尺寸規格：大部分陶瓷設備供貨商有一系列的噴槍，適合跟一個壓縮機和噴釉台配套使用。

　　技術等級：基礎至中級。

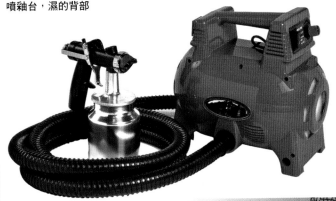

壓縮機

當你還是從頭開始，你不必擁有每一個機器、自己有一個窯或很大的空間；現在共享和租用空間和設備的專業網絡增長發展很快，機器和窯可以租用。如果你深思熟慮地裝備你的工作室，它會隨著你的職業生涯一起成長。

創建工作室

這個部分幫助你認識，伴隨著時間的發展，你可以怎樣發展你的工作室空間，從一個基本的空間直到全面運行的工作室。

工作室要求

基本的要求是工作的空間和取得水的途徑。這樣看來，在廚房桌子上工作很合適，而灰塵將會很快成為一個重要的健康和安全問題。更好的選擇是地下室或棚子，它們會提供一個方便的、自由的工作的空間。如果房間有一個水池，那麼你應該考慮在水池下方安裝一個存水彎，來預防泥巴、石膏和釉料物質堵塞管道。這使得這些物質在一個水箱裡沈積，這樣更容易去除和清潔。如果沒有自來水，那麼你可以用一個結實的水桶，帶水到工作室。另一種辦法是，如果你的工作室是位於花園末端的一個棚子，可以用一個大水桶來收集雨水(除了在上凍的冬季月份)。

空間

如果空間足夠大，必要的板凳、架子和小型的窯能夠不費力地安裝起來。這是一個很好的機會，在不用太大代價的條件下，來最大化你的潛能。如果在你家沒有空間，那麼一個共用的作坊也是一個好的選擇。這樣安排的好處是明顯的；如果這個共用的作坊是已經建好的，你會非常有效率地租用一個整體的選擇好的機器；如果它是一個新安置的，那麼，至少你會進入一個團體，租用和其它花費責任分擔。

不管是否是共用的，你要規劃你的工作室，規劃一條到作品那裡的通道在空間中穿過。理解你的實踐那麼接下來的工作將會

總覽陶瓷程序中的階段

程　序	細　節
素坯	所有作品在素燒之前。
準備：切割泥巴/揉泥/混合。	新的袋裝泥巴不需要任何準備。
製作作品：將未完成的作品用塑料包裹儲存。能夠無限期保存，如灑水、密封、用塑料包裹。	增加同樣稠度的泥巴在一起，通過攪拌或磨和泥漿黏合方法。
乾燥階段	
陰乾的	一旦泥巴開始乾燥，它被認為是陰乾的，直到乾透。使用磨毛和泥漿黏合法接合泥巴。
乾的。3/4英寸（2厘米）厚的作品的標準乾燥時間範圍可以從兩天到兩個星期。	最長無限期，根據泥巴的稠度、形式的複雜度、房間的空氣和包裝，不要嘗試和接合作品。
乾透	如果在室溫下觸摸覺得冷，作品還是潮濕的，讓它待到更乾。
素燒（第一遍燒製） 3/4英寸（2厘米）厚的作品的標準燒製時間為8-10小時，包括1小時保溫。	小心，不要觸到窯裡的熱電偶棒，它顯示溫度。可觸摸素坯。
出窯：燒製和冷卻取決於窯的熱滯留：1 1/2-2 1/2天。	這會高於華氏1830度（攝氏1000度），取決於泥巴不同和瓷化的目的。窯孔附近在華氏1110-1290度（攝氏600-700度）之間。
選擇溫度	陶器（E/W）：華氏1650-2190度（攝氏900-1200度）。炻器（S/W）：華氏2190-2460度（攝氏1200-1350度）。
釉的工作	在施釉之前，確保素燒坯是無塵的。總是檢查物質的溫度範圍。
排窯	不要在窯裡觸摸有釉的作品。
上釉燒製：取決於燒製的類型和燃料。標準的電窯中性（氧化）——陶器7-8小時，炻器8-9小時。	選擇溫度。
出窯：燒製和冷卻取決於窯的熱滯留：1 1/2-2 1/2天。	不要打開窯門，直到溫度低於華氏300度（攝氏150度）。只打開一部分來冷卻更多，窯和作品仍然很熱。
釉上裝飾技術	釉上彩，轉印（貼花紙），光澤釉。華氏1360-1830度（攝氏740-1000度）。
排窯燒製/出窯	欣賞燒成品。

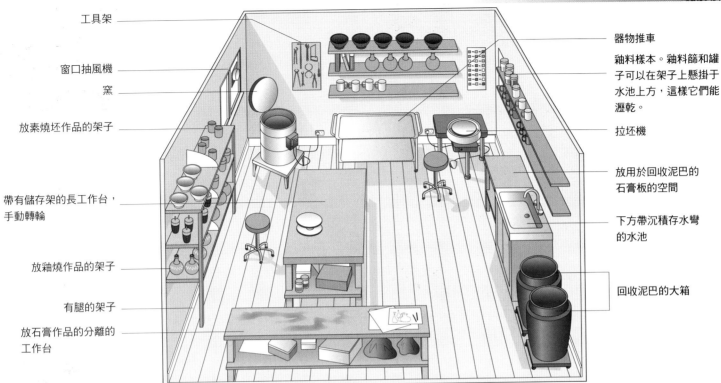

工具架

窗口抽風機

窯

放素燒坯作品的架子

帶有儲存架的長工作台，
手動轉輪

放釉燒作品的架子

有腿的架子

放石膏作品的分離的
工作台

器物推車

釉料樣本。釉料篩和罐
子可以在架子上懸掛于
水池上方，這樣它們能
瀝乾。

拉坯機

放用於回收泥巴的
石膏板的空間

下方帶沉積存水彎
的水池

回收泥巴的大箱

真正地幫助你利用你的空間，發揮它全面的潛能。

如果你的空間是有限的，那麼儲存作品、打掃衛生，和從一種活動切換到另一種的能力是很關鍵的。這不像聽起來那麼難：它只不過簡單地要求規劃和準備。

如果你的工作室空間大，那麼你可能喜歡為製作過程的不同階段創造地帶——一個濕的區域來讓你在幾件作品上工作，一個來乾燥的區域，另一個區域來裝飾或上釉要燒製的作品。即使如此，仍然需要來考慮一種活動如何影響另一種。例如，作為一個普遍的規律，上釉或釉上裝飾應該與石膏或泥巴工作室分離，使這個過程中由灰塵引起的污染降至最小。

照明

一個照明很好的空間固然是理想的，但是在某些情況下，特別是開始時，你可能會決定選擇一個大的空間而不是小的。如果情況是這樣，那麼你可以為自己的桌子配一個好的角度平衡的燈盞。日光燈很有用，而且它們很容易在電器商店買到。

設備和儲存

下一步是建設基本的環境。除了窯和其它機器，一個新的工作室最迫切需要的是一個好的工作台和儲存的空間。工作台可以購買或製作；不管你選哪種解決方法，最重要的是要大、穩固，在你工作時不會移動。製作一個堅固的、有巨大表面區域的工作台，你可以購買一個標準的防火門，它一般都很堅固，然後加上由結實的木頭做成的腿。重要的是，用交叉的木條支柱來支撐腿。如果能夠的話，把工作台固定到地板上，也是一個好主意。

你的工作台的高度也很重要。如果你往周圍移動很頻繁，或者改變位置，大部分時間你都是站著的，那麼一個高的台面（可能1碼/1米）帶有一個凳子來坐，就很不錯。另一方面，如果你的活動是相當固定的，你大部分時間都是坐在一般的桌子高度（27 1/2英寸/70釐米），那麼一張標準的

桌子帶一張好的椅子和一個可移動的聚光燈就可以了。一張粗糙的玻璃或有機玻璃為精細模具工作提供一個完美的平直的表面。好的架子也很重要，有支撐力的、開放的架子能幫助空氣流通，來幫助晾乾，同時水平的架子從同一高度開始，你能很容易地從工作台取到東西，還能夠把粗原料儲存入密封的塑膠箱，直接放在下面。如果你想要保持作品潮濕和繼續加工，在架子的前面和邊上釘住整張厚塑料，就創造出了一個簡單的保濕櫃。

隨著時間流逝，收藏的工具會增加，所以，當你準備工作室時，應考慮實際上的需要。有些工具是基本的，有些是奢侈的。

一個固定在牆上的工具架能很好地節省空間，它讓工具可見，方便取拿。這樣的好處是，可以把你理想的工具"購物清單"跟銷售或委託聯繫起來：如果你接收了一個委託，知道你的工作將會支付這件特別設備的費用，那你就大膽購買你完成作品

所需要的工具。保持工具乾淨，延長使用壽命，一塊磨刀石、濕的和乾的砂紙張和WD40（潤滑油）也是重要的材料，能使工具保持在最佳的工作狀態。

在陶瓷作坊中會用到五個或六個大型機器。窯是最為顯眼的，接下來是拉坯機、車床、車模機、擠泥條機、練土機和陶板機。要注意將它們的作用與你的需要聯繫起來考慮。例如，你想要陶板機，但它佔用了一大片地板空間，所以，除非你要製作很多泥板構成作品，否則不如一個窯或拉坯機重要。

陶泥、石膏、釉料和其它粗原料的儲存是一個基本的工作室難題。理想的狀態下，這些物質應該被保存在分開的區域，放在密封的容器中。如果這無法實現，那麼在一個還沒有使用的空間裡系統化地儲存，比如在工作長台的下方是一個聰明的解決方法，提供給你足夠的腿的空間。

當你的實踐演變為一個精心規劃和全面運行，正確的工作室，這會幫助你的工作走上軌道。

第二部分

成形
技術

混合的陶瓷造型
鐘愛然・佩雷斯
　　這件富有力量的作品是一個泥巴
的混合物，包括被燒到一個較高陶器
溫度的瓷器。分成對應顯示了泥巴物
質是如何自然地形成的。
從左至右的製作者：娜塔莎・丹翠，
瑞貝卡・卡特蘿，尼古拉・穆勒。

捏塑形式
加布里艾·科奇
一旦你掌握了某種技術，之後就可以探索它的潛能。這件捏塑和泥條盤築的造型顯示了一個單純的清晰的圖像，眼睛注視時，看到的是微妙拋光過和煙燻過的表面品質。

捏塑常常是陶瓷中最先遇到的技術。對於開始處理陶泥和理解陶瓷形式，這是一個簡單的方法；你要多接觸陶泥，只用手來控制它，你會習慣於製作一個中空的形狀。它看似是一種非常簡單的技術，但也需要練習來完善，具有創造一個範圍廣泛且變化無窮的造型世界。

手工成形：捏塑成形

捏塑技術提供給你一個理想的機會來嘗試各種不同的泥巴坯料。一開始就瞭解不同的陶泥是如何表現的，手感如何，是有益處的。這會成為你跟泥巴在一起的旅程的開端，在未來選擇和使用中你會有個人傾向。一旦你有了機會來欣賞不同泥巴及其特點，你可以嘗試選擇不同顏色和紋理的樣本，把它們混合在一起。這會創造出大理石的效果，如果不是做的過分，它也會顯示出不同陶泥的兼容性。你也將會看出製造商如何能夠混合泥巴坯料，做出特別的紋理、顏色和用途。

工作性質

你將會得到對於泥巴工作性質的理解——例如，不同的應用施力的方法如何直接影響泥巴，形狀能夠如何快速地形成。如果形狀還沒有考慮好，你會看到它怎樣快速地形成。你可以參加設計課程，瞭解最後你能得到怎樣的作品，讓你的雙手來與泥土交談。

當你操作泥巴時你就會知道，在你的手中物質吸收水分有多快。你玩泥巴的時間越長，它就會越乾。用濕的海綿加一點水，它會很快給泥巴補水，回到它的最初狀態。然而，當你加入過量的水時，它很快會變得不可收拾。

為了泥巴捏塑能非常簡單地完成，只要扯出泥巴的一半，然後把它捧回去團在一起；這會排出很多小氣泡，當你在造型上繼續進行時，在製作時捏塑的活動會使得剩下的破裂。

讚賞技術

在全世界各個博物館裡有很多來自多種文化的捏塑形式的例子。當你有機會手握過去（甚至現在）的捏塑形式，會有一些愉快的感覺，你能夠感受到製作者在內部和外部按下的手指痕跡。

捏塑成形

　　你將會很快想要進一步發展你的形狀，認識使用其它陶瓷核心技術的潛力。正如主要的製作技術，泥巴在不同階段逐漸向最終厚度變化，會讓你對形狀進行控制。

   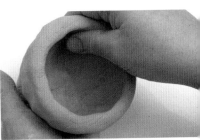

1 選擇一小團泥巴，能使你的手掌剛好握住。調節和準備泥巴，你會需要使用一種簡單形式的切割揉泥。你把泥團扯出一半，用力把這兩半再擠合在一起。重複此動作數次。

2 把泥巴做成一個球形，手握成杯形籠罩它。用力拍打泥巴，用雙手圍繞泥巴轉動來創造一個球形。

3 把泥巴握在一個手中，另一隻手的大拇指推入球的中間，推到一定深度，離底部大約5/8英吋（1.5厘米）。

4 從底部開始，使用大拇指和其它手指一起按壓和擠捏。在泥巴表面緊挨著做細密的按壓。當你在手掌中轉動泥巴時，不要使用大力。通過把感覺不均勻的地方捏一捏，試著把造型的壁做得盡可能的均勻。

5 逐漸把在造型周邊的活動轉移到上部。當手指向上移動時，從底部分階段把泥壁做薄。避免捏邊捏得太厲害——保持厚度，否則它會外傾，無法控制形狀。

6 一旦捏出了一個均勻的壁，就開始用邊來決定最終的形狀。為了練習你的控制，這裡描述的是一個簡單的碗形。很明顯，通過自由地向各個方向捏，你能夠得到一個廣泛種類的更為有機的形狀。

7 你可以進一步發展這個形狀，通過把它上下顛倒，在邊和底部上使用木槳片和塑料或金屬片工作。你可以在這個階段提高和定型，或等一等使它更乾一些。

8 邊沿需要進一步加工來完成形狀，決定它的外形會幫助來傳遞形狀的意義：邊沿是任何開放的形狀的邊框。

加上泥板和泥條

為增加任何捏塑的形狀的尺寸，你可以通過加上泥板和使用泥條來延伸器壁。

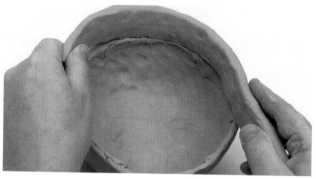

把小量的泥巴在布上或放入手掌中弄平。通過拍擊，把這些新的部分應用在已完成的形式上。擠壓使之結合，然後實施捏塑使形狀延伸。你可以發展表面有趣的形式，通過按壓這些額外的部分，做出不同的紋理，然後用同一種方式應用它們。

捲出泥條，通過把內壁和外壁結合在一起使用它（見61頁）。像先前一樣捏泥，來得到想要的厚度和形狀。你可以使用你想要的泥巴數量，來增加高度和變換造型。

形式的發展

捏塑出的造型尺寸取決於你手中的泥巴的最初大小。當往上加泥巴時，確保它和你正在操作的泥巴稠度相似，使得能夠通過捏塑和混合來接合在一起。如果每一片都較硬，那麼你需要來磨毛和泥漿塗抹表面的邊緣，以使能夠接合。當你在加上紋理部分而不想干擾表面品質時，你也要這樣做。

使形式變形

一旦一個形式閉合，被圍合在內的空氣將會形成一個有用的支持結構，使你能夠用幾種方式來變化形狀：

一旦你完成了你的造型，它必須在某處有一個小孔，最好是隱藏的。這是為了讓空氣（它會在燒製過程中由熱量引起膨脹）逸出。如果沒有辦法來逸出空氣，作品將會爆裂。

當探索這項技術時，你將會認識到，你和泥土的接觸是多麼直接，以及為甚麼接觸這種物質是一個有用的開端。一旦你掌握了製作捏塑形狀的要領，你將會看到，在這種基本的技術中可以使用多少種不同的方法來塑造有趣的造型，並且跟其它主要成形技術一起使用時，其潛能怎樣。

失誤及補救

捏塑中一個你要面對的問題是，邊的頂部張開太迅速。

在器壁上相對的地方開出兩個或四個"V"字形。把這些拉在一起，重疊側邊，擠壓並和重新成形。

邊或壁開始開裂。

使用濕的海綿加上一點水，然後通過混合和按壓來把它弄光滑。不要過濕。

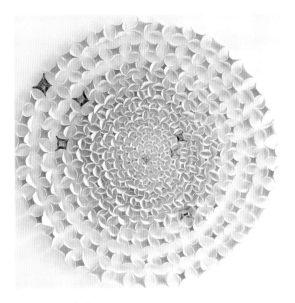

捏塑的裝置
瓦勒里婭·那茵門托
　　這件藝術品由捏入形狀的小泥板構成。通過生產多件，它擴展了範圍的可能性。

變化形狀和表面紋理的技術

　　嘗試下列辦法來提供快速建造草圖模型（小的模型，泥稿）（見292頁），來進一步造型。捏塑是一項簡單的技術，但是能夠讓人對器形和表面的塑造有很好的瞭解。

· 製作和接合其它捏塑的形式，來創造一個複雜的多重的形體。
· 使用工具來割掉部分，或用大頭針來刺出複雜的設計。
· 製作捏出的蓋子，通過切割出形狀和重新成形，界定新的邊緣。
· 製作個人的捏出的/模製的足，加在底部。
· 製作個人的捏出的/模製的雕刻的細節。
· 如果需要一個底部，在一個平的表面輕輕拍打目的區域，來創造一個平的面來坐上。

· 在一個木質表面滾動，來軟化表面和形狀。
· 滾壓上紋理，來創造表面趣味。
· 使用手指推，來操控軟的有機形式。
· 使用不同的模製工具來創造表面設計和紋理。
· 使用挖削工具來去掉不好的表面設計。
· 使用不同的硬邊在表面創造線條和凹痕。
· 使用小泥條來創造區域來在其上建造，構成形式。

有側面的捏塑形式

對簡單捏塑形式的添加和改善

　　一旦泥巴在最初捏塑後發硬了，你可以使用簡單的加工和模製的添加物來變換形狀。

　　小的模製的添加物可以是全部模製然後加上去，或加上去之後進一步造型。如果泥巴是陰乾的，這些添加物必須用磨毛和泥漿黏合技術接合（見72頁）。

　　對區域做出標記，來接合更多的泥巴（例如足）。在表面塗畫能夠激發潛在的想法，通過用一件合適的模製工具混合所有的添加物能夠被很好地黏合。

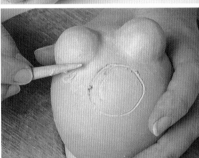

　　器形的底部和任何其它地方一樣重要。它提供穩固性，所以不應被忽視。這個底部是被木槳拍打至外觀軟化，這樣它會停留在保持形狀的狀態。

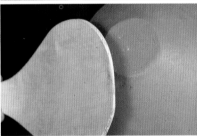

　　使用一把有彈性的金屬片以一種陡峭的角度來削減泥巴。這有助於在形式上得到流動的、均勻的輪廓。

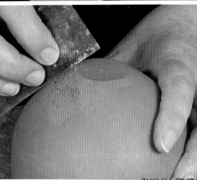

捏塑的區域

通過把兩個捏塑的部分接合在一起，你能探索一系列基本的中空圍合的形狀，不管是功能性的還是雕刻性的。這些簡單的形狀之後能夠通過表面做紋理和泥巴附加物來進一步發展。

   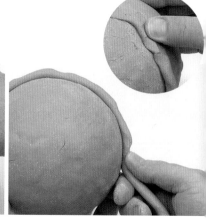

1 捏塑如圖所示的兩個碗形，確保邊沿能接合。磨毛和泥漿黏合塗抹兩個邊沿，來確保很好的接合黏結。

2 輕輕地把兩個形狀推擠在一起，把邊向前後捲曲，以確保關鍵的適合和接合良好。

3 擦去多餘的泥漿，並光滑之，混合接口。

4 為把造型變成不同的形狀，你可以用一個小泥條放在表面的縫上加強這個接合。擠壓，混合加上的泥條來完成（見細節）。

變化形式和表面紋理

有多種方法你可以嘗試來變換形式和表面紋理。把捏塑的形狀合併在一起，可以創造複雜的形狀，增加表面區域，在其上你可以用不同的工具來試驗。

金屬刮片對彎曲的器形周圍，來推擠和彎曲表面成為造型是有用的。

把一個木抹刀當做槳片使用，你可以輕輕地拍打表面使之成為確定的形狀。

使用一個金屬銼刀能夠在先前光滑的表面上創造幾何紋樣。

通過用你的雙手來掌握泥巴，你能夠把造型轉變為一個更為有機的形狀。

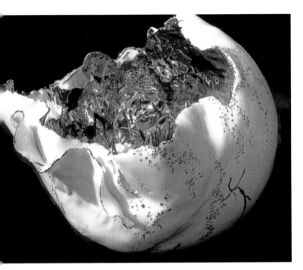

捏塑的瓷器造型
佳斯敏·羅蘭森
　　泥巴可以被捏為像紙一樣薄。它可以成為一個簡單的工具來實驗範圍廣泛的表面技術。

開放的流動的壁畫片段
費尼拉·厄爾姆斯
　　每一個組件都是單獨製作，放置在一起來創造一個聚集的、搖曳運動的感覺。

環和挖削工具可以被用作挖入泥巴表面，做出凹進的圖案。

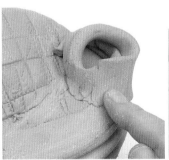

透過使用泥條添加物可以被加在造型上，然後被混合進去。

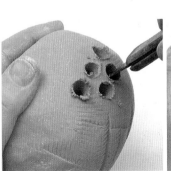

一把陶藝刀對刺穿形式的壁很有用。

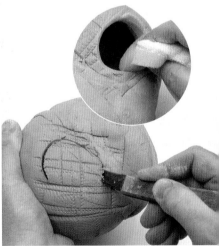

切割出想要的形狀，來形成蓋子，然後把切割邊和蓋子做光滑，來得到一個完美的合緊度（見細節）。

泥條盤築可以是令人興奮的、直覺的途徑來製作陶瓷造型。一旦你理解了泥巴接合、乾燥、收縮度的一些基本要領，各種造型能夠迅速地從你的想像湧現，或出現一個非常特別的設計挑戰。挑選合適的泥巴會使你能夠得到你所設想的尺度和設計。

手工成形：泥條盤築

對功能性器物來說，尺寸只被窯的尺寸所限制。對裝飾性的作品或雕刻品來說，一旦燒成，沒有限制，可使用平衡、金屬骨架，或黏結劑，把它們組合、集合起來。想一想建築物和磚塊！

泥條盤築被清楚地看到，是在大約公元前14000年的日本陶瓷上。從公元前12000年開始，功能性的器物使用緊密的泥條盤築，用作儲存和烹調。

日本繩紋文化，意為"彎折的粗繩"，是由泥條形式做成，把棍子用粗繩包裹，來創造一些不同尋常的物體。在早期的例子中，你可以看到，泥條是如何被使用來創造"驚奇的"波浪形圖案。泥條盤築被用在許多文化中，在全世界的博物館中，你會發現眾多範圍寬廣的例子。

方法

泥條技術包括使用手卷或機器製作泥條或泥巴的"繩子"來創造造型。通過把一片泥巴放在另一件作品上，通過混合和捏塑接合它們，器形能夠快速變大。對未來的製作來說，學習如何用手製作泥條是很有用的，因為你可以把它和其它繩子技術一起使用，使你能夠

泥條成形的雕塑
提娜·瓦拉索普洛斯
　　這件泥條造型的作品顯示了在此技術中可發揮的技藝和控制。這個美麗的、有流動線條的作品無疑是精細而又平衡的，人們被它所吸引，不知要決定向前滾動還是向後滾動。

來"加上"、固定，或加強特定區域。如果你有一個泥條擠壓機或練土機，那麼你可以製作一個金屬模具盤，用幾個同樣尺寸的孔固定在末端。不管這會生產你想要使用的多大直徑的泥條，它都會節省你的時間。泥條應該比你嘗試加工的壁厚，因為當你捏塑和把泥條混合入器物時，它會變薄。

不管你使用何種方法，泥條最好包裹在塑料中，否則它們小小的表面區域會很快開始乾掉。為了易於製作，一般在一個轉盤和一個板子上工作。當器形變大，你會需要改變位置來保留還在頂部邊沿的上方。陶瓷工作常常被它所製作的高度限制。坐在一個桌子旁工作會生產桌子頂高的陶瓷！

泥條之間的線可以在外面留著不動，形成裝飾效果，這取決於泥巴的柔軟度。如果你在使用較硬的泥巴，那麼使用一個小的工具在外面的線之間，仍然保留可見圖案。這預防在乾燥時的水平分裂。還要確保你已經同樣接合、混合、封閉了裡面。當泥巴乾燥，可見的缺口會收縮而不是合併在一起。你在哪裡放泥條取決於你想要形式發展的方向。如果你想要向前推出，你就把它放在外面的邊緣上。如果你把形狀向內逐漸變細，那你就把它放在裡面的邊緣上。

穩固性

當器形變大時，要小心作品的穩固性。通過輕輕晃動你正在工作的板子，你會看到器壁是否會有移動。如果有，這時應該停止一會兒，讓它部分晾乾一些。當在晾乾器壁，繼續工作時，小心不要晾乾你的工作的邊緣。你可以像許多泥條盤築的人那樣，同一時間在數個作品上工作。這意味著你會保持有一個處在合適階段的作品可以加工。你的工作環境的溫

手工成形圓的泥條

　　手工成形圓的泥條是可得到的有用的技藝，它可以和其它成形方法結合使用。泥條的厚度將會全然取決於形式上你在製作的範圍。當你把它們黏結在一起，混合和捏塑時，它們會變得更薄。

1 通過用雙手在手掌和手指之間擠壓泥巴，把它變成一個均勻的卷，同時把泥條弄圓，直到它成為大概1英吋（2.5厘米）厚。由於重力，泥條會開始下垂和變長。

2 在一個乾淨的、平直的表面工作，通過滾動泥條，繼續做細，延長泥條長度。使用雙手的手掌和手指，在向前和向後滾動時，在中間輕輕用力。泥巴卷需要來轉動至少每次一次，否則泥條會很快變平直，不能滾動。

3 當在從中間向兩邊滾動時，把你的手指呈扇形散開──這會幫助泥巴來延展和保持均勻和圓形。壓力中的任何波動都會使泥條變形；太多會導致泥條黏在桌子上。當你的手指到達泥條的末端，從中間重新開始並重複。

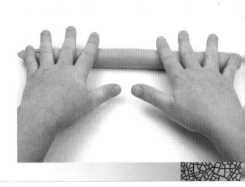

度，陶泥坯料的組合，器壁的不同厚度，你做出的形狀和方向的改變，都將會影響陶泥壁的穩定性。記住，在製作階段別忘了重力！

合適的陶泥

你可以使用範圍廣泛的不同的陶泥，但是它們需要具有良好的可塑性，使得你能夠把它們彎到想要的地方。如果陶泥是乾的，或"短的"，在紋理中它會有接合問題，會耽誤製作的節奏。如果你是一個新手，光滑的、精細的泥巴坯料對你來說更為困難，難以控制和混合在一起。紋理中等的陶泥是理想的，因為它會容忍特定的錯誤，在製作時會很好地結合一起。熟料成分很重的陶泥一般很爛，難以滾動

一對泥條成形的瓷器作品
喬納森‧吉普

這兩個學生的、輕輕波浪搖擺的瓷器形式好像找到了它們停留的地方。在從不同位置製作和盤泥條時，通過變換它們的底部位置，你能夠變換平衡和形式的方向。

用圓的泥條建造

這個技術會很快回應你的雙手的移動和情緒。如果你沒決定你的形式，設計會幫助你從圖像轉化立體的形式，使得你從猶豫不決到有條理。

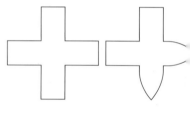

1 如果你有一個對你想要建造的形式的清晰的想法，設計一個模板並把它切割出來，來開始這個過程。

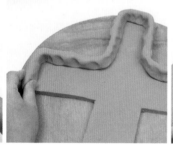

2 使用模板在一個準備好的厚板上切割出底部的形狀（見70頁）。你也可以從一個捏塑出的形狀來開始一個泥條的作品，或是放置在一個石膏模具裡的泥條。如果你從底部形成泥條並且不把它們混合好，當晾乾時，它們可能會開始分解和開裂。

3 如果你在使用的製作泥條的泥巴跟底部是相同時，你可以把第一個泥條直接放上去。如果你已經選擇了一個不同的泥巴，只對第一個泥條磨毛和泥漿黏合來接合邊沿（見72頁）。後面當泥巴都是一樣稠度時，就沒有必要這樣做了。

4 只用一個泥條，把它跟底部充分混合，使那裡沒有空隙。弄光滑所有的區域，因為不混合也不光滑的地方在燒製後，將會像剃刀一樣銳利。

5 把下一個整條泥條放上去，或混合到你做的地方，用另一隻手來握住泥條。通常當你的食指在外側往上移動時，大拇指在內側。但是，當和其它技術一起用時，你會發現你自己喜歡的方法。

和擠壓，直到你變得更有經驗。試著試驗混合你自己的陶泥坯料——你可以添加耐火黏土來追求更高可塑性和製作大型作品。例如，你可以加入20-30%的熟料。想要更輕的作品，嘗試加入30%鋸末。熟料和鋸末也會給燒製前的作品更強的可塑性（素坯）。泥巴製造商製作範圍廣泛的、特別為不同的技術而發展的泥巴坯料。

設計控制

當你製作作品的形狀和尺寸的時候，設計和規劃會成為泥條盤築的一個重要的部分。創造特定形式會要求非常清楚的視覺化——當你把泥巴向不同方向移動時，支撐著正在乾的作

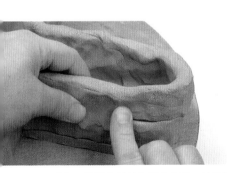

6你可能傾向於首先混合內側，然後集中於外側表面。你也可能傾向於使用一個工具來做混合，而不是用手指，這取決於你使用的泥巴類型。

考慮底部

在作品變得很乾或太大而不能處理之前，非常重要的是考慮任何形式的底部。這些步驟強調了在繼續建造形式之前，它們能夠被如何處理和完成。

1一旦形式達到了5英吋（12.5cm），把它翻轉，檢查底部是否完全混合。現在你就應該在思考形式如何安放在表面，你將會如何和在哪裡給它上釉。

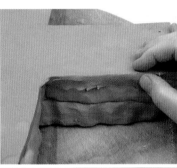

2例如，它會有一個界定的釉截止線，或一個創造下方陰影的角度嗎？你想要能夠看到裸露的泥巴嗎？

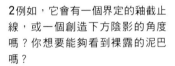

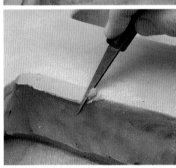

3壓擠高出來的熟料，弄光滑任何潛在的粗糙的邊緣，因為一旦燒成，它會刮擦表面。燒製後的毛邊會變得像剃刀般銳利，所以在此之前把它們移除是很關鍵的。

4你應該放一個泥條在底部來創造一個圈足，但在往上增加重量之前，應當讓它變乾一些，或直到一天工作的結尾再來加。

在建造時發展你的形式

每一個泥條都可以被接入並很好的與先前的一個混合，或者在主要主體上開始，獨立發展。

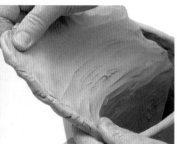

1 只要在下方的泥巴支持加上去的泥巴的重量，你可以把泥條往任何方向擺。一旦你到達了這個點，讓下邊的泥巴乾掉，或者使用熱量，或者讓它自己乾。

2 在泥巴的兩端加上一個木質支撐，在泥壁和支撐之間加一張紙來防止黏結在一起。可以讓它留在那裡。當木質支撐的兩端的泥巴變乾時，它會收縮。

3 一旦泥巴足夠堅固，你可以繼續添加更多的泥條來延伸形式。

4 在進行建造時，如果你發現作品在從你想要的形狀伸展開，你可以在相對的邊上開 "V" 形口，來把造型拉回來。輕輕拍打邊沿，把它們混合在一起，繼續添加泥條（見細節）。你可以在你想要的其它地方做這個，並且如果需要的話，在作品的底部添加。你也可以根據要求切掉其它部分。

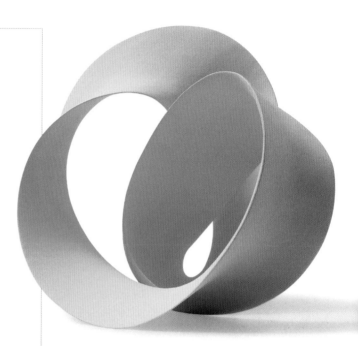

泥條成形的結構
馬瑞特・拉斯姆森

這件泥條建造成的作品在一種有節奏的運動中取得了微妙的平衡。它顯示出這種技術的潛力，此種造型不一定非要從底部開始。

品然後就不能改變了。如果你想要製作勻稱的形式，最簡單的方法是製作一個你想要的側面輪廓的卡紙模板，用薄的塑膠合板，或裝配架結構。當你繼續進行時，你就可以把它重複地放置到你作品的外側。

製作整個輪廓的目標，意思是你不必讓造形變成為不想要的有機形。因為你將會經常做中空的形式，也就是說，當它們變大時，支撐的泥巴會需要乾些來支持上面的泥巴。一旦一個區域乾了，你不能再回來改變它。由於收縮率，也不可能再往已經不是陰乾的稠度的泥巴上加濕的泥巴。當你用這種技術進行、你的想法在發展時，你在製作的形式不必從下往上製作。它可以製作為你的設計要求的任何順序，但當製作時需要考慮怎樣從內部支持它。

時間範圍和晾乾

作品可以被保持一個你要求的長的時間範圍來在其上工作。部件被加在其上的必須保持足夠潮濕來接受新的泥巴，剩餘的部分是堅固的，但不是完全乾。工作的邊緣至少要有2英寸（5厘米）是濕的，通過向上噴灑水，用精細的塑料膜來包裹，這樣它會附著在表面。如果你要繼續創作，然後你可以用更多的塑料膜來包裹。如果要求部分乾燥，在袋子中留一些空氣，讓乾燥過程開始。當一件作品完成時，鬆散地包裹它，使得空氣緩慢進入。如果局部變得有點太乾，用幾張報紙泡水，把它們放在一個區域來補水。如果你要把作品放幾天，這個方法也是有用的；你可以用同樣的方式使用濕布。保持檢查濕度/乾度，如果作品補水合適，去掉報紙。當你在用泥條建造時，那裡會有厚一點和薄一點的區域。由於這些變化，如果乾燥太快的話，結構性的張力會導致一件作品開裂。大的作品通常要求幾個星期以上的緩慢乾燥，來保持安全，直到你開始知道你在使用的泥巴和你在工作的地方的乾燥條件。通過把它們安放在木條上，能夠幫助乾燥大的、寬的底部，讓空氣在其下方流通。

擠壓泥條

擠壓的泥條可以通過製作或購買一個金屬模具盤來成形，它被固定在一個練土機、手工操作的圍合的盒子或小型手持擠泥條機的末端。如果你在使用不同類型的泥巴，在每次使用前你會需要清潔乾的盤子和機器。如果你要經常擠泥條，這些機器能幫你節省時間。

支撐結構

當使用軟泥條時，在整個製作過程和燒製中，有時你會需要臨時性的支撐或製成部分；這取決於泥巴和你要燒製的溫度。甚至在小心地部分晾乾支撐的泥巴上，你可能建在一個部

改善形式

當你創造作品時，有幾種方式來界定和改善你的泥條建造。使用一系列的不同的工具會幫助你達到目的。

為裝飾的目的，通過在其上畫出一個線條來界定泥條線條。這也會使它們接合良好，在乾燥過程中不會分開或開裂。

界定和改善一個角度尖銳的形式的邊緣，通過向下畫一個線條到你能夠參考的中心。

使用一個槳片來擊打和拍打，使形式成為造型。當你這樣做時，有助於支撐泥巴的壁。

使用槳來把邊定期弄直會幫助你保持一個垂直的形式，把邊緣弄尖銳，使得能進行更多塑造。

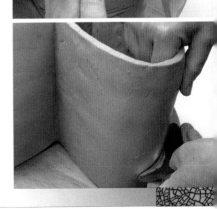

為了加強形式的彎曲，你可以把一個金屬刮片做成工具，重複地在表面刮。這也會有助於擠壓接合的泥條。

在有支撐的形狀上使用泥條

使用這種成形方法使你能夠看到在設計中各個泥條線條。你可以或者在一邊把泥條混合在一起，或者在兩面都顯示它們原封不動。

1 把泥條邊靠邊放在石膏模具的上面（"隆起模具"）。在任何隆起模具上製作的作品在一天結束時必須拿開，否則當泥巴乾燥和收縮時形式會開裂和分離。

2 當在石膏模具上面修飾泥巴時，小心不要刮擦到石膏表面，因為即使小量的石膏在泥巴裡也會導致燒製過程中的損壞。泥巴和石膏不兼容，雖然它們被在一起使用。

3 在外部表面上把泥巴混合在一起。取決於你按壓的輕重程度，你會把可見的線條保留在內側。

4 把泥條放入石膏模具的內部，來創造模具的形狀，或使用這個形狀的一部分用在一個更有雕塑性的形式中。然後或者這些可以被混合在一起，或者保持原樣來展示製作方法。

5 你可以把泥條放入一個先前素燒過的作品中，或者保留泥條可見，或者把它們混合在一起。

分，來為形式創造一種平衡，因此為了穩固需要一些臨時的幫助。可能全部你所需要的就只是簡單的使用泥巴和木頭一起的支撐。木頭會形成主要支撐，而放在兩端的泥巴中間有紙，來防止黏結，會和形式一起變乾和收縮。紙在作品中是有用的，來防止壁向內陷落。如果可能的話，在燒製前試著去掉這張紙的大部分，因為它會製造許多煙，而煙會縮短你的電窯的壽命。不同密度的泡沫海綿對結構的臨時支撐是很有用的，特別是當你往側面加東西、把作品翻轉時。這種物質對大部分支撐的區域是有用的，因為當泥巴收縮時，它保留著彈性。

支撐框架

泥巴可以在金屬或木質的骨架上面或周圍建造，但是在燒製之前它們必須被移除，因為泥巴會收縮。紙質陶是唯一一種否定移除支撐框架這個規律的（見38頁）。

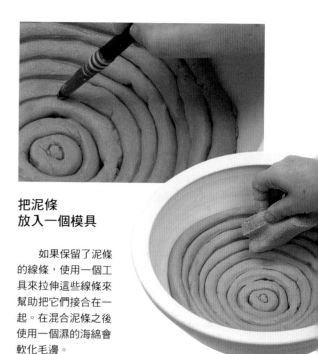

把泥條放入一個模具

如果保留了泥條的線條，使用一個工具來拉伸這些線條來幫助把它們接合在一起。在混合泥條之後使用一個濕的海綿會軟化毛邊。

有形狀的花瓶
阿格拉芙·漢娜
　　泥條成形允許你輕輕地把造型移進和移出，而同時保持非常緊的線條、按壓光滑的表面和控制。這些形式好像是在呼應和聯繫彼此的運動。

失誤和補救

加工的邊緣已經乾了太多，不能加上更多泥巴。
　　把報紙或布浸泡入水中，放在工作邊緣上15分鐘來補水。通過把泥巴包裹在塑料中來嘗試保持工作邊緣正確的稠度，來添加更多的泥巴。

作品有水平的細紋開裂。
　　邊緣可能已經太乾，不能再往上加泥條，或者沒有很好地混合。用磨毛和泥漿黏合加在老的泥條上來保證接合良好。

加上去的在接合周圍有開裂。
　　作品乾得太快。緩慢晾乾作品，使得不一致變均勻。

區域在下方凹陷和開口。
　　在製作和乾燥中，需要支撐結構來支持泥巴。很多不同的材料可以被使用，被留在那裡直到乾透，它們還要允許泥巴收縮。

底部不乾或者在包裝時變得更濕。
　　在塑料的表面形成水分凝聚，並掉到底部。如果作品被放在太陽下這種情況經常會發生，你需要在袋子的頂部開小孔。如果不是部分地乾燥的話，造型很容易塌落。對大型作品來說，你可以試試在夜晚給作品在中間懸掛一盞燈。

造型的壁不保持它的形狀。
　　如果形式還未全乾，就不要往上加泥條，因為泥巴太軟會變形。部分乾燥作品之後繼續，或者用報紙進行包裹來支持，或者用塑料來保持潮濕。

支撐造型
　　如果形式開始變形，在裡面加上臨時的泥條來支撐。完成後，如果它們藏在裡面看不見，可以保留下來幫助燒製程序。

在邊沿工作的要點

技術名詞介紹 17

　　泥條盤築要求保持形式的邊緣是軟的，可加工的，以使得能夠在製作過程中加上更多的泥條。如果它們太乾，可能還需要為其補水。

　　在包裹前，使用水浸泡過的報紙來保持邊緣潮濕，或者如果它太乾的話，為邊緣重新補水。這會軟化工作邊緣，使你能夠加上下一個泥條。

　　如果你保留形式乾燥到足夠支持下一個製作部分，要把頂部2英吋（5厘米）包裹好，來防止乾燥。如果泥巴已經硬化了，在加上第一個泥條之前用磨毛和泥漿黏合在邊緣上。

　　如果你根本不想讓泥巴在加工之前乾掉，可以灑水和在內部和外部表面壓入塑料來確保表面潮濕，然後把它用若干個其它塑料袋覆蓋。

根據泥巴在成形前的條件，主要有兩種建造泥板的方法。泥巴既新鮮又柔軟（軟的泥板），或部分乾燥（陰乾的泥板）。軟的泥板可以在建造時透過混合、折疊、擠壓和伸展來控制和改變形狀。硬的泥板則適合構造複雜的、有角度的、邊緣尖銳的形狀，像使用木板一樣。

手工成形：泥板成形

泥板可被用來創造多種多樣的功能性和雕塑性的作品。你可以製作雕塑得很漂亮的精緻小盒子、簡單的圓柱體管或紀念碑規格的立起來有高度的造型，或者覆蓋大面積牆面和屋頂的瓦片。所有這些都會產生多種多樣的表面紋理效果的可能性。

陰乾的泥板

使用陰乾的泥巴建造泥板是你在觸摸泥巴之前，設計和製作作品完全使用卡紙的少數幾種技術之一。然後你可以使用圖案切割器同樣的方式使用卡紙模板，在組合之前切割出你需要的部分。透過這個過程你可以觀察、判斷，在花費時間製作之前這給你機會來看，對最終造型做出決定。它也會使你能夠決定最適合你想要製作的作品，其尺度和泥巴類型。

軟的泥板

軟的泥板一般用來創造波動形式，或者和一系列半硬或硬的支撐物和材料相結合，來創造多種多樣的形式，既有功能性的，也有雕塑性的。光滑的、精細的泥巴能夠被折疊和打

泥板建成形的雕塑
佩特拉·伍爾夫

褶，幾乎就像布料一樣。這樣做時，要確保你沒有把空氣密封進去成為氣泡。你可以把大頭針扎進那些不確定排出了空氣的區域，這樣就能夠保持形狀，在燒製中不會爆炸。表面裝飾和紋理可被保留，直到作品完成，也可以成為所製泥板的一個併入的部分。

合適的泥巴

　　紙質陶的使用改變了一些泥板工作的規則，因為這些泥板可以乾燥，然後用泥漿來組合它們。這減少了很多在使用其它泥巴中的固有的乾燥、開裂和包裹的問題。

　　泥巴的添加劑已經使用了很多年了——想一想用擋板和塗料建造的牆壁。最近有製作者使用尼龍纖維、玻璃纖維、布和鋸屑來建造非常大型的泥板形式。這意味著泥巴收縮和變形更少，並在乾燥過程中幫助結合泥巴部件。

　　建築性的泥巴坯料在泥巴供貨商那裡可得到。這些泥巴被混合入非常高程度的廢瓷粉，在製作和燒製之間把收縮減少到最小。窯內三角支架材料和樂燒泥巴坯料在混合、感覺和紋理方面相似，能創造一個我們稱之為"開放的主體"。使用這些泥巴時要小心，泥巴坯料的紋理越多，在操控時，泥巴就越容易向外開放和開裂。這個特點常常被用來特意創造有紋理的開裂的表面。這些坯料具有非常好的素坯強度（乾透的階段），對中等到大型的作品很理想。精細陶泥如瓷土提供給製作者不同的挑戰，但隨著時間過去，你將能夠成功地使用它們，它們各有自己的品質，如透明性。你使用

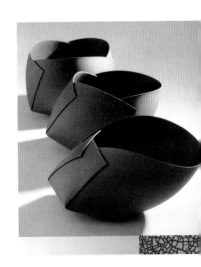

泥板準備和製作

這是把不同泥巴成形為泥板時的主要方法。如果你經常使用泥板工作,你將需要一台陶板機。

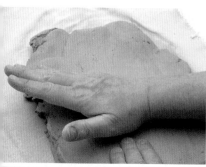

1 把泥巴放在一個有孔的表面或帆布上,用腳踩或用手拍。偶爾翻轉90度,繼續。

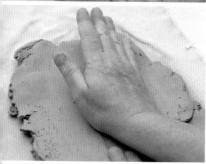

2 用腳跟或手把泥巴往外推。盡可能保持泥料均勻,需要時轉動它。這種方法對大件泥巴很有用。

3 把滾動規和一個木板片一起放在泥巴的兩邊。在做水平時,木板片會停留在規上面,形成一個完美的泥板。在一個大的泥板上,只向一個方向難以滾動。從中間開始滾,每次到達末尾,圓週轉動泥巴,繼續。

4 如果你要求一個直邊的泥板,可以使用木板片來切割泥板。然而,在這樣做之前,要查看這些邊緣,看它們是否被以某種方式使用。它們常常有一些有趣的、新鮮的、參差不齊的軟邊。

一種類型的泥巴越多,你就越會領會到它特殊的處理特點。

處理

任何泥板在操作時都應該加倍小心,盡量防止壓力和張力在泥巴中產生,它們會在晚期發展出開裂。開裂常常是不可見的,直到最後乾燥,也可能在第一遍素燒之後才顯現。在這兩個過程中,如果是燒製到高的溫度,這些都是難以彌補的。當上舉或翻轉時,盡可能支撐泥巴,直到它已經變硬到半乾的程度。

一旦你做好了泥板,把它留在帆布上,會有利於所有最初的移動。作品在有帆布的乾淨的板上,會使你能夠翻轉泥板,把它們放入模具,把它們包裹在作品周圍,或者如果有必要的話,豎直擺放。理想的話,盡量少移動作品,如果工作室空間允許的話,只移動一次——到窯裡。你可以直接在窯裡架子上建造複雜的、小型到中型的作品。對於大型的泥板作品,如果可能的話,建造在一個推車上,這樣一旦完成,直接推入在窯裡的位置上。如果你在製作戶外作品,把窯帶到作品那裡,在另一件的邊上建造另一件。陶瓷纖維的發明使這成為可能。

對泥板的尺度,唯一束縛將會是,你生理上能夠操作甚麼而不往泥巴坯料裡加太大的壓力。如果你想建造大型泥板牆而不分段,你可能需要叫來重型機械、運輸工具,及其它設備。製作者常常可以為這些構造問題找到有獨創性的辦法。

製作泥板的準備

準備你的工作區域,能夠在其中直接放下新鮮的泥板,而不需要當你的手中有泥板時,還要來移動周圍的東西。這能預防對泥板的不必要的應變。如果泥巴已經是合適的稠度,你可以直接從袋子中取用新的泥巴，而不需要任何揉泥和切割。如果稠度不合適，那麼你將要揉泥和切割泥巴。如果你在使用軟的泥板，你會需要泥巴（見30-31頁）變硬些，當你混合和操作它時，硬的足夠和在一起。對陰乾的泥板作品，最好是當泥巴稍微有點硬時開始，因為這樣水分蒸發更少，方便控制切割和處理。

製作泥板

泥巴還在袋子裡時，打開頂部，可以把袋子扔到地上來摔平泥巴，直到想要的寬度。拿掉塑料袋，直接從塊上用金屬線來切割泥板。從這個塊上切割，或者從別的回收或混合的泥巴塊上切割，都可以用一個金屬線豎琴完成。切割時，把豎琴朝你的方向拉，逐漸把切割線向下移動，當到了塊的底部時，把泥板托開。每次這會產生一個厚度均勻的泥板。

製作特別的泥板，可以使用不同的方法，包括擊打、推拉、延展、滾動。你可以聯合使用這些方法來製作同樣的泥板。如果你在使用滾泥板的設備，不要切到要求的準確的厚度，因為泥板在滾動的活動中，在一些壓力下會受力。最好是把泥板切的稍微厚點，推動或擊打之使達到要求的厚度。一個中等到大型的泥板會得益於向不同方向伸展而不只是向一個方向。對大型泥板來說，要重疊它們，把它們混合在一起。小心別讓空氣陷入。

最好在一個有孔的表面工作，如沒有上漆的木頭或帆布，因為要防止泥巴黏在表面。一些製作者把帆布鋪或釘在板上，防止它有皺紋。如果皺紋從帆布上印到了泥巴上，很容易導致泥巴開裂。

製作一個擀製的、均勻的平直泥板時，使用滾動規放置在泥巴的兩側。它們的厚度應該與泥板所要求的一樣。在規的範圍內滾動擀

檢查和處理氣泡

氣泡在泥板中很普遍，需要在使用泥板之前辨別出來並處理掉。一旦泥板開始成形，就很難辨別，光滑和平直的泥巴上更容易發現氣泡。

1 當你滾動泥巴準備結束的時候，你可能看到氣泡─它像在表面的塊或砂眼。用濕海綿來使之光滑；這會有助於在表面用直的邊沿來刻畫。氣泡會清晰可見。

2 如果氣泡很小，你可以用一個尖端來戳破或直接擦破它；如果氣泡較大，那麼需要"手術"。用一個尖端來挑起表面，打開它（見細節）。一直劃到氣泡的邊沿─你會清楚地看到打開的孔的邊緣。它常常會比看起來更大一些。

3 一旦到達了邊沿，你可以把這個區域弄光滑，然後用選好的泥巴填充，把泥巴做成一個光滑的、圓形的球，把它放在孔的中間（見細節）。

4 擠壓小球的中間，把它延伸到氣孔的邊。小心不要再把氣泡陷入小球下面，否則你會創造另一個氣泡，不得不從頭再開始。

5 用濕海綿把它弄光滑，並使用一道直邊來擠壓表面，直到它跟這個泥板持平。

技術名詞介紹 20

接合泥板

　　用於接合泥巴中所有邊沿和分離的部件的方法被稱為 "磨毛和塗泥漿黏合法"。它給表面 "鑰匙" 或者說 "膠水"，來把泥片合在一起。這種方法適用於不想干擾泥巴表面時。接合泥條或捏塑時會干擾表面。

製作泥漿

　　泥漿需要使用你在接合的同樣的泥巴來製作。一個快速的製作方法是，捏出一個小碗形，加水，插入工具攪拌，直到水打破泥巴。

1在兩個要接合的表面做出鋸齒形表面（鑰匙）來含住泥漿。使用叉子、針、刀、牙刷，或特殊的磨毛工具來把泥巴表面做粗糙。小心不要磨毛表面太厲害，因為這會造成小氣泡，在燒製中會導致問題。

2磨毛了表面後，用一把刷子把適量泥漿塗抹在一個面或兩個面上。

泥，泥板會均勻。均勻的泥板很好用，因為任何厚度的不均勻會使得乾燥不勻，導致開裂和變形。泥板可以像磚頭，也可以像紙張一樣厚，但厚度應均勻。要檢查是否表面有氣泡。它們很容易被發現，只要在表面用一個濕的海綿和橡膠或金屬刮片擦過去。它們看起來像砂眼，必須要處理（見71頁）。

儲存陰乾的泥板

　　如果你製作的泥板要在半乾階段使用，它們就需要被儲存或部分乾燥。儲存它們時，怎麼做取決於你的儲存空間。泥板可以疊著放。在每塊板上放置的重量決定你能放多少塊；在每塊泥板之間放一層紙或帆布，防止黏結，這也會吸收一些泥板的水分。首先放一些報紙在合適的塑膠板上或層壓板上。（如果潮濕的材料放在上面比較長的時間，實木會變形。）把

紙放在板上，然後放泥板，然後在泥板表面放紙。不斷重複，像三明治一樣，最後放一塊板在頂部。用塑料布把它整個包裹起來。你疊放多少泥板在一起，包裹多緊密取決於你想要它們多快來乾燥——這是由你控制的。

　　如果泥板被緊密地包裹在塑料中，遠離熱源，它們能夠停留在可使用狀態數月之久，使用也毫無問題。當泥板被保存在潮濕的地方彼此接觸，這是適合霉菌在泥巴和其它物質表面生長的完美的自然條件。記著，均勻的泥板更好更容易疊放。

接合泥板

　　主要的接合泥巴的方法是磨毛和泥漿黏合法。這使你能夠確切接合平直的表面，而不必推擠或混合泥巴，後者會干擾作品。有幾種方

著色的軟泥板
雷吉娜·海因茲

　　用軟泥的泥板創造的這件尖銳的抽象幾何形結構，成功地把它的形式和圖案結合在一起，以一種引人入勝的方式來探索微妙的表面紋理和色彩。

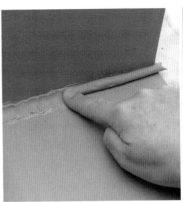
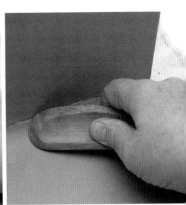

3 把兩塊泥板推在一起，從一邊向另一邊移動。這樣可使得結合完全契合。如果你看到泥漿滲出接合點，說明泥漿適量。如果沒有看到，說明泥漿不夠。

4 使用工具或海綿清理走多餘的泥漿。區域很小的話，可以使用一隻畫筆。使用工具壓合接口，造出一道堅固的結合邊。

5 大的泥板加上一道加強的泥條會更好，把泥條沿接口順過去並混合。這樣做時，要確保泥板沒有太乾，否則加入的泥巴會在乾燥和收縮時開裂。

6 通過使用一個角度合適或彎曲的工具在泥巴上面劃過去，來完成這道加強的邊。

使用陰乾的泥板

技術名詞介紹 21

使用這項技術，在接合之前使用設計過的和已經變硬的泥板，極大地延伸了可得到形式的範圍。

泥漿著色的泥板結構
肯・伊斯特曼
這件大型的泥板建造作品全面地展現了複雜組合的垂直的結構，可由使用一系列軟的和硬的泥板來製作。

切割：一旦接合，部分可以被加上和切掉，或整個造型能夠預先用卡紙製作形狀、切割，然後組合起來。

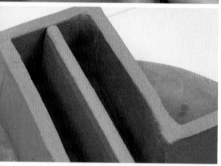

1 創造合攏的雕刻形式時，內部支撐的壁對結構有益，在製作和燒製階段它會有助於預防任何變形。

2 在硬的泥板上面做皺褶和拉伸軟的泥板會創造有趣的結果。記得所有封閉的空間都需要一個小孔來讓空氣逸出。

法可以做這個。來接合精細的光滑的軟泥巴，你可以使用一隻牙刷、水，輕拍或刮擦接合。牙刷會磨毛表面，提供足夠的泥漿來接合，不必需要太多。對所有陰乾的光滑的和有紋理的泥巴來說，磨毛和泥漿接合口是非常重要的。泥漿應該是由和要接合的泥板一樣的泥巴來製作—簡單地把泥巴和水混合在一起。這是把

泥板黏合在一起的 "膠水"。不要試圖接合已經過乾狀態的泥板，它們會在乾燥中接口開裂（除非你使用的是紙質陶）。對特定形式，特別是那些只有兩個面的，你可能會發現斜接接合的邊沿是必要的，否則會有小缺口。如果這太困難，當泥板不太乾時，你可以用泥條來填充缺口。所有接合過的泥巴作品都不應該留在開放的空氣中來乾燥，而是要用塑料來覆蓋。

成形陰乾的泥板

陰乾的泥板必須先製作然後部分地晾乾，通常是通過包裹和儲存來實現，或者是通過使用丙烷火炬和吹風機。當你要求完美的平直的面或幾何有角度的造型時，可以用硬的泥板來創造

形式，它們能夠自我支撐，比軟的泥板更易操作。

表面紋理和裝飾應該在泥板製作程序的開始就考慮到，因為當泥巴繼續乾燥，改變表面會變得更加困難。

任何已經太乾，不能輕易地把手指甲插入表面的程度的泥板都應該被回收，不能使用。根據作品的複雜度和範圍，硬的泥板在製作階段中可能還需要某種支撐結構。作品在製作和乾燥時，大型和複雜的造型會借助益於棍子臨時在兩端支撐。當作品乾燥，這些會從作品上收縮開。一般來說，你製作的作品越大，你所需要的泥板越厚。然而，與磚牆那種承重的能力相比——泥板可能不需要像你想像的那麼厚。

使用稠度非常近似的硬泥板來建造，否則當作品乾燥你會有問題。在工作時，把還未使用的泥板包裹起來。在製作中，輕微地向作品灑點水，因為室內溫度會使暴露的泥巴很快乾燥。把接口磨毛和泥漿黏合非常關鍵。不要圖方便，加上新的泥巴來填充空缺和空隙，因為它們會在乾燥中分裂。如果你一定要這樣做，在製作添加物之前先給周圍區域補水，讓它們非常緩慢地晾乾。

成形軟的泥板

軟的泥板能夠根據你想要創造的形式的類型立即製作和使用。製作時，它會指示需要多少或少量的支撐。

泥板成形的雕塑
凱瑟琳·莫林
它被很多人稱為是泥巴的速寫，這些黑色和白色的瓷質泥板形式物件是留著未上釉的。上面畫著黑色線條，它們看起來不像現實物件。

紙板箱模具

技術名詞介紹 22

選擇一個堅固的紙板箱，把軟泥板按壓入整個內部。陰乾後，它們很容易就能從邊上收縮脫離。當你複製盒子的反面時，留在泥巴上的印痕留下有趣的縫和記號。

1 透過按壓泥板的部分進入盒子中選好的區域來製作形式。這些對製作快速部件是有用的，它能夠被留下一段時間，然後去掉，來發展想法。

2 當製作和乾燥作品時，盒子是理想的泥板支持輔助。當使用條帶來做結構發展的試驗時，它能提供刺激物並產生想法。

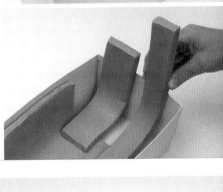

分層的泥板成形花瓶
蘇珊・奈米斯

　　這些瓷器層壓的形式是使用非常薄的不同顏色的泥板的層創造出來。它們是由顏料和氧化物製成。當這些薄片被層壓，它們被圍繞著管子包裹。花紋被創造出來，通過刮擦和減去層來揭露出形狀。

　　通過使用一系列的硬的或半硬的支撐結構，形式變化的可行性極大地增加了。乾燥時，任何限制泥巴收縮的支撐都要取出來，因為泥巴會在乾燥時收縮。使用支撐物時，要考慮你使用的材料的質量，是否能夠把泥巴和它很容易地分開。如果不能，那麼需要在這些物質之間來製造一些橫檔。一般使用的支撐材料包括紙、帆布、布或薄的瓷土粉層。

　　泥板廣泛用於作為印坯的部分，可以被按壓入或在石膏模具的上面。為得到更軟的形狀造型，泥板可以放入懸掛的吊帶布模具。它們可以被按壓入卡紙盒子來複製盒子的形狀和紋理。也可以在盒子或塑料管周圍折疊，只需覆蓋一層紙即可創造完美的圓柱形。（紙張預防

泥巴黏上管子。）

　　支撐物的多種可能為進一步發展紋理和造型提供了極大的機會，通過切割為壁，加上或減去一些部件，同時需確保作品不會倒塌。

　　大的泥板造型可以合併一系列隱藏的內部的泥板支撐壁或長條，泥巴垂落其上或被放置上去。這些都可以對形狀提供額外的力量和支撐，預防在乾燥和燒製中變形和凹陷。

　　報紙可以被包入作品，來幫助支撐軟的泥板，然後在乾燥和燒製中可以取出來，也可以留在那裡。當泥巴收縮時，海綿和紙支撐是足夠軟的，會隨之變形，也可被用於這種方式。如果這些保留在作品中直至燒掉，你的工作室必須有良好的通風設備，否則嗆人的煙氣會使

技術名詞介紹 23

圓柱形模具

　　塑料管子和卡紙管被使用於製作範圍廣泛的圓柱形形式——它們容易使用，當你減去或增加泥巴時提供支撐。

5 滾動圓柱形上面的泥巴，並且施用更多壓力來擠壓泥巴，使之接合。

1 準備泥板，把它切為大約管子的尺寸，確保管子至少比泥板高1/2英吋（1厘米），因為你會需要來把它拉出來。

6 用一塊海綿或橢圓形刮片向縫施用壓力，來結束它。

2 把紙捲繞在圓柱形上，保持緊致，確保形式頂部至少有1/2英吋（1厘米）的紙露出來，使你能夠把它取出來。用膠布把紙的末端固定下來，把它放在泥巴的基線那裡。

7 當完成了圓柱形，在你工作階段的結尾，你必須拉出支撐的管子，因為泥巴會很快在它周圍開始變乾和收縮。圓柱形如果留下，會使泥巴開裂。

3 測量圓柱形的周長，通過把它在泥板上滾動，做個標記，允許一個1/2英吋（1厘米）左右的重疊。切掉多餘的泥巴。

8 紙會提供更多支撐，直到泥巴變得足夠堅硬，能夠來處理內部的縫。

4 把圓柱形帶著泥巴滾動。磨毛和泥漿黏結重疊的泥巴。

9 如果管子太窄，手進不去，你可以用一根棍子來順著泥巴的縫拉過來，用一塊海綿使之光滑來完成。

製作懸掛吊繩模具

可以把帆布或布懸掛在一個簡單的框架上，或繫在一個倒著放置的椅子上，來形成一個懸掛的模具。這種工作很有優點，能夠從兩面操作，創造許多種起伏的形式。

1 懸掛一片帆布或布，來形成一個吊繩模具。

2 把泥板放入帆布，或者當處理大的泥板時，你可以把泥巴放在帆布上製作，避免移動時加上的任何壓力裂口。

3 用海綿來改變泥巴，避免弄上手指印痕。吊具能夠在角上變化，來支撐泥巴改變形狀。

4 從下方操作泥板，直至要求的形狀；它可以進一步由泡沫板或報紙支撐，留在帆布吊具裡來乾燥。

你流淚，既難受又有害。它還可能會引起煙霧警報。

軟的泥板的支撐結構

當從軟的泥板建構造型時，常常需要其它材料的幫助，使作品造型豐富，因為軟的泥巴自己沒有固有的結構。當部分乾燥時，它需要支撐。如果支撐物是既軟又有彈性的，可以留在那裡，在燒製中燒掉。較硬的材料需要在乾燥開始後短時間內抽掉，作品足夠堅固，可以保持形狀。如果支撐物留下來，當泥巴形式在支撐物周圍收縮時會開裂。

晾乾陰乾的和軟的泥板

緩慢乾燥是被普遍接受的泥板建造原則。這使得稠度均勻，接口或接合盡量均勻乾燥。合攏不好的接口在乾燥中會開口。

把泥板蓋在一層塑料片之下，或完全鬆散包裹保持數天——大型作品所需時間更長。把作品鬆散地包裹在塑料中會讓空氣進入，開始

精緻的泥板成形作品
斯泰因·傑斯伯森

這件外觀脆弱的作品看起來好像懸掛在空中。像這樣的形式可以在石膏模具中或帆布吊具中創造出來。吊繩模具比石膏模具操作性更強，因為你可以接觸到形式的下面。

彎曲的泥板成形花瓶
詹姆斯・奧提布里奇
　　這些表面是通過刮擦和砂紙打磨提純的，來形成流動的線條。用泥漿、顏料和氧化物的層次來完成造型；然後燒製為炻器。

乾燥過程。塑料頂部的小孔會讓空氣進入，而不會保留在內部表面凝結的水氣。凝結的水氣會滴落進入形式，而如果正在進行乾燥過程，當水碰到乾的泥巴，會導致開裂。如果水汽會飽和，它等於是開始來回收泥巴和使之開裂。避免在太陽下或在加熱器上直接乾燥泥巴，這會導致更大的水氣凝結。讓泥巴慢慢的乾上幾個月的時間是沒有問題的。

　　對大的泥板，由於不一致的稠度和歪曲，匆忙乾燥會製造張力問題。大型底部應該放在一個透氣的表面上來乾燥，能讓底部在收縮時移動。精細的銀沙或厚的報紙填料會有幫助。工業上，最大的陶瓷形式是浴缸，它被放在一系列滾軸上來乾燥。平的瓷片最好是留著包裹起來乾燥或鬆散覆蓋，否則邊沿先乾，會導致彎曲。一些大的瓷板和造型被安放在木質板條上，這會有所幫助，空氣能在上下表面同時流通。

技術名詞介紹 25

幫助乾燥泥板

　　所有泥板會得益於在一塊塑料的覆蓋下均勻而緩慢地乾燥。這能夠預防作品乾燥太快而變歪。未包裹的作品如果內壁有嚴重的水氣凝結，它會滴落到作品上，導致局部開裂。經常檢查乾燥程度。

泥板造型得益於（與其它技術同樣的方式）用報紙包扎來保持乾燥階段中的形狀。緊密的包扎在開始是關鍵的，但然後當它乾燥時減少；你必須允許作品收縮。報紙也會幫助吸收一些水分。

當繼續製作造型時，可以用塑料包扎作品來防止乾燥。一旦填充了內部，包裹所有邊沿，用塑料覆蓋。當你想乾燥作品時，可以用報紙來代替塑料。在燒製前取出所有塑料，以及多餘的報紙。

　　嘗試不同的方法，來看哪種對你有用。因為時間的束縛和財力的原因，很多製作者很謹慎，執著於嘗試和檢驗實踐，而不會去冒險。然而，知識的發展只在人們通過冒險或嘗試不同的事物中來學習。

泥巴是一種有挑戰性的雕塑材料，因為需要遵守特定核心技術和原則。儘管泥巴能夠被製作為虛擬的任何形狀，但它卻不能被燒製為一個巨大的實心的塊。陶瓷幾乎被中空的形式決定，這對一些人來說會產生問題和限制。

手工成形：實心塊狀模型

使用泥巴的雕塑家可能會大量使用這種材料和木頭及金屬骨架一起來製作最初的造型，作為創作過程的第一步。然後製作多個模具，作品被用其它材料澆鑄，來創作最終效果時，使用過的泥巴成為一種廢棄的材料。

燒製非常厚重、實心的作品理論上是可能的，但需要比平常更長的乾燥和燒製時間，當你對緩慢的燒製循環進行試驗，會有進行嘗試和出現錯誤的時期。平均的泥巴工作厚度，通常最大為11/2英吋（4厘米）——這不會導致甚麼問題。儘管如此，你也可以在實心的大團泥巴上工作，然後從裡面挖空它。當泥巴不受干擾，表面變的足夠硬，造型開始支持自身，就可以開始挖空了。這種工作方式非常自由，因為你是自由地探索形式，沒有約束，不用疑惑它如何經歷製作、乾燥和燒製過程而生存下來。製作草圖模型（見292-293頁）會有所幫助，圖像化造型可以知道如何被發展，被切割為部分。

實心塊狀雕塑
費爾南多·卡薩森佩雷
這件富有力量的作品展示了在乾燥和燒製大型實心作品中產生的張力。對大型作品來說，試燒程序是必不可少的。

陶瓷書架

馬騰‧巴斯

　　這個書架使用合成的泥巴來分別模製，在裡面使用金屬框架來加強結構。製作者、工程師和科學家一直持續地發展泥巴的使用，來找到新的用途，創造新的產品。

　　小的造型可以在下方使用不同規格的環狀工具來挖空。根據形狀和形式的範圍，它們也可以進行一定數量的"手術"；把整個作品對半切開，或者從主體上去除延長部分。然後分別挖空，使用磨毛和泥漿法（見72頁）重新接合上去。它們也可能需要臨時的支撐直到乾燥，使用一系列的骨架和支撐物。

挖空一個實心塊形

　　中空的器形的乾燥和燒製過程比實心的快的多。把造型切割開來，更好挖空。

1 取一塊實心的塊狀泥巴，製作成想要的形狀。讓表面乾燥為陰乾狀態，但不要讓它變得太乾，否則將不能改正在下個階段的錯誤。割掉可處理的部分，使能夠接觸裡面，來減少內部的泥巴。

2 使用不同的環狀工具來挖去泥巴，創造一個貫穿整個作品的均勻的厚度。如果不確定某個區域的厚度，你可以把牙籤從表面扎進去——這很直觀，告訴你該處有多厚、那裡的泥巴會需要進一步的削減。如果你不小心錯誤地穿過了表面，你應該用一些取出來的泥巴來補上。

3 如果一些部分被減弱了，則要加上內部的壁或裝入報紙直到乾燥。磨毛然後塗抹泥漿到所有要接合的邊緣上，黏合它們，必要的話使用臨時的支撐。

4 把切下來的泥塊推進作品主體，把它們混合回去。泥巴要足夠軟，方便改正錯誤和製作更多的添加物。一旦完成，鬆散地包扎，緩慢乾燥。

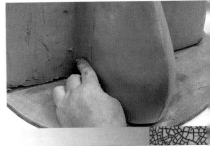

對許多人來說，拉坏就是陶瓷。在公開場合拉坏，會引起人們圍觀。人們常常被這項活動吸引。對一些人來說，給他們一次機會讓他們來試試，已經足夠滿足他們小小的好奇心。對其他人來說，這是跟生命一樣長的激情——一個沒有終點的吸引的源泉，一個來解決創造性問題的地方。

拉坏：介紹

為什麼把它叫做 "拉坏（扔）" ？因為它以把泥巴團扔到轉輪頂上為開始。也有含義說， "扔" 這個詞來自古英語單詞，意為 "彎折"。拉坏當然還包括旋轉、推、捧、拉、擠壓、疼痛、出汗和失望。

使用轉輪是一個快速造形的方式。成功的轉輪拉坏是速度、壓力和控制的聯合。下面是一些在開始時你會用到的技術，這並不是一張詳盡的列表，每人有不同的方法來學習拉坏。我們對使用不同的手和身體位置感到舒服。然而，一旦你掌握了基本的技術，還有很多其它小的、個人的豐富變化，它們能幫助發展你自己的專業化和風格——在拉坏機上。

獲得技藝需要時間、重複和耐心，才能製造理想的造型。對於以技藝為基礎的活動來說，沒有固定的時間，不知會花費多長時間。總之，你是在試圖控制一個加速的、旋轉的東西，這不是甚麼能夠立即學到的技藝。通常，它要花費數星期或數月的時間，對能力不好但很堅決的人來說——這可能花費數年。這跟堅持和決心有關，更遠一點說，這不是一個有限的能力。當和其它技術一起，一旦你學習到了如何拉坏，它會進一步發展，並向你提出問題：你要把它怎樣？它會給你提供足夠的刺激來產生設計想法嗎？以作品來製作高度個人化的宣言所需要的創造性呢？如果你是一個陶工，它可以給你找到謀生之路嗎？

在西方，人們逆時針拉坏；在東方，人們順時針拉坏。為什麼？沒人知道確切的答案。或許這就像書寫，英語從左向右，而其它語言

拉坏的雕塑
伍特爾・達姆
　　這個波動的有節奏的轉輪拉坏的形式曾經過切割、變換、接合，留下了最初形式的證據。轉輪拉坏時，造型的內部和外部都同樣重要

瓷器茶具
路易莎·泰勒

這些瓷質容器展示了飲茶的儀式。由瓷製成，用一系列的帶色的透明釉裝飾。轉輪拉坯使你能夠快速創造一個"混合和相配"的系列作品，具有相似的個人風格。

言從右向左。這種拉坯的"用手習慣"對有的人來說，是極為不同的。有的左撇子能學會換手，但其他人覺得讓轉輪順時針旋轉能解決很多問題。重要的是，泥巴應該總是進入佔優勢的手中。

新手

當你開始操作時，泥巴的稠度必須像新包裝泥一樣軟。這樣你更容易操控，也能更好地開始發展觸覺的理解和信心。當你的拉坯在進行，你的信心在增長，你的形式變得更複雜，泥巴可以準備為不同稠度——更硬些的，一般來講，來支持更薄的甚至否定重力的形狀。

要創造多樣的形式，你需要一種對於泥巴上施加正確壓力的理解，和對拉坯過程中不同時間的轉輪速度變化的微妙感覺，這需要時間和重複、試驗和錯誤。新手會發現，觀察別的陶工工作沒甚麼意義，他們要發展自己非常個人化的風格和捷徑，這是非常難以複製的。

雖然是從基礎開始，你也會很快決定你自己的手指和手的位置。因為形式在轉輪上能發展得非常快，有一種拉過頭的趨勢。這會導致問題，因為一個薄而軟的中空的物體在倒塌之前只能轉這麼多圈。如果你實際上不是在形式上工作，或還在想下一步做什麼——或者簡單地欣賞你的成就——那麼就停止轉輪。當你最開始在轉輪上時，你可能想要拉一個最

薄的、最輕的器物——這是一個值得讚美的野心。沒有人想要一個在台子上拿不起來的太重的器物，正如拿起一件感覺太輕了的東西也會令人失望。

早期轉輪

在所有改變世界的發明或發現中，觀看最初的陶瓷轉輪，一定很神奇。想像一下，第一次看到有人把一團泥巴扔在一個轉動的平台的中心，加入很多水，在中間壓一個孔，然後把泥巴的壁拉起來，改變它的形狀，並且最終欣賞最後的形狀。

我們認為那個第一個這樣做的人是在大約6000年以前，可能在埃及，或在我們現在稱之為中東的某地。在埃及有大約公元前3000年左右的墳墓壁畫，顯示陶工們使用木質或石頭的可轉動的台子。輪子的主體比它早1000年被發現，大約公元前4000年左右，在美索不達米亞（伊拉克南部）被發現。蘇美爾人是最早使用這些早期的輪子來發展推車和馬車的。

最初的陶瓷用轉輪是有著厚重的石頭或木質的圓盤（轉輪頂部），由一個助手將一個棍子放在一個孔中帶動它轉動。在全世界，有很多不同的系統用來讓轉輪轉動：腳，繩子，棍子。真正改變了事物的是發明支撐轉輪頂部的長的支撐桿，在轉輪底部有一個慣性輪盤。

飽受壓力的容器
喬琛·魯斯

這個作品顯示了一個厚的轉輪拉坯形式能夠被加上所有的壓力、束縛和緊張，但還是足夠堅固來保持形狀。一旦拉好，拉坯的作品能被再製作來表達想法。

帶蓋子的罐子

提拉和詹姆斯·沃特斯

　　這些功能性的物品體現出一種礦物質形式和微妙的表面釉色裝飾的平衡。作品既可以在家中使用，也可以放在壁爐架上來欣賞，它們對拉坯工作者是一種不變的挑戰。

這種安排使得陶工更為舒適。另一個巨大的發展是18世紀機械力量的到來。

現代轉輪

　　在全世界有現成可用的三種主要的陶工轉輪類型：電力式、腳踢式和衝力式。你選擇哪種取決於不同的因素：費用、動力來源、你的適合程度、特定生活方式（或美學品味）的選擇。

　　腳踢式和衝力式屬於傳統的，呼應的是自給自足和鄉村的田園牧歌的生活。它們沒有運行費用，非常安靜，在設計中，體現著一種直率的真誠。當轉輪放慢時，人們在它上面拉坯。一些陶工說，在這些簡單的、非機械的轉輪上，他們能夠知道何時成形。他們聲稱，這些形式對他們有一種不同的感覺和節奏。不管你相信甚麼，非機械的轉輪肯定帶給作品一種直接和更少雜亂的感覺，它們也同樣使得拉過頭少一些。

　　電動拉坯機不斷地改進設計，但從沒有真正改變。新的模型並不必然意味著新的東西。你從一個拉坯機上想要的東西總是一樣的：來承載重量而不停止的東西，維持一個穩定的速度，傳遞靜止而不顫抖，並且最終為個體的舒適和快樂提供可變性。有些拉坯機肯定比其它更好，所以在購買之前，可以詢問其他陶工的意見，並試用幾次。好的二手拉坯機不常見──因為人們即使留著一個不用的放在那裡，他們也相信有一天會用到它的。藝術院校的陶瓷系和成人教育機構經常有一些不同的拉坯機，來使學生嘗試不同的模型。確保你試過幾次（盡可能多的次數）──才能發現你自己被那個亮閃閃的亮紅色的、帶有多個按鈕的機器所吸引。

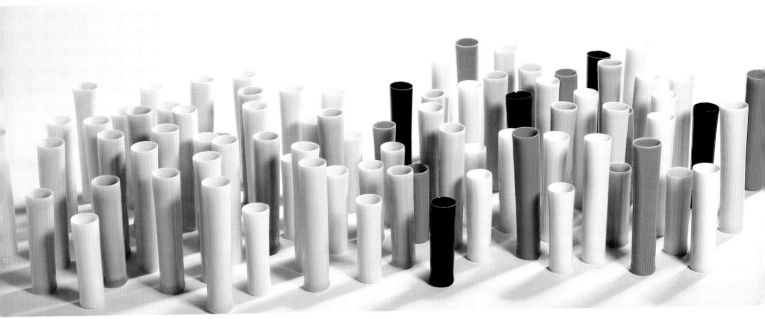

由重複構成的花瓶

娜塔莎·丹翠

這些轉輪拉坯的形式展示了個別的本質和重複的節奏。瓷器的純正本質能夠表現釉色的透明之美。

拉坯的壺

雅各·凡·德·布格爾

拉坯的重複是一項創造靜止生命的理想的技術。這些形式發出一種簡樸的趣味，只使用泥巴的顏色。

拉坯的水罐

魯沙妮·塔德波爾

這個自由拉坯和變化的蘇打燒製的水罐在它的最終形式上反映出製作的過程。顯然，它已準備好了，等著被倒水使用。

　　雖然取決於你的工作室的乾燥條件和你能得到的時間多少，有一個長期以來形成的製作轉輪拉坯工作的順序，其中所有的階段間隔為兩天以上。

拉坯：工序

　　準備拉坯，你應該選擇一種光滑的泥巴坯料。理想的話，這應該是一種特別為拉坯準備的，因為它將要混合來給拉坯的形式提供更多的可塑性。可以使用任何泥巴，但對新手來說，即使沒有加泥巴這種額外的難度，這種材料的挑戰也足夠大了。

　　泥巴必須很好地揉製/切割，來得到一種均勻的稠度（見30-31頁），這也會排出氣泡，否則在拉坯中它會導致問題。如果氣泡留在泥巴裡，它們感覺像是硬塊，顯現出像是砂眼。如果留在那裡不加處理，它們會在第一次燒製中爆裂。

　　作為新手，泥巴最好像新的包裝泥一樣軟。僵硬的泥巴很難操作，會使人士氣低落。當你掙扎著來控制泥巴集中泥巴，你的雙手會被彈掉，你會不停抖動，直到搖晃得不可控制。所以，在摸索過程中，花時間在使泥巴稠度正確的功夫上，會給你相對應回報。

　　你要準備你能處理的盡量大的一團泥巴，然後把它切為塊狀，尺寸和重量取決於你雙手的尺寸。一般來說，它應該大的能夠使得你的雙手和指尖分開，太小的話，你都不知道你的手應該做什麼。這些塊狀最好是圓的、光滑的球或圓錐形形狀。在開始前至少準備五塊泥巴，以備失敗重來。如果泥巴沒做好，在沒有首先晾乾和重新成形之前，不要重新使用。

集中泥巴（對準中心，找中心，堆正泥巴）

　　集中泥巴是拉坯技術中最為重要的步驟，要變得精通於此花費的時間最多。集中泥巴是

手的壓力點

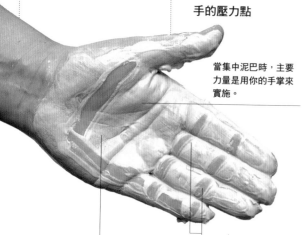

當集中泥巴時，主要力量是用你的手掌來實施。

指關節後面的區域和手指末端也要施力。

指關節後面的區域和手指末端也要施力。

身體位置
　　正對轉輪托盤坐，同時你的上臂從兩側壓下，前臂放置在大腿上或托盤兩邊。把雙手放在想像中的錶盤的八點鐘和四點鐘的位置。

工作順序：
拉坯技術
集中泥巴
・ 蘸水
・ 兩隻手都壓入
・ 把轉輪速度調為75%
・ 擠壓，不要勒死，讓泥巴滑過你的手
・ 隨泥巴拉上去（捧拉）
・ 做圓錐形
・ 做圓頂
・ 左手從頂部以45度角進入
・ 右手壓向下
・ 右手把左手壓向下

技術名詞介紹 27

集中泥巴

你能夠通過它創造勻稱的形式。它會調節泥巴，排出小的氣泡。如果你戰勝不了這一項，拉坯將會是一項令人沮喪的活動。

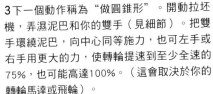

1轉輪頂部需要乾淨而潮濕，來幫助泥巴坐穩。如果太濕，在一接觸時球形泥巴就會滑掉，用你的大拇指弄乾轉輪，從中心向外移動到邊緣。如果輪盤完全乾燥，泥巴有點僵硬，這也會導致泥巴滑掉。

2將球形泥巴擲到輪盤中心上。確保球形的下面是完全圓的和光滑的，否則下面會陷入空氣。這會使集中泥巴非常困難。在開始之前，用雙手拍打側面，查看如果泥巴是坐穩的，側面也盡可能的均勻，就可以了。

3下一個動作稱為"做圓錐形"。開動拉坯機，弄濕泥巴和你的雙手（見細節）。把雙手環繞泥巴，向中心同等施力，也可左手或右手用更大的力，使轉輪提速到至少全速的75%，也可能高達100%。（這會取決於你的轉輪馬達或飛輪）。

4當你用手掌推擠（捧拉）時，泥巴會開始上升。可以把手指交叉。隨著泥巴到達頂部，用手掌的根部保持更大的力，把手順斜坡沿45度角上去時，來創造圓錐形形狀。當必要時可用水來防止泥巴拖拽。讓泥巴從雙手中滑過穿過。理想的話，在做圓錐形的過程中把泥巴上升到原先的兩倍的高度。至少你需要感覺到一些泥巴的運動。

5放置左手並使之在靠近圓錐形的頂部以45度做斜坡。右手的根部放在頂部上面，並傾斜入中心，同時肩膀和右手一起向下擠壓，和左手一起保持壓力。感覺像是右手在把泥巴推入左手，兩者都往下走。左手在控制圓錐形的形狀和底部的寬度——通過保持向內的壓力，不讓它擴大太厲害。

6重複此動作幾次；每次重複，抵抗力應該減少，直到沒有任何邊上運動，泥巴開始變得光滑。一旦掌握了這種技術，你可以開始拉坯程序了。沒有很好集中的泥巴，就不能創造勻稱的形式。有經驗的拉坯者會通常重複對準中心的動作三或四次，來確保泥巴是被集中了的，到處有近似的稠度，沒有氣泡。

失誤和補救

當你做圓錐形向上時，主要的問題就出現了；如果頂部太平，你的手太垂直，一個小的凹陷會出現在中心。當你繼續向上，這個小的凹陷會成為一個孔。

你需要把雙手改變為45度，還是泥巴往上向側面推，同時要往泥巴中心施更多力來使得整團泥巴上升。

當你把泥巴推下去，如果出現蘑菇形，這意味著右手往裡推的力量不夠，在頂部的左手力量太大

一直保持泥巴稍微隆起成為圓頂。在往下壓之前，頂部做成圓頂，用左手以45度角使勁往裡推，並在頂部往下推。左手不要放鬆壓力。

把球形泥巴安放在確切的輪盤中心位置的程序。有好多種方法來達到此目的，你可根據你的拉坯機、主體形狀和強度來選擇。觀察其他拉坯者會幫助你找到不同的途徑。有的拉坯者不集中泥巴，使用這個不成形形狀，來追求他們作品個體的自然，但不建議新手這樣做！

集中泥巴的原則是，使用對轉輪的離心力的壓力。通過放置你的手在泥巴的兩側（在想像的錶盤的八點鐘和四點鐘），從兩側向中心同等施力，或從左手施力——如果是一個右撇子拉坯，轉輪方向是逆時針方向；如果是一個左撇子在拉坯，轉輪是順時針方向，從右手施力。

分層圓環的形式
馬修·錢伯斯

這件拉坯造型是通過使用很多個別的部分和層次來建造而成的。在製作程序之前，使用了氧化物來給泥巴上色。

拉坯的雕刻
芭芭拉·那宁

這件轉輪拉坯的作品顯現出解開的樣子。這樣，它彷彿釋放了創造它的螺旋形的張力。

不要讓泥巴從這個位置來主宰你的手。新手要使用足夠的水，向前推時用少量水，讓泥巴很容易地滑過你的手。最初你想做的就是抓住泥巴，不讓它滑動。記住，通過使用軟的泥巴和很多水，會製造出很多泥漿，如果你把它遠離其它塊泥巴，這很容易回收。當你知道了你的手應放在哪裡和要用多少力，你可以用少一點的水。避免把雙手按壓在轉盤上，因為它會把你的手磨的粗糙，很快就會疼痛。

如果你要坐在轉輪旁較長的時間，那麼身體的位置非常重要。試著讓大部分運動都在你正前方。觀察一個很有能力的拉坯者會有誤導，因為你不可能看到他們保持他們的上半身靜止和僵硬。在集中泥巴時，你會保持你的前臂在轉盤的兩邊或在你的大腿上靜止和穩定，而且你會把身體彎在作品上面。如果你沒有找到正確的就座和工作的位置，一整天的拉坯會讓你腰酸背痛。

一旦你能集中泥巴，你就幾乎掌握了轉輪

開口

在創造形式的中心孔（開口）時，它很容易使你前邊集中泥巴的努力白費。這將取決於在什麼地方和什麼時候開始來壓入並把轉盤提速。如果這個關係不正確，材料很容易脫離中心。

1 轉輪的速度至少應為全速的75%。更慢一些的話，手指會找不到中心。把左手放置在中心的泥巴上，用一點力在泥巴壁上。把右手放在左手上面，使用雙手的一個或兩個手指，感覺頂部的中心。你的手指應該感到靜止不動。

2 向下壓，保持雙手在一起。由於你手指的壓力，泥巴應該開始向外擴張了一點。當速度把手指帶向下進入中心，你要增加壓力。太快或太慢泥巴都會開始出現螺旋形，離開中心。記著，你不是要把中間鑽透。你也可以把一隻手放在另一隻的上面，這樣會覺得更穩定。

3 當你向下壓時，試著測量底部到輪盤的深度。準確的深度很容易測量，停下轉輪，把針刺入底部。把手指推入底部，壓著針。把針取出來，這會顯示底部的準確的深度。

4 保留大約1/4-1/2英吋(0.5-1厘米)。這樣你就可以在下一個階段在底部切削出一個圈足。而且，當你完成形式，把它從轉盤上用金屬線割下來，要先把底部留下一部分。

成形底部

　　有很多種方法造底部，它由不同的加速和放慢的原因施展而成；而且，不同的形式有不同的製作方法。

1 把左手放在你的面前，環繞形式。從中心開始工作，把兩只手指放在底部，把大拇指連接起來，或確保你的雙手連在一起，互相支持。

2 把你的手指拉過底部拉向你的身體。試圖保持壓力均勻。在這個階段你也在創造底部的大致寬度。不要延伸到團塊的最初尺寸之外，因為這樣會把空氣陷入在下方，但要到達底部的邊角，在壁裡創造一個小的底角。

3 一旦你到達了邊沿，把手指推回中心來向相反方向壓泥巴。這能預防在底部產生"S"形開裂。這也會去掉不想要的突起，預防在邊上堆積泥巴。

4 用針再一次檢查底部的深度。隨後用手指在泥巴上合攏小孔。你可以用一小塊壓縮海綿弄光滑任何瑕疵。底部成形後，再開始拉泥壁，因為回頭再做很困難。

拉坯技術的一半。然而，這恰恰是有最多問題的一個步驟，這一步把很多人拒之門外。教科書上來練習拉坯技術的形式是圓筒形，因為很多形狀是由此發展而來。避免碗形——轉輪自己的離心力會拉出這些形狀。一旦你能夠控制，那麼你可以開始接下來的程序了。

成形底部

　　底部是形式的基礎。在往上拉泥壁之前，你應該創造一個實心的均勻的底部。一旦拉坯開始，往下回到底部會很困難，會使整個形式變形。

提拉

　　提拉是拉坯的主要動作，你花費一些時間來學習把泥巴有控制地均勻地提拉。這個程序由幾次重複的托捧完成。每一次從底部提拉，泥壁會變得更薄，並且需要製作者的敏銳度，來避免離開中心、扭曲、拉扯和倒塌。在提拉過程中，你可以保持使用同樣的方法，或用一種開始，然後改變為另一種。轉輪的速度應該

失誤和補救

　　如果轉輪轉動的速度和你在形式上往上移動的速度的關係不同步，那麼泥壁會開始出現螺旋形。

　　要預防這個現象，你需要把雙手一起在形式上往上移動，施用更少的力。

　　用外面的手放在裡面的手之下把形式往裡推。雙手保持位置不變，直到你感覺泥巴在你外面的手指的上方移動。在兩或三次提拉之後，你會看到泥巴的卷向上，向著頂部移動。

壁的形成：提拉

技術名詞介紹 30

經過練習和重複，你將能夠使用你準備和集中過的泥巴。目標將是從底部向上來提拉一個均勻的泥巴的壁。

工作的順序：

拉坯技術

提拉

· 水

· 把轉輪速度放慢為30%

· 左手放裡面

· 右手在外面

· 手指墊在內在底部
  左手在上

· 水平往裡推

· 等待泥巴的運動

· 改變右手指墊
  向內向上以45度角推

· 手指墊推動左手到頂部

1 把右手的大拇指和食指放在泥壁的兩側，在兩點鐘方向朝向圓筒形的背部，把它們捏在一起；把左手放在外側的手指上面施力，然後把泥巴卷拉向上。這個過程中，手指必須堅定。

2 交替使用右手食指伸出，然後圍繞大拇指彎曲來創造一個穩定的指墊，這將是你的主要拉坯工具。把它放在形式底部的外面，最初水平地向著壁。向內推，等待，直到你能感覺到一個泥巴卷在手指上方上升。這就是那個你將提拉到頂部的卷。當你往上走，傾倒你的指墊45度角（見細節）。對形式大約1/3處施更多力，手往上走時放鬆。

3 你左手的手指尖是在內部，位置在外側的手指墊的上方。內部的壓力在逼迫泥壁向外，而外部的在向內。同時，外側的右手在推動左手向著形式的頂部。

4 可能的話，把雙手聯合在一起，來形成更好的支持。大部分拉坯活動都是如此。當你逐漸接近到達頂部，雙手應該逐漸變得水平。如果你在半途向上沒有放鬆壓力，那麼形式的頂部會變得太薄，難以控制（見收攏頸部，93頁）。

5 最為傳統的結束頂部的方法是，把你的左手手指和大拇指放在邊的兩側，和在下方的右手食指一起，輕輕向下壓。施力越多，邊會變得越厚。

提拉時手的其它位置

這些方法提供了另一個從你的形式的底部提拉的方法。

炻器牛奶攪拌器
鄧肯・胡森
　　這件大型的轉輪拉坯形式使用了44磅（20公斤）泥巴，通過幾次上拉提舉，創造出要求的高度。這個圓筒形在每次提拉之後收攏頸部，來控制形狀。

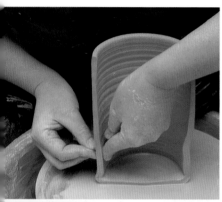

1使用少量的泥巴，你可以只把雙手的指尖在內側和外側彼此相對來移動。這個動作會把泥巴擠壓上去，對小的作品很好用。到後面來改善你的拉坯，你可以用這種方法只使用手指尖一起工作。

2用右手拿一塊海綿放在你內側的左手下方，以此代替大拇指指墊來推它。如果你在拉特別粗糙、硬的、加了熟料的泥巴，或如果你的指甲有阻礙，這會非常有用。

為全速的25-30%。太慢圓筒形會變螺旋形，太快泥巴會快速離開中心。很多拉坯者使用玻璃或塑料的鏡子放在拉坯機的後面，這使得他們在工作時，能夠準確地看到形式的輪廓，而不是從上面彎身，或離開轉輪來檢查進程。

收攏頸部（收頸，收口）

　　收攏頸部技術包括使用雙手環繞抱泥，使得持續能夠控制形式。它描述了往形式的頂部收攏捧拉，進入泥巴的動作──這對瓶子和壺嘴非常關鍵。它也會幫助你在造型上得到更高的高度。拉中等和大型形式的節奏是在每次提拉後，你都要收攏頸部泥巴。

水平切割頂部

想像一下當你輕輕地把你的手移開時，形式比要求的高些。任何唐突的動作都會把它擊倒離開中心。在幾次提拉之後，形式的頂部會變得不均勻，要來切割使之水平。這可以用針來完成。把左手食指和大拇指放在邊沿的兩側，右手拿針，把針尖比著左手大拇指朝向中心。把它在泥巴中貫穿泥巴運動，直到它接觸到你內側的手指。你也可以停止轉輪，把割掉的泥巴拿掉，或者簡單地把針懸空，右手拿著泥巴圈移開（見細節）。

把作品從轉輪上切割下來

　　一旦完成了拉坯，你可以使用一個切割用金屬線，把作品從轉輪上切割下來，灑一小點水在轉輪上，塗抹一點水在作品下方來潤滑，工作的順序：

拉坯技術

收攏頸部

· 至少四點接觸
· 轉輪速度為50%
· 在半途接近，增加手的壓力
· 當你繼續，增加轉輪速度到75-100%
· 切割掉螺旋形的頂部

會使得切割時更容易把作品滑下來。作品從轉輪上取下來，被轉移到一個板子上晾乾。如果你還想往作品上增加造型，那麼用塑膠袋來覆蓋它，或把它放在一個加濕櫃裡。你的目標是陰乾的稠度，只需等待一天即可。

一旦你更有經驗，可以用乾手直接托起作品離開輪盤。即使如此，當把作品往下放在板的表面時，你仍然必須動作十分輕柔，因為任何突然的移動都會影響到形式的勻稱，在完成階段切削時會導致問題。

甚至在最早階段時，就要開始思考最終的表面效果和工作時邊沿做的怎樣。邊沿常常是作品的可見的框架。以後這些會成為你製作作品類型的基礎和你的自我表達。記住，要想陶瓷作品被人圍繞讚美，還有很長一段路要走。

改善觸覺的技術

拉坯的很多形式會要求不同的手的輕微移動、壓力和轉輪速度。事實上，你很可能感到習慣於使用一定量的泥巴。偶爾嘗試一下大件泥巴，或者削減規模，製作一些非常小的、精細的作品會很有用的，這會改善你的手指尖的控制和你對細節的意識。這不是只對新手推薦，而是作為一個貫穿你的陶瓷生涯，富有創造性的挑戰來推薦的。

收攏頸部

技術名詞介紹 32

很多拉坯者在每次提拉之後都收攏頸部。這會有助於控制和提拉。

1 圍繞形式彎曲手，創造至少四點接觸，用手指和兩個大拇指（理想的是相交叉來額外支持）。

2 當手向上走時增加壓力。轉輪速度可以開始為30%，然後當你在形式上往上走、開始提拉時，轉速增加為50%。對非常窄的頸部收攏，轉速可以增加到75%。

從轉輪上割下作品

技術名詞介紹 33

這些步驟會有助於從輪盤上拿下作品。

1 一旦形式完成，拿一把帶銳角的木頭或金屬工具來清理底部的周圍。在你把作品從輪盤上拿走之前，在圓筒形的底部減去1/4英吋（0.5厘米）的深度。這會讓水進入到形式下面，底部也不雜亂，讓作品更容易滑掉。

2 往輪盤上加大量水。拿出你的金屬線，盡量拉緊它，在把它從形式下方拉過。如果沒有移動，再往輪盤上加水，重複此過程。理想的是，弄乾雙手，使用雙手在底部推動，把作品滑動到一個濕的板上或到你的手指尖上。形式應該像滑水板一樣滑過表面。

改變形式的方向

　　很多垂直的造型開始於圓筒形。一旦你掌握了從底部提拉泥巴的技術，你可以開始試驗，在保持控制頂部的同時向外膨脹，然後改變方向，把泥巴向裡推回去。水杯、花瓶、水壺、茶壺和茶杯都是用同一個原則——它最終取決於你的技術和想法相配合，尖銳的批評眼光和你的生動想像。

1製作一個基本的圓筒形，但不要把壁做得太薄，因為這樣你就無法改變方向。當你沿著壁往上走時，左手手指在內壁與右手相對來擠壓，使得形式向外膨脹。不要試圖一下子推出去太多；通過至少兩次或三次重複的提拉來創造想要的曲線。

2如果你想把形式向內推，只需把壓力改變為由內向外。一旦達到了頂部，把泥巴做口推回來，來保持對形狀的控制。

3泥巴的稠度和重力都會影響到泥巴的可加工的程度，以及你能用它工作多久。如果你把泥巴向外發展，上面泥巴太多，會使泥壁倒塌；這就是許多造型由幾個單獨的部分構成的原因。

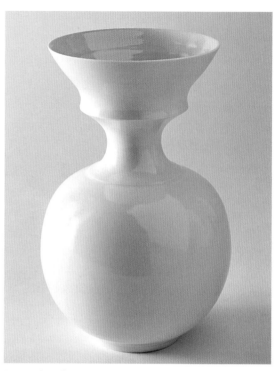

拉坯的瓷器花瓶
安娜·蘇維爾頓
　　這個作品顯示了如何漂亮地改變泥巴的方向。拉坯時，要求有高超的技術來控制改善了的形式。

刮片

　　不同種類的拉坯用刮片能夠極大地幫助改善和成形作品，創造一種個人風格。它們能加強形式的壁，使你能夠拉出更大的作品。在內部和外部創造完美的凹面和凸面曲線，去掉表面不必要的泥漿，拉直和做出有角度的壁，鞏固底部，創造邊沿和不同的蓋子……實際上，一旦你開始使用刮片，你就會在拉坯時永遠使用下去。唯一不好的一點是，如果用的過多，它們會使作品沒有特點。每一個拉坯者會有他們自己的刮片收藏，其中有買來的，也有為特殊目的而製作的。它們在中間通常會有一個小孔，幫助你在濕的時候拿穩。如果要製作重複的造型，那麼你可以做一個幾乎覆蓋了整個輪廓的"刮片"，或模板。

使用模板或輪廓

　　模板和輪廓是一個好方法，可以增加個別的細節、提高拉坯時完成的品質。它們的製作和使用都很簡單。拉坯者時常會收集這些工具，用來完成底部和邊沿——有的甚至使用它們來製作小的造型的整個輪廓，如果他們需要重複地拉製類似的形式的話。

1模板和輪廓可以在濕的拉坯階段或在下一個切削的階段使用，這時泥巴是陰乾的，需要一個乾脆的、硬邊的輪廓（見130頁）。使用易於切割的木頭或塑料或金屬。舊的信用卡是理想的，把你想要的輪廓剪在卡上，磨平邊緣，去掉毛邊。

2在拉坯中使用時，把模板按在形式的側面上，軟的泥巴會準確變成你所提供的輪廓。最好是通過幾次堅定但柔和的動作，在兩者之間加水，來得到完美的結果。當切削時使用，泥巴會被容易地去掉。

3拉坯時，模板以不同角度作用在形式的側面上，來得到不同的輪廓。在內側的左手可以輕輕地按壓泥巴進入模板的輪廓。可以施用少量的水來預防拖拽。

使用刮片

　　使用這些對改善形狀有極大幫助，幫助創造直的、圓的、凹進和凸出的形式。

1在木刀片的相反面支撐泥巴。在底部對著側面垂直地手持木刀片，從形式的內部施用壓力，來拉直泥壁。這樣你把泥巴推到木刀片上，並在形式上往上走。

2要創造圓的造型，把你的大拇指放在中間，把刮片放在大拇指和食指之間彎曲。將刮片擺成45度角，把頂部推離你。把左手放入內部，當你要把泥巴拉出來的時候，對著刮片，輕輕地把壁推入有彈性的刮片。

3當你接近膨脹器形的最寬點時，把有彎度的刮片轉過90度。曲面會取決於刮片有多少彈性。經過這個點時，把頂部轉過來朝向你更多，同時繼續調整刮片。

4當泥巴接近頂部，刮片和食指幾乎會朝向你。使用有彈性的刮片會使你能夠製作比使用木質刮片切割的，更大得多的彎曲弧度。

全世界的文化和文明已經把碗的形式製作、發展為諸多不同的特殊而具體的日常功能和儀式。它們曾承載和混合了世界的藥劑和飲料，聚集和分配了財富和財產，能夠界定一個文化的豐富歷史和身份。

拉坯：開放的形式

許多新手會因為偶然而不是設計，拉一個開放的形式。在離心力的作用下，讓泥巴開放比控制和拉高它容易得多。開始拉坯之前，要思考和設計作品將要顯現的形狀。簡單地勾畫或切割出模板能極大地幫助你得到目標形式。拉坯涉及到的行為會讓你從最初的意圖分心，但對於開放的形式應該看起來怎樣，堅持清楚的想法，能預防很多問題。它也會對你怎樣拉，你得留下什麼做支撐或在底部上，造成很大不同。

在你拉開放的造型之前，思考它的功能可以幫助決定它的形狀。它是裝穀類食品、糖、湯、義大利麵、沙拉、水果，還是橄欖？或者它會是裝鑰匙的碗，一個瓶子的頂，還是一些硬幣？或者，它是來表達一個想法或敘述，或者簡單地像一幅油畫那樣留著來做裝飾，還是放在壁爐架上或展示櫃裡來贏得讚美？

技術的考慮

不同形狀的碗要用不同的方法製作，底部

和內部能顯示形式接下來會怎樣發展。當寬度增加，重力會起控制作用，並且，如果你往外拉得太遠、太快，泥壁會撲通一聲落下。如果碗拉的時間太長，這也會發生，因為泥壁會變弱。同樣，如果泥巴太軟，在泥巴集中的程序中水用得太多，那麼要拉大和拉寬會非常困難。你讓頂部區域旋轉出去越寬，把泥巴推回去或拉的更高就越困難。當你試圖把泥巴推回去，常常會導致打褶或起皺的邊緣。

如果你沒有接觸到形式，那就停下轉輪。大的、寬跨度的碗可以分幾次在轉輪上製作，在其間部分地乾燥，或留下來沈澱。理想的話，這些可放在一個拍子上製作，這樣它們能夠被拿開和放回轉輪上（見100頁）。當它們還在轉輪上，可以使用燃氣火炬或吹風機來部分乾燥，然後重新拉坯。

對小的碗來說，沒有必要用板子，但當你操作，在把作品拿離轉輪和在結束的切削階段，它們會為你節省時間，減少問題的發生。它們很有用，如果你有空間，在拉很薄的、精細的泥巴如瓷器，並且特別是當你來拉較大的形式時。

你可以不用板子來拉盤子，但是這樣要求泥巴更硬，才能把它們拿離轉輪。任何直徑大

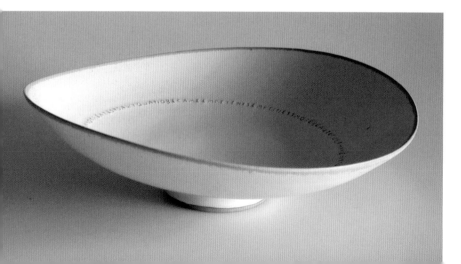

有浮雕圖案的碗
魯伯特·斯皮拉
一個波動的、轉輪拉坯的炻器碗。其內部使用文字做浮雕，它會把你的目光吸引到它的不對稱的內部和周邊上去。

拉（坯）一個小的/中等開放的形狀

　　碗的功能決定它的尺寸和形狀。同樣，在拉坯時，還要考慮內部和外部的表面品質。

1 集中泥巴，就像做圓筒形時一樣，但在最後向下推，使泥巴伸展開來，到想要的底部的大概尺寸。這能讓你有一個概念，知道應該留下多少泥巴來支撐碗的總體寬度。對底部的擠壓非常重要，所以記得在提拉泥壁之前，必須拉回中心。

2 思考內部的形狀將會成為甚麼樣；當你製作底部時，你是在創造一個平直的底，因為在此泥壁從底部往上升；同時也是在創造一個輕微流動的曲面，在此沒有任何東西來從泥壁上區分底部。如果是一個彎曲的底部，那麼往外拉時，當你靠近側邊，放鬆壓力來讓底部自然地彎曲。

3 把左手放進碗裡，右手放在外面，在你的面前在五點鐘或六點鐘的位置，把大拇指聯合起來。使用右手指墊推進去，讓泥巴上升，然後，使用左手指尖施力，並托舉在頂部形成的泥巴捲。你可以允許泥巴漂移出來一點點。在你緩慢地把手移走之前，擠壓邊沿。

支持或穩定你的手時。

4 回到底部，重複此過程。特別注意內部的曲線。你可以向前向後進入中心，來確保正確的曲線。你也可以在這個階段放慢轉輪，這樣形式不會跑出去太多。如果你願意，可以在這個階段開始使用一個彎曲的拉坯木刀片。在拉坯和改善造型的過程中，雙手一直相互支持。

5 在你得到所要的近似高度之前，寬度不要擴展出去太多；在這個階段，你必須控制邊沿。你可以把頂部1英吋（2.5厘米）的泥巴保留較厚，來選擇成形不同角度和厚度的邊沿。你可以用一個木製邊沿來擠壓邊沿，清理掉泥漿（見細節），留下一個乾淨利落的結束。

6 完成這個碗，你最後拉的可能僅僅是使用手指尖，放在彼此相對的位置來界定形狀。或者可以通過使用一個木刀片來加強泥壁，或刮除會使碗變弱、使表面雜亂的泥漿來完成。

於6英吋（15厘米）的東西都應該在一個板子上拉坯。

如果你使用了板子，記得在拿開之前使用金屬線切割。底部越大，越有金屬線在中間滑縮走樣的風險。為減少這種情況的發生，必須緊緊地握住金屬線，盡可能保持雙手靜止，對著逆時針旋轉的輪盤拉動。轉輪速度應該為25%。這會有助於金屬線在下面進入形式，而不留泥巴在輪盤上。

開放的形式的內部

必須首先考慮的一個重要區域是內部，這取決於你想要得到的表面品質。一些碗是完整均勻的，使用木頭、橡膠或金屬刮片來弄光滑；而有的製作有明顯的不勻，這給了作品一種特殊的特徵。在拉坯和切削過程中，不管是從形式上留下還是減去的部分中，泥漿裝飾和釉料都會發揮它們的作用。碗的邊沿和圈足是一個有豐富設計可能性的區域，也是你留下個性印記的機會。邊沿會變成內部表面的框架，它會影響到人如何手持和使用這件作品，也是內部和外部的分界線。不管它變成怎樣，要考慮到它，即使它只是被留下逐漸減少為一些精細的東西，然後是漂亮的切口，透過釉色創造一個光環。

圈足和邊沿可以分別製作，當泥巴還新鮮、半乾時，作為一個組件加到形式上。這是一種更令人興奮的可能性和設計挑戰。

思考作品的功能，這會幫助你來決定表面的細節和它的邊沿造型。在這樣一個開放形式上，拉坯和使用工具留下的標記會很顯眼。泥漿和釉料也會使之顯著，能創造刻意的表面細節，也會暴露出失誤。

拉（坯）盤子和平直的器物

對任何平直器物，往底部按壓是非常關鍵的。否則，在乾燥和燒製過程中它能夠發展分離和開裂。

1像以前一樣集中泥巴，但允許泥巴團在最後兩次集中行動中漂移出來，到你想要的盤子的大約寬度。把右手指尖放在中心，在上面按壓左手；施用力量，把它拉向你。

5一旦底部做好，下一步是製作小的壁和邊沿。理想的是使用右手大拇指。把它放在右手食指上方，擠壓入底部。這會托起泥巴，然後使得像往常一樣容易拉坯。

為平直的器物設計的輪廓

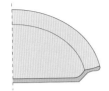 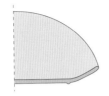  

2 如果你是在拉寬的、底部平直的碗形，你可以使用同樣的方法，只在邊上留下多的泥巴來用作壁。試著使用右手掌的根部，和左手罩在一起成為杯形放在泥巴頂部，施力來把泥巴拉出來。這對大件作品很有用。

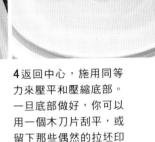

3 當你接近邊緣，你可以把左手圍著形式來保持形狀，使它不脫離中心。這也會使泥巴緊密。拉兩次或三次以上，注重底部，每一次拉都得到更深的深度。用濕海綿來保持表面濕潤，預防表面拖拽（見細節）。

4 返回中心，施用同等力來壓平和壓縮底部。一旦底部做好，你可以用一個木刀片刮平，或留下那些偶然的拉坯印記。

6 如果你想要一個稍寬的邊沿，得到泥壁的高度，並且，使用右手在一邊支撐，手指尖一起擠壓，在一個動作中拉出來。不要讓轉輪轉動太多，否則邊沿會掉落。

7 為在底部創造更多的造型和形式中的轉變點，使用不同彎度的木刀片不但可以削尖明顯的角，也能刮去不想要的泥漿。

8 工作時要支撐下面。記得在向上拿開板子之前，要用金屬線在下方切割。海綿或麂皮皮革對壓縮邊沿或盤子的邊是有用的，也能清理乾淨泥漿（見細節）。

使用拉坯來拉出所有造型是不可能的，你想製作一個單獨的部分時，從它上面無法實現。然而對一些新手來說，分段製作感覺像是欺騙行為。許多造型，甚至是中等尺寸的，最好是分段拉坯。這樣更易加工和控制，作品常常更輕。

拉坯：使用組合

分段拉坯意味著使用一對卡鉗來測量圓周長，確保各部分適合。提前做少量的設計和準備工作，可以預防你拉了很多形式，但它們不適合，最後不得不將它們回收的情況。

另一個使用組合的方法是研究一種更有雕塑性的方法來製作作品。這可以是一條憑直覺的、更有即興發揮的發展形式的道路，分散的元素會顯示它們可以被怎樣放在到一起、接合和發展，然後影響其它組件，這反過來會做出新的造型：這是一條進行探究的路線。

窯爐的燒製能力，和所使用的泥巴類型（在燒製之前素坯階段來承重）。使用的泥巴當然通常會有一定的大量的熟料。製作者持續地推這類作品的邊，常常通過作品在原地或使用多個人手協同製作，就像中國景德鎮的陶工所演示的那樣。

分段拉坯

如果你想製作大件作品，那麼你主要是拉坯製作部件，因為集中非常大團的泥巴是不可能的。有兩種主要的方法：或者拉製測量過的部件，然後接合在一起；或者繼續往第一個造型的邊沿上添加大的粗泥條，把它們往上拉，逐漸建造最終造型。這兩種方法都可以加上你想要的數量的許多部件。對尺寸的唯一限制是

把一個板子固定在輪盤上

在轉盤上鋪開一層1.5英吋（2厘米）左右的泥巴。用海綿弄乾表面，劃出幾道環。這會使得固定時能夠有更好的吸力。用濕海綿來擦板子。把板子放在泥巴上面，集中泥巴。堅定地往下壓，用拳頭捶打中心，使用均勻的力來壓板子的周邊。試著使用雙手來移動板子；如果滑動，要用金屬線割掉重來。

組合的形式
鄧肯·胡森
每一個轉輪拉坯的瓶子形都是由三個部分組成，使人能夠自由探索轉輪的速度的表現和形式的結合。

分段拉坯

　　擁有這項技術，你能夠創造更大範圍的形式，增加尺
度，對於想法更有試驗性；對探索新的可能性思路放開。

1拉出一個器形，留著自然乾燥到陰乾，或者使用電熱或乙烷燃燒來乾燥。泥巴要足夠硬，來承受額外的重量而不變形。磨毛和用泥漿塗抹接合的形式的邊緣和加上泥條的邊緣（見第72和81頁）。

2把泥條放在邊緣上面。在製作泥條時，盡量做得均勻；這樣就能避免集中泥巴時，浪費一半泥巴。

3把泥條按壓入位置，確保你開始拉坯之前沒有空隙，接合很好。當作品變大時，很容易出錯並擴大。轉輪速度應該比拉小的作品的時候更慢。

4使用少量的水，保持作品不會太濕，並在表面創造拉出的界定線。這樣更容易均勻泥壁。

5製作均勻地集中了的泥壁時，去掉不均勻的頂部。

6按壓邊沿，為加上下一個泥條做好準備。

7也可以不增加另一個泥條，直接把加上的泥巴重新拉為最終的形式。

對一些拉坯者來說，轉輪拉坯這種單一的活動會帶給他們回報，但還不夠全面地把他們的想像完全實現，他們無法只滿足於轉輪。對他們的挑戰是，在作品裡能夠取得和發展轉輪所生產的不同元素。

拉坯：使用切削、增加和接合變化形式

他們工作的開始點是轉輪的活動。一些人可能留下行動的痕跡，來知道開始點，然後去掉它。其他人安靜地變形、切削和重新成形，來使你對作品的製作過程進行猜測、神秘化、著迷。只要人們對拉坯的過程還有興趣，拉坯的領域會持續地發展，但拉坯不是生產功能性用途的唯一形式。

有千百條道路來發展這種工作的方法。一旦你把轉輪作為一種生產的工具來思考，認為一個部件被拉出來只是一個開始，那麼表示你剛剛開始投入到這種類型的工作。削掉造型的底部，使用另一種技術來創造一個新的作品常常只是第一步。一旦做時，你就會認識到精確地使泥壁變形，和加上新的泥板或印坯的底部是多麼容易，它不需要是勻稱的。以一個角度來切削泥壁的底部將會再次改變事物。這可以是無窮無盡的好奇和創造性的發展的開始。

在這些形式中，會有幾個東西使人感興趣。接合、壓扁、扭彎、拉、推、伸展、撕

切削形式的茶具
瑪格麗特·博爾斯
　　這些轉輪拉坯的瓷器作品展示了如何使用同一種方法來處理豐富的不同形式，通過切削和變換來創造一個有特點的茶具。形式總體的溫和與柔軟感被半亞光釉的效果增強了。

製作一個橢圓形的造型

一旦你開始切削，你就停不了手了。

它既能成為功能性器具、也能為雕塑打開一個充滿可能的世界。

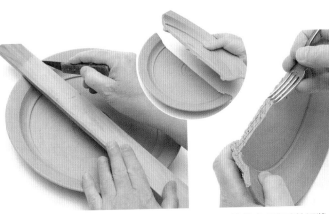

1 泥巴要軟，或是半乾的程度。形式要容易切削，但也要保持形狀。測量一半的跨度，比著一條硬邊來畫一條線。

2 在這條中心線的兩旁各畫一條線，沿著它們切割，不要試著一步完成切割，慢慢地切割幾次。你減去的寬度的量會決定橢圓形的曲線的曲度。

3 把兩個邊沿磨毛和塗抹泥漿，使之結合良好（見72頁）。

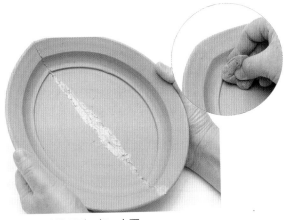

4 把兩片推回到一起，上下移動使之咬合很好。用海綿清理接合部位，按壓表面（見細節）。

加工了的邊沿和碗
桑迪·雷頓
　　這些拉坯形式的瓷器好像是漂浮在一個深深的半透明的藍色釉之上。盤子的邊被分離，改變，然後又重新結合在一起。

技術名詞介紹 41

透過切削和添加來創造一個傾斜的形式

一旦你開始試驗切割，來創造即使是形式最輕微的傾斜，也能使它與眾不同。

1 切掉底部，把它放在一邊，這樣你可以把泥壁重新結合到它上面去。

2 使用一條很緊的金屬線或豎琴工具，以某個角度向上向自己拉過形式。也可以使用一把小刀來做，也很容易。

3 首先嘗試玩玩各種不同的方法對這工具非常有益。一旦決定了，把所有部分磨毛和塗抹泥漿來接合和重新黏合，用海綿把需要清理的地方清理乾淨。

4 傾斜度取決於你切掉了多少和切的角度。切割和改變過的造型會提供不同的可能性來做研究。

5 在轉輪上製作更多附加物，像這個拉坯的把手，會增加作品的特點。以類似的細節來試驗，當一起使用時，它們形成一種關係。

6 如果泥壁部分被結合到一個簡單的泥板上，那麼底部也可以被用作一個蓋子。你也可以加上一個拉坯的鈕作為一個裝飾性的細節。

扯、切削，還有總體的表面製作標記的可能性，這讓人興奮。從這些活動中出現的新形式可能沒有顯著的傳統，它們可能被歸納為抽象表現主義。

變化的瓷器形式
桑・金姆

在這些被切割和變化的拉坯的瓷器作品中，展示出了極大的技術技藝。它們是經過精確考慮的、創新的、漂亮的功能性物品，上了簡單的透明和半亞光釉。

重新接合的容器
卡琳娜・西薩托

這些炻器和瓷器作品是精細拉坯的，創造出切割和變化了的精緻的形狀。拉坯的線條和接合的縫被留著，作為裝飾性細節、敘述性的痕跡。

你的蓋子的設計、形狀和尺寸將會決定它如何被製作出來。有些被製作為上下顛倒，或上面向上。有的會在泥段上面或支架上面拉，而其它的則個別拉坯。有的需要在陰乾時切削，而有的則簡單地需要完成。

拉坯：蓋子

蓋子給你一個開始往作品上加上個人風格的機會。它們也拓展造型與功能的可能性。組合和風格是無窮的，目前的設計挑戰是找到兩個分開的元素來適合、相配、衝突，不管觀者或加工者對它們的思考和感受如何。它們搭配得完美嗎？在一起彼此舒服嗎？或有著粗糙、潦草的補丁？你的蓋子作出了怎樣的宣言？它們彼此矛盾還是相兼容？

雖然蓋子的風格變化很大，主要有四種裝配：

- 蓋子嵌在容器裡（也稱嵌蓋，蓋子在壺口裡面）

- 蓋子壓在容器上（也稱壓蓋，蓋子比壺口大）

- 蓋子壓蓋在容器的上面和上方（使用凸緣（口沿））

- 蓋子沿著容器的線條（使用在拉出的壁上挖的切口）（也稱截蓋，蓋子是壺上截出來的一部分）

作為一個新手，最好的練習是製作一個厚的圓筒形，重複成形的動作，然後切掉那個部分，重複，直到你掌握手指位置和壓力。製作蓋子的一個基本原則是，它應該在製作容器的同時完成。如果這有困難，可以使用測量器來測量，在速寫本上做記錄，因為泥巴在乾燥階段會收縮。

拉坯製作出單獨的作品是一種有益的設計練習，可以製作許許多多不同的蓋子。製作單個的壺時，你可能不會重複它，但可以製作幾個 "備用" 蓋子在下個階段切削，來檢驗你的想法是有用的。這能幫助設計的發展。

拉坯製作得 "分段線取"

使用這種方法的原因是，非常小的泥段在集中時會是困難的，處理起來是消耗時間的。線取方法使得集中中等或大型的泥巴團成為必

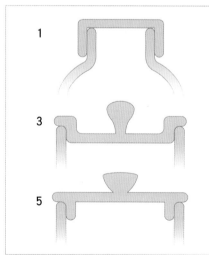
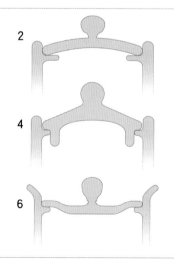

蓋子設計配置的草圖

1 最簡單的蓋子，壺或碗坐在頸和肩上（製作為上下顛倒）。

2 蓋子放在容器的裡面，在壺口的上面（如果是彎曲的也製作為上下顛倒，如果是平直的製作為上面朝上）。

3 蓋子放在容器的裡面，在邊沿上（製作為上面朝上）。

4 一件 "帶子和方框" 茶壺蓋子，製作為帶一個凸緣（壺蓋子口）來使蓋子坐在壺口裡面、容器的上面（製作為上下顛倒）。

5 蓋子有一道凸緣（壺蓋子口），放在容器的裡面、邊沿上面（製作為上下顛倒，除非裡面是實心的）。

6 與第二個蓋子相似，放在容器裡面（製作為上面朝上）。

要（通常為多於6磅/3公斤），只使用頂部來創造小些的造型。當你以自己的方式在泥段上往下做，重新集中你使用的部分。這種方法一般用在製作小的東西如蓋子、鈕把和壺嘴。當拉坯製作這些小東西時，不要使用太多水，因為這會創造很多泥漿，毀了作品。

拉製單獨的蓋子

有時，當蓋子還在尺寸之間時，很難把它拉離開泥段。你的雙手要更緊密地工作在一起，在彼此的上面。你可以遵從拉坯的每一階段同樣的原則和步驟，但僅僅使用你雙手的手指尖和大拇指擠壓在一起。當你拉形式時，這樣做會提供更好的支持。

帶蓋子的壺
鄧肯·胡森
這個系列的瓷器蓋子造型是基於城市生活。塔從能量和消費主義的內容中向上升起。

技術名詞介紹 42

適合在形式裡面或上面的蓋子

這些是拉製的最簡單的蓋子，因為它們不要求在蓋子上實際適合，只是用卡鉗來測量。它們可能是以一個拉坯的碗或盤子的形式出現，放在容器的裡面、壺口的上面或肩上。根據尺寸和設計，它們通常要有鈕或把手。

1 集中泥巴，至少4磅（2公斤）。把手指推進去，在頂部創造一個小的部分，然後弄光滑，成為一個達到尺寸的平直的圓盤。你會很快知道製作特定尺寸的蓋子需要多少泥巴。

2 把手指按壓入圓盤的中間，使用左手支撐。

3 使用雙手的手指推進去，泥巴會上升。如果你感覺控制不夠，也可以使用一塊海綿。

4 使用一把木製或金屬工具來改善鈕把和其餘形狀，更清晰地界定作品的輪廓。思考它會怎樣跟相配的壺相聯系。

5 使用一把木製工具和線來界定蓋子切割處。拉緊金屬線，把金屬線拉到割出的線那裡。使用緩慢柔和的轉輪速度。把金屬線拉過來，讓轉輪的運動割透底部的下方。這個蓋子應該不需要切削。

帶有壺蓋內緣的蓋子（適合在上面和上方）

使用卡鉗來製作精確適合的蓋子。測量時，要留出一點尺寸防止磨損，並記得在接觸的地方上釉會增加它們的厚度。

1 為做蓋子，先拉出一個碗形，在泥段的上面使用你的右手大拇指按壓入中間來創造深度，將其打開。為邊沿留出額外的重量和厚度。使用左手來支持泥巴，並測量你想要的形式的內部，拉到大約這個尺寸。

2 把左手大拇指放在邊沿的下方，食指在內壁。右手的食指以45度角推邊沿；這會分離邊沿，使得內壁起來，外側下去向外，創造你要的形狀。把凸緣（即壺蓋內緣）拉上去，角度拉為稍向內，使之容易合上（見細節）。記得測量凸緣的底部。

3 在凸緣的下方把邊沿向外拉到想要的寬度。（如果它放在形式上時看起來太寬，可以做些修飾。）清理凸緣，或使用角度合適的工具把它做得更尖銳。

創造壺口嵌口

對新手最好的實踐是拉一個厚的圓筒形，直到你對手指和工具位置很自信。透過重複這個動作，你將會很快懂得創造壺口嵌口要求的壓力，需要的泥巴的量和厚度，你能夠改善適合及支持這些活動的壁如何。

方法1：拉一個圓筒形，然後把左手大拇指和食指放在邊沿的兩側，同時右手食指輕地向下按壓使邊沿變厚。支持泥巴，避免缺口被陷在內部的壺口嵌口和泥壁之間。這是衛生的關鍵，因為內藏物食物使不能被陷在裡面的。這種方法可以被用作造型的外面，來創造一個壁架讓圓頂形蓋子放在其上。

2 在完成之前，在你的第二次或第三次提拉時，把左手食指放入邊沿內部，和右手食指一起，把邊沿內側的一半按壓下去。你的左手食指應該在下方，支持被推下來的泥巴。壺口嵌口能從壁上推下來，推到你要求的形狀。

3 把工具以合適的角度在壺口嵌口的角落按壓，來刮光和清理這個區域。確保你把工具以與你成90度角的坡度離開你。這個區域越乾淨，使用卡鉗來測量準確就越容易。

4 在次階段，你也可以創造把鈕。使用雙手的手指和大拇指從兩邊向內推進去，把它變窄，使用雙手的面作為支持。使用工具來縮進要被切割的部分。檢查它是否比底部更低。

5 採用緊的金屬切割線，當轉輪以全速的20%轉動時，把它對著形式。輕輕地把線拉進中間，讓轉輪的運動來割掉泥巴。使用卡鉗來檢查，相應作出調整。

測量蓋子

根據你製作的容器，測量蓋子的內部和外部。

從容器的內部測量。把卡鉗放在一邊，拉製蓋子。使用另一套卡鉗來把這個測量轉移到壺口緣的外面。這會給你一個準確的密合，但記著，加上的釉會增加蓋子和容器的厚度，所以要為此留出一些空間。

方法2：拉一個圓筒形，如前所述來弄厚邊沿。使用工具的尖端在一半的線的點上往下壓。這會分開邊沿。向下和水平方向推和輕彈裡面的一半（見細節）。像前面一樣使用工具以合適角度把它弄尖銳。有的拉坏者更喜歡這種方法，因為它具有精確性和準確性。

方法3：拉一個圓筒形，不是弄厚邊沿，而是把它變薄。把左手食指放入內部，和右手食指一起，把泥巴推過去，直到水平。然後，使用左手的第二和第三手指在邊沿的下面，使用一把角度正確的切削工具來按壓頂部，在邊沿的頂部按壓進去（見細節），這會產生壺口緣。這種方法可以被使用在，當你已經拉了非常精細的特別的形式或不希望在泥壁上施加太多向下的壓力的時候。

方法4：做口並完全合攏作品。一旦形式被合攏，它會足夠支持來切削和完成。以45度角沿著選擇好的蓋子的線切割進去。留著直到陰乾，用海綿清理邊緣來完成。在邊沿上的45度的角度足夠放置蓋子。

出於功能性、雕塑性和裝飾性的目的，把手表現了更多表達個體創造性的機會。你應考慮製作把手的選擇，以及怎樣將其加到作品上去來反映你的意圖。考慮釉色會怎樣落在有紋理的區域。以玩的形式試驗對新的想法和結果很重要。

拉坏：把手

把手可以用任何陶瓷成形技術來製作。在此討論最常見的方法。

加上把手

不管你使用甚麼製作方法，把手的稠度要與要加上的器物相似。如果差異太大，在接合後會開裂；如果作品已經過了半乾階段，或者在加上把手之後作品乾燥得太快，也會發生開裂。

在製作之後，你可以把把手留著乾一些，或者使用一個吹風機吹乾。小心不要乾的太多，不然無法做輕微的修正。如果把手和器物使用的是不同的泥巴，要檢查兼容性，因為它們會有不同的收縮率。接合時，兩個部件越乾，就會越精確。如果泥巴較軟，你的活動會更有流動性，可以製作更多設計，調整風格。

接合把手的關鍵是，看容器的輪廓和把手內部之間的負的空間。你怎樣往器物上接合把手，正如把手和形式它們自身的質量一樣。如果物件是功能性的，還要考慮使用者的舒適，硬的邊沿在提起時會磨手。

使用磨毛和塗抹泥漿的方法來加上把手（見72頁）。根據把手的尺寸和重量，你可能要在裡面放一個臨時的支撐。如果支撐將要在物體裡面呆一段時間，你可以使用泥巴，因為在把手乾燥時它會和把手以一樣的收縮率收縮。實心的、硬的材料不會這樣收縮。

· 當接合分開的部件時，用水把它們弄濕，把把手和容器的末端都磨毛並塗抹泥漿。

· 使用大量的泥漿，按壓在一起，以使泥漿滲出。

· 用海綿來完成，為了結束得更精確和整潔，可以使用一隻濕畫筆在接合周圍清掃，也能進入很小的區域。

拉坏的把手

拉坏的把手能夠給容器增加不同的效果，

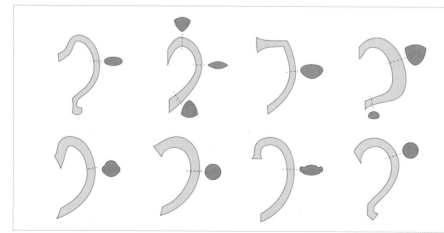

選擇一個設計

仔細看一看容器的輪廓。把手需要以某種方式與此相聯。考慮它的功能，它要怎樣持握，怎樣提起。製作許多不同把手，把它們比著輪廓的側面，來看你覺得哪一個最適合。灰色的陰影區域表示了把手在那個點的橫截面。

切割和變化了的茶壺

鄧肯·胡森

　　這是一件炻器，轉輪拉坯的茶壺，上透明的青釉。把手是一個簡單做了紋理的泥板帶，用釉強調。

　　對一次性完成的作品非常理想，可以非常直接地製作。它們能被使用在不同部分，以不同的方式加接豐富的形式上。這也是一個快速的製作出泥條擠壓法的設計想法，因為如果需要重複，它能生產相似的結果。

拉伸的把手

　　拉伸被視為一種非常傳統的製作和接上把手的方法。這種方法涉及到使用2-4磅（1-2公斤）泥巴來製作一個拉長的圓錐形形狀。一隻手握住圓錐形的一端，另一隻手的食指和大拇指一起擠壓進去，在它們之間形成一個負的橢圓形形狀。建議旁邊放一碗水，這樣你可以經常把雙手和泥巴弄濕。

　　從圓錐形的頂部開始，把你的食指和大拇指按下去──不要施用太多力，否則會拉扯泥巴。重複此動作數次來開始程序，保持手濕，防止拖拽。泥巴裡如果出現凹痕，最後把它扯掉，因為它會成為弱點。

　　一旦泥巴開始從前面和後面滑落下來，開始從側面施力來保持把手的寬度，不要擴展太厲害。把手的形狀會由你的手指和大拇指製作的形狀所主宰。

轉輪拉坯的把手

你可以使用轉輪來創造一些不同的把手。

1 集中泥巴，像往常一樣拉坯，但當你在中間開孔時，按壓底部，把所有的泥巴都擠到邊上，留下你想要的寬度和厚度。如果你想給容器加上更大的邊沿，這也是一個有用的方法。

2 然後這個環可以使用一個工具來清潔和改善。或者，有更大的明確性時，你可以使用工具或模板來創造更多細節（見細節）。不要留著到陰乾階段，到那時就不能再操作了。

3 一旦環形完成，就可以對半切割，製作成形。你可以把它切割為更大的部分，使用為形式的側面的耳狀物。

4 這個階段的把手能夠通過一種非常直接和即時的方式來對容器作出反應。它容易操作，容易被加上其他泥巴部件。這些部分可以放回，來備用創造更厚的把手。

手拉的把手

技術名詞介紹 **47**

你可以使用很多方法來創造一些不同的把手選擇。

1和2一手握住一個圓錐形泥巴，使用另一隻手的大拇指和食指來創造一個橢圓形。把手弄濕，輕輕施力，把泥巴從頂部以均勻的力度拉下來。大拇指和食指保持一個固定的形狀。保持雙手濕潤，使得它能夠容易地從泥巴上滑下來而不拖拽。如果有凹陷出現，把它扯掉，保持拉動。製作比需要的長度更長些。

3你可以製作把手，把它留在那裡直到稍硬，然後把它添加到容器上，或者另一種方法是，製作完成後，使用磨毛和塗抹泥漿法把它加到容器上，然後繼續拉它到正確的長度和形狀。你可以通過加一個圓錐形泥巴到形式上，以同樣的方式從容器上拉製整個把手。

4使用磨毛和塗抹泥漿法加上去。如果兩者都是軟的，簡單地接合即可。以此種方法製作把手時，需仔細查看你在創造的容器的設計。

你可以把大拇指收下來收到把手帶狀的中間來結束，這會創造一個輕微的彎曲和傳統的外觀。

把手要製作得比你需要的稍長一些，然後選擇最好的部分。用你的大拇指剪掉，或者垂放在桌子的邊緣，或者彎曲為一個曲面，把它放在一個板子上晾乾。之後你可以繼續來拉更多的圓錐形。

你也可以使用這種技術直接從壺上來拉把手。使用磨毛和塗抹泥漿法往壺上加上一個小的圓錐形，以同樣的方法拉下來，把末端直接附加在容器上。

從泥板做的把手

製造不同厚度的泥板。這些之後可以和一系列事先剪好的紙模板結合。

沿紙質模板在泥板上畫一圈。晾乾泥巴至半乾程度，這樣它會保持形狀。

查看切割的邊緣來決定完成的效果，要麼留在那兒，要麼按要求來弄光滑。泥板也可以有多種按壓入表面的紋理，或沿長邊滾動的滾筒做的紋理。當把一個金屬銼刀按壓入表面，它可以創造一系列尖銳線條的設計。

使用磨毛和塗抹泥漿法加上把手。根據把手的尺寸和重量，有時要放入一個臨時的支撐。如果支撐物將要在物體裡面呆一段時間，你可以使用泥巴，這樣乾燥時它會和把手以一樣的收縮率收縮。

有個性的把手

通過試驗和玩耍不同的把手形狀和紋理，你可能發現了一個元素使得你的作品具有個人特徵。你可以使用一系列的工具和紋理，嘗試不同的滾動和印刻入泥條和泥板條的方式，通過彎折和伸展來完成。完成了的作品（如右圖）演示了以誇張的方式在容器上來使用把手。

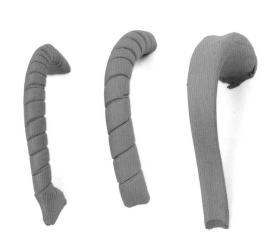

泥條做的把手

　　滾或拉出幾個泥條。你可以以不同方式使用它們，和紋理及其它工具一起加在造型和表面上。泥條可以滾過紋理，如橡膠墊、刻花或注漿的石膏板、整張刻花漆布，來把設計印刻在它們上面。

　　創造線條標記，你可以試試尺子或棍子的邊緣。把它推入泥巴，把泥條沿它的表面推，它會顯示印入的線條。當你到達長度的末尾，把它拿開，重新定位，重複之，這會創造一個扭曲的大麥的設計。

　　這個圓的泥條形狀可以通過輕輕地提拉和落在一個多孔的表面來改變。

印坯和注漿把手

　　對於重複的把手，你可以從一個泥巴原型創造一個由兩個部分構成的印坯模具（見156-157頁），或者注漿一個現有的造型。這些常常被用於更複雜的裝飾性的器形。這是工業生產陶瓷所用的程序。

形卡滑切法做的把手

　　用形卡滑切技術（見130-137頁）使用切割的輪廓模板能夠創造無限的把手設計選擇。這些可以被拉出或沿著先剪出的把手形狀用形卡滑切技術製作，或使用拉伸來創造整個把手形式。

把手的裝飾方法

　　你可以使用多種工具來創造有趣的裝飾性把手。

　　製作一個平直的泥板，切出長條或作一些拉伸。在按壓入濕的或新鮮的泥巴之前，弄乾表面，因為無孔的紋理會很黏糊。使用有紋理的東西按壓入表面，留下印痕。把它彎曲為近似的形狀並接上。

　　把邊條以45度角按入泥條，把它往外推。滾動完成，把邊條放回線的末端重複。然後可以拿起這個泥條並敲擊為不同形狀。彎曲時，把泥巴推到一起，預防開裂。

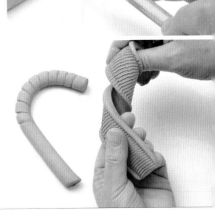

　　把手製作出來後，可以通過彎折或伸展來改變形狀。按步驟來做，當彎折時把泥巴推到一起，否則它會開裂。彎曲為拱形時也要這樣做。

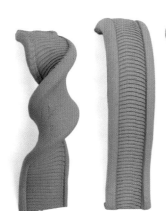

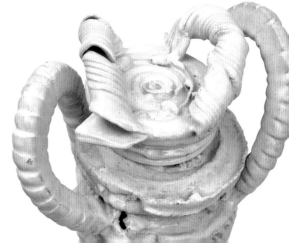

從泥團上拉製把鈕

技術名詞文件 **49**

你可以使用這種方法來創造非常豐富的把鈕。每次分部分，分出少量泥巴。

方法1：

1 使用雙手的食指和大拇指一起在底部推，泥巴會上升。這會形成一個實心的把鈕。

2 更用力按壓，和其它手指一起保持對頂部的控制。保持手指乾淨，避免出來太多泥漿。

3 通過保持表面乾淨和相對乾燥，你可以使用一把工具來續地切削形狀，在此之前不必乾燥。另一隻手放在把鈕周圍來保持控制。

方法2：

1 使用少量水，把手指向下按壓來創造一個小碗。把泥壁向上拉為一個小圓筒形。

2 在轉輪增速時，向內推來向著頂部形成圓錐形。繼續向內推來合攏頂部。

3 一旦把鈕合攏，你可以在周圍嘗試來延伸高度或寬度。使用海綿清理表面，用乾淨的工具或手指來進一步改善它。用金屬線切割下來，在附加上蓋子之前稍微乾燥一下。

附加上一個把手耳朵

使用磨毛和塗抹泥漿法把耳朵接到容器上。盡量製作和你要接上的壺有類似的厚度的耳朵。

使用套圈工具製作把手

你可以使用套圈工具來從一塊實心的泥巴塊中剗出一個把手。你可以購買，也可以用金屬線創造自己要的輪廓。

擠出的把手

擠出的把手提供實心的和中空的設計選擇，成為廣泛使用的方法，因為這種方式，易於重複，速度快，精確度高。把你自己的設計切割為實心的造型的塊，具有無限選擇（見164-165頁）。這種方法特別適合於大的、中空的把手。

把鈕

拉坯時，把鈕可以製作為蓋子的一部分，也可以增加一塊泥巴來完成蓋子，直接在它上面拉坯做鈕。這種方法的好處是，配合造型製作把鈕時，方便改動。拉坯時，你也可以創造一個實體，並且在切削階段，當使用木頭或石膏時，發現與內部的實體相似的形式。另一種方法是，分別"從泥段上"拉製把鈕，使用磨毛和塗抹泥漿法來接合它們，這為改善和發展手指的技巧提供無窮的選擇。如果你使用這種方法來製作蓋子，製作幾個把鈕來看哪一個最適合器物造型。

壺嘴一般是從泥團上面拉坯製作出來的，因為它們只需一點泥巴（1/2磅/250克）。拉坯主要是關於在泥巴上做口。它們通常是為茶壺製作，但可以被採用為多用途——作為花瓶、瓶子、燭台、把手，或門墊上長的、高的、細的頸。

拉坯：壺嘴

為茶壺製作壺嘴，就要拉的比你覺得你需要的更多些，因為一旦開始切削和讓它適合主體的形狀，它會失去部分長度。（除非事先很好地設計了，這個設計你會重複。）當拉坯時，試著不要把泥巴扭曲得太厲害，因為這會常常導致在陶器燒製中壺嘴解開。一些陶工會把壺嘴以某種角度放上去來允許扭曲。如果不行，那麼不管如何你要以一個扭曲來結束。好的倒水的壺嘴通常是那些末端的流口保留更尖的。一旦你開始把它們修圓並與釉層相結合，與將它們切除相比，液體會更容易在壺嘴上面流動。

選擇一個設計
　壺嘴的形狀將會影響倒出液體和瀝水的方式。暗影的區域代表著壺嘴在那個點的橫截面。

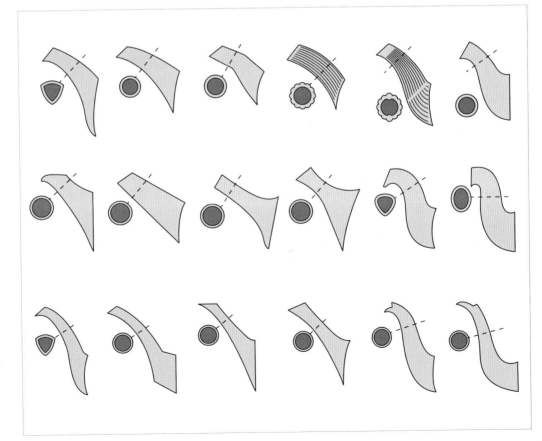

拉坯製作一個壺嘴

拉坯製作壺嘴要求的主要技術是把它們拉高拉細。當你在泥巴上向裡和向上做口時，轉輪速度應該增加。在做口之後重新拉使壺嘴更細。

1 像往常一樣集中泥巴，注意力集中在拉坯的區域。把手指按壓入中心，用另一隻手來支持，下去到你的手指的深。

2 手指尖在裡面、大拇指在外面拉上去，右手的手指和大拇指在相對的外面的地方，當靠近頂部時，厚度逐漸減小。

3 在每一次拉上去之後，使用至少四個手指和雙手的大拇指在泥巴上做口。靠近頂部時，增加轉速，來幫助把泥巴拉進去。避免在泥巴的外面施加太大壓力，因為這會扭曲內部。

4 當內部已經變得很窄，手指放不進去，使用針錐狀工具或小棍子放在裡面，手指在泥壁上用力，對著它推。你的右手手指應該捏在一起，把裡面的小棍子往上往頂部推。

5 使用手指做盡量多的支撐，來改善形狀，直到你的信心增長。這個階段，轉輪的速度為接近全速的50%，以保持形式在中心。

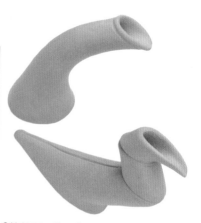

6 等乾了一點，你可以輕易地把壺嘴彎曲和處理為變化豐富的不同的形狀。試著拉製不同的寬度和高度，來給你提供豐富的選擇。（一旦你開始製作茶壺，就有許多的決定要做！）

製作一個茶壺

　　茶壺是一種經典的組合形式，你應該為自己設置一個作為設計的挑戰。對一個在學習工藝的拉坯者來說，它具有所有的相關的挑戰因素。設計和製作一個審美上使人愉悅，具有正確的物理平衡，並且既有好的倒出性能，又有好的滴水斷流的茶壺，是一項有意義的成就，即使你自己不使用它來喝茶！

1 拉坯製作出主體和蓋子，給你提供設計選項。選擇一個壺嘴，把它在形式上比一比，來看兩者之間的聯繫。

2 以正確的角度來分階段地切削壺嘴。

3 切掉壺嘴底部額外的厚度。

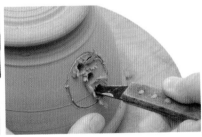

4 在將要安裝壺嘴的地方劃一個圓圈。如果是一個只使用茶葉袋的茶壺，那麼這個圈內的部分會被切掉，來創造一個孔。

5 或者，為沖泡鬆散的茶葉，你可以使用一個孔切割器來切出一個個小孔。使用海綿或刷子來弄光滑內部和外部的毛邊。

6 把壺身和壺嘴用磨毛和塗抹泥漿法接合在一起（見72頁）。確保所有的組件在接合之前有近似的程度，否則乾燥時它們會開裂。

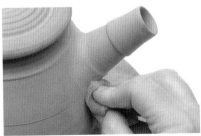

9 使用刷子來創造乾淨的接合。讓作品在覆蓋下緩慢乾燥。

7 把它們推到一起來接合，用海綿清理掉內部和外部的泥漿。把接合做出特色，或者混合它們使之無縫隙。

8 在接上壺嘴之前製作把手，因為它們在接合之前要稍微乾一下。使用磨毛和塗抹泥漿法來加上把手。

"切削"或"修坯"描述了把一個部分乾燥的、理想情況下是陰乾的形式放回輪盤，重新對準中心，然後在輪盤轉動時，使用一把有多種選擇的金屬或木製工具來減去泥巴的方法。在使用這項技術之前，仔細查看你的形式，決定最好的方式來完成它。選擇最適合它已經加工出來的效果的方法。

拉坯：切削和修坯

可能通過把形式放回轉盤並使用一把硬的金屬工具切削，你會去掉它的個體特徵。或者你可以設置一種形式中的不平衡，使得半邊是非常機械化的、光滑的、高度完成了的，而另半邊是有稜紋的、波動的、柔軟的，顯示著製作者的印記。決定你想要切削對結果的總體完成有甚麼影響。切削可以用於創造高度個人化的紋理和表面，非常像繪畫。真誠的拉坯者把使用切削視為是隱藏技術不好的途徑，因為它是關於減去的。現在，對一些人來說，切削被視為是拉坯程序中最富有創造性的元素，就像石頭或金屬雕刻者，這裡是你發現物質之中的形式的地方。不管你相信什麼，它一定能夠改善形式，把輪廓變得更加優雅和有趣，為表面加上標記製作的潛能，並且同時，大量地減少重量！它也會給予機會來創造圈足，使得寬的形式更容易穩固下來，創造一個區域來界定釉料回塗的界限。工業上，這常常會是陶瓷上唯一留下不上釉的地方。

顯然，去掉的泥巴越多，你得處理的回收越多。對一個從事陶瓷生產的陶工來說，這等於時間和金錢——既包括切削，也包括處理回收的泥巴。當拉坯時，你重複一個形式越多，當你的觸覺技藝水平增加，它會變得越輕，所以伴隨著時間的過去，通常會需要更少的切削。但可能是，你只是不想花費時間來一遍又一遍地重複同樣的形式，這使得切削不可避免。如果你想要作品重量分布均勻，那麼你需要一個到處厚度相等的壁。查看形式的內部會知道，哪裡需要更薄，因為這個內部的形狀為了追求平衡應該在外部被復現。即使你在從形式上減去，在某種意義上來說，你也應該往上加點東西。

有的製作者可以完成形式，而不需要把它放回轉輪。他們可能簡單地把底部在一個光滑的或有紋理的表面滾動，來軟化邊緣。他們可能用一把小刀來切進底部來創造層次、面或紋理。他們可以使用一個銼刨來擺脫粗糙的邊緣，可以簡單地使用海綿抹邊，用大拇指壓縮它，把來到表面的廢瓷粉推回下面去。它是建立在個人對形式是關於甚麼的理解的基礎之上的，而不是簡單的關於隨著一個固定的程序走

切削
這項技術可被用於在表面創造設計。

圈足
這個盤子有雙重圈足，來幫助預防燒製中的變形。

切削時把作品固定在轉盤上

一個大件的作品可能會有不止一個自然的中心。根據形式拉坯的好壞程度，把它準確放回轉盤中心可能會花費時間。做這個有幾種方法，如"輕彈"，但這裡介紹的是對新手來說最普遍和最有用的。根據你的形式和愛好的不同，對你的轉盤表面，有一些選項。你可以使用金屬轉盤，濕的木板子，或一張圓盤，或部分乾燥了的泥段。如果邊沿不均勻（如大水罐的情況），當形式上下顛倒時，會需要把它放在一個泥條上來使底部水平。

技術名詞介紹 52

4 把形式上下顛倒，盡量放在中心，使用輪盤上的圈作為指南。如果上面沒有圈，可以很容易地畫上去。擺好你的手臂和手，使它們保持靜止穩定。手持一隻大頭針，靠近但不接觸形式，靠近你要減去泥巴的地方。在底部的頂上輕輕施力，來預防形式移動。使轉輪以全速的25%轉動。讓形式接觸大頭針的針頭。如果大頭針創造了環繞形式一周的線，那它就是在中心了的。

大頭針的線　　底部裡面深度的最初標記

5 然而，如果它只是通過接觸一定地方而創造了一條線，那就停下轉輪。用手指甲、大頭針、鉛筆標記出開始和結束的地方。

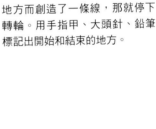

在大頭針的線中，做指示停頓的標記。

1 任何形式都需要最初的調查，來決定在哪裡去掉泥巴和圈足的位置。手持形式，查看內部，來看在哪裡底部變成壁。

6 把大拇指準確地放入這些中間。向著沒有接觸的那一面來推。再次轉動轉盤，重複此過程，直到線條環繞一圈一直都持續。你可能會把形式推的太遠，這意味著你要做另一條線，這樣你不會和第一條弄混(見細節)。

持續的大頭針的線條一直環繞

2 把你伸出的手指放在下方，用指甲在底部劃一道線（見細節）。使用這個來作為一個指南，指示外面的圈足需要在哪裡被創造。

3 把手指放在形式的兩側，在壁上上下比劃，在靠近底部、形式較厚地方的外面做出標記。另一個標記可以估計底部的深度。

7 當形式放上了中心，使用三個小的泥巴團圍繞著邊沿形成一個三角形，來把它固定下來。先把泥巴在轉盤上按壓下去，然後輕輕地把壁向下按壓。

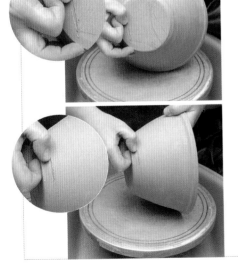

技術名詞介紹 53

切削和修理圈足

選擇合適的工具來削去泥巴,並考慮什麼樣的圈足最適合形式。

圈足的剖面

陰影部分顯示了在切削和修坯過程中應被減去泥巴的部分。

1 使用托盤的邊緣來確定你的手臂和手保持靜止,或保持肘部在你的兩側或在大腿上折疊。手握所選工具,如果可能的話,把你的手指連接起來做支撐。輕輕地把至少一個手指放在底部上。轉輪應該至少是全速的25%。如果太慢,就會難以均勻地剝掉泥巴。等你有了信心,可以增加轉輪速度到50%。

2 用工具施力,保持角度為對泥壁有角度的斜坡下來(不是水平的),不要嘗試一下子減去所有的泥巴。把它在逐漸的、均勻的層次中削掉,在形式上工作,從第一個標記轉向底部上的標記。你可能想要把形式從轉輪上取下,來查看是否器壁均勻。

3 等邊結束了,或者弄平底面,或者創造圈足。圈足的寬度應該與邊沿的寬度平衡。如果一個比另一個更厚,作品看起來就好像缺乏考慮。做出標記,來指示需要的厚度,從中心開始工作,製作深度相等的小圈。

4 創造深度圈會幫助預防你把工具拖拽向下,穿透底部。如果底部較寬的話,它也能幫助保持底部水平。從中心拉或拖拽穿過底部來減去圈。通過停下轉輪,輕輕地按壓底部,你應該能夠測量厚度。如果有點陷落,就是停止的時候了。

的。正如拉坯創造出一些個體的東西,切削加上它的風格和簽名。例如,最後你可能甚至決定你想要一個兩半的形式。

泥巴稠度

切削的泥巴的稠度會取決於想要的結果。較軟的泥巴會讓你失誤,干涉表面更多,有機會留下輕微的凹痕或磨損的邊緣等痕跡。更硬的泥巴會允許生產更像機器生產的、成角度的、機械的表面,帶有精確的、尖銳的線條。在這個階段你也可以通過壓縮來拋光表面。通常,泥巴應該足夠堅固來預防操作中的變形。最理想的是陰乾的第一階段,感覺像一個成熟的切達乾酪,足夠軟,在壓力下有輕微移動。太濕時,去掉的泥巴在掉落時會黏在表面。太乾時,沒有銳利的工具就難以削去泥巴。

支撐結構

你總會有需要使用支撐來切削形式的時候,例如:當你在處理故做的不平均的邊沿或精細的邊沿時,你不想把它放回轉盤來避免諸如開裂的問題,或當形式大於你的轉盤時。你會需要使用支撐結構,當你在切削一個有高的頸 部的形式如瓶子時,或當你已經創造了一個更有雕塑性的形式時。它們對寬的碗或盤

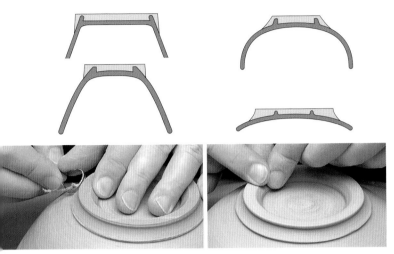

5 等創造了圈足的高度和深度，你可以在側面切出一個角度，使填塗釉料更乾淨。整個圈足也可以作為一個不上釉的區域，給予形式更多定義。大部分形式會受益於底部有一個切出的角度，因為這在下方創造了一個陰影，它為形式提供托力，並且在實踐中，會給你一個確切的點，來讓你填塗釉料到這裡。

6 如果你在使用一種加了熟料的泥巴坯料，那麼表面會是粗糙的，所以在完成切削之後，如果泥巴中還是潮濕的，你可以使用手指和大拇指來按壓表面。在此階段，也很容易拋光作品，它會去掉表面機械的、硬邊的感覺。寬的形式如盤子可能有兩個或甚至三個圈足，在燒製中來支持底部。

子是理想的，當你想讓表面太多重量落在邊沿上時，也能為中間提供支撐。如果你將要切削一個蓋子，那麼可以使用適合在下面作為墊塊的形式做支撐。（墊塊為圓筒形厚塊。）

拉坯製作一個厚的、中空的圓筒形，具有圓的邊沿來預防切削時干擾表面。這可以在一個可移動的板子上拉出來。在使用形式之前部分乾燥它，然後把它放進去或放在墊塊上。你可能需要往上加一些新鮮的泥巴來使得形式穩固。根據其尺寸，不要施用太多側面的力，因為這會使之變形。

如果要保持改變墊塊的形狀來適應不同的形式，你可以用塑料包裹覆蓋它，立即使用它。等用過了，簡單地重新拉製來適合下一個形式，完成時回收泥巴。

你可以製作系列的不同尺寸的墊塊並素燒，這樣總是有一塊可用的。在開始之前，在轉盤上把墊塊對準中心。當使用素燒過的墊塊時，試試在使用之前把它們放入水中吸水，這會幫助把它們用新鮮泥巴黏回轉盤。

使用一個拉坯製作的墊塊

你可以把陰乾的形式放回轉盤，對準中心和固定在轉盤上，把它用作一個墊塊。它支持切削蓋子或其它形式，特別是具有長頸的形式，如瓶子。

失誤和補救

不均勻的底部

試著在形式上手持工具，不向下施力，讓形式來碰到工具。只使用工具的一小部分來在表面創造一個小的環。當你剝去泥巴時，最高的部分會逐漸減少。

顫抖和跳動

這個有幾種原因。通常是因為工具在表面的角度，所以試著來改變它。當泥巴太乾時，或可能由於工具不夠銳利，這也會發生。如果你繼續切削，它會加深凹槽。這會創造一個有吸引力的表面。擺脫它的最好的方法是，在表面創造小圈，然後把它們修飾掉。

在用泥巴固定之後作品掉下來

作品的泥巴太乾了。作品最好是放在一個墊塊或在一塊泥巴上面切削。

使用熟石膏（半水石膏）作為一種成形材料具有極大的潛力。因其光滑的表面、完成的精確度、可添加細節的能力以及易於製作的特性，它被廣泛地使用在工業部分和大量生產中。它也是一種完美的製作模具的材料，因為它能吸水和相對便宜。石膏是粉末狀硫酸鈣，與水混合後成為一種固體狀物質。

原型製作：介紹

原型製作不可擺脫地同模具製作的概念聯繫在一起。當目的是要生產多件相同物體時，這是使用中非常有用的程序。模種是你想要來製作模具所依據的實際物質的物體，最終生產為泥巴。模型是物體的反面，它使得製作者能夠來複製正面的物體。這個程序的主要好處是，模具會以忠實的精確度來複製母模，並允許重複物體許多次。生產模具會增加你的程序的生產率，總之，你製作的模具越多，你能夠製作的注漿物體越多。

近似的原型製作的材料

對陶瓷的情況而言，石膏是首要的原型製作材料，儘管模種可能也是現成的物體，木質纖維、泥巴或卡紙。每一種材料都具有特殊的效果，對最終的母模都有影響。

石膏

在工業生產陶瓷程序中，石膏是重頭戲；它被選中，是因為它具有獨特的會變硬、吸水和完成時表面光滑的特性。石膏被提供時為粉末狀，當與水混合後，慢慢變成一種硬的物質。這種挑戰給了製作者一些工作的可能性，既可以作原型製作的材料，也可以作模具製作的材料。有兩個最典型的特徵使得它具有普遍性，首先，它具有對著物體製作為模具、並保留精細的細節的能力；第二是它的有孔性，這使得模具能夠被用作液體泥巴或泥漿注漿。

石膏是燒成粉狀的、與水化合的硫酸鈣，它製自生石膏，是通過把做成粉末的生石膏加熱，直至水分蒸發而成。相當簡單的把它與水混合的做法和這個程序相反，把它復原為一種類岩石的狀態。

陶工的石膏：是一種好的用於原型和模具製作等一般目的的石膏，如果混合不好，會有粗糙的結果。

Keramicast：這種精細的粉末導致一種比陶工的石膏更好的表面效果。對製作母模和模具都很好。

Ceram N1石膏：是一種好的製作模具的石膏，有好的表面結尾和一點磨損和撕扯。

水晶石膏：是一種非常精細的粉末，花費較長時間來混合，但是具有非常光滑的表面效果。會變得非常堅硬和緻密，氣孔很少。這個只適合於原型製作。

泥巴：泥巴具有極大的成形質量；它對加上表面印痕真的很好，儘管在此種材料中，很

製作的階段

這裡可以看到手工製作原型的初步泥巴模型。它界定了石膏模型的創造，石膏模型反過來界定最終的泥漿注漿形式。

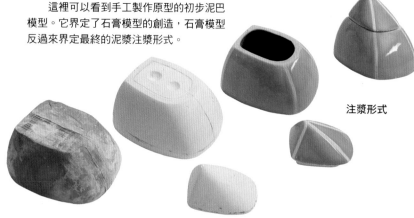

注漿形式

初步泥巴母原型　　　實體的帶蓋子的石膏模型

工作的順序：

原型製作
- 準備好車床、輪盤或模板等工具
- 製作模板或規
- 混合石膏
- 倒出石膏
- 把石膏做成要求的狀態
- 使用濕的和乾的砂紙張來完成
- 在需要的地方加上分模線

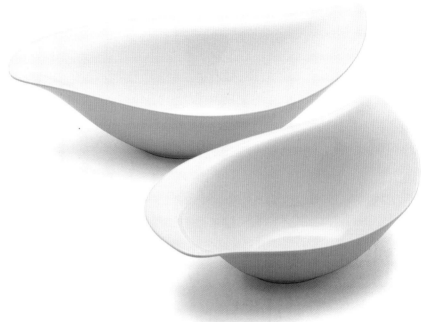

難得到一個光滑的和形式一樣的原型。然而，通過注漿來得到一種形式統一的表面之前，用泥巴來成形原型並清潔要做模具的表面是可能的。

木頭： 木頭有時被用作原型，儘管石膏模具會收集細節或表面花紋並把它轉移到模具的表面，而且，反過來轉移到泥巴物體上。

現成的原型： 把現成的物體使用作模種，是完美的、可被接受的，雖然它經常要求對模具製作程序的內在的理解，因為現成的物體經常引向複雜和問題。作為一個普遍的規律，當你自己製作過了這個物體，你會對如何來模製它有一個好的理解。如果你確實使用一個現成的物體，仔細研究這個物體。如果它已經被製造了，會有很大可能，它被以某種模具製作，並會有一條合模縫。跟著這條縫來設置你自己的模具。

模製的葉形碗
勒文工作室
　　這些雅緻的碗是模製的，以技藝和精確度來捕捉流動的線條和自然的整潔的輪廓，使得物體好像一個自然的形式，而不是製造出來的形式。

模製的茶具
斯蒂芬·格拉曼
　　這套茶具在模製階段巧妙地利用了石膏的特性。原型成形為一個在另一個的上面，通過把下面的塗抹肥皂水，在頂部創造更高的部分，來確保一個在另一個上面緊密適合。

石膏詞典

熟化： 讓石膏和水待在水桶裡，這樣水會分解開粉末的團塊，幫助混合。

變質： 這個名詞描述從液態變為固態的改變。在這個化學過程中，石膏變熱，這是一種放熱反應。

圍合擋板： 把轉輪用一張塑料（或油氈）包圍，或創造要把石膏倒入其中的泥壁的行為。（塑料或油氈製作的是圓形的、軟的圍合，而木板圍合是硬的，方形的，稱為鑄箱。）

早期倒出： 恰恰在石膏開始變化之前，把石膏倒入模具或擋板中；這對收集細節很好。

晚期倒出： 當石膏開始相對變稠，把它倒出，使用車模或一些模板滑切技術。

應用車床來製作同心圓模型的物體。

車床車模的花瓶
安東尼・昆

車床是一種有用的工具來確保這些花瓶的兩個組合部件的精確適合。雙重功能被打破了；水被盛放在一個淺碟子中，花被物件的頸部支撐。

原型製作：車床車模

在車床上切削的優點是，能夠來生產勻稱的、圓筒形的物體。它看起來像是被限定為一個程序，但掌握技術要花費時間，一旦你來做，可以期待很好的清晰的表面效果。

在很多石膏程序中，計劃和準備是關鍵。許多程序要求一種方法的途徑。重要的是以一種系統化的方式工作，因為原型製作是一個長的程序，並且重要的是不要犯錯誤，犯錯誤意味著需要從頭開始。

程序的第一個階段是把石膏從粉末狀轉變為固體狀，這樣它能夠被提供給車床。為了把它放上車床，石膏必須被倒入一個轉盤或在一個轉軸周圍，並充分混合，注意石膏和水的比例。當石膏開始變化，使用一種連續的動作把它緩慢倒入擋板，試著不要把空氣加入混合

物，因為這會在石膏中製造氣泡，後者反過來會使得表面很難光滑地完成。

當石膏變硬，這就是把它放上車床切削的時候了。切削石膏很像切削木頭的方式。石膏是相對較軟的材料，所以當切削時你必須小心。使用尺、卡鉗和卡紙輪廓把你設計的形狀轉變為石膏模具是可能的。

製作一個卡紙輪廓

製作卡紙輪廓，你必須首先創造一個技術性的草圖（見294-295頁）。草圖的目的是把你的設計捕捉到一種形式中來，讓你把信息轉錄到石膏上面。做這種轉錄的重要工具是，鉛筆、尺、卡鉗和用硬紙做的剖面輪廓。

技術名詞介紹 54

製作一個卡紙輪廓

石膏程序的精確度是通過使用卡紙剖面圖和模板來保證的，這讓你把輪廓從草圖轉錄到原型上去。

1 把物體的技術性草圖，做一張複印，並噴上膠水把它黏貼到一張堅固的卡紙上。

2 使用一把銳利的解剖刀以一種連續的動作確切地沿輪廓切割。如果慢慢來做，徒手做很容易。

3 輪廓是你畫的物體外面的區域。把它剪切為一個持握舒服的尺寸。用這個對著你的草圖來檢查原型。

製作輪廓是簡單的：把你的草圖黏貼到一張硬紙上，使用銳利的解剖刀切割下來。輪廓是你畫的物體的外部輪廓。輪廓的目的是通過簡單地把輪廓和原型的表面放在一起，讓你來比較你的原型和草圖。

使用車床

在大約30分鐘後，當石膏變硬，把擋板移去，讓它在車床上風乾。確保你在開始切削之前是安全的，並且，在你開始使用機器之前，使自己熟悉它。

把機器打開，仔細查看石膏轉動的方式；當旋轉時，它可能出現振動。這意味著你需要把它放在中心：拿一把鑿子，把它平直的一面向上，堅固地按壓入石膏。朝著機器由外至內地工作，沿著形式重複地做，直到物體完全置於中心。通過拿一隻鉛筆在石膏旋轉時做一個標記，你可以知道你是否對準中心了。如果線條一直環繞一圈，石膏是在中心的。使用卡鉗來從你的草圖上轉移高度，把它做一個標記，然後為最寬的直徑做一個標記。使用鑿子，把圓筒形切削為這個最寬的直徑。

使用鑿子在參考點之間切削，盡量去掉不要的材料。小心——在此階段很容易去掉太多材料。當成形石膏，重要的是使用卡紙輪廓，

圍合擋板

技術名詞介紹 55

這個名詞描述把一張塑料圍繞輪盤來包裹的行為。

1 使用一個特殊製作的輪盤或轉軸，在一個反向的木頭車床上切削石膏；這是用來把硬的石膏固定在車床上。

2 使用一張有彈性的、乾淨的塑料擋板來圍繞輪盤，使用夾子和一些線繩或膠帶來固定它。

3 使用軟的泥條來填補輪盤和塑料之間的空隙（見細節），穩固地按壓入接口。

4 混合足夠的石膏來填充擋板到要求的高度。以一種連續的動作把它倒入輪盤，小心不要把空氣加入混合物。

5 用手掌後部輕輕地拍擊頂部表面——這會迫使陷入的空氣來到表面。

車床車模

車床是一種簡單的機器，但掌握起來是複雜的。
需要花費時間練習來得到光滑的效果和精確的輪廓。

1研究轉動的石膏；如果它顯得在旋轉時振動，那你需要來把它對準中心。朝向機器工作，直到物體處於中心。

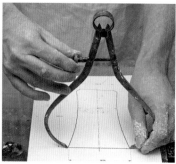

2使用裝有彈簧的卡鉗，按順序精確測量你的物體的每一個關鍵的尺度。做這個有一個自然的順序，從最寬的直徑到最窄的，由於這是簡單地去掉物質的過程。

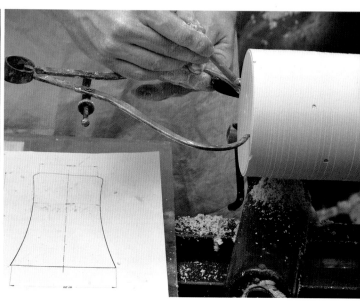

3從你的技術草圖工作，使用一把尺來把高度轉移到石膏上，使用卡鉗來標記最寬的直徑。拿一把鑿子把圓筒形削減修飾到這個最寬的直徑。

4重複此過程，把最小的直徑轉錄到石膏上，把材料修掉來指示這裡。

5開始使用鑿子從最小的到最寬的直徑來劃分輪廓。小心不要修掉太多石膏。

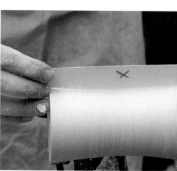

6使用卡紙模板來檢查你的程序。如果輪廓接觸到一個區域，但不是兩面，這說明接觸到的區域是高的，需要更多修切。

這使得你能夠對照草圖檢查形狀。保持朝向機器工作；石膏不太可能突然斷掉。當接近你要求的形狀，使用卡紙輪廓來檢查原型。當形狀達到正確時，拿一個橢圓形刮片，把它移動滑過表面，輕輕施力——這有助於在表面去掉凹槽，來得到最終的平滑的表面，使用濕的和乾的砂紙，蘸入水中，柔和地擦亮表面。當這些紙變得磨損，它們對此程序會更有用，所以使用後不要把它扔掉。

如果物體不是單片模式形狀（它沒有下邊的切口，見144頁），那麼你會需要做一條縫或圍繞形式做一條中心線（即分模線），以製作一個兩片式（或更多片）模具。當原型還連接在車床上時，這個是最容易做的。放一片玻璃在車床的基座上，做一個表面測量，確信那個點是在原型的中心。圍繞原型在兩面畫一條線。

最安全的把原型從機器上去掉的方法是，使用一把石膏鋸子和鑿子把它切割掉。使用你

的鑿子，把多餘的物質修切掉，直到有大約50%的物質留下。使用一把石膏鋸子，當你在小心地把它切割掉時，助手幫助持握原型。使用一個銼刨和金屬刮擦器來做效果。

內部鎖合的花瓶
達米安・埃文斯

這些彩色的花瓶是在車床上極為精確地切削和測量的結果。每一個彩色的部分都是可以在彼此之間變換的，要求每一個原型的底部切削要非常精確的適合，以及注漿程序也同等精確。

7當物體的輪廓接近你想要的，工具換為鋸齒狀橢圓形片來切割掉突起，然後使用有彈性的金屬橢圓形片。輕輕地施力，在物體上前後移動，來製作一條平滑的線條。

8當輪廓完成，使用精細鑿子和有彈性的橢圓形片把足切削為物體的底部。在石膏中留下一個輕微的凹痕，它會成為在車床上做合模縫指導設置表面的計量器。

9放一片玻璃在車床的基座上，使用中線計量器把它固定到足部的凹痕處。沿著物體的長邊拖拽計量器針，來刮出一道永久的縫線（即分模線）（見細節）。

10取下物體，使用一把用於一般目的的石膏鋸。重要的是，請求幫助來從輪盤上鋸掉物體，避免損壞原型。

車模機（也稱車模車）實質上是一個石膏頭部在一個馬達拉動的轉輪上。石膏頭部能夠在直徑上變化，儘管作為一條規律，它相當寬，主要用於製作寬的、開放的形狀如碗和碟。

原型製作：車模機車模

你會需要一個卡紙輪廓，準備自技術草圖（見294-295頁），同樣還有鑿子、卡鉗、有彈性的橢圓形刮片來在車模機上使用。有一個可以卡住工具的存放處，它是被按壓入肩部刀片和車模機後面的木板，在這裡你的手必須安全地鎖住工具，來確保切削動作流暢光滑。如果你不安全的接觸到工具存放處，那麼當石膏轉動時，鑿子會振動。你可能會需要嘗試數次來掌握，但伴隨著時間過去，這個程序會變得更容易。當石膏還是軟的時候切削，所以在車模機上工作相對很快。

開始切削

安置好後，首先必須塗肥皂水在車模機頂部三次。如果車模機較寬，而你的物體的直徑相對小很多，你應該先切削一個淺的圓盤。做了這個，在頂部塗肥皂水，然後混合一些石膏，簡單地直接倒出在頂部上面，直到它是大約3/4英吋（2厘米）高。當石膏還是軟的時候，切削圓盤的邊緣，使它集中，以90度角對著頭部。然後把圓盤從中心到邊緣切削為平直，直到它大約比物體寬2英吋（6厘米）。照著這個做，在圓盤中切削凹處進入碟子來鎖住石膏。

當石膏圓盤變硬，把塑料擋板緊密地圍繞它包裹起來。混合石膏，小心地倒入圓盤，然後等待，直到石膏能夠支撐自己的重量（但還是軟的），再去掉擋板。一旦解開了，重要的是盡量快、盡量多地去掉多餘的物質。握著工具對著剩下的石膏，把物質修切掉，小心不要削掉太多。你應該已經準備好了卡紙輪廓和草圖（見124頁）。使用卡鉗來測量直徑，再次從中心向外並返回修切，直到石膏的形狀接近你的草圖和輪廓。把模板拿到原型上比劃來檢查石膏原型的精確度。當石膏變硬時，你可以重複這個過程很多次，不急，只要已經去掉了大部分石膏。使用輕微磨損濕的和乾的砂紙來完成表面。

一旦原型完成，你可以選擇直接在物體上製作模具。簡單地在原型上塗甲肥皂水，用擋板圍合，把石膏倒在原型上面。

米色蒸鍋
安東尼·昆
　　使用車模機的好處是，在倒入石膏之前，在頂部邊沿的一些細節能夠被成形，由此實際的原型被切削。

車模機切削

　　在車模機上切削聯合了車模的精確和形卡滑切技術的
技巧和速度。

1來設置車模機，切削一個平直的圓盤，大約比物體寬2英吋（6厘米），以90度角向著頂部，修切出一個凹進把石膏鎖住。一旦變硬，把塑料擋板圍繞石膏盤子緊密地包裹起來。

2倒入石膏（見細節），在去掉擋板之前等待，直到石膏能夠支撐自身的重量。

3重要的是盡量快、盡量多地削去多餘的物質。用最強壯的手握著工具對著剩餘部分，並使用另一隻手向下按壓。開始把切削工具從中心到邊緣移動。

4開始來成形物體，轉動工具進入線條，和你的輪廓一起；小心不要去掉太多石膏。使用卡鉗來檢查直徑，使用卡紙輪廓來檢查形狀。當石膏變硬，最好使用濕的泥巴把它黏貼到車模機頂部上（見細節）。

5使用一系列工具，如有彈性的金屬橢圓形刮片，來去掉表面的突起。

6使用濕的和乾的砂紙來完成並擦亮表面，砂紙越舊越磨損越好。

形卡滑切法本質上是擠出石膏的方法，它依賴於全面的計劃和準備，並且花費時間手工製作工具和輪廓模板，透過這種簡單和立即的原型製作程序來得到回報。

原型製作：形卡滑切法

形卡滑切技術是一種極有潛力的原型製作技術。"形卡"這個名稱描述了把一個輪廓拖拽穿過濕的石膏的動作。先進的模板準備和工具使你能夠相對容易地成形石膏。這種技術依賴於你來發展一種對於石膏性質的理解。一旦理解了，這種程序的能力幾乎是無限可能的——形卡可能是線性的，成形為一個弧形線或拱形，圍繞著模板，在一個雙輪小車裡面，或在一個隆起物上面。形卡滑切技術可用來製作用於生產的固體原型，或為眼前的目的而作的殼形原型。

形卡滑切技術是一種非常古老的技術。在過去，它用作來擠出建築細節的長邊如檐口。（據說，它又被稱作雪橇車滑切，在做出長條的檐口之後，它需要很多人來完成這項工作。他們會在巨大的模板前倒出大量的石膏。這需

技術名詞介紹 **58**

怎樣製作工具

形卡滑切技術依賴於一定程度的計劃和準備工作，但準備模板和輪廓會使你能夠比較輕鬆地成形石膏。

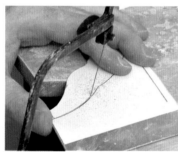

1 從一個詳細的技術草圖開始工作，使用一把製作珠寶的鋸子在金屬上切割出你的輪廓的形狀。以同樣的方式，使用製作珠寶的鋸子，在有機玻璃上切割出模板形狀。

2 使用銼刀、乾的和濕的紙來完成輪廓和模板，直到它們很光滑。

3 把輪廓以面對切割面90度的角度黏貼一個木塊上。它應該自己站立。

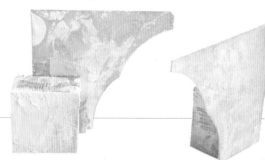

需要兩到三個人來推擠工具，最年輕的學徒會被要求坐在它頂上來使它重量向下，看起來就像是他在乘著一個雪橇——或重型的雪橇——穿過雪地。）通常，建築細節會被雪橇車原地製作。

為形卡滑切法製作工具

這種技術依賴於一定程度的計劃和準備。首先，製作一張物體的草圖、頂視圖或計劃會變成模板；而側視圖或正面圖，會變成剖面輪廓。這是一個普遍的規律——有些事例，這些順序是相反的，來幫助輕鬆製作。當你有了這個信息，做一份草圖的複印，剪切出兩個視圖，把它們黏貼到一片鋅或金屬上，來製作鋅或金屬的輪廓，和有機玻璃的模板。你也可以使用其它材料如木質或塑料來製作模板，但不論選擇什麼，你都必須能夠把邊緣製作為一條連續的、光滑的表面，因為任何隆起、突出或紋理都會被轉移到模型上去。

使用一把製作珠寶的鋸子和一隻台樁來切割金屬。當你切割金屬時，台樁會支持它。鋸子的齒非常脆弱，被固定在一個緊張的弓上，在鉗口和鋸床之間。以輕微的角度來持握工具，這樣鋸子的頂部是向前傾斜朝向金屬的，並且，以一種穩定的上下移動的動作，在金屬上切割出圖表。金屬會有一道粗糙的邊緣，它必須被挫平並拋光。把金屬放在一個老虎鉗上，小心地用一把中等的金屬挫子在粗糙的邊緣上工作。一旦輪廓變得相當光滑，使用一系列的精細的針挫來完成邊緣，順著輪廓的長邊以長掃的動作工作，把工具從前往後成角度，這樣它會發展出一個輕微的角度，與鑿子切割出的面相似。使用濕的和乾的砂紙來打磨。

使用一把帶狀鋸來切割出模板。把草圖紙黏貼在表面上，試著圍繞形狀以內1/32英吋（1毫米）來切割線條。帶狀鋸有相當強大的切割，這樣你會留下一些工作來做，要使之光

技術名詞介紹 59

手工做輪廓

這種多面角的技術只被在輪廓和你的技術草圖的計劃之間的聯繫所限制。

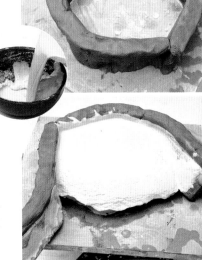

1 把輪廓形狀製作為金屬，拿出計劃草圖，用有機玻璃切割出一個模板。在模板的平面上鑽孔，把它黏貼到一個光滑的平板上或一張玻璃上。把這塊板放在一個手動輪盤上，用泥巴固定。

2 圍繞模板建起一道強壯的泥巴牆，周邊留出一道1/32-1/16英吋左右（1-2毫米）的空隙，確保泥壁比工具的頂部高出不超過1/4英吋（5毫米）。

3 像往常一樣混合石膏，但在混合程序中分解了團塊之後，立即把這種混合物的大約四分之一輕輕倒出到一個乾淨的碗裡（見細節）。分開的混合物會和前者有同樣的性質，但會更慢變質，這樣分出用於修補的混合物。

4 當石膏準備好，把它倒入泥壁。幾分鐘之後，當石膏還是軟的，但能夠支撐自身的重量，小心地去掉泥壁。

5 使用刮擦器或輪廓的背面來清理乾淨石膏，直到觸碰到模板。

"手工做輪廓" 在下頁繼續 ⟶

6 握住輪廓垂直於模板，輕輕按壓入石膏。同時，使用另一隻手轉動轉輪，這樣使工具切割掉石膏。

7 重複此過程，通過一系列的劃掃切割掉多餘的石膏，直到輪廓觸碰到模板。當輪廓已經去掉了所有的石膏來得到最終的形狀，你可能需要往原型上灑水，以使輪廓的通過更容易，並光滑表面。在第一次過遍石膏的動作中，非常可能表面會包含瑕疵和孔洞（見細節）。

8 使用倒出的混合物來修補孔洞。把它緩慢地灑在表面，把輪廓拖過表面，切割掉新鮮軟的石膏，直到在原型上的孔洞和石膏上的隆起被修補。這會幫助創造一個光滑的表面，修補瑕疵或缺口。

9 使用手銼刨刀來盡快地去掉多餘的石膏，石膏越軟，去掉它越容易。

10 當石膏是硬的，使用橢圓形刮片小心地把它從模板上抬起來，或者簡單地通過敲擊木板把它抬起去掉。

滑。通過使用一系列銼子從粗重到精細地工作，順著邊緣的長邊銼使之光滑。"手工做輪廓"描述了圍繞模板拖拽輪廓的方法。它使得自己適合於製作寬度比高度長的，比如碗或碟子。

製作一個詳細的技術性草圖（見294-29頁）和形狀的輪廓，把輪廓以面對表面90度的角度黏貼在一個木塊上。拿出俯視圖，用有機玻璃或其它堅硬的材料切割出模板；把它加工到邊緣光滑。在有機玻璃的平面上鑽孔，並把它黏貼到一個光滑的板上或一張玻璃上。把這張板放在一個手動轉盤上，用泥巴固定，這樣它不會移動。

混合足量的石膏，輕輕倒出一些到一個分開的碗中。以擋板圍繞模板，倒入石膏。等石膏能夠支撐自身，去掉泥壁。用輪廓的背部減去多餘的石膏，而且你可以開始使用輪廓垂直於模板貫穿掃過石膏。用倒出的石膏修補由重複的掃造成的瑕疵。

你可能完成於表面有輕微的波紋效果。這可以通過使用磨損了的濕的和乾的砂紙在濕的表面打磨而消除。

台子/支撐架滑切法

這個程序的結果是一種線性的原型。它可

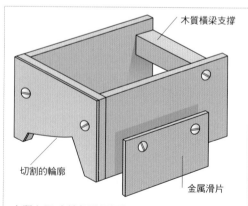

木質橫梁支撐

切割的輪廓

金屬滑片

木質台子/支撐架滑切框架

這張圖解演示了一個簡單的木質形卡框架，以輪廓的確切的尺寸建造。滑動的邊緣是由用螺絲撐在邊緣上的一個第二片金屬來創造的。

形卡滑切的大淺盤
斯蒂芬‧格拉曼
　　製作這件作品使用了兩個原型。第一件是由輪廓製作的，然後輪廓被切割為另一種形狀。在往原型上塗抹肥皂之後，第二件原型被在第一件上面用形卡滑切。

以是任何長度，儘管在它的深度中它應該有一種內在的力量，否則當你把它從表面抬升時，它易於折斷。

　　正如以前，你會需要製作一個草圖並把它切割為金屬。不同之處在於：這輪廓適合於一個支撐架。這是一個簡單的僵硬框架，適合於台子邊緣的方形或玻璃表面。這裡展示的鋼的系統是為一個專業的原型製作者製作的；它可以簡單的是一個初步的木製框架（見說明）。　輪廓帶有一個支撐的木盤或裝配架，用螺絲擰在框架的前面，當切削石膏的時候來保持金屬薄片不會彎曲鼓起（見132頁）。最重要的因素是，在於模製的表面上的邊緣和放置其上的框架的邊緣之間的聯繫。最關鍵的重要性是，滑動的邊緣和接合的框架的表面沒有任何碎片，都很直很真實。

　　當框架和輪廓被建造，你準備好來製作原型了。第一步是像先前一樣混合石膏，記得輕輕倒出少量的混合物到一個碗裡，讓它留在那裡。你也會需要一碗乾淨的水和海綿。

　　你會注意到，那裡沒有做擋板壁來把石膏控制在位置上。那是因為當去掉泥壁時，泥巴

技術名詞介紹 60

台子/支撐架形卡滑切法

　　這個有很多潛在的用途，只要製作者在切割和組合形式中富有創造性。

1混合足量的石膏並輕輕倒出；把石膏直接舀到玻璃上，在原型的大體方向上。用你的手來建造層次。

2使用你強勢的手來抓住框架的前面，用另一隻手在後面支持；輕輕地推動框架和工具穿過石膏。

3等到了盡頭，緩慢抬起框架並回到開始。在每一次掃過的開始都清理工具和滑動的邊緣。當石膏變硬，當你推動時你會感覺更多阻力。為使容易推動，往原型上灑點水。

4通過使用倒出的石膏來修補瑕疵或孔洞（見細節）。強烈地攪動混合物，直到它開始變硬，在破損的區域灑水，隨意施用軟的石膏。

5來結束這個程序，清理工具並把它再次推過原型。你可能會需要重複此動作兩到三次，來得到一個好的表面效果。等石膏已經變硬，用濕的和乾的砂紙張來拋光它。

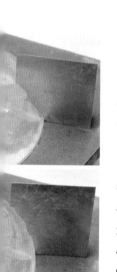

技術名詞介紹 61

使用形卡滑切法製作一個貝殼原型

使用形卡滑切技術，首先製作模板和兩個輪廓。第一件輪廓（左上圖）會被用作來製作內部的空間，被稱為隆起物；第二件（底部左圖）來製作原型自己。

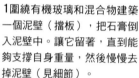

1 圍繞有機玻璃和混合物建築一個泥壁（擋板），把石膏倒入泥壁中。讓它留著，直到能夠支撐自身重量，然後慢慢去掉泥壁（見細節）。

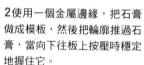

2 使用一個金屬邊緣，把石膏做成模板，然後把輪廓推過石膏，當向下往板上按壓時穩定地握住它。

3 小心地來完成隆起物的表面，使之光滑，沒有瑕疵——橢圓形刮片和濕的和乾的砂紙對此很有好處。當隆起物完成，往原型的這個部分上塗抹肥皂液，把第一件輪廓放在一邊。

有一種黏附到玻璃上的趨勢，在後面留下碎片。這個程序不依賴泥壁，而是依賴於信心和對石膏材料的理解。石膏應該比倒入模具或輪盤的時候混合的時間更長一些；當它達到像奶酪的程度，它被舀出到表面，慢慢建造到一個適合的高度。

使用你強勢的手來握住框架的前面，另一隻手在後面支持，輕輕推動框架和工具穿過石膏。當你到了盡頭，緩慢抬起框架並回到另一端。在重複此過程之前，確保清理工具和滑動的邊緣。你可以使用被切掉的石膏來修補原型。當石膏變硬，工具的滑動會變得困難，當試著來推動時你會感覺更多阻力。用水壺隨意往原型上灑點水。這會讓你再次推動工具穿過，來拋光表面。

原型中的瑕疵或孔洞能夠使用第二個混合物來修補；強烈地攪動混合物，直到它開始變硬，在破損的區域灑水，隨意地施用軟的石膏。清理工具並把它再次推過原型——你可能會需要重複此動作兩到三次，來得到好的表面效果。在讓石膏變硬之前，用濕的和乾的砂紙來拋光它。

精細化你的技藝

這個程序的一項有趣的結果是，你會變得和它的潛力更加協調，開始和指南或原型的幾何分塊一起即興創作，計劃和準備反過來給石膏作品增加了均衡。一般來講，當更多工作由工具、框架和雙輪小車完成時，石膏作品會更加直接坦率。

更寬廣的應用

從傳統上看，在檐口、拱形和框緣等建築的細節部件會更多使用如上所述的形卡滑切技術來製作原型。對於製作曲線，同樣的框架方法和工具被使用，但框架被固定到一個支架

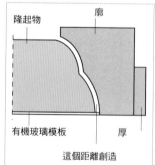

這個距離創造原型的厚度

製作一個貝殼形原型

這幅插圖顯示了在隆起物、模板和外部輪廓之間的聯繫。不同的深度造成的在隆起物和輪廓之間的空隙，會決定中空的原型的厚度。

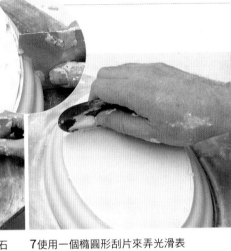

4充分往隆起物上塗抹肥皂液，圍繞模板建造一個泥壁（擋板），小心不要與底部模板重疊。當此部分完成，混合足夠的石膏來覆蓋隆起物。在此混合程序中，確保把一些石膏輕輕倒出到另一件容器裡，後邊會用到。以輕柔連續的動作把石膏倒入泥壁。

5加快速度來開始製作石膏成為原型是重要的。一旦它開始硬化，盡量小心地往外拖動去掉泥壁。當去掉後，會留下一個軟的石膏堆。拿起一個刮擦器，把它按壓入石膏，並圍繞模板拖動，直到能夠看到在底部的有機玻璃模板的邊緣。

6拿起第二件輪廓，輕輕按壓入石膏。通過圍繞模板拖動輪廓來去掉多餘的石膏，小心地工作，多掃幾次。完成後，使用倒出的石膏修補原型表面的瑕疵。強烈地攪動它，往表面加隨意量的水，然後加上倒出的石膏。把輪廓工具穿過表面的這個部分。

7使用一個橢圓形刮片來弄光滑表面。你可以隨後使用舊的濕的和乾的砂紙張來去掉工具留下的劃痕。

上，後者又被固定到一個軸上。拱形的半徑是由從軸到框架的距離決定的——縮短這個距離，拱形會變得更加緊密，放長這個距離，拱形會更加開放並變得更長。

使用形卡滑切法製作一個貝殼原型

　　貝殼形原型是一個薄的、中空的石膏原型，常被用作原型或視覺原型。使用形卡滑切技術，首先製作模板和兩個輪廓。第一件輪廓會被用於來製作內部空間，被稱作隆起物；第二件來製作原型自身。當準備完成，第一件任務是製作隆起物。圍繞有機玻璃製作一個泥壁，混合石膏，把它倒入泥壁。讓它沈澱，直到它能夠支撐自身重量，然後去掉泥壁，緩慢把輪廓推過石膏。當隆起物完成，往原型的這個部分塗抹肥皂液，把第一件輪廓放到一邊。拿起第二件輪廓，現在開始來製作原型。圍繞

8讓石膏變硬——這通常需要30分鐘。當變硬之後，你應該能夠輕輕地把貝殼原型向上拿起離開隆起物。

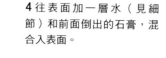

在一個雙輪小車上使用滑切法

技術名詞介紹 62

這是來成形一些原型的非常有效的方法，否則使用手工來成形這些原型會是相當複雜。模板被用小螺絲釘固定在木板上，這使你能夠在石膏變硬之後拆開雙輪小車。

1 這個雙輪小車是原型的一半，要來重複和劃到一起來製作一個完整的原型。木質部分是高度；兩側兩塊有機玻璃模板提供頂部和底部形狀的一半。當輪廓是直的，一個金屬的尺子可被用作輪廓工具。

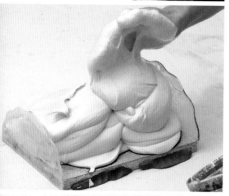

2 當石膏開始變硬時，把它舀出到雙輪小車中；這意味著它將會控制自己的形狀，不需要來建造泥壁。把一些石膏倒出到分開的碗中，後邊用來修補瑕疵。

3 當雙輪小車滿了，順著有機玻璃模板拖動尺來成形石膏──很可能你會需要來加上石膏幾次，來達到雙輪小車的最高點。

4 往表面加一層水（見細節）和前面倒出的石膏，混合入表面。

5 當石膏增大時，輪廓更難拖過表面；繼續加水，並把輪廓緩慢拖過表面。

6 讓石膏變硬，用一些濕的和乾的砂紙來拋光。擰開小車一端的螺絲釘來去掉模板。

7 把原型拿起離開小車，重複此程序來製作原型的另一半。

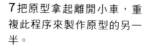

模板建造一個泥壁（擋板），小心不要跟模板重複。當這個完成，混合足夠的石膏來覆蓋隆起物。

在混合程序中，確保能倒出一些石膏到一個第二件容器裡，因為這個後邊會用到。以一種輕柔連續的動作來把石膏倒入泥壁。重要的是盡快地開始把石膏製作為原型。觀察濕的石膏的表面，反光會開始消退，說明它正在固定下來。盡量小心地拖動泥壁離開。當這個完成後，會留下一個軟的石膏堆。拿起一個刮擦器，把它按壓入石膏，並圍繞底部模板拖動，直到你能夠看到在底部的有機玻璃模板的邊緣。然後拿起輪廓，輕輕按壓入石膏。通過圍繞模板拖動輪廓來去掉多餘的石膏，小心地工作，多掃幾次。當形狀穩定下來，你不能繼續在石膏上工作，拿出前邊倒出的石膏並強烈地攪動它。找到在原型表面的瑕疵，往表面隨意加水，然後加上倒出的石膏。把輪廓工具穿過表面的這個部分。讓石膏變硬—這通常需要30分鐘。然後，你應該能夠輕輕地把貝殼原型向上拿離隆起物。

在一個雙輪小車上使用滑切法

如果你的設計在計劃中是幾何形的，如六邊形，那麼原型可被分割為像一塊蛋糕一樣，分部分製作。這是一個特別聰明的製作原型的辦法，因為它不影響輪廓，它只是一個經濟的處理複雜形式的方法。這個方法要求三個組件：雙輪小車，它是一件高效的支架，帶有被切割為這個部分的角度（所以，如果原型被分割為六部分，那麼這個角度會是60度）；輪廓，它是切割了的兩片有機玻璃，安裝在雙輪小車上；還有計劃的部分（六分之一），用金屬製成。

製作原型部件的程序是非常簡單的。舀出一個晚期的石膏到在雙輪小車的有機玻璃輪廓裡，把工具順著框架的長邊朝向你拖動。你只

用形卡滑切技術在原地製作一個長凳

格利特羅工作室的工作集中於程序和手工藝。記錄下來他們創造的方法常常是和工作自身同樣重要的。

1 由於要製作原型的物體的尺寸巨大，一個木質的框架被建立為長台的形狀，為了使石膏來懸掛其上。輪廓是被製作為盒子結構，來保持它垂直於地面，並且一個壓桿把輪廓連接到中心軸上去。

2 原型的尺度要求在每一個階段有一支隊伍。石膏幾乎是被連續地混合的，以一種穩定的節奏被施用到框架上，來建造結構。輪廓被緩慢地推過石膏，每推過一次之後，輪廓被舉起來離開壓桿，徹底地清潔之後重複此過程。

3 物體被用石膏分層建造，一個在另一個上面成形，直到得到最終的形狀和表面。

4 最後，長台和軸一起被作為顯示製造方法的線索，原地不動地留在美術館。

需做這個兩到三次，然後拋光表面，它就完成了。你可以重複此過程，也可以製作分部分的模具，往模具中倒入數次來完成原型。

這個過程可製作任何聯合的部件—關鍵的革新之處是把原型切開分析，使得製作更容易。

　　手工成形原型對製作把手、壺嘴和不勻稱的有機形來說是必要的。有許多不同的方法，然而在製作把手和壺嘴時，如果通過使用模板工具和卡鉗來達到一定程度的精確度，會更容易。

原型製作：把手和壺嘴

　　把手和壺嘴都是通過手工來製作原型，要求堅持和耐心，因為它們有時是特別費力的。製作這兩種東西最有效的方法是，通過使用技術性的草圖、尺、卡鉗、輪廓和模板，非常精確地建造幾何形（見294-295頁）。手工製作石膏原型是非常費時間的，所以，在開始把它們製作成為石膏之前，最好來製作把手和壺嘴的卡紙輪廓以判斷它們的設計效果。兩者都要求很多同樣的技藝，但它們是從不同的位置開始的。

製作一個把手

　　最有效的製作一個把手原型的方法是，從一個石膏板子上把它切割出來。使用一種高密度的石膏如水晶R型來製作把手，是一個普遍

的規律。這會製作出一個強壯的把手，當石膏被去掉時，這是很重要的。如果你發現這種材料太難做成原型，那麼試著以50:50混合入一種更軟的石膏如陶工的石膏。

　　首先，準備一個石膏板子（見143頁），使其厚度正確，為把手的交叉部分。把這個板子切割為一個完美的正方形，把把手的內部和外部輪廓轉錄到板子上。下一步，使用一個鋸子順著板子的一道邊切割出主體輪廓，這樣它會適合於主體。把把手的交叉部分畫到石膏把手輪廓的兩面，這樣在這個部件上它就是完全的正方形，使用一個工程師的方形尺來測量。使用卡鉗和一把尺，測量板子，把原型的中心線轉錄到物體周圍一周。使用一個卡紙輪廓和一把尺來重複此動作，來畫出一條圍繞把手的

原型製作的碗
西蒙·史蒂文斯
　　這些接合了的雅緻的碗依賴於和製作壺嘴中使用的同樣的手工製作原型程序製作。剪口（開放的壺嘴）被模製為石膏，適合為如141頁的演示。

製作一個把手原型

技術名詞介紹 64

使用石膏製作一個把手原型是最難掌握的技術之一。使用一種硬的石膏如水晶R型會有幫助，因為當你認識到你想要的形狀比較複雜，同時石膏能夠變得非常脆弱。

1 把技術草圖黏貼到一個堅固的卡紙上，使用銳利的手術刀小心地切割出形狀。

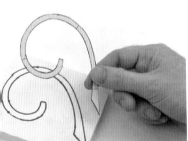

2 使用一個細的記號筆或擦不掉的鉛筆，在模板一周小心地畫，把把手的設計轉錄到石膏板子上。

3 使用一把箱形鋸或帶狀鋸小心地切割石膏。試著在把手的輪廓1/8之內（3毫米）切割。

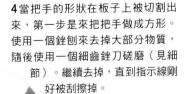

4 當把手的形狀在板子上被切割出來，第一步是來把把手做成方形。使用一個銼刨來去掉大部分物質，隨後使用一個細齒銼刀磋磨（見細節）。繼續去掉，直到指示線剛好被刮擦掉。

5 使用尺或卡鉗來標記把手外面和內面的中心點。用手指緊緊地握住鉛筆或記號筆，把點放在標記上，把支持的手指對著石膏的平直的邊緣放。讓你的手以一種連續的動作順著石膏畫出一條線，匯合在點上。

6 製作把手原型的關鍵是，把它作為一系列部件來看。使用一把銼刀把方形的邊角磨掉，把邊緣接合在中心線處。使用一種交叉網狀動作磋磨，你會能夠順著這個圓周的四分之一快速成形你的形狀。重複此過程，首先完成背面，然後是內面。

7 當形狀已基本成形，你需要得到一個更為光滑的表面。首先使用針狀鑿子以一種交叉網狀的動作工作，然後使用濕的和乾的砂紙來打磨光滑（見細節）。

8 對著你的設計圖檢查最終的原型，特別查看交叉的部分來確保是連續的厚度。觀察各部分的厚度，有變化的話，變化說明這個輪廓沒有被正確地製作為原型。

正面圖的中心線。

　　物體會有效地被分割為四分之一——這個詳細的方法增加創造一個對稱的把手的機會。選擇一個在外面的四分之一部分，開始使用刀子、銼刀和針狀鑿來使之成形。小心不要越過兩條中心線，因為這會意味著你在改變總體的形狀。當這個部分已非常接近完成，變換到相應的內側圓周的四分之一處，以同樣的方法來模製它。當把手的一個面除了拋光外都已完成，把它翻轉過來，重複此過程。在全部的形狀已經完成後，使用精細的舊的濕的和乾的砂紙來拋光表面。對著草圖和原型來檢查把手，確保你對它很滿意。

製作一個壺嘴

　　以像製作把手那樣同樣的系統化的方法來製作壺嘴原型，開始是使用不同的技術。在你的原型上做縫來得到一條中心線，壺嘴將會接合於此（見第5步，139頁），在主體上製作兩個榫扣（見143頁），並塗上肥皂液。在主體上建造一個泥壁，把它以一個角度支持，這樣你可以容易地把石膏倒出到這個初步的模具裡。在去掉泥壁之前讓石膏變硬，留下一個稍微有點粗糙的物體。這個挑戰是在模製的早期階段來得到幾何形和精確性。切割壺嘴使之成為方形塊，加上中心線，製作四分之一圓周，當你製作時，小心地使用一系列輪廓。當所有的四分之一部分都完成後，使用精細的濕的和乾的砂紙來打磨完成。

模製的把手
Levien工作室

　　這個設計的形狀中有一種抒情的意味。壺的主體上的模製的細節流動入怡人的把手。它通過大量的精細加工來創造一個看起來自然而雅緻的線條。

技術名詞介紹 65

製作一個壺嘴原型

　　如同製作把手，最成功的辦法來用石膏製作原型，是使用一系列設備，使其增加精確度。

1 首先，在原型的表面做兩個小的凹處，這會幫助你在後面階段來定位壺嘴。往原型上充分塗抹肥皂液，並在壺的旁邊建造一個泥壁。

5 使用銼刨去掉大部分多餘物質，來得到一個大致的形狀。使用矬刀來完成形狀直到它接近完成（見細節）。

模製的茶具
林柴英
　　在這套茶具中的精細之處和模製技藝可以在相似的大的和小的把手中看出來。

2混合少量的石膏，緩慢倒入到泥壁中。

3在30-40分鐘後去掉泥壁，使用一個銼刨來把塊狀磨成方形（見細節）。

4和把手一樣，測量並轉錄一條中心分模線。使用來自你的技術草圖的輪廓，將把手的輪廓（側視圖）和計劃（頂視圖）轉錄到塊上。

6完成表面直到使用針狀鑿和精細的濕的和乾的砂紙把它弄光滑。

模製的石膏壺嘴
　　完成了的壺嘴原型可以在主體原型上看到，用一個橡皮筋來控制。草圖和輪廓在得到這樣一個系統化的效果中是關鍵的。

石膏對於模具來說是一種了不起的材料，因為它被作為液體倒入原型上，然後變成一種固體，使它能夠收集細節。當乾時，它的高度多孔性也很有好處，這使得它和泥巴一起使用非常好，特別是對於注漿，石膏會把泥巴內的水分吸收出來吸漿，創造一個注漿成形物體。

模具成形：模具製作工序

模具被使用在數個工藝程序中，諸如印坯和在工業生產過程中的注漿和旋壓成形。細心謹慎和在模製階段花費時間、詳細地而認真地遵守程序是很重要的；如果在這裡犯了錯誤，你會毀壞所有你在早期階段做好的工作，還可能在這個過程中失去模具。

設計和製作形式的原型並想好如何來模製它是很重要的。如果你在設計形式時還擔心如何來模製它，你的設計的總體成功可能性會減少。一旦你對原型和模具製作很熟悉很自信，你會自然地設計出能夠被模製的東西。

使用軟的肥皂作為脫模劑

石膏會黏連石膏，所以重要的是須使用一種物質作為脫模劑。可以使用數種物質，但最有效的是甲肥皂。使用甲肥皂的程序是非常簡單的，使用一塊軟的——更好的是天然的——海綿來往原型和其它石膏如板子的表面施用大量的水。用圓周運動來使它成為肥皂泡，小心地覆蓋全部的原型。用乾淨的水洗掉它，直到看不到肥皂。重複此動作兩次或更多。塗抹甲肥皂三次的原因是，來確保整個表面都被覆蓋了，那麼在原型上得到了一個好的隔離。在圍繞原型做外圍擋板之後，你可能想要在原型上注漿做模具之前，再次使用稀薄的甲肥皂來去掉指印、泥巴或碎片。

製作一個石膏板子（也稱墊板，一般為圓形，較薄）

要安置好一個分開的模具，首先你會需要一個石膏板子——一個來製作的非常直接的東西。首先，得到一對長度和厚度都一樣的木板—大約1英吋厚（2.5厘米）。把兩片木板放到玻璃上，距離8英吋（20厘米），使用濕的泥巴按壓入木頭和玻璃來防止它們滑動分開。你會需要一個長而直的邊—金屬尺就很合適。混合一定量的石膏來填滿兩片木板之間的這個空間。你不需要在兩側建造泥壁，因為這個過

模製的餐具

尼古拉·穆倫

這套注漿的餐具是使用模具生產的。由於有細節創造的關係如色彩和溝槽，它們相配很好。

工作的順序：

模具製作

· 在原型上做合模縫，如果前邊還沒有做
· 加上注漿口
· 往原型上塗抹甲肥皂
· 安置在石膏板子或泥巴裡面
· 外圍擋板圍合
· 混合石膏並倒入
· 把縫弄乾淨
· 加上榫扣
· 塗抹肥皂
· 外圍擋板圍合併重複混合與倒出過程
· 為了安全和使用長久，完成模具的背面

模具製作詞典

掉出式單片模具：當變硬時，原型會簡單地"掉出"模具之外。

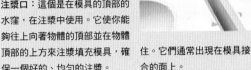

注漿口：這個是在模具的頂部的水窪，在注漿中使用。它使你能夠往上向著物體的頂部並在物體頂部的上方來注漿填充模具，確保一個好的、均勻的注漿。

底部切口：這個詞描述了不會倒出或掉出模具的原型（卡模）的區域。這通常要求模具分開（分模）或製作為一片以上。

甲肥皂水：這是隔離的脫模劑，用於在石膏原型上面來創造一個無孔的阻隔，這樣它不會黏附到模具上面。

榫扣（上面的）：這些是正面的和負面的定位，幫助模具鎖住。它們通常出現在模具接合的面上。

石膏板子（也稱墊板）：一個平的、光滑的石膏子，用於放置模具，它幫助多模塊模具製作完美的接合縫。

合模縫：這是一條線，模具沿此分開（在原型上的這條線稱作分模線）。

程要求後面倒出（見123頁）。當石膏開始變硬，把它倒入到兩個木板之間，用手輕輕拍擊石膏，把它變得水平。然後，雙手拿著鋼尺輕輕拖過石膏，直到出現一個平直的表面。當你在混合石膏時，把木頭和玻璃安置起來是很好的練習，這樣你可以用留下的石膏來製作一個板子。

如何來製作榫扣(也稱榫孔，模榫，合扣，牙口)

榫扣是定位的，它使得模具的一面能夠準確地合緊另一面。它們能夠被事先製作在石膏上，或更常見的是，被模製在石膏上。為模製在石膏上，把模具的第一面放在輪盤上，如果它上面榫扣還沒有一個，使用一個圓端的工具或尺寸正好的硬幣，當按壓下時旋轉模具。這會在模具表面割出一個凹口；這是榫扣的負面。正面會被結合在模具的另一面。

製作一個掉出式單片模具

掉出式模具是最簡單的模具配置。其名字描述了原型會簡單地"掉出來"的事實。這種

製作一個石膏板子

要安置一個多件的模具，首先你會需要一個石膏板子。這是可製作的非常直接的東西，但也很重要，因為它為模具的兩個面，製作一個乾淨的表面效果。

技術名詞介紹 **66**

1 把兩片厚度約為1/2-3/4英寸（15-20毫米）的木板放在玻璃上，距離約為7³/₄英寸（20厘米），使用濕的泥巴固定。使用一把長的直邊來成形板子的背面；前面在玻璃上成形；一把金屬尺是理想的。

2 混合充足的石膏來填充木板之間的空間。這個過程要求後面有倒出；當石膏開始變質，把它倒入兩片木板之間。

3 輕輕地拍擊，把兩片木板之間的石膏做成水平。小心地把鋼尺拉過石膏表面，直到它成為平直的。

類型的模具製作於當物體沒有底部切口的時候。製作一個這樣的模具是非常迅速的，但也要求一個詳細的方法。如果在計劃中你的物體是圓的，那麼把它在一個切削過的碟子上在一個車模機上安裝起來，或在一個圓形的石膏板子上安裝起來。你需要保證碟子比物體最寬的直徑寬大約1英吋（2.5厘米）。作為一個普遍的規律，物體將會通過它最寬的點被注漿，所以這個表面必須被放置為正面向下——由此模

製作一個掉出式單片模具

技術名詞介紹 67

下方所示原型在車模機上，在一張石膏圓盤上被切削，來界定模具的外面和模具的厚度。

1 使用一塊天然海綿，用一種圓環狀動作把肥皂做出肥皂泡，小心地來覆蓋整個原型和板子。使用乾淨的水來洗乾淨，直到看不到肥皂。重複此動作兩次或更多，來確保表面已經抹上了肥皂。

2 拿起一塊塑料，把它緊緊地圍繞石膏板子來包裹，使用夾子和膠帶或線繩來確保它安全穩固。

3 在倒出石膏之後（見細節），通過集中和把背面切削為平直來清理乾淨模具（見129頁）。

4 來完成模具，把面切削為平直和真實的。把邊角切削出斜面，在模具中切削進一個深深的足。這會幫助注漿物體，幫助模具在台面上保持穩定和平直。

具會被製作為上下顛倒。使用非常少量的膠水把物體黏在圓盤或板子的中心。把物體和板子塗上肥皂水塗抹三次，確保所有的表面都被覆蓋了。用外圍擋板圍繞圓盤包裹，盡量創造一個好的緊密的接合，用軟的泥巴在外圍擋板的外面填滿縫隙。

如先前一樣混合石膏，盡量以一種連續的動作來把它倒出，在倒出的第一個部分小心地覆蓋原型的全部表面，在第二個部分往原型上增加重量和深度。當模具被倒出，如果物體是方的，以使用刮擦器刮平底部來結束是一個不錯的實踐，或者如果模具被安裝在一個車模機上，向內切削出一個足。外部完成得很好，意味著當注漿中被放置水平時，模具將會保持堅固。

加上注漿口部分

注漿口部分，也被稱作注漿環，是一個圓錐形的圓盤，安放在原型的頂部上，從它你可以製作模具的頂部。注漿口最好是由石膏在車床或車模機上切削製作，儘管它可以成功地由泥巴製成。注漿口可以坐在原型的裡面，給你一個注漿的厚度，或者在外面，這樣注漿的厚度由在模具上花費的時間決定。

完成模具，把它翻轉，在模具的正面製作樺扣。把注漿口部分放在模具的中心，塗幾道膠水來把它固定在位置上。在模具的頂部包括注漿口部分塗抹肥皂三次，圍合擋板。混合和倒出石膏，然後做完頂部的光滑，把邊角去掉。

多片式模具（多模片模具）

這描述為有底切的原型製作的模具——這可能是物理的底切或一個要求表面細節更複雜的模具。"多片式模具"的概念描繪模具沿它的合模縫分開。實際上，這個模具可以是只有兩片，或包括頂部有三片，或頂部和底部共四片。

在準備製作一個多片式模具時，你必須確保原型有一條分模線貫穿它的長邊，並且有一

使用不同形狀注漿

注滿模具

注漿口部分是模具的一片，創造孔來注漿進去，是儲存額外泥漿的地方。這個是一個簡單的東西，但對注漿程序非常重要。

組合的模具

用泥漿填滿模具

倒進泥漿

注漿口部分

泥巴開始
在模具中注漿

倒出泥漿

在特定的一段時間之後傾倒出沒有鑄上的泥漿

鑄造

在修坯之前在模具中鑄造的層

注漿口的類型

有好幾種不同類型的注漿口，但最常見的是在模具被製作之後它被丟棄。你的形式的注漿的厚度由泥巴被留在模具中鑄造的時間來決定。

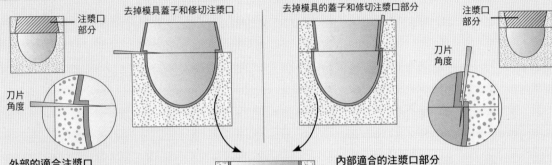

注漿口部分

去掉模具蓋子和修切注漿口

去掉模具的蓋子和修切注漿口部分

注漿口部分

刀片角度

刀片角度

在修坯之後

外部的適合注漿口

這個注漿口對你的物體的原型設計來說是最簡單的。它坐落在物體的外面，使用後通過沿著模具的主要部件的頂部切割而被修切掉。

內部適合的注漿口部分

這種注漿口部分與外部的類型不同，在注漿後其被修飾的方式不同。不是沿著模具來修飾，你使用刀片以某種角度來切割掉注漿口部分的邊緣。使用這個注漿口做的修坯更少。

塞子

當製作一個完全圍合的形狀，注漿口部分被保留，用作一個塞子。

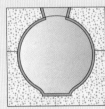

注漿後

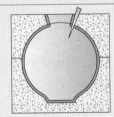

使用一個刀片來修坯，並用海綿擦邊緣

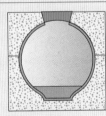

加入少量泥漿，並在注漿口部分加上塞子

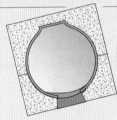

把模具倒轉，這樣它在注漿口塞子上鑄形

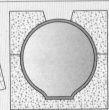

切掉塞子，留下合攏的形式

個石膏板子。首先，把注漿口部分黏貼到你的原型上去。把物體放在板子上，用兩個軟的泥巴球來支撐。使用一個工程師用方形尺，檢查原型的底面和頂部是否與板子成90度角。使用一個軟鉛筆，輕輕複印物體的線條，包括注漿口處，畫在石膏上。等這個已經被轉錄，你需要來把石膏板子切割出空的形狀。使用一把帶狀鋸或手鋸。用一把陶藝刀來完成，直到它非常接近畫出的輪廓。把板子對著原型；當它緊密地適合於原型的外部時，板子就完成了。小的空隙是可以接受的，因為在後邊它們可以使用泥巴來填充。以比原型最寬處寬大約1 1/4英寸（3.5厘米）的尺寸來切割板子的外部。

準備大量的軟泥巴；你會需要這個來支持原型。最好是使用一個穩固的板來合緊在轉輪上。把原型放在兩團或三團軟泥巴上，像先前一樣檢查它是否垂直90度角。使用軟泥巴在原型下方建造支撐，在每一邊創造對石膏板子的支撐。把它建造起來，直到能夠支撐板子，這樣它垂直地適合於縫，是水平的；使用水平尺

模製燈罩

凱思琳·吉爾斯

這些漂亮的半透明的骨質瓷燈罩固守關於底切的規律。由於它們彎曲的剖面，它們實際上是掉出的形式。

來衡量水平。等得到了水平，把泥巴切片切為邊緣，這樣支撐是穩固的，不太可能在壓力下倒塌，並把泥巴修切回去，使它對於板子成方形。在原型和板子之間的空隙都可以使用軟泥巴來填充，把它按壓入空隙，使用一把木質工具來抹平縫隙的表面。

小心地安裝起來原型之後，把整個物件充分地塗抹上肥皂液。使用乾淨的外圍擋板圍繞原型來建造鑄箱。建造鑄箱的體系是，使用外圍擋板來按順序重疊，這樣它們把彼此按壓進去，使用大量的泥巴把板固定到底板上，並用在板子之間的接合裡。你也許想要更保險，使用膠帶在頂部交叉，或線繩圍繞側面。

當鑄箱完成之後，給原型和板子最後塗抹一次肥皂液，來去掉在安裝過程中產生的碎片。混合大量石膏來填充模具。如果想要計算模具的體積，在此事例中是一個正方形/長方形，使用公式：長度×寬度×高度。

當在使用模具時，盡量稍微早點倒入石膏比較好，在它剛剛才準備好時——石膏還是流動的，會收集到原型的所有細節。繼續加入混合物，當它都在裡面時輕輕拍擊表面，使得空氣排出石膏。

一旦石膏變硬了，你可以去掉擋板，弄乾淨模具的背面和邊緣。把它翻轉過來，小心使得原型不會變鬆。確保你做出榫孔，在原型的兩面各做兩個。為確保石膏不會黏到設施上，你會需要把整個物件塗上肥皂液，並如前所述來建造圍筒。最後一次塗肥皂液來清理掉碎片，混合同樣數量的石膏，如前所述來倒入。去掉外圍擋板，清理背面和邊緣，讓它留著變硬。數小時之後，你可以分開模具，去掉原型。如果你在脫模時很困難，那麼你可以試試使用壓縮空氣或在模具背面輕輕拍擊。總是一起乾燥多件套模具來保護模具的內面；這個會花費稍微更長的時間，但這樣更安全。一旦模具完成，那麼原型已經達到了它的目的。

隆起物模具

使用一個隆起物模具是非常低技術含量

分模

在為製作一個分開的模具做準備時，你必須確保你的物體沿著它的長邊一周有一條分模線，一個準備好的適合你的原型的注漿口，和一個足夠大的、可以來轉錄物體的輪廓到模具上面的石膏板子。使用一個石膏板子而不是泥巴安裝好模具，會得出一個更專業的效果。

帶注漿口的原型

1 首先，把注漿口黏貼到原型上面。使用泥巴來在板子上支持物體。使用一把工程師的方形尺，確保原型的頂部和底部是90度角對著板子。如果沒有工程師的方形尺，你可以使用一把金屬尺的末端。

2 使用軟鉛筆或一個細的記號筆，圍繞著你的物體畫，包括注漿口。

3 等畫線完成，你可以從石膏板子上切割出形狀，使用一把帶狀鋸，也可以使用一把手弓鋸。使用一把陶藝刀來完成板子，直到它適合於轉錄的輪廓。把板子對比原型；如果它緊密地適合原型的外部，板子就完成了。小的空隙可以在後邊使用泥巴來填充。把板子切割為大約比原型的最寬處寬1½英寸（3.5厘米）。

4 為追求最好效果，使用一個穩固的板子，把它固定到一個轉輪上。把原型放在軟泥巴堆上，像先前一樣檢查它是否坐落在90度角。使用軟泥巴在母模下面和兩個側面建造支撐，這樣來支持石膏板子承受壓力。使用一把水平尺，來保證板子垂直於分模線，並且是水平的。

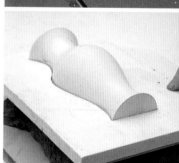

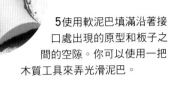

5 使用軟泥巴填滿沿著接口處出現的原型和板子之間的空隙。你可以使用一把木質工具來弄光滑泥巴。

8 當石膏已經變硬，去掉擋板，弄乾淨模具的背面和邊緣（見細節）。小心地把它翻轉過來，確保原型不會變鬆。

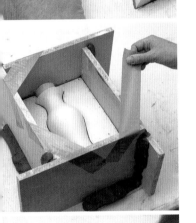

6 把整個裝置都充分塗上肥皂液。使用乾淨的外圍擋板圍繞原型建造鑄箱。按順序重疊外圍擋板，這樣它們彼此按壓進去。為了使其安全，使用泥巴來加強接合處，使用膠帶在頂部交叉，或線繩圍繞側面。

9 在模型上做榫扣，在原型的兩面各做兩個。

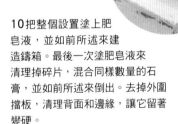

7 去掉從安裝過程中產生的碎片，再一次塗抹肥皂液。混合足夠的石膏來填充模具。通過稍微早點倒出石膏，石膏還是流動的，會收集到在原型上的所有細節。繼續加入混合物，當它都在裡面時輕輕拍擊它，使得空氣排出石膏。盡量來先覆蓋原型是很好的練習——在問題事件中，你會只需要在第一次的混合物上加入石膏來補償它。

10 把整個設置塗上肥皂液，並如前所述來建造鑄箱。最後一次塗肥皂液來清理掉碎片，混合同樣數量的石膏，並如前所述來倒出。去掉外圍擋板，清理背面和邊緣，讓它留著變硬。

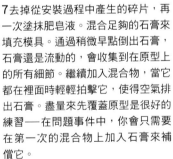

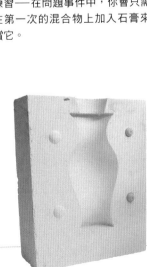

11 數小時之後，你可以分開模具，去掉原型。如果原型不出來，那麼你可以試試使用壓縮空氣或以柔和的節奏拍擊模具背面來脫模。保持一起乾燥多件模具，來保護模具的內面——這個會花費稍微更長的時間，但這樣是更安全的。一旦模具完成，那麼原型達到了它的目的。

不同原型要求的幾種模具片

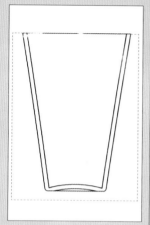

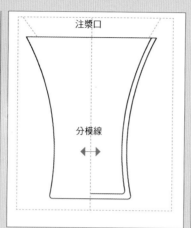

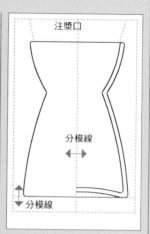

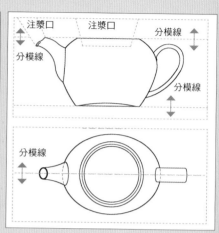

一片單片模模具

一片單片模模具是最簡單的模具。它可以是為圓錐形，或簡單的不使它有任何底切（卡角）的形狀。圖解顯示了圓錐形的燒杯。這個燒杯有一個足，但這並沒有問題，由於它會顯示為一個在模具底部中的輕微的凹處。

兩片分開式模具

一個兩片分開式模具對一個底切的形式來說，是一個簡單的模具。分模線沿著它的長邊貫穿中心軸線，模具因此分離成為兩片，注漿的物體會有一條縫，需要把它修掉。注意，這個有一個合併的注漿口——這意味著，它被建造為側面，不是分開製作。有的形式要求一個分開的注漿口。注意它平直的足，如果這個有凹進，模具會需要一個底。

三片式模具

因為這個形式有腰部，此三件式模具必須被沿著它的長邊分離來脫模坯件。這個模具也需要有一個底，因為足部有凹處。這個物體有一個合併的注漿口；它可以被製作為分散的注漿口，但這會加上一個第四片模具。

四片式模具

這是一個複雜的四片式模具，由於茶壺的特徵，它是必要的。它必須沿著它的長邊分開，同時也包含一個頂部和一個底部。在這個事例中，茶壺有一個完整的把手和壺嘴，但把手常被單獨注漿。底部那件包含了足，頂部那件給出壺口的形狀和方向。這創造了頂部開口的直徑，提供了一個4孔讓空氣穿過壺嘴脫離，一個孔來流出泥漿。

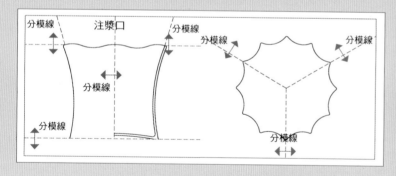

五片式模具

這個五片式模具的原型在表面原型製作有深深的凹槽。這創造一個複雜的邊的形狀。如果加上一個圓的穹頂形足的形狀，你會需要一個五片式模具。當和其它模具一起，足的細節被捕捉在底部。邊被保留在頂部中，頂部也使用注漿口來創造一個儲漿處。主體被分離為三片。它不能被分離為兩片，因為它會有底切，不能被分開。確保你從不同角度檢查了你的原型，在某個方向它可能會有你並不希望的底切。

的，但非常有效的技術，常常使用於創造大件開放的碟子和碗。當這種類型的模具站立在一個中空的支架上或置物台上，來把它升高離開工作台表面時，它是不尋常的。原型可能被圍繞一個模板來形卡滑動切割（見134-135頁），或可以被用泥巴建造，使用橢圓形橡膠刮片來弄光滑。當碟子原型完成後，把那個簡單的模具拿離它，圍繞物體建造鑄箱，並塗肥皂液。清理乾淨表面，塗抹肥皂液，把石膏倒入模具。讓它變一點硬，在製作之前在碟子的中心深深地刻劃標記。在模具的背面建造一個強壯的橢圓形的泥壁——然而不要往它上面塗肥皂，因為你想要石膏的下一個部分和模具結為一體。混合和倒出石膏，確保台面的頂部的面

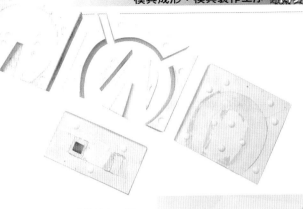

套合的模具

模具製作的主要原則之一是，物體如果有底切，就不能被用模具製作，模具不得不順著分模線分模來得到注漿。

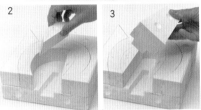

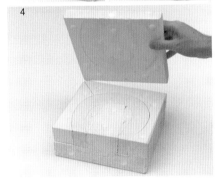

這裡展示的模具是一個馬掌的原型。在它自己裡面它是一個簡單的形式，但對於使用模程序製作來說有一個固有的不足，即其中央核心是一個巨大的底切。

這個模具的成功在於，把中心的核心分解為幾個部分（套模）。這些部件中的一件的唯一用途就是，來把模具的其餘部分控制在位置上。這個就是漂浮的模具（模套，用作套合其它模塊），其得名的原因，是因為它是在空間中漂浮的，實際上並不接觸注漿。

當模製馬掌形狀時，它被安裝在一個塗了肥皂液的石膏板子上，然後外面的形狀被模製為三個部件：兩邊和底部。接下來，內部的核心被以同樣的方式處理，三小件模塊被順序倒出，每一個都被清洗乾淨，做出直邊，然後扣合入位置，塗抹肥皂液，倒出漂浮的核心。最終，另一個側面和頂部包括注漿口被製作出來。

此處圖片顯示了模具和模具內面 —— 柱狀結構 —— 被組合起來，來說明所有的片如何適合在一起。它們展示了馬掌原型（1），三件組成的內部核心（2和3），頂部（4），注漿口（5），以及模具適合在一起，準備來注漿（6和7）。

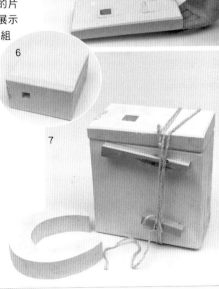

是完全平直的。當它翻轉過來時，這會成為模具的底部。

多餘的模具

多餘的模具可被用作模具製作程序中來創造一個原型。它通常用於當原型需要加上或去掉一些東西時，於是創造在放上最後一件模具之前的另一個在原型上工作的機會。多餘的模具是一種基本的模具，因為在超出下一個程序之後它是不被需要的。當你決定來製作一件多餘的模具，像往常為特定的原型一樣安裝起來，並計算在過程中需要在哪裡介入（或直接在原型上，或在模具裡）。然後實施製作模具的過程。

一旦你有了模具，製作了替代品，簡單地在模具的內面塗抹肥皂液，混合和倒出石膏進去，創造一個新的加進去了一些改變的原型。

指示的模具結構

左上圖的圖解解釋了一系列的特殊的設計如何會被模具製作出來。

泥漿注漿是最為普遍的陶瓷生產技術之一。使用它的主要原因是，能獲得極高的精確度和一遍又一遍地重複注漿同樣物體，可用於批量或大量生產。

模具成形：泥漿注漿

泥漿注漿是與模具製作天然結合的一個程序，其中，它依賴某種多孔的模具來成形物體。"泥漿"是液體泥巴的名字。它是在一個大型混料機即"攪拌機"裡被混合，被保持為準備就緒的狀態。大部分泥巴可以被製作為泥漿；問你的陶瓷供貨商要一個配方，或者相反地看看基礎配方。在使用之前充分地混合泥漿是非常重要的，至少在使用30分鐘之前混合。

大部分工業生產使用一個注漿程序分支出來的程序：壓力注漿，其中泥漿被用高壓進入松香模具，這些如衛生潔具；或粉塵壓製，其中陶瓷粉塵在高壓下被迫進入兩個松香衝模之間。注漿顯示了一種非常精細的品質的結果，自始至終具有連續的厚度，這使得能夠做精細的邊和精緻的把手，使得骨質瓷和瓷器成為半透明的厚度。泥漿注漿對任何類型的大量生產來說都是一個理想的程序。

製作泥漿

注漿的泥漿本質上是液體的泥巴，在其中泥巴微粒在水中被懸浮劑保持為懸浮狀態，通常為硅酸鈉和碳酸鈉（水玻璃）。注漿用泥漿由40-50%的水組成，懸浮劑呈現為非常少量。有兩種方式來製作泥漿：或者把乾的材料按特定的配方都和水混合，或者向水中加入有可塑性的泥巴和懸浮劑。泥巴供貨商

工作的順序：

泥漿注漿

・從混料機裡取出足夠注滿模具的泥漿
・從混料機到水桶過濾泥漿
・檢查模具是否無塵
・使用有彈性的橡皮筋把它捆綁在一起
・以一種連續的動作來把泥漿注滿模具
・讓注漿停留要求的時間
・把泥漿傾倒出模具
・讓它瀝乾
・修飾注漿口
・當注漿部分足夠堅固時去掉模具

大自然激發靈感的泥漿注漿件
馬產克・瑟庫拉
　一段落下的樹枝作用為這套茶具的一個天然的原型。原型然後被用模具製作，並且注漿過程收集了在表面紋理中的所有細節。

注漿筆記

保持一個每一件新的物體/模具的注漿時間和厚度的記錄是非常重要的。這個筆記本顯示了一個小的有不尋常信息的物體的圖解，諸如穿過足部注漿。它也記錄了倒入和倒出的泥漿的量，停留的時間，和注漿的厚度。

對他所提供的大部分可塑性的泥巴通常會有一個標準的泥漿配方。最好的製作泥漿的方法是，使用一個專用的混料機——一個大型的混合的機器。你也可以使用一個便攜的混料機和大桶。

從有可塑性的泥巴製作泥漿，首先，測量出水和泥巴的正確的數量。把懸浮劑一起在一罐溫水中混合，直到它們充分溶解，加入完全量的水。小條小條地緩慢加入泥巴，直到所有的材料都被吸收到混合物中，被混料機粉碎掉。泥漿在被留下沈澱一整夜之前，應該被混合三到四個小時。如果泥漿要保留一定長的時間，必須把它覆蓋起來。

過了時間，你可能會需要把泥漿混合物稍微地重新調整一下，加入更多一點懸浮劑來補償水的蒸發或吸收。

標準的注漿泥漿

這些配方非常基本；還有可得到的極大範圍的配方，製備好的泥漿也可以從陶瓷供貨商那裡得到。

白色陶器注漿泥漿

（華氏1830-2100度/攝氏1000-1150度）

55磅（25公斤）白色陶土

1/2加侖（2.1升）水

1/4盎司（5克）硅酸鈉（水玻璃）

1/2盎司（12.5克）蘇打粉

炻器注漿泥漿

（華氏2120-2340度/攝氏1160-1280度）

55磅（25公斤）炻器陶土

1加侖（4升）水

2盎司（56克）硅酸鈉

1/2盎司（12.5克）蘇打粉

如何來泥漿注漿

在注漿之前，確保你的模具摸起來是乾的，很乾淨，沒有任何灰塵和碎片。在開始之前，把模具的側面、頂部和底部捆綁或繫結在一起。

1 從混料機中取出一些泥漿，當它進入水罐時進行過濾。確保你有一個足夠大的水罐來預防需要第二次倒出泥漿。

2 把模具放置在一個手動轉盤上。以一種連續的動作把泥漿倒入模具。輕輕拍擊模具來排出陷進去的空氣。把泥漿停留來鑄造為供貨商的手冊所指示的時間。水分會被從泥漿吸收到石膏模具中，留下一層薄薄的泥壁，或在模具表面的坯件。

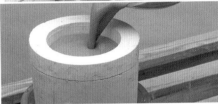

3 當達到了正確的坯件厚度，把多餘的泥漿從模具中倒出。

4 把模具在一個支架上上下顛倒，這樣它能夠瀝乾。一旦泥漿從模具上瀝乾，把它再次上下翻轉。

5 讓泥漿變硬一點，檢查直到它感覺穩定但摸起來還是軟的。現在可以割掉多餘的部分了。當你轉動手動轉盤時，使用一把銳利的有彈性的刀片來把泥巴割掉。使用一塊軟的或天然的海綿來修飾切割的邊緣。

6 把泥巴留在模具中晾乾，直到能夠安全地去掉模具和把手。

組合注漿部件

　　當使用多件套來製作一個注漿件時，如有把手的杯子，你應該同時注漿所有部分。在模具上建造一個位置細節是很好的實踐，這樣更容易在主體上定位把手。

1 拿起把手模具，分開，用一把銳利的小刀修飾掉多餘的部分。當組合時，輕輕地刮擦兩個表面，輕塗一點水在它們上面，這會接合它們。

2 使用一個精細的刷子，輕輕滴一點泥漿到把手上，把它按壓到茶杯上。

3 使用刷子把泥漿填滿接合處，把它保持乾淨和光滑。使用銳利的小刀來細心地修飾去掉把手上的縫。

4 讓茶杯晾乾——這可以很容易地從色彩由深變淺來看出來——然後拿一塊濕海綿以十字交叉的動作來磨掉殘留的縫。

泥漿注漿雕刻
杰弗里·蒙格蘭

　　泥漿注漿被使用來生產這件文雅的不協調的雕刻，是一頭駝鹿站立在一個鮮亮的紅色樹枝上。每一個元素都是從一個現成物品上注漿的，但形式的並置為這些物體創造了一個新的故事。

注漿泥漿

　　把混合後的泥漿過濾倒入一個水罐，確保它比模具更大，這樣你就不需要第二次倒出泥漿。第二次傾倒會在泥巴中創造注漿環——是一條很精細的線，很難修補或去掉。為了更容易操作模具，應該把它放置在一個手動轉盤上，以一種連續的動作把泥漿倒入模具。不要停止，直到模具注滿，來防止在注漿表面產生波紋。拍擊模具來排出陷入的空氣。

　　你應該把泥漿留著來鑄造，停留一段給定的時間。這個是根據泥巴的類型確定，陶器大約20分鐘，骨質瓷和瓷器大約5-8分鐘後，但可以參考供貨商對時間範圍的指示。水分會被從泥漿吸收到石膏模具中，留下一層薄薄的泥壁，或在模具表面的坯件。當正確的時間已經過去，把多餘的泥漿從模具中倒出。最好是以一種連續的動作來做，因為由於吸力的原因，打噴涕會引起注漿件在模具內倒塌。下一步，把模具翻轉為上下顛倒，如果需要的話，把剩餘的泥漿倒出到一個水罐裡來回收。當所有的泥漿都被排出，你可以把模具再次翻轉為上下正常。

　　讓泥漿變硬一點。等到它感覺穩定但摸

起來還是軟的，被注漿口創造出來的多餘的部分應該被割掉。拿一把銳利的有彈性的刀片，在泥巴相對的面做兩個垂直的切割，在切口下滑動刀片，把另一隻手放在泥巴上，把泥巴控制在位置上。在轉盤的幫助下緩慢轉動模具，以一種連續的動作切割掉泥巴。當你到達了另一個垂直的切口，把泥巴從注漿口拿出來，並重複此程序。

當泥巴晾乾，它會開始在模具中收縮；這時，你應該開始來把模具分開，把泥巴留在模具中晾乾，直到能夠安全地去掉模具和把手。讓這個注漿晾乾幾個小時，直到它變得更乾；這時，你應該使用一個刀片和一塊海綿來去掉合模縫。修飾掉多餘部分和合模縫的行為被稱作修坯。當修坯時要小心，因為注漿坯非常脆弱。

修坯和用海綿抹

"修坯"描述使用一把小刀或其它工具去掉合模縫和注漿的線條的動作。它是相對簡單的，但需要相當的技巧和練習來做。注漿物體在素坯未燒製階段是非常脆弱的。當它最初從模具中拿出時，它是非常易於在處理中變形的。當注漿物體晾乾之後，其特性改變了；乾了的素坯壺會保持形狀，但還是非常脆弱，易於開裂和粉碎。正是這個性質使得修坯成為一項技術活。你不想使你剛剛製作的所有的注漿件變形或分解，所以，需要下手輕柔但又確定。

單片模物體通常能夠留在模具中，直到它們能夠支撐自己。一般非單片模的物體需要被從模具中去掉，來防止收縮或開裂。如果你不得不在物體變得堅固之前去掉模具，以一種系統化的方式來做。在幾次注漿之後，你會開始認識到模具如何分開；常常是，一件物體會沒有原因的黏在模具的一個面上稍微更長時間。在模具的這個面做標記，這樣你能夠預知它。把板子放在離注漿

修坯

修坯和用海綿是去掉注漿的縫和清理乾淨注漿的表面的過程。如果你的模具製作是有效的，應該會需要做一點修坯。在注漿後，把多餘部分去掉，並把物體從模具中拿出。在此階段，盡量不要處理太多，如果你把物體留下晾乾幾個小時後，這會意味著，它會足夠堅固來經受這個程序。當物體是乾的時候，修飾應該濕著來完成，以避免創造粉塵。

1 在接合處，在兩片模具之間，合模縫被創造出來，經過長時間的磨損和撕扯，這會變壞。

2 使用一塊濕海綿輕輕地把合模縫去掉。你會能夠非常快速地去掉大部分物質。不要擔心會弄濕注漿件，因為這會幫助避免粉塵。

3 首先使用一把銳利的刀片或修坯刀來修掉濕的縫，沿著縫的長度向前拉。

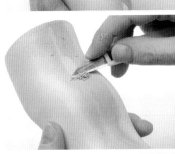

4 握住小刀垂直於物體的縫，順著主體緩慢刮擦，把剩餘物去掉，來弄光滑。

5 最後，使用帶足量水的海綿以十字交叉的動作來完成，直到合模縫被去掉。

分層注漿

分層注漿是一種革新性的技術，它依賴於對注漿程序的理解。帶顏色的層次被按順序注漿，通過倒入和傾斜每一次注漿，等到泥漿處在正確的階段，然後倒入下一層。

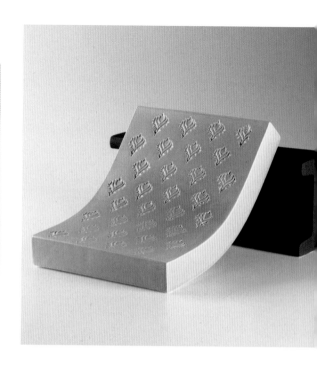

1 用帶色的第一次注漿泥漿充滿模具。然後它保留一定量的時間鑄造，在這個事例中是8分鐘。在這個時間之後，泥巴的表層積聚在模具的表面。

2 倒空模具，讓它瀝乾。等鑄造層的"光亮"褪暗，然後倒入下一層。重複此過程三次。當坯件變得堅固，用一把修坯刀把邊沿刮卷回來，它應該留在模具中，直到陰乾。在模具上放一塊板，翻轉它，這樣花瓶會脫模掉出來。

3 當花瓶完全乾透，你可以使用一件工具或鉛筆標記出花紋，作為刻劃的指南。這時，佩戴口罩來保護你不會吸入乾的泥巴粉塵。

4 刻劃和加工花瓶的表面，通過使用一個橢圓形金屬刮片彎曲的邊緣刮擦它來露出泥巴層。

5 一旦花瓶燒製好，可以用濕的和乾的砂紙在水中摩擦幾遍它的表面，這會留下一個非常光滑的表面，同時色彩鮮明地界定出來。

6 這個花瓶現在有了一個鮮明的表面，著色坯料在分層的表面中給泥漿整體上了色。

件非常近的地方，這樣對物體的實際操作達到最小。輕輕把物體抬出模具，把它放在板子上，直到它陰乾。

得知物體是否是乾的方法是，觀察它改變顏色。當水分從注漿中蒸發之後，注漿物體通常會看起來色調更淺一些。大約一個小時之後，物體應該是陰乾的。把物體拿在手中，使用小刀或刀片輕輕放在縫上，把刀片劃向自己，割掉合模線。讓物體停留稍長時間，讓它在使用海綿之前變硬一些。如果你有好多坯件，把它們全部修坯，然後用海綿抹它們——這通常意味著，你不能急促地做。

抹海綿的問題是，你在往已經是軟的泥巴上重新加水，所以首先讓它乾燥一些會幫助物體經歷這個程序。拿一塊軟的、天然的海綿蘸入水中。擠乾它，這樣海綿還是濕的，但不會浸滿水，把它用於表面。來去掉合模縫，以對角線十字交叉的方式來磨，直到看不見線條。然後使用足量的水，最後來擦拭一遍。如果表面有損傷或需要修補，使用大量的水，輕微地磨光表面。

分層注漿

分層注漿是一種把一層泥漿澆鑄在另一層上面的技術。它是非常簡單，但很有效的裝飾技術，它依賴於使用和注漿的泥漿坯料

泥漿注漿雕塑
道恩‧由
　　這件抽象的雕塑品完美的表面指示出泥漿注漿入一個製作很好的模具。帶陰影的凹雕主題能夠被準確、詳細地轉錄到形式上。

泥漿注漿的枝形吊燈
珍妮‧昆
　　這件鮮明的、裝飾性的裝置使用泥漿注漿形式和金屬線及玻璃聯合來創造一種使人視覺上感到驚訝的效果。

同樣的著色劑坯料。從同一批泥漿中輕輕倒出幾碗，把要求的百分比的著色劑混合入碗中的泥漿，停留一個或兩個小時。重新混合泥漿，把第一批倒入模具，讓它注漿幾分鐘，把泥漿從模具中傾倒出來到前邊的泥漿中，瀝乾大約一分鐘，然後使用另一批帶色泥漿重複此過程。這個過程可以重複多達五次，來創造一種多色的泥漿注漿主體。為了強調這個程序，最終的物體常常被切割或以某種方式改變來展示那些層。

在模具中進行泥漿泥釉彩飾

　　同一批彩色的注漿泥漿可被用在開放的或兩片模具中的泥釉拖尾彩飾。使用一個擠泥器或注射器，在每一批泥漿中取得一定數量的泥漿。如果它是一個單獨的開放的模具，把模具安裝在轉輪上。當緩慢轉動模具時，把泥漿從擠泥器裡排出來。泥漿會很快變乾，所以，速度是非常關鍵的。重複此程序，使用不同的泥漿，做你願意做的次數。當往上建造時，保持泥漿擠線潮濕會需要一點練習。你可能希望來保留物體為一個泥釉拖尾彩飾的形式——儘管這會是相當脆弱——或你可能希望在上面注漿最後一層來把它們都控制在一起。

　　遵循同樣的程序在模具的另一面中進行拖線彩飾；把兩個一半接合在一起會花費一點練習。常常，這項技術要求有最後一層滾邊的泥漿層。

大理石效果

　　大理石效果是一項簡單的技術，是把兩種色漿注漿泥漿同時倒入一個模具。真正的技藝在於，用兩種泥漿創造出一種大理石效果，而不是只是把它們混合為一種渾濁的顏色。在一個轉輪或車模機上安裝好模具，以極慢的速度轉動。拿起盛裝兩個色漿的容器，把它們以穩定的速度倒入模具。讓它注漿，然後倒出泥漿。當它變乾，把物體拿出模具並修飾。

印坯的裝置作品
馬立克·瑟庫拉
　　這件裝置作品是一個強力按壓技藝的旅程。一個印坯的物體集合被埋葬在一個按壓泥巴塵土地板的裡面，通過一個巨大的裂縫被揭示出來。作為結果的裝置作品是對陶瓷在記錄和理解歷史中的角色的一個深刻的引證。

　　印坯仍然被用於磚和建築彩陶的生產，正如製作大型開放的形式，大型建築形式，或有淺浮雕的形式。它能呈現細緻的浮雕，使它能夠從模具中複製出來。

模具成形：印坯

　　印坯是一項相對簡單的技術，要求一個模具，可以用石膏、泥巴或其它製作模具的材料製作。如果它是一個大型的開放形式，你可以把一大塊泥板按壓入模具。另一個辦法是，如果它是一個複雜的、多件模具的形式，那你可以把小泥巴球按壓入模具，小心來把它們弄光滑按入周圍的泥巴，直到表面具有一個完整的形式。

　　印坯形式趨向於相當強壯，具有不同深度的較大的厚度和大的邊沿與邊緣。對於這樣的坯件，乾燥是關鍵的，因為由於泥巴厚度較大，它們會保持更多潮氣。

　　一件印坯模具是以和其它模具同樣的方式製成的。模具可能是被形卡式圍繞一個模板切割（見134-135頁），或者可以用泥巴建造，使用橢圓形橡膠刮片弄光滑。當碟子的原型完成，你從它上面取一片簡單的模具，圍繞物體建造一個泥壁，給它塗肥皂水。在乾燥後，模具已準備好使用。來製作一個更複雜的模具，如分兩片模具，用泥巴支持原型到合模縫。如果原型製自石膏，給它塗肥皂，建造泥壁擋板，並倒入石膏。把模具和原型翻轉過來，在石膏上做四個榫扣，再次塗肥皂，建泥壁擋板，倒入石膏。當模具完成，使用一把尖銳的工具來圍繞整個物體做一個V字形的凹槽，在物體之內大約1/4英寸（5毫米）。

印坯一個碗

　　用有可塑性的泥巴滾出一個平直的泥板，小心地舉起，把它摔落在模具上面。使用一塊濕海綿以持續的壓力按壓泥巴進入模具；使用橢圓形橡膠刮片來成形碗的內部，刮平，去掉瑕疵。當你對內部形狀感到滿

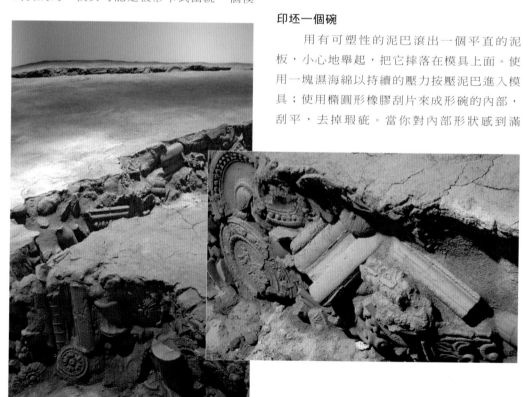

印坯的裝置作品
馬立克·瑟庫拉

這一公斤泥土曾被印坯為一個形式並裝在一個禮品盒裡銷售。它想要傳達關於拯救我們珍貴的地球的信息。

意，使用一個切割泥巴的金屬線，對著模具的邊緣握緊，從碗的邊緣把多餘的泥巴修掉。金屬線可能會在泥巴邊緣上留下輕微的波紋。使用濕海綿修整這個邊緣，直到變得光滑（見153頁）。在開模之前，讓它變乾。

在一個兩片式模具中按壓

一個兩片式模具類似於泥漿注漿模具，除了有兩個細節不同：首先，它沒有注漿口來通過倒入泥漿；第二，它有一個凹槽切口切割入模具的每一個面，順著物體的整個形狀。這個凹槽的目的是，當泥巴堆按壓在一處時，來切割掉多餘的泥巴。

把軟的泥球堅定地按壓入模具，圍繞造型建造起來，直到到達合模縫。確保在頂部邊緣有足夠的泥巴，當按壓到一處時，避免在坯件中有空隙；多餘的泥巴也要向內按壓來保證好的接合，或會被凹槽切割掉。在按壓之前，圍繞整個形式加上一個軟的泥巴長條，並修飾卷回來使得泥巴比模具稍微高些，使用濕海綿來弄濕泥巴。

小心地把兩個一半按壓到一起，停留約20分鐘。當開模時，你會看到陷在凹槽中的多餘的泥巴——把它去掉，在去掉模具之前讓物體晾乾一點。當物體變得陰乾，像先前一樣修坯。印坯的特點之一是，當你把它取出模具時，有一個非常顯眼的縫，但這個可以去掉，沒有太多問題。

技術名詞介紹 74

使用泥板印坯

印坯有幾種方法來完成。如果物體是大的開放的形式，那麼使用一大塊軟的泥板印坯是可能的。

1 滾出一個泥板（見70頁），確保它是平直的、沒有氣泡，足夠大來填充模具。把泥板放在模具上面，與邊緣重疊。

2 輕輕按壓泥板進入模具，然後使用一把橢圓形橡膠刮片來弄光滑。

3 使用一把銳利的刀片或緊緊握住一個金屬線從邊緣切割掉多餘的泥巴。

4 使用橢圓形金屬刮片和一塊幾乎是乾的海綿聯合一起，清理乾淨碗的邊緣，把它放到一邊來晾乾。

5 為從模具中取出碗，把一個乾淨的平板放在模具的頂部上面，把它翻轉。輕輕地開模，讓泥巴片脫落出來。

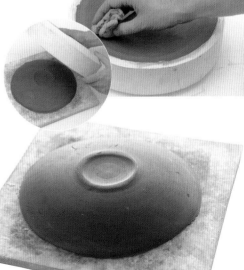

旋坯機是一種半自動的機器，它使用石膏模具、有可塑性的泥巴和塑料或金屬工具（又稱型刀或旋頭）來迫使泥巴進入模具的面上的形狀。外旋法（又稱覆旋法，陽模成形）製作的容器通常是相當強壯的，有一個可觀的重量和平衡；內旋法（又稱仰旋法，陰模成形）製作的盤子是相對較厚的、肥的，有柔軟的邊緣。

模具成形：旋壓成形

內旋法描述了在一個隆起物上面成形的動作——它被用於製作盤子、淺碟和淺碗，當型刀成形泥巴團的前邊的面，模具成形後邊的面，或坯體下邊的面。外旋法描述在一個中空的模具中成形的動作，被用於茶杯和深碗，當型刀成形外面的形狀，而模具成形裡面的面。模具通常是掉出式或單面的，不管是裡面的面被型刀成形（內旋法）還是下面的面被型刀成形（外旋法）。模具是使用一個環和框架（又稱模座）製造出來的；這使得每一個模具來合緊在機器（又稱鉆轆機）上。簡單有幾件模具，就能夠運轉這樣一個機器製造坯件，這個過程是其最成功的地方。像大部分工業技術一樣。

使用環和框架（兩者一起也稱模座）製作模具

環和框架是重要的金屬模具，它包含了信息，使得石膏模具來結合在機器上面。在車模機上把環置於中心，使用一些泥巴把它固定下來。從你的技術草圖準備一些輪廓（見對頁）。注意，模具是在車模機上金屬模裡反向轉動的，所以型刀應該放在你期望的線條的相反一邊。一旦所有的物件被安裝起來，混合石膏並倒入框架。這個程序遵循和車模機切削同樣的技術（見129頁）。當石膏開始變硬，拿出鑿子來切削掉石膏，使用模板來幫助指導這個過程，目的是來完成前邊的面，然後用一些濕的和乾的砂紙來打磨完成。當這個完成，往原

內旋法製作的盤子
安迪‧阿勒姆
　這個盤子在手工裝飾之前使用內旋法程序成形。這極好的例子體現了製造的原則之一：簡化成形程序，在表面設計中創造不同。

啟示

當第一次安裝起來模具和型刀時，你可能發現需要做一些小的調整。常常可能會有型刀的拖拽，如果抬起壓桿，你會發現一個調整螺栓，這讓你和在模具上泥巴的聯繫中來改變輪廓。理想的話，它應該剛剛接觸或留下一個非常小的小於1/32英吋（1毫米）的空隙。

這件內旋法的寬碗的模具被轉變為一個較小的裝置來適合機器。這個被在模具下面的細長的足顯示出來，它適合於安裝在機器上的一個杯形中。這個革新性的解決問題的辦法意味著，製作者能夠製作更寬的物件，而不必為機器購買更多部件。

型的面上塗肥皂水，在模座的內部上面使用凡士林來創造一個隔離，這會幫助脫模。用一點時間來研究模座的內部輪廓，觀察細節是如何與機器相聯繫的。把模座放置在環上，這樣它鎖定在位置上。混合併倒出石膏在模座中，強烈地轉動轉輪來排出陷入的空氣。最後，弄平好像是在頂部的石膏（實際上是模具的底部）。讓石膏變硬，當打開時，重複此過程。

大量生產的好處

為了有效地利用這個機器，你應該製作數個模具，這樣可以實施大量生產的程序。每次泥巴的準備和機器的安裝都意味著，它使得在用模具製作階段投入的精力是有理由的，來得到模座、模具和機器自身帶來的好處。

製作型刀

型刀是用和在形卡滑切技術部分描述過的相同的方法來製作的（見130頁）。它可以被製作為塑料或金屬，通常由木頭做備用。這個工具的刀片是從前邊的面斜切為約45度角；確保使用鑿子然後是濕的和乾的砂紙來打磨光滑。任何突起或隆起都會轉移到坯件上去。對旋壓成形型刀來說，有兩個細節是關鍵的——第一個，是型刀的平直的刀口，它接觸到石膏模具。型刀和模具的聯合創造出一種刮擦的邊緣；當型刀和模具接觸時，它們切割掉餘泥。第二個重要的細節是螺絲的孔，它來把工具固定在機器的臂上。孔的切割必須準確，因此它們安全地合緊，不允許後來的移動；移動會導致最終物體的厚度變化。

內旋法做一個盤子

使用固定在機器的臂上的型刀安裝好機器，把模具穩固地安裝在輪盤頭裡面。在開始來製作物件之前，最好是檢查模具的面和型刀

使用環和框架來製作模具

技術名詞介紹 75

　　為了把模具適合於機器，使用兩件金屬件稱作環和框架。它們鑄造進去了所有的本質的細節，來確保模具緊密地適合。

1 把環放在車模機的中心，使用泥巴把它固定下來。小心地往車模機的頭部塗肥皂。混合一批大量的石膏，把它直接倒入環中。

2 拿起鑿子來切削掉石膏，完成前邊的面，使用模板來幫助指示這個程序。

3 使用橢圓形刮片和濕的和乾的砂紙張來完成盤子的前邊的面。

4 當原型完成，往面上塗肥皂，在框架的內裡的面上施用凡士林，使之作用為一層脫模劑，幫助開模。小心地把框架放置在環上面，使之鎖在位置上。

5 混合和倒出石膏進入框架。在傾倒之後，強烈地轉動轉輪來排出陷入的空氣。刮擦好像是石膏的頂部，但實際上是模具的底部。

6 在開模之前，讓石膏變硬；原型應該保留在環中，模具應該從框架中脫離出來。重複此過程來使得機器的作用最大化。

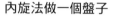

內旋法做一個盤子

正如很多以石膏為基礎的工業技術，泥巴的成形是快速的，依賴於幾個模具，這樣它能夠成為一個重複性的批量生產程序。

1 使用有可塑性的泥巴，通過使用一個板子轉輪和型刀來準備幾個泥巴板子。把它安裝為稍微有點角度，在中心來創造一個較厚的泥巴板子。

2 花費時間把機器安裝好，確保型刀安全地合緊在機器的臂上，沒有任何橫向的移動，模具穩定地位於輪盤裡面。

3 在開始程序之前，使用一塊海綿弄濕模具的表面；這會幫助泥巴附著在表面。

4 使用雙手小心地抬起一個泥巴板子，把它向下按壓入石膏模具（見細節）。

5 緩慢轉動模具，修掉餘泥。增加速度，控制臂，把型刀從你的肩膀向下按壓入泥巴上。型刀會割掉泥巴表面，在型刀上留下去掉的材料。

6 工具會繼續切割掉多餘的泥巴，直到它有正確的厚度。在此程序中，你可能需要使用濕海綿來清潔工具。

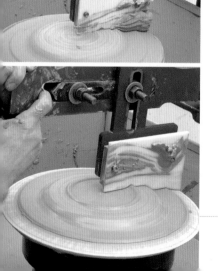

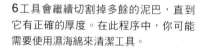

的光滑。

使用有可塑性的泥巴，把它成形為一個平直的泥巴板子。（在工業環境中，在一個寬展的帶有固定的臂的轉輪上得到平直的泥巴板子，儘管它可以使用一個滾動的棍子或陶板機來做。）確保它比物體稍厚，或至少朝向中心更厚點，這樣有足夠的材料來成形足。用一塊海綿稍微弄濕模具的表面。用雙手拿起泥巴板子，把它向下摔到模具上。用雙手小心地按壓泥巴向下進入石膏模具。打開機器，緩慢轉動模具；使用一把陶藝刀或銳利的橢圓形刮片刮掉多餘的泥巴。增加速度，把型刀臂帶向下，穩定地按壓入泥巴。泥巴會被迫在模具的面上，型刀會切割掉餘泥，直到它具有正確的厚度。在此過程中，你可以使用濕海綿來弄乾淨工具。

把模具從機器上拿開，把它留在一邊或在乾燥櫃中來乾燥。使用另一個模具重複此過程，確保在每次使用之前徹底地清潔了工具，直到它們都布滿了坯件。當泥巴足夠乾，能夠支撐自身的重量，把它從模具中去掉，清潔模具，為下一個生產程序做好準備。

外旋法做一個碗

這個方法很多都和內旋法相同，但這個模具是中空的，泥巴被成形為軟的球。型刀會以同樣的方式合緊機器臂，會有一個刮擦的刀口形成頂部的表面。可見的主要不同是，工具向下到達模具之內。這兩項技術中，試著來計算需要的泥巴的量都是好的練習，來避免不必要的浪費。

拿起一個泥巴球，把它放在模具裡面的中心，把臂穩定地帶向下，增加速度來迫使泥巴在模具的壁上。當完成後，放在一邊來晾乾，直到坯件可以脫模。

瓷片製作的技術是範圍廣闊的。在工業環境中，瓷片是高壓粉塵壓製。在工作室環境中，瓷片能夠以幾種方法製作：注漿，印坯，粉塵壓製，泥板製作，或擠壓法。

瓷片製作

每一個程序有它自己的優點。關鍵的問題是，當嘗試製作瓷片時，要先認識所選擇的坯料。一個加了熟料的坯料會幫助保持瓷片不會變形和開裂。瓷片如何乾燥也是非常重要的。如果泥巴是加了熟料的，那麼它可以在板條架子上風乾。如果泥巴是不加熟料的，會需要非常小心地晾乾，來預防開裂和變形。在架子上非常緩慢地晾乾瓷片，讓空氣到達物體的各個面。

注漿瓷片

注漿是一個複製非常精細的表面細節如圖案和紋理的形式非常有用的方法。在模製之前，紋理會被複製到模具中。模具會有兩個注漿口，彼此分離。單片式模具有一個後面的部分是重要的。泥漿從一個注漿口倒入模具，模具以一個稍微傾斜的角度來讓泥漿到達模具的各個面。空氣會從另一個注漿口逸出。當注件

泥漿注漿瓷片

技術名詞介紹 **77**

注漿泥漿能夠被倒入模具中，這樣重複的形狀能夠被製作出來。當泥漿乾燥時，應該不要收縮太多，應該有一個好的乾的強度來加工。

1 當模具是乾的，你可以開始來生產一批瓷片。首先，混合注漿泥漿到一個液體稠度（見150-151頁）。用泥漿充滿模具，時時重新補滿泥漿，來保持表面水平。讓泥漿在模具中穩固下來，直到泥巴顯示出觸摸時沒有痕跡。這會花費30分鐘以上。

2 當泥巴開始從模具的邊緣脫離，它準備好脫模了。這裡使用的泥巴是白色的陶土（雖然在它的液體狀態看起來是淺黃色的）。依據周圍的溫度，它可以在一個小時內被注漿入模具並去掉。這允許在一天中製作幾個瓷片，儘管在持續使用時，模具很快變得飽和，每一次注漿之後都必須充分乾燥。

3 從模具中脫模，放一塊板子在表面上面，翻轉，把模具拿開。緩慢晾乾瓷片，最好是在一個金屬架子上，讓空氣自由流通，來預防變形。

變得堅固，打開模具的背面，在開模之前讓空氣短時間地晾乾。放一塊石膏板子在瓷片的背面，把整個物件翻轉過來，去掉模具的面，讓它晾乾。

印坯瓷片

印坯是製作浮雕瓷片的一種非常有效率的方式，因為泥巴能夠很容易地被按壓入細節。使用軟的泥巴球，在一個印坯模具中來建造坯件，直到模具是滿的。清理乾淨背部，讓它在模具中晾乾，直到可以開模。

粉塵壓製瓷片

當在工業環境中使用，這個程序保證一個均勻的濕度，具有很小的收縮率，很少收縮

用泥板製作瓷片

技術名詞介紹 **78**

使用泥板是最快和最容易的方法來製作瓷片。

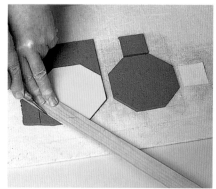

1 你的瓷片不必是方形的；你可以切割紙張或卡紙模板來製作更為複雜的設計。重要的是測量和準確地切割模板來得到一個好的適合。

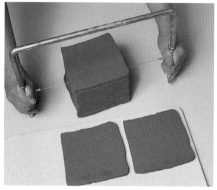

2 一把弓形工具允許你來切割均勻的厚泥板。當切割一塊泥巴時，你把金屬線放低每塊泥板的一定刻度到下一個泥板被切割的地方。儘管弓形工具不是重要的，但如果要來製作很多瓷片，它還是非常有用的。瓷片還會需要被切割為形狀。

3 你還會需要來滾動（見70頁）或用弓形工具切割泥板，當你使用一個瓷片切割器，瓷片會以尺寸辨別。這個工具對快速製作很多瓷片非常有用。

瓷片壁畫

羅伯特‧道森

瓷片是一種效果非常顯著的在大的廣闊區域創造影響的手段。使用先進的數位印刷技術轉印一幅如上圖的壁畫，這可以在工業條件下生產出來。

或倒塌。手工按壓瓷片可以是小型化的工業程序。使用從商店得到的泥巴粉末和阿拉伯樹膠，按壓粉末混合物進入金屬模具中，直到那裡有足量的材料。放下把手，讓鋼模在壓力之下壓縮粉末。按壓足踏來從鋼模中脫模，放在一邊晾乾。這是一個非常有效率的方式來快速製作很多同樣規格的瓷片。

用泥板做瓷片

如果你想要製作一系列的不同形狀來彼此適合，從一塊大的泥板上手工切割是一個非常有效率的方法。滾出一個薄的泥板，厚度大約為1/2英吋（1厘米）。用卡紙模板切割出想要的形狀。用海綿清理乾淨邊緣，讓它們晾乾。

印坯做一個瓷片

這項技術使用小的泥球而不是泥板。你可以通過按壓不同顏色的泥巴進入同一個模具來變換效果。

1 拿一小塊泥球，約為大拇指大小，用力地按壓入模具。

2 簡單地重複此動作，確保按壓小球進入模具，彼此連接。

3 當模具填滿按壓物質，使用一把金屬刮擦器清理乾淨邊緣和瓷片的背面，使有一個好的邊緣。

4 當瓷片脫模，它具有明顯的、有輕微的紋理的表面，來自使用小球按壓。

擠壓泥條是一種非常直接的成形泥巴的方法。它包括壓迫軟的泥巴通過一個成形了的金屬模具，反過來它會創造泥巴的交叉部分。

擠壓泥條

金屬模具被使用和形卡滑切技術工具同樣的方式製作出來（見130頁），儘管形狀是在盤子中完全合攏。來開始這個程序，盤子必須被鑽孔鑽透，鋸子的刃被放入在這個孔的裡面。從這個點，金屬模具能夠被小心地切割出來，然後用銼刀挫，手工做效果。

把盤子合緊在擠出器上，按壓一個足量的泥巴球進入頂部。穩固地推進把手，壓迫泥巴穿過金屬模具。一個長條的泥巴材料會被迫擠壓出來，同時交叉部分適合於盤子中的孔。這個方法對於擠出把手是理想的。來擠出一個中空的部件是可能的。這通過製作一個金屬模

中空擠壓

技術名詞介紹 **80**

擠泥條機使用簡單，但是可以幫助來創造看起來高度複雜的形式。這會由設計和切割模板輪廓決定。

鋼模盤
金屬模型盤通常製自一個厚的、容易切割的塑料。也可以製自防水的MDF。通過把交叉部分的更小的盤子用一個金屬條控制在形狀中，製作中空的形式。孔能夠被鑽出來，來生產實心的泥條，可用於把手、圈環和其它附加物。

1 來製作一個中空的形式，中間的盤子使用一個金屬塊和一個翼形螺栓控制在位置上。當泥巴通過金屬塊，它接合回來連在一起。盤子需要至少1/2英吋（1厘米）厚，使得當泥巴通過時來接合。

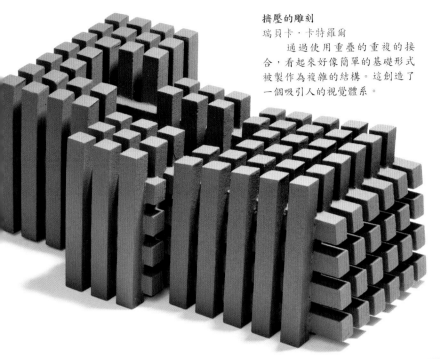

擠壓的雕刻

瑞貝卡・卡特羅爾

通過使用重疊的重複的接合，看起來好像簡單的基礎形式被製作為複雜的結構。這創造了一個吸引人的視覺體系。

具，用一個長條在兩邊把它維繫在中間來得到。當泥巴被強力迫使通過金屬模具，在它通過那個模塊之後重新接合。這個方法對於為拉坯器物擠出壺嘴是理想的。

這些中空的擠出物的設計可以製作出你想要的複雜程度。來製造功能性的形式，擠壓的部件簡單地需要被附加到一個底部上。這是一項可用於快速生產重複的形式的技術。由於製作速度快，它們在對雕刻性形式的探索中也是非常有用的。在泥條擠出器中需要使用很軟的泥巴，如果馬上來進行處理，擠出的形狀會容易變形，因此在使用之前把它們留著變硬一段時間。

處理擠出物

在切割或使用之前，擠出物最好是留下變硬，除非你將要開始試驗雕塑性的操作。

2 金屬模具盤子被放置在擠出盒下方，在一個中空和金屬方形部件之間，它被螺絲擰在主要的擠出盒裡，來被控制在位置上。這必須是緊密的，否則泥巴會從側面噴射出來。

3 泥巴需要好好準備，要軟的，無氣袋。硬的泥巴不會接合回去在一起。如果有氣袋，它們會顯現為擠出的泥壁中的孔。泥巴成形後，被推入盒子，活塞抬起，放置在其上方。

4 槓桿臂要求很多壓力來向下推，並通過盒子和金屬模具來擠出泥巴。當你把泥條從機器上切割下來時，需要準備好一個乾淨的板來放置它們。

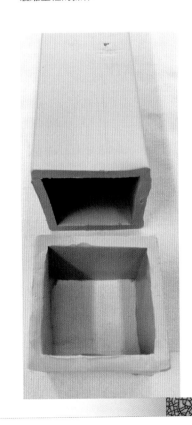

電腦輔助設計和生產給整個發展過程帶來了革命，不僅是製作速度方面，也在生產能力方面，這在先前手工製作看來是不可能的。

電腦輔助設計、製模和生產CAD/CAM

以前在製作物體中你需要遵循重力的規律，它們現在能夠和它們的支撐材料同時建造了。從在電腦屏幕上的一個三維的計劃圖在數個小時內打印一個完成的泥巴形式的物體是可能的。

整個程序的令人興奮的潛能一定是被一些現實主義調和了。軟件有時是有限的，其中，你可能不得不花費好多時間來弄清楚如何讓軟件來把一些東西製作為原型，這些東西是你願意手工製作的。它也可能缺乏用雙手工作時的生動的效果；有一個趨向來決定有些事是正確的，要快速地把它原型製作出來，而沒有檢驗其特性，或以一種更為初步的方式製作輪廓。因此，在下決心進行原型製作之前，全面地探索在屏幕上做的設計是非常重要的。

添加法生產的蓋碗
邁克爾·伊頓

通過探索添加法生產的潛力，邁克爾·伊頓能夠挑戰陶瓷的重量、體積和特性的觀念。他的《非維奇伍德》創造了使用技術來分解歷史的先例。

添加和減去的生產方法

電腦輔助設計生產過程被分為兩個一般的領域──添加法和減去法。

添加的生產描述一個程序，在其中一個物體通過掃描交叉部分和添加材料層在層上來進行建造，直到得到想要的形式。減去的生產描述一個程序，在其中一個物體被從一個塊磨製而成，或通過在一張材料上去掉不想要的材料；不像添加法，這個不是用交叉部分，而是從表面數據來創造物體的形式。每一個方法有它自己的優點和局限；當做選擇時，你應該考慮成本、材料品質、效果的品質、耐久性以及原型的使用。

添加法程序： 三D打印（3DP）是一個簡單的程式，其中通過一個噴墨打印機來打印一種液體的聯合的材料，來固化一種石膏類型的粉塵材料。當每一層被打印時，打印機的基座會降落，來使得物體來填滿空隙。

立體平版印刷儀器（SLA）是一種程式，在其中液態樹脂被用鐳射光束固化，它在樹脂的表面上來複製物體。一層又一層被建造出來，當基座降落，來讓更多體積的樹脂來填充空缺。

選擇性的鐳射光燒結（SLS）使用一種高能量的鐳射來把材料中的小的微粒熔化在一起，來創造一個部分或物體。交叉部分被掃描為層，材料在一定順序的層中熔化來創造形式。

減去法程序： 電腦數字控制（CNC）模型製作是一個數字座標系統，它限定了一張或一塊材料的切割或磨製。這個機器使用一系列鑽頭和一個複雜的電腦系統，來繪製工具來磨製的通道。

層壓製件的物體生產（LOM）描述的程序為，切割和鍛壓加熱結合的薄片使之成為造型。

鐳射切割使用一束鐳射來切割穿透物質，創造一個具有高度的細節的物體和非常精確的邊緣和效果。

高壓水槍切割使用一個非常精準的高壓水槍噴頭，水中混合一種精細的研磨料物質。當物質對在其它切割過程中產生的熱非常敏感的時候，這種方法是特別有用的。

快速原型製作台

快速原型製作設備是非常昂貴的，但製作台提供在一定範圍的開支的原型製作服務。文件被輸出為一種通用的格式（如STL或DXL），它可以通過電子郵件發給製作台來進行原型製作。有一系列的原型製作程序和材料，影響到其品質和成本。重要的是，你可以在你的原型上，全面研究表面的品質和效果。這是一個普遍的規律，表面品質越精細，生產這個原型的成本越高，花費的時間也越長。

程序

這個軟體要求來產生三D的設計，對國內的大部分計算機都是廣泛可得的。這些程序在一個視覺的空間中創造三D物體，使用一種基礎的x-y-z座標軸來輔助定位和理解。這個程序被分解為一系列的工具：初始工具使用標準的形狀作為建築的塊；表面工具能夠產生複雜的復合的表面；線條和曲線創造可被擠出或車床加工的更為複雜的輪廓。透視工具使得能夠創造現實的圖景，有光線和陰影。下列流行的3D軟件程序是可兼容快速原型生產技術的。程序的一些透視元素使用很多記憶來產生圖片，所以，內存是相當重要的。在你購買它之前，查看軟件對系統的要求，來確保它與你的電腦兼容。

Rhino（犀牛）

Rhino是一個使用廣泛的NURBS（非均勻有理B樣條）原型製作程序。這意味著它非常擅長創造複雜的曲線和表面。Rhino界面容易，有範圍豐富的工具，而且也不昂貴。

Auto Cad

自動CAD是一個高水平的畫圖和製作原型的套裝軟體。它有一個延展的和固有的範圍的工具，來適合豐富的原型製作的需要。

Deskartes（桌面藝術）

Deskartes是一個不同尋常的軟件套裝，它特別適合餐具產業的使用；它以一種方式工作，其結果跟具體的陶瓷生產相聯繫。它具有非常強大的透視能力。

Cobalt（鈷）

Cobalt是一個原型製作的參數的軟件，有非常簡單的界面和可用性，以它的固有的內置的幫助工具來輔助。

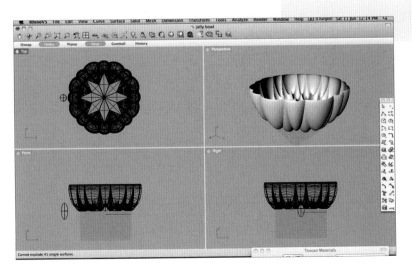

使用Rhino

hino的四視圖的能力是非常有效的，它使得埃米莉-克萊爾的王冠在發展形式時，考慮所有的物體。在透視之間翻轉的能力支持對形式、它的比例、尺度和剖面的更多的認識。

雜交的生產

　　羅德里克‧班福德的作品受音樂啟發，並透過技術轉變為現實。他能夠把音樂的節奏數據捕捉到陶瓷形式中。發展的程序是有趣的；它依賴於技術來開始，作為一個電腦程序被用來創造表面，然後使用3D打印機把數據傳輸到一個物質的原型上。接下來，原型被泥漿注漿，並以傳統方式燒製。碗的形式是受聲波的啟發，在一個示波器上面生產出來的。

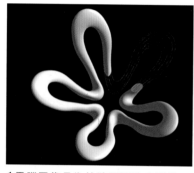

1 電腦圖像是為快速原型生產準備的，被輸出為一個STL文件，然後在一個DimensionsSST三D打印機上打印。從機器上拿掉原型，清理掉支撐材料。

2 作為結果的原型是ABS塑料，它具有非常精確的幾何形尺寸和表面效果，需要很少的手工完成。這個原型是後來塗色的，來得到一個超光滑的表面，適合於注漿。

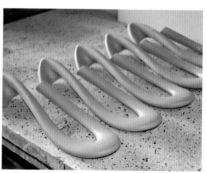

3 完成了的原型然後被使用石膏模具複製，來創造若干個工作模。這些工作模被重新上色。

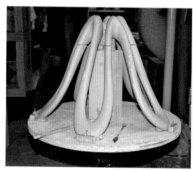

4 最終的碗的造型是一種嚴格的幾何形組合起來的石膏模型。石膏原型在此過程中被支撐，來保證完美的接合。留下的線條被填充進去並完成，直至光滑。

5 組合起來的原型被注漿，來創造一個三片式泥漿注漿模具。

6 這個精緻的泥漿注漿形式通過一個泡沫橡膠籃支撐，使得形式來乾燥，不倒塌。

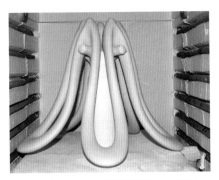

7一個耐火的支架是泥漿注漿的，在燒製中來支撐素坯。支架是和碗的形式同時被注漿。

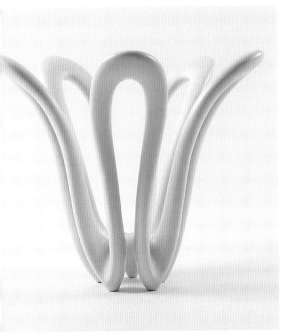

8這個變形最初透過試錯法進行計算，把耐火支架裝置增高為特殊的量，這樣燒製的物體以正確的量收縮，來得到想要的曲度。透過這種方式，支架可以重新使用，避免浪費。對形式的高溫素燒允許物體接下來進行上釉燒製，正面向上，所以釉的標記不可看到。

技術名詞介紹 82

選擇性的鐳射燒結

邁克爾·伊頓的雕刻形式《山羊之角》，是使用添加法程序產生的。

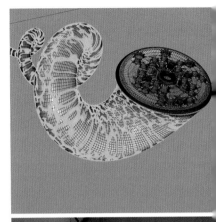

1邁克爾使用Rhino3軟件來產生設計的表面，然後把它們輸出一種格式，發送到打印台。信息然後被輸入3D打印機，機器使用一種尼龍材料生產圖像，分層建造起物體的每一個部分直至完成。

2物體在SLS機器上建造，然後被放置在一個去粉塵的單元，在那裡去除多餘的粉塵。

3物體被輕柔地去塵，直到所有的表面都很乾淨。接下來，物體被包裹上一層礦物質顏料來得到它的綢緞似的表面光彩。一層"軟衣"給物體表面加上了仿麂皮的觸覺感受。

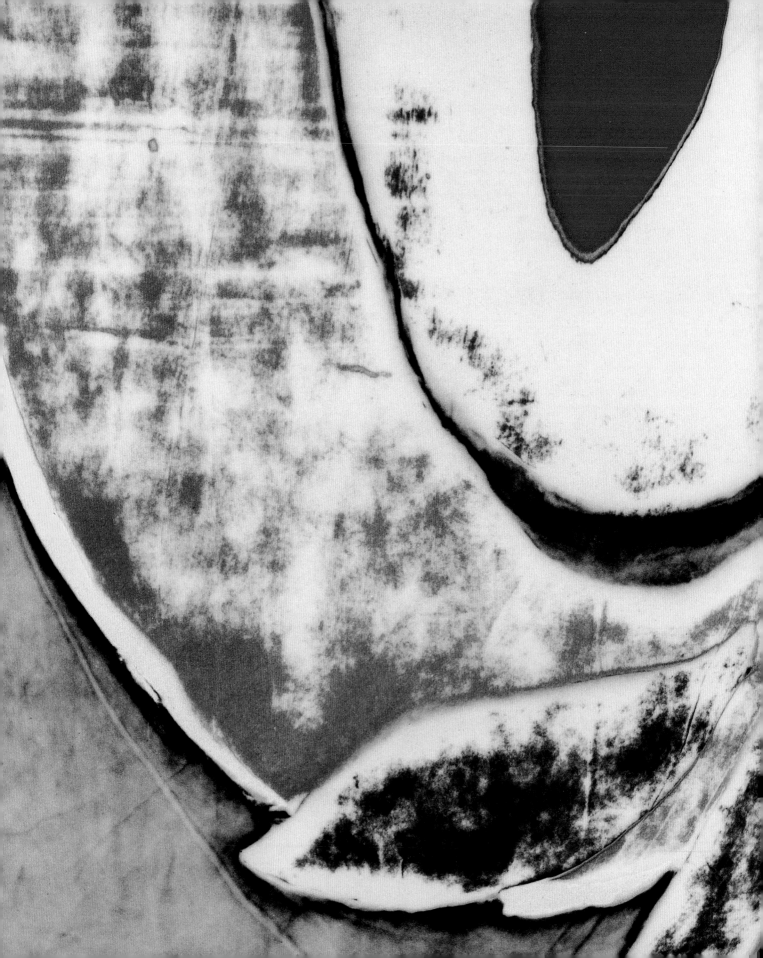

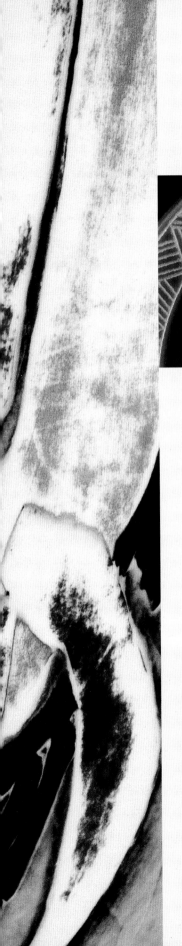

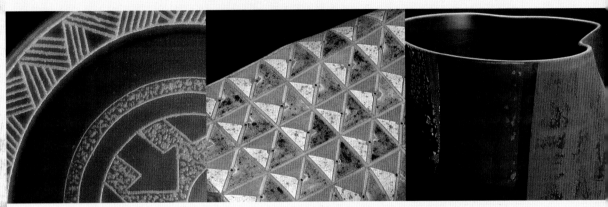

第三部分

燒前表面
裝飾

著色的碗

蘇珊·奈米斯

　　這張細節圖顯示了泥巴被氧化物和坯料著色劑染色，來創造一種範圍廣泛的色彩。薄的瓷片被層壓在一起，然後刮擦、磨砂，來創造這種變化的表面色彩和花紋。

製作者由左至右：

希迪·厄爾·尼勾密，雷吉娜·海因茨，
托尼·萊夫里克

泥漿是一種簡單的液態泥巴，是泥巴和很多水混合。最簡單的裝飾泥漿使用和主體同樣的泥巴坯料。它可以和金屬氧化物混合，或和商業生產的著色劑混合來生產著色泥漿。它可以使用來提供上釉的內塗層，或者為未上釉的器物創造一個亞光的表面。

化妝土裝飾：材料和混合

化妝土裝飾是一個理想的機會來開始實施顏色到你的作品上，以廣泛的豐富的技術使用，來創造簡單的、單色的塊狀色彩或高度表現性的裝飾表面。它的使用是任選的，但對於顏色、筆畫和表面紋理的試驗會極大地增加你的選擇，當它進入施釉，會幫助你來創造高度個人化的作品。

化妝土使用來創造裝飾性的表面，已經有幾千年了。這項技術最著名的例子是，在公元前7到5世紀，古希臘製作的古典的紅繪和黑繪花瓶。在全世界的其它文化中，也有追溯到這

個時期的例子。在公元二世紀，前哥倫比亞的馬雅文化生產了使用化妝土的作品，創造了一些表現極好的設計。早期不列顛的當地傳統的化妝土器物的優秀例子包括了托馬斯·托夫特的作品（1680年）。今天，格瑞森·佩里在他的壺的表面使用化妝土，使用變化豐富的技術，來給他的繪畫增加深度和豐富性。

混合和變化

化妝土能夠被簡單地製作，通過用水分解泥巴坯料，把它通過一個80目的篩子來提純

泥釉裝飾壺
托尼·萊夫里克
這件轉輪拉坯形式被雅緻的處理柔化了。黑色的裂紋線條給人一種把形式縫合在一起的印象。

技術名詞介紹 83

製作帶色化妝土

混合和塗上你自己的泥巴是一個簡單的程序；使用一種泥巴作為基礎，加上不同的商業性生產的著色劑和金屬氧化物，意味著泥巴會在乾燥和燒製中兼容。

1 最開始，乾燥和壓碎你最喜歡的白色陶土或瓷器陶土坏料，或稱重乾的泥漿成分或泥巴坏料配方。最好是以乾料稱重為開始，這樣，顏色被充分地混合分布在成分中。

2 稱出泥巴粉末或成分，這樣你能夠弄清楚要加入多少坏料著色劑。依據顏色，把10-15%著色劑加入粉末，通常會給你最大強度的顏色。這會使得後來校正比例、來得到你想要的色彩強度更容易。

3 稱出坏料著色劑或氧化物的相關數量。根據你一次混合的顏色的多少，把粉末放在一張紙上會更容易些，然後你可以把它用漏斗倒入混合的碗裡，而不必分別來清洗和晾乾容器。

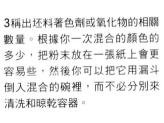

4 把一些粉末放入研鉢，用杵槌和水來充分摻和和混合。如果不這樣做，那麼當使用時一定的著色劑和氧化物會產生斑點。

5 加入更多的水，混合為像優酪乳的稠度。在一個更大的碗中混合剩餘的粉末。

6 準備兩個木棍來放在碗的邊沿上。把一面60-80目的篩子放在木棍的上面。推動混合物穿過篩子。根據你在使用的泥巴坏料的不同，也可使用更高數目的篩子。如果混合物非常稀薄，把它留過夜，在將要進行下一步之前倒出頂部表面的水。

為化妝土應用辨別泥巴

這兩片瓷片演示了什麼時候來應用化妝土，甚麼時候不能。它們由同樣的泥巴製成。左邊的瓷片是陰乾的。它還包含有水分，所以顏色更深。右邊的瓷片太乾而不能應用化妝，因為水分都已經蒸發了。

製作一種著色的泥巴坯料

製作你自己的泥巴坯料提供了範圍廣泛的變化的顏色，而同時，能夠從供貨商那裡買到的上了色的泥巴的範圍卻小的多。所有的都要求來評價它們在不同溫度燒製時的色彩。

1 在一個石膏板子上倒出並延伸混合物，使用盡量多的表面區域。這會加速乾燥過程。注意，這麼小量的泥巴在五分鐘之內會開始變乾，所以要注意確保它不會乾的太過。

2 使用一隻橢圓形刮片來刮擦並舉起泥巴離開石膏板子，揉泥（見31頁），直到稠度正確，適合使用。如果你將要把它包裹並儲存更長的時間，把它保留更濕。

3 深色可能會把板子染色。顯然，你可以用板子的兩個面，一面只用於淺色，這樣它不會被弄髒。

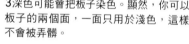

玻璃質/釉底料化妝土
這些化妝土顏色是和商業性的坯料著色劑一起製作的。這些和普通的化妝土不同，它們既可用於陰乾的泥巴，也可用於素燒了的器物上。化妝土也可以製作為著色了的泥巴坯料，來用作固有色泥巴鑲嵌物、瑪瑙紋飾陶器。

混合物。如果你在使用白色陶土坯料來製作物體，例如，你可以把它作為一個基礎配方使用，——通過這種方式，你知道，泥巴和化妝土會具有相同的收縮率。當創造化妝土配方時，重要的是要得到對於泥巴坯料的正確的適合。來創造好的結合，化妝土和泥巴必須以同樣的比率收縮。在不同的化妝土和泥巴之間的收縮率可以有極大的不同。不兼容的化妝土在乾燥時會剝落。當化妝土比泥巴坯料收縮的多的時候，表面會發生開裂。當下面的泥巴坯料比化妝土收縮的多的時候，釉面會發生脫落。

如果你在不同的溫度使用不同的泥巴，那麼你可以製作一種更通用的化妝土。球土泥巴是理想的，因為它是高度可塑的，色調清淺，會黏附在大部分泥巴坯料上。球土泥巴是大部分泥漿配方的基礎。它們可以單獨使用，或和瓷土（高嶺土）添加物和一小點玻璃料一起。（使用數量會由你選擇的泥巴和你使用的燒製溫度決定。）製作者都會發展他們試驗和測試過的、他們喜歡的化妝土基礎配方。

玻璃質化妝土

化妝土也可以和一系列的釉料成分一起製作。這些和通用化妝土被不同地分類和命名。（這些化妝土所知為"玻璃質化妝土"，有人稱之為"釉底料"，有時拼寫為"包底料"；其他人把所有的化妝土稱為"釉底料"。）它們包含流體來幫助把液態化妝土黏附在泥巴坯料的表面。當留下不上釉的時候，它們也產生和普通化妝土不同的表面效果。當以超過華氏2100度（攝氏1150度）燒製時，它們會有一種令人愉快的光澤。正如所有的化妝土，這些可以用在新鮮的濕泥巴上面，但和其它化妝土不同的是，它們也用在乾透了的和素燒了的泥巴上面。這明顯地使得玻璃質化妝土成為一種多面向的媒介，在第一次燒製之前使用在製作和裝飾中。

著色的化妝土

滑動牽引板
迪倫・鮑文
　　鬆散而完美的投擲動作與具有流動感的彩色的光滑表面形成對比，其節奏和美渾然一體，非常流暢。

即興創作的泥釉彩飾
　　楊炯歐和狄倫・鮑恩在討論他們最近的泥釉裝飾作品。他們使用一個塑料袋作為即興創作的化妝土擠線器，裝飾這個拉坯的形式。它是在腳踢式轉輪上用了兩天多的時間創作出來的，並且在英國威爾士阿伯雷斯威斯2011年國際陶瓷節上，演示了一系列成形階段的部分。

　　製作著色化妝土，你可以往基礎的配方中加上金屬氧化物或商業性的製備好的著色劑或兩者的聯合。理想的是，總是以乾的重量混合這些材料。如果使用一種泥巴坯料來製作你的化妝土，稱重之前首先乾燥並壓碎它。這會意味著，你沒有由於過分補償而浪費著色劑，你的結果會是一致的。

　　氧化物和坯料/釉料著色劑是高度濃縮和效果顯著的，所以首先需測試來找出所要求的顏色的強度。大部分商業性的著色劑會燒製到華氏2280度（攝氏1250度），有些更高，有些更低。製造商的目錄總是會解釋個別的燒製溫度和要求的質量飽和度。

配方

白色化妝土		白色化妝土基礎		玻璃質化妝土		黑色化妝土	
球土泥巴	50%	球土泥巴	50%	煅燒了的球土泥巴	35%	紅色陶土粉末	70%
瓷土	50%	瓷土	20%	煅燒了的瓷土	25%	氧化鈷	15%
		碳酸鉀長石	20%	康瓦爾瓷石	20%	二氧化錳	15%
		燧石	10%	燧石	20%		

加上的顏色

藍色		綠色	
氧化鈷	4%	鉻	2%
氧化銅	2%	銅	3%

向化妝土配方加入以下百分比的著色劑來得到一系列的色調：

	淺色	中等	深色
氧化物	0.2-2.5%	2.5-5%	5-10%
著色劑	2-5%	5-10%	10-15%

應用著色化妝土
　　化妝土被理想地用於半乾的泥巴，來得到最好的覆蓋率。當它們和水一起稀釋後，可作為稀漿使用。完全覆蓋需要施用兩到三層塗層。不管是為釉料反應創造一個底層，還是創造亞光層或未上釉的表面，它們都易於使用。

通過施用化妝土，你可以改變泥巴的表面顏色。如果你喜歡在一種泥巴層上使用另一種，這是有好處的。例如赤陶土，能夠透過給它塗上一層瓷土化妝土使之具有瓷器的外觀。

化妝土應用

在素坯階段（在第一次燒製之前）應用化妝土，可以使做出上釉的決定更容易，因為你會是對著已經有顏色、標記或顯著的紋理的表面做出反應。對新手來說，這會提供非常有用的視覺的便利和最初的靈感來"對其"做出反應。面對最近從窯中卸出的大量的素燒器物，看上去可以是一個創造的機會，或者是非常使人畏懼的，這取決於你的觀點：一個裝飾者的夢想或者一個新手的噩夢。

所有的化妝土提供了一個非常便宜的方式來給陶瓷加上色彩和裝飾。一旦應用，不管是亞光還是閃亮的透明釉，這些都被要求來完成作品。當在考慮你的作品最終上釉後的顏色，原始的不同顏色化妝的應用能夠提供極多的

選擇。化妝土作用為一個可見的底層，並會增加一個單獨的半透明的或透明的顏色釉的色彩範圍。如果釉色是非常不透明的，裝載了氧化物，化妝土對顏色會有較少影響，但可能仍然影響表面效果。如果想要亮色，總是使用一種白色的坯料，來使得作品或塗層具有白色化妝土作為背景或底層。

使用化妝土的益處

化妝土易於應用和控制，比釉料容易很多。當你應用正確稠度的化妝土到一個泥巴表面，它不會跑動、移動或混合，除非你想要這樣。在燒製中，它也不移動，只是和表面熔化一起。裝飾將會準確保留為你第一次把它裝窯時的樣子。一旦素坯被燒製並從窯中取出，在處理或上釉過程中化妝土不會掉落。素燒後，它的色彩顯現更輕。（如果留為未上釉，隨著溫度增加，顏色會變深。）泥漿會使你能夠來實施一個準確的圖案或重疊的顏色，不像釉料，後者會融化和混合在一起。一層厚的化妝土塗層會"抵消"下方的顏色。你可以自由地使用化妝土，像畫畫一樣，或用不同的應用方法試驗，並創造可見的複雜的表面。化妝土的缺點在濕的時候能夠很容易被擦去，或在乾的時候被刮擦掉。

一些製作者更喜歡在製作階段使用化妝土來全面完成他們的作品。在裝飾階段，他們會更願意對作品起反應，延伸和發展作品。使用釉料能夠感覺有些像是覆蓋材料，意圖使用某種物質把製作的效果隱藏起來。

常常聽到的正當理由為，一旦泥巴乾透和

切割的泥漿裝飾
西蒙·卡洛爾
這件高溫燒製的紅色陶土泥巴形式以其富有能量的筆畫和倒漿泥漿裝飾為特色，創造了一個大的亞光未上釉的表面，豐富了切割的紋理。

分層的化妝土裝飾
丹尼爾‧賴特
　　滑移被用來創建彩色橫條紋
不同的透明度。

燒製，很難再把它的生命力還回來。對這些製作者來說，使用他們選擇的材料來製作能夠使他們感覺最富有創造力。

何時應用

　　你在哪個階段應用化妝土是最重要的考慮，儘管下列規律不適合玻璃質化妝土。理想的泥巴應該是半乾的硬度——足夠硬來允許簡單的處理，而不失去形狀。表面的稠度應該類似於半乾，或堅固的奶酪，在那裡你能夠印製，看到指印。如果你很瞭解泥巴，那麼也可以從它的顏色知道它是否準備好。

　　當應用化妝土時，記著，泥巴會吸收很多水分回到坯料中。這會導致問題；稠度不正確、還是太軟的碗，能夠在幾分鐘內成為盤子！如果形式太乾，這也會導致問題。同樣的道理，你不能往乾的泥巴加上新鮮的濕泥巴；當乾燥時，這兩個會收縮分開，不在一起。當形式太乾時應用泥漿，在第一次燒製階段之前或之後，你常常看不到跟適合有關的問題。只

分層的化妝土裝飾

　　化妝土被用來創造在這個花瓶上的色彩的水平帶透明度變化。

　　有在一旦釉料被應用並燒製，作品完成，釉料會從表面隨著泥漿層一起剝落。在燒製和冷卻中，釉料引起在表面上的張力和收縮。

應用多少

　　你應用的化妝土的量對作品的成功是關鍵的。這總是根據知道和認識到的化妝土的濃度和泥巴的稠度衡量。對新手來說問題是常常看不到正在應用的化妝土的濃度，直到最終燒製發生，作品完成。無意圖的筆畫和泥巴顏色的背景常常顯現可見，直到你得到對此的某種程度的理解。單獨的一層化妝土被塗上去，會是非常稀薄的，燒製後它是半透明的。如果你要求一種單色塊的完全覆蓋，那麼應該至少應用三個塗層，在應用下一個塗層之前，讓這一個塗層晾乾。

　　這就是為什麼在應用化妝土之前，泥巴得到正確的半乾的稠度是重要的。然後你不需要等太久來應用幾個塗層，因為泥巴表面會在幾秒內吸收液體。當應用化妝土時，泥巴越濕，覆蓋層會越薄，因為泥巴不能快速地吸收液體。在各個塗層之間，也會花費更長時間來晾乾。如果在看到了這些結果之後，你想要它更薄，很簡單，加更多的水。如果想要更厚些，並且對於某些應用來說這是更受歡迎的，你可以把它倒出在一個石膏板上來吸收一些水。使用一把橢圓形刮片把它在表面擴展開來；你會看到它乾得非常快，但你會能夠控制要求的準確的稠度。在化妝土變成泥巴坯料之前把它去掉。另一種辦法是，來加少量的絮凝劑如氯化鈣，來增加黏度。反絮凝劑（稀釋劑，解凝劑）如迪斯帕克斯（一種英國製造的泥漿解凝劑的名稱）會使得化妝土更稀薄。

小心應用

　　當圍繞接合來施用化妝土時要小心，還有

畫筆圖刷

模版印刷

鑲嵌、嵌入

塗乳膠法

羽化

泥漿擠線

塗蠟法

海棉塗抹

塗刷技法

通過使用不同的化妝土和筆畫的濃度，探索能夠得到的不同的表現。

技術名詞介紹 **85**

如果你要求單色的、平直的覆蓋層，應用兩個到四個化妝土塗層，使用一把寬刷子。通過在不同方向的塗刷，泥漿不會建造在一個不均勻的表面上，應該保持平直。在每一個塗層之間，讓化妝土摸起來是乾的。

通過使用一把硬的刷子，你會能夠製作不同標記。泥巴坯料的顏色會透過化妝土顯現出來，一旦上釉，這會被進一步強調。

使用不同的刷子會變化製作痕跡的效果。不同的化妝土濃度會有助於使表面顯得更豐富和更有趣味，而且，如果使用薄的刷子，它們會讓背景透過化妝土顯現出來。

在一個有紋理的表面上面輕刷，會強調紋理的效果。不要讓刷子含有太多化妝土，因為它會開始來填滿紋理。在塗刷之前，把刷子在桶的邊緣抹一抹，來去掉一些化妝土。

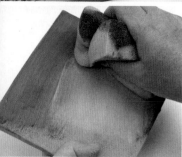

如果在使用化妝土中犯了錯誤，使用海綿擦去來重新開始是很容易的。使用海綿塗抹對創造一個背景來反映更多刷子塗刷也是有用的。

在任何有附加件的地方，特別是在泥板建造和雕刻中。在短時間內，當水分被吸收時，它會把這些接合處變弱。如果需要的話，可以加入臨時的支持。一旦化妝土被應用，讓作品緩慢晾乾。這會給它時間讓它緩慢擴張和收縮。在包裹之前，需要讓表面晾乾，否則塑料會破壞化妝土的表面。如果你急著把它包裹起來，你可以在形式上面建一個帳篷。

小心，不要在作品底部留下一定的化妝土。那些具有高度氧化物內容和玻璃質的化妝土在炻器的溫度可能會黏結。在上釉之前想好，如果你想要從形式的外部來辨別準確的內部，或任何特別的特徵，使用化妝土是更容易來做的。

應用化妝土的技術

使用化妝土來得到特殊的效果有很多應用技術，但本質上，它只是關於你如何把液體施用在一個表面上。你會需要檢查化妝土的稠度是否對要使用的技術合適。許多這些應用方法也會應用在上釉中，但產生效果不同。不管採用哪種應用技術，你不必擅長繪畫，就可以使用化妝土來得到有趣的、表現的、令人興奮的結果。

塗刷

首先要做正確的事是，當塗刷時，為追求要求的結果，化妝土是由刷子的質量體現的。使用一把小而硬的刷子在一個大的面積上面，是不會得到一個光滑的、平直的、均勻的表面的。但是使用一把小而硬的刷子會給你一個非常特別的效果，它可能正是你想要追求的。

當你看一幅畫，它可能不是圖像、故事或存在的主題事物，而是繪畫表現的效果。如那些在表面上的點或流動的記號；它們如何消減和重新組合；或染了色的透明釉的重疊層來加深表面效果。這些細節使得眼睛和心思對比匆忙的七秒鐘更多的東西感興趣。這對化妝土應用也是完全一樣的。

　　化妝土是一種沈重的物質，一般你會選擇能包含很多液體的刷子。通過檢驗刷子的豐富的不同效果，你會積累在痕跡製作的潛能方面的知識，為下一片新鮮的泥巴做好準備。寬刷子特別設計為來覆蓋大的面積。這些貨物為一系列的寬度，通常為木質，帶有白毛。它們會包含很多液體，讓你來製作大的、寬的掃劃，而不必在一個筆畫中途補充泥漿。如果你是在覆蓋大的面積，你最好是在不同方向上移動，應用化妝土。這也會幫助預防筆畫標記出現。

　　液態的化妝土必須不要太稠，因為當太稠時塗刷，它不會流動。但也不用太稀薄，否則在應用它時，它會跑掉；在此事例中，一道筆畫不能覆蓋泥巴表面，當它乾燥後，塗層會變得半透明。當要求完全覆蓋時，化妝土應該能夠覆蓋手指而不滴落。根據稠度、顏色和配方的不同，你會需要兩個到四個塗層來創造一個不透明的顏色。如果泥巴稠度正確，它會在一分鐘之內吸收水分。更多塗層會開始來吸收泥巴的水分，所以，來接受更多塗層會逐漸花費更長時間。

　　一些製作者會追求這種半透明的效果，通過塗刷塗層來透出泥巴的顏色或加深化妝土，使之在頂部塗層的下方可見，來創造一種表面的更大深度。如果你在重疊塗刷不同顏色，效果可能有點像大理石，能夠"看透"物質。那些使用赤陶土的製作者常常利用這一點。

　　使用一把大號的、平直的寬刷子在化妝土上塗刷，也會效果很好地強調表面紋理。通過在刷子上使用少量化妝土，你能夠得到這種效果。在表面輕輕地塗刷，當在往不同方向移動橫掃時，保持角度平直。化妝土會捕捉到表面的高的區域，並創造紋理。你塗刷的越多，表面的深度會變得越大。這種塗刷方式允許在你眼前來控制表面的創造。不

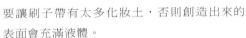

要讓刷子帶有太多化妝土，否則創造出來的表面會充滿液體。

　　當你在實行更多效果的標記製作，你會得益於首先"暖身"。這類工作的困難常常在於，不管你已經在紙上做了多少準備的繪畫工作，試著在一個立體的物體上來得到同樣的節奏、流暢和即興創作是困難的。你可以在一個已上過釉的物體上練習，這能夠容易擦除，得到滿意的結果。當以這種方式來繪畫，觀看負面空間總是有用的。這類作品的成功的流動性和效果，與放鬆的狀態和你的腕部的動作是有很大關係的。

條紋

　　如果要做水平的條紋、條帶，或非常均勻平直的化妝土塗層，使用一個可轉動的或特殊的可調整的自由支架轉輪。選擇最合適的刷子，也會幫助你來得到條紋的效果。可轉動轉輪可得到有不同的重量；那些僅由金屬製成的更重些，產生一種更平滑的動作。拉坯轉輪也常常用於此類工作。更輕的轉輪使用一隻手來轉動，同時另一隻手使用刷子來施用化妝土。更重的轉輪能夠被旋轉，而且，當衝力穩定時，可以使用雙手來施用化妝土，當轉輪放慢下來時來握穩刷子。這種方式

有繪畫和條紋的花瓶
埃爾克・薩達

　　這些形式顯示了畫家的痕跡製作的不同的潛能，可通過使用不同濃度的泥漿或釉下彩來得到。尖銳的畫出的線條與精緻的形式接合的縫相呼應，後者切割和劃分表面。

在轉輪上做條紋

技術名詞介紹 86

通過使用一個重的手動轉輪，或拉坯轉輪，化妝土的條紋變得更容易控制。使刷子蘸漿來避免在圓周的半途用完化妝土。

1 如果你在使用一個做條紋裝飾的轉輪，確保把物體放在準確的轉輪的中心。你可以在表面使用圓周記號來幫助找到。或者使用你的手來轉動轉輪或者讓轉輪旋轉，讓衝力來轉動它，這樣你能夠使用雙手來保持穩固地持握刷子。

2 使用質量較重的可轉動轉輪。當你僅僅應用輕微力量的時候，輕的可轉動轉輪會停止轉動。當發展圖案時，你可能需要來放低形式。總是把形式放在正確的高度。時常使用另一隻手支撐你的肘部或手腕，這會停止不規則的抖動。同樣，你也可以一直把你的肘部卡入身體的側面。

對在合適的製作階段應用氧化物、釉料、釉彩和光澤釉也是有用的。

澆漿

通過倒出來應用化妝土的原則是製作正確的泥巴稠度。如果你把它弄錯，泥巴太軟，形式會開始來回收自己，當泥巴從化妝土中吸收水分，又變得非常軟。如果你把它弄對，這項技術會給你一個漂亮的、均勻平直的表面。

開始時確保泥巴是半乾的硬度，這會給你最好的成功的機會。你可能需要來調整化妝土的稠度。為了全部的泥巴被覆蓋，理想的化妝土會從蘸入它的指尖滴落。如果你感覺在混合物中有團塊，化妝土應該被過濾。（對於放在一個無蓋的桶旁來晾乾的化妝土來說，這經常發生，會剝落進入混合物。）如果留下，這些團塊會顯現在倒出的表面，等晾乾會需要被修掉。

處理形式，使自己熟悉它。決定你將要怎樣來控制、倒出和在結束時把它安放在一個表面上。否則你可能在倒出中到達半途，才認識到你必須要接觸它或敲擊側面才能把它放下，或敗壞表面，因為形式的角度與其坐落的表面是相聯繫的。

當你在倒出化妝土到形式的內部時，進行排練應該會幫助特殊部分。你會需要來判斷要覆蓋整個內部的單獨一次的倒出量。嘗試來塗刷錯過的部分，幾乎抵消了這種方法的優點，並且進入小的、崎嶇的區域是困難的，它常常會要求通過隨後修切來達到水平。確保你能夠快速倒入泥漿並不耽誤倒出。一旦倒出，當形

條紋雅緻的碗
薩拉·穆恩豪斯
在這個碗上，其外部的寬條紋和內部的精細條紋之間有著魔術般的相互作用，吸引人的眼睛追隨其持續的運動。

式還是上下顛倒的，輕輕來回移動它來讓多餘的液體流出。如果把它留著更長時間，太多化妝土會聚集在底部，會使它變弱。如果太厚，它也可能會開裂。

把化妝土澆注在形式上面是更簡單的。確保你能夠控制形式，或者如果它很大，把它架在桶或碗上方的短棒上。這會保持化妝土不聚集在形式的邊沿，化妝土如果留下的話會開始快速地使之變軟。這也意味著，要擦抹邊沿並重新施用化妝土。如果形式高於12英吋（30厘米），把一個可轉動轉輪放入一個容器，把短棒放在轉輪頂部，然後形式在短棒上。當澆注時，這會使得能夠更容易地來回移動形式，而不是在一個區域花費太多時間。

澆注化妝土可以產生流動的圖案。以不同的豐富的顏色、濃度和方向澆注會得到豐富效果，增加一個天然紋樣的深度。

蘸漿

當蘸漿時，由於對水分的吸收，重要的是讓形式處在堅固的、半乾的階段。如果化妝土稠度正確，單獨的一次蘸漿會覆蓋泥巴或下方的泥漿顏色。蘸漿的好處是，你能夠得到一個均勻平直的表面，線條和邊緣會隨著形式的曲面走。乾淨的、硬邊的線條會彼此十字交叉。

確保蘸漿時，感覺舒適，容易持握。對於轉輪拉坯的形式，可以在底部創造一個圈足，當把形式蘸入漿中時，這使你容易抓住和持握。蘸漿是一個簡單的方式來界定底部。

噴釉（噴化妝土）

如果你在使用一把噴槍來施用化妝土，在應用之前，很可能需要把化妝土變得稀薄一些。如果液體太稠，它會結巴，堵塞噴嘴。對於應用方法來說，使用噴槍的主要好處是，你能夠控制應用的塗層的確切的厚度。但是，正如對所有這些技術，它會需要練習來得到好的一致的結果。

澆漿

技術名詞介紹 87

把泥巴準備為適合澆注和蘸漿的正確的陰乾的稠度是關鍵的。如果稠度不正確的話，一個碗會迅速變成一個盤子。

1 澆注用化妝土的稠度可以比塗刷的稀薄一點，因為當澆注時，你想要化妝土在表面遍布流動。確保在罐子中有足夠的化妝土，在一個步驟中覆蓋表面。

2 確保你能夠持握形式，或者如果它是大的，把它架在桶或碗的上方的一個短棒上。然後簡單地把化妝土澆注在形式上。

蘸漿

技術名詞介紹 88

如果正確完成，蘸漿會產生一個光滑的、均勻的化妝土塗層。

1 確保有足夠的化妝土根據你的要求來覆蓋表面區域。應該能夠通過一次蘸漿來得到塗層。把形式在化妝土中停留數秒；退出後你可以輕輕地晃動形式來把不一致處弄均勻。

2 在蘸漿後，建議擦去在燒製中會接觸到窯裡支架的底部或表面。因為化妝土中的氧化物和著色劑會在炻器溫度熔化，黏結。

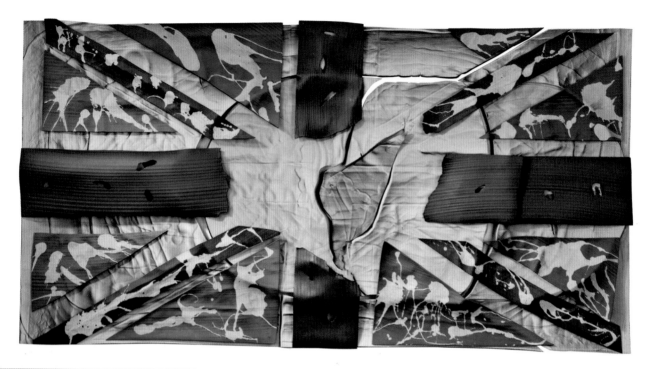

噴釉（噴化妝土）

噴化妝土是一種好的保證在作品上面均勻的覆蓋的方式。

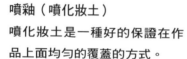

1確保化妝土是稀薄的，這樣它不會堵塞噴嘴。把噴槍持握為一定角度，這樣均勻地噴到所有的表面，並保持形式移動。

2以均勻的掃射上下或從一邊到另一邊移動噴槍。給出時間讓形式來吸收泥漿，小心不要讓表面飽和。如果外表變濕，那麼讓它乾一分鐘。使用噴槍的主要好處是，你能夠控制每一層塗層和混合表面的確切厚度。

3噴化妝土也是一個好的方式來均勻地和快速地覆蓋模版印刷（見187頁）。

化妝土噴釉的牆壁片斷
尼古拉斯·阿羅亞韋-波特拉

這件吸引人的碎片風景是使用切割轉輪拉坯的形式製作的。那些微妙的地理線條被噴上的雕塑用硅質黏土加強。

在一個可轉動轉輪上工作，這樣你不必手拿作品。噴釉時，握住噴槍，距離作品12-18英寸（30-45厘米）。太近，化妝土會流下來，因為沒有足夠的時間來吸收。太遠，化妝土會在空氣中"起泡"，在微粒到達形式之前分離。

把作品和噴槍都緩慢移動。從一邊到另一邊，把噴槍上下移動。不要只從一個角度來噴釉，因為下部懸掛處會被留下沒覆蓋——通常光禿的地方常常是朝向底部的。定期變化噴釉的角度，使得噴槍既在作品上方也在下方，來得到一個均勻的塗層。你可以停止和開始噴槍，而不是試圖用一個連續的動作來覆蓋形式。如果某個區域開始變得太濕，已經飽和，你必須迅速地移動離開，否則化妝土會開始流下來，形成水滴。

當已經圍繞形式一周，在轉輪上做一個記號，這樣你知道已經施用了一個塗層。當你再次環繞一周，做另一個記號，保持記錄已應用

化妝土塗刷的花瓶
約翰·希金斯
　　這件泥板建造的炻器形式為微妙的表面紋理和變化著的大膽的筆畫裝飾創造了一個畫布。

了多少個塗層以及從哪裡開始。噴槍會只應用薄層，所以為了一個堅固的塗層，你會需要來應用三到四個塗層。使用噴釉法，可以得到完美的漸變色和非常微妙的陰影效果。

　　通過在表面紋理上遍布噴釉，來強調其具體的製作特點，能得到有趣的結果。在一個方向噴一種顏色，不同的方向噴其它顏色，會加強這個效果。使用同一種顏色的不同強度，使用不同的氧化物的量來變換，也會產生特殊的效果。

滾子滾塗

　　一個標準的小的塗料滾子，帶有套筒，由不同材料製成，如光滑的或粗糙的海綿，短毛或長毛的綿羊皮，或布，會生產特殊的表面效果。滾子對不均勻的背景使用起來是有趣的，或者在區域的上面滾稀薄的稀劑如水彩。通過以輕的壓力來收集精細的細節，它們也可以被用於強調表面紋理。滾子會創

滾子滾塗

　　不同滾子的套筒能夠產生範圍廣泛的表面，從堅固均勻的覆蓋層到破碎的表面圖案。

1 把所選擇的滾子在一個托盤中蘸上化妝土。滾子常常會吸收太多化妝土，所以在應用到泥巴表面之前在一個表面上檢驗它。

2 你可以通過壓力控制所要求的覆蓋層的量。對於堅固均勻的覆蓋層來說，要穩定地按壓和滾動。對一個破碎的表面輕輕按壓。以不同方向滾動，會開始來建造起來表面紋理。

3 更多應用會抵消先前的層，增加表面的視覺的趣味。通過當摸起來表面是乾的的時候，輕輕地在上面刷過一種對比色，視覺的趣味能夠被更加強調。

造它們自己的紋理，然後這些可以被塗刷其上來創造表面細節。

海綿塗抹

這是一種可以給表面加上非常微妙的添加物的技術。另一種方法是，你可以試驗一種規定了的印刷主題來追求更多的視覺影響。

1 製做海綿塗抹裝飾設計是非常簡單的，使用普通的廚房用海綿。切割海綿為合適的尺寸。在海綿表面上畫出你選擇的設計。

2 小心地把一個刀片按壓入海綿。通過幾個切片動作把設計切割出來。當負面體積被減去，更多改善可以通過使用剪刀來得到。

3 切割出設計的深度，至少是1/2英吋（13毫米），來讓海綿浸泡足夠的化妝土，按壓下去時產生一種清楚的印刷。

4 把海綿放入化妝土中浸泡。在把它印刷在泥巴上之前，在一個單獨的表面檢驗吸收的量。海綿常常會吸收太多化妝土，可能使圖像變形。試錯法對成功是必要的。

海綿塗抹

這是一類簡單的使用海綿來做裝飾的作品。化妝土被使用海綿施用，把化妝土切割為特定的形狀，或通過使用海綿的紋理，來創造一種呈雜色的花紋。這也是可以用作描述釉料施用的術語。

選擇不同品質的海綿，把它們切割，來看是否得到你想要的效果，海綿表面的密度應該是怎樣的。使用剪刀或美術刀來切割出設計。使用切割了的海綿來創造設計的好處是，可以繼續再次使用它們。

當使用海綿而沒有特殊的設計來創造圖案時，通過把一種或多種顏色的薄層重疊在一起，你會能夠得到一些非常微妙的表面效果。當發展圖案時，選擇一系列的不同尺寸和品質的海綿來變換重複。如果你不把自己當做一個偉大的畫家或設計師，只是來為上釉加上更多對比和表面的深度，使用類似的技術是一種簡單的方式，來使得已完成的作品更有趣。

泥漿擠線

"泥漿擠線" 描述這樣的技術，即把泥漿從一個工具中擠出來，這個工具被稱為泥漿擠

泥漿擠線的花瓶
狄倫・博文

　　在平直的器物上的泥漿擠線是一件事，但它完全與在一個立體的形式上是不同的。高度表現性的泥漿擠線被得到，常常是通過在形式流動開始之前開始，結束之後結束，因此它好像是只捕捉到了動作的一個部分。

線器。化妝土被推動經過一系列不同尺寸的可拆缺噴嘴，擠到泥巴的表面上。泥漿擠線器現在主要用橡膠或塑料製成，有一個球狀物（又稱球形氣吹，膠皮氣吹）或容器在末端，它來包含液體。來讓化妝土進入擠線器，先把氣吹中的空氣擠壓出來，繼續把它握住，把末端轉到液體中，讓球狀物放鬆來吸入化妝土。使用均勻的壓力輕輕地擠壓氣吹，會控制把化妝土流出來。這種技術在把它應用在作品上之前，可以在一個桌子或平直的泥板上來練習。不需太長時間就能掌握這項控制流動的技藝。擠出的化妝土能夠容易被回收重做它用。

　　液體應該是中度到稠密的稠度，因為當化妝土擠線時，應該保持它的線條微微高出。太稀薄的話，擠線時化妝土會是平直的，會變形。擠線製作的高的線條也會在乾燥時變低一些，但仍然會有一個表面，在釉下可以感覺到。化妝土的濃度是要經過試驗和控制的，來適合於你的需要。如果你喜歡更高的增高的線條，可以在素燒階段使用一種叫做管狀線的技術。其主要目的是在燒製階段分離釉料，防止它們混合在一起。

　　在所有的痕跡製作中，試驗不同的尺寸、速度和動作。可以得到不同尺寸的開口，來創造細的、中等的和粗的線條。穿過表面運動的速度會創造尖銳或猶豫的線條。運動越快，線條越尖銳，持握工具和移動它的不同方式會有不同的結果。泥漿擠線器對於創造一種點狀的設計，或落在垂直的形式上的滴水、流動、不完美、蜿蜒的線條是理想的。

技
術
名 92
詞介紹

泥漿擠線

　　泥漿擠線是一種應用化妝土的非常多才多藝的方法。泥漿擠線器呈現為一系列不同的尺寸，其中一些有可互換的噴嘴，它們產生不同厚度的線條。

1 使用輕輕的壓力擠壓球狀物，泥漿會流出來。不均勻的壓力會導致線條結巴。在一個地方停止會導致線條變厚。練習會幫助產生你想要的線條。

2 運動速度會影響線條的效果。這個線條開始緩慢，然後速度增加，來創造一個尖銳的線條。使用不同濃度的化妝土來試驗，不同的運動穿過表面創造出不同效果的線條，正如你使用其它的繪畫媒介會做的一樣。

3 輕輕擠壓擠線器往下在一個垂直的表面上，會創造一個柔軟的、蜿蜒的線條。

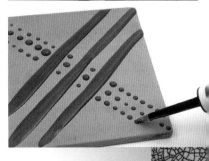

4 泥漿擠線器一般用於創造圓點和斑點。通過改變壓力和在一個地方停留的時間長短，很容易來變化尺寸。

羽化

　　這是一種傳統的技術，在當代場景中還極大地缺席。

1使用一個泥漿擠線器來鋪下幾道交替的對比的化妝土線條。相交替地，你可以鋪設一道色彩線，各道之間留有距離。

2簡單地畫一道線向一個方向，然後回來向相反的方向來創造一個羽化的圖案。在很多博物館中，有這類技術的非常精美的歷史事例。

大理石效果

　　以此種方式混合顏色要求一些限制，因為不能過分混合化妝土。

1從一個罐子中倒出化妝土到表面，或者為了更多控制，使用擠線器來導出化妝土。你可以鋪設一種顏色，然後加上另一種，或者同時加上它們。

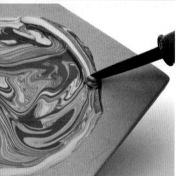

2在不同的方向移動形式，來混合顏色。嘗試不同的運動速度來變化混合的尺寸。你可以加上更多化妝土來創造更多的大理石效果。

羽化

　　羽化被看做是一種非常傳統的技術。其名字來自於一種精緻的、羽毛一般的圖案的創造，它要求穩固的手和對泥漿擠線的好的控制。使用一到兩種方法，把它應用到半乾的泥巴上。或者使用兩種顏色，擠線拖出顏色變換的線條，相鄰排列，或首先使用塗刷或澆注鋪下一層純色。讓它部分變乾，然後在其上鋪下擠出的線條，在彼此之間、在對比色之間留下空間。傳統上，一隻羽毛的翎是水平地畫出垂直的線條向一個方向，然後拉向一個相反的方向。這種圖案創造可以是非常吸引人的，但好像是這種技術在當代的環境中很少被試驗。

大理石效果

　　大理石效果化妝土裝飾是一種和傳統強烈相聯繫的技術。它非常容易得到，不同的使用方法產生有趣的圖案；這都根據你一次投入多少化妝土進入混合物，怎樣和何處應用它。開

羽化的壺
西蒙·卡洛
　　這件沈重的轉輪拉坯的造型演示了一種看起來很傳統的技術當被以一種更有表現性的當地方式使用時，其潛能會怎樣。儘管它對過去致以敬意，它非常確定地是屬於現代的。

分層裝飾的作品
羅伯特‧庫伯

　　這件有蓋的、有紋理的形式具有微妙的模版和印刷的層，創造了一種複雜的表面，看起來好像是好多年以上，生了綠鏽。

始時可以使用一個單色的化妝土背景，它可以是塗刷上去或者是澆注的，然後在它上面澆注或擠出一個對比色，然後形式被移動來製作大理石效果。運動的速度和方向會決定結果，某種程度的控制是可能的，但正如其它化妝土技術，結果能夠被洗掉，如果需要的話重新來過。那些以此種技術能夠得到的微妙的流動感將不會是充分明顯的，直到形式上釉和完成。

使用模版（模版也稱鏤空蓋板，蠟紙）

　　模版能夠用任何防水的材料製作，或者長久或者只是一個短時期。它們需要是有彈性的，足夠柔軟來在一個泥巴表面平直地鋪開。不同種類的紙張、塑料和纖維，是最為普遍的用作此用途的材料。還有具有開放的紋理或缺口的東西也是有用的，它們會讓化妝土來通過。根據使用的材料，模版印刷能夠在使用後被清洗，重新使用來複製很多次同樣的設計。預先切割好的設計在商業上是可得到的，你也能夠得到訂製的專業的鐳射光切割的模版。

　　如果泥巴有點軟，模版可以壓入表面來留下一個輕微的印痕。一旦應用一個泥漿層，

使用模版

　　一旦你開始使用模版來應用化妝土，無窮的設計可能性在等著你。一個簡單的設計可以被重複來創造顯著的效果。

技術名詞介紹 **94**

1不管你使用哪種材料來創造模版，或者在把模版放在泥巴上之前弄濕模版，或者弄濕泥巴表面來幫助模版黏貼。一旦模版被放下來，使用海綿輕輕按壓來檢查有沒有化妝土能夠在下方滲透和洩漏的地方。

2通過在你的設計的邊緣上面應用少量的化妝土，來開始塗刷，這樣你不干擾模版印刷，來保證它會保留在位置上。另一種方法是，你可以在表面噴化妝土。

3施用二到四層化妝土來達到完全覆蓋。應用的層越多，你的設計的凹進空間的深度越大。空間越深，會產生從表面雕刻出來的效果。

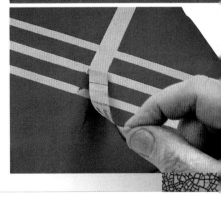

4一旦化妝土摸起來是乾的，模版可以被剝開去掉。如果邊緣是不可見的，使用針狀工具從一個角來挑開，這樣你能夠拉動剝開。如果把模版留在位置上，讓表面來完全乾燥，模版會開始來挑開別的區域的泥漿，可能不會留下一個乾淨的邊緣。

塗蠟裝飾法

液態蠟是非常多用途的，能夠用在素坯、素瓷器物和在上了釉的器物上，來排斥水基化妝土和釉。

1 選擇一個能夠包含足夠的蠟的刷子，使得能夠讓它在連續的運動中，而不需要時時停止來蘸滿刷子。一個塗層對排斥化妝土應該是足夠有效的。

2 讓蠟完全晾乾。當蠟乳液和水基材料一起，它會在大約五到十分鐘之內從濕的、白色的、不透明變為乾的、透明的。使用一把軟刷子應用化妝土，否則它會刮擦蠟的表面。一旦化妝土摸起來是乾的，可以重復此過程，加上更多蠟層和化妝土。

3 在化妝土完全乾透之前，可以使用一塊濕海綿從蠟的表面去掉殘渣，或對於小的面積，使用一把畫筆。如果這個化妝土留在位置上，在燒製中它可能會落在泥巴表面。這應該不黏結，能夠在第一次燒製之後使用刷子去掉。

清洗刷子

當使用各種形式的蠟和乳膠時，刷子是難以清洗的。

如果刷子被留到部分乾燥，它會被破壞。在把你的刷子蘸入這些液體之前，試著應用肥皂水，把它摩擦入刷毛裡。用水輕輕地沖洗；這會留下一個薄層在刷毛上面。它不會影響蠟或乳膠的應用，但應該使得後邊使用肥皂清洗變得更容易

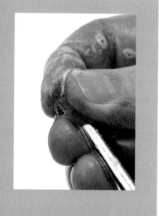

花邊蠟紙

使用開口的紋理如花邊，對於蠟紙印刷來說，和化妝土一起會產生有趣的結果。

這個深度會被強調。等最初的化妝土塗層在上面，摸起來是乾的，可以被成功地應用更多的模版在上面，來發展。

當應用化妝土在上面和通過一個模版，確保選擇的材料是平鋪在表面的，沒有能夠使化妝土在模版的下方滲透的小的缺口。應用適宜的層數來得到你要求的覆蓋。一旦能夠看到化妝土摸起來是乾的，使用一個針狀工具在角上挑開，把模版剝落挑去。如果你把模版留在位置上直到乾透，根據模版製作的原料，它會開始剝落，失去一致性，開始拉動 化妝土跟它一起掉落。

塗蠟裝飾法（也稱失蠟法，蠟防法）

傳統上，這項技術使用熱蠟，但現在可用現成的冷的液體塗刷蠟或乳膠，它們是易於使用的。一旦應用在半乾的泥巴表面，讓它晾乾數分鐘，蠟會排斥水基化妝土的應用。然後蠟也可被用於更多層的化妝土來建

造起表面圖案和設計的深度。塗蠟法同樣也可以使用在上釉階段。

應用蠟是簡單的，但是要考慮線條的效果和要求的覆蓋面，因為這會決定要使用的刷子。盡量為塗蠟法來特別地保留刷了。當你應用蠟，它會有一個牛奶般的外觀，乾後它會變成透明的。不要應用化妝土，直到蠟完全乾透，然後能夠應用化妝土，使用如上所述的各種應用方法。

發現在應用中經常會有，化妝土的小斑點凝結在蠟的表面。如果這些留下，它們會落下，在燒製過程中等蠟燒完之後，它們會固定在表面。它們能夠為使用蠟裝飾法的形式的表面增加趣味，但如果你不想要，可以在應用泥漿之後，很快使用海綿或畫筆來去掉它們。

與塗蠟裝飾法相聯繫的問題是，來修正錯誤會是困難的，因為減去任何你不想要的蠟的唯一的辦法是來刮掉它。如果你已經把蠟應用在另一種顏色上面，你會敗壞在下方

使用塗蠟裝飾法裝飾的形式
麗莎·卡歲施泰因
這些高度裝飾的作品全面展示了使用變化的不同表面裝飾技術的多彩的潛力。

塗乳膠法

使用液態的乳膠來排斥其它陶瓷材料的主要好處是，它可以被剝掉，可以應用更多層的顏色來發展設計。

1 應用的液態乳膠為一個中等到稀薄的層，使得一旦程序完成，能夠容易地把它從表面剝離。

2 讓乳膠充分晾乾。根據乾燥的條件不同，它會在大約五到十分鐘之內從濕的、白色、不透明變為乾的、透明的。等乳膠變乾，就可以應用化妝土層了。

3 一旦化妝土變乾，你可以使用針狀工具挑去一個乳膠的區域。如果設計是接合的，那麼當剝離乳膠時，它會一起掉落。如果留著化妝土到完全變乾，當剝離出去時要小心，預防當乳膠拉伸時一小點泥巴在周圍飛舞。

4 使用乳膠好過蠟的一個好處是，它允許你使用不同顏色的化妝土來重疊第一個排斥的區域。然後，正如使用蠟，你能夠使用更多的乳膠層和化妝土繼續發展設計。

剔花

這是雕刻的一種形式。重要的要做正確的是泥巴和化妝土的稠度。如果是潮濕和半乾的，泥巴應該乾淨地掉落。

1 化妝土和泥巴的表面在此圖例中是堅固的和陰乾的。這使得泥漿層能夠被去掉，在切口的任何一邊都不會創造毛邊。化妝土更容易刻掉，沒有把其它區域的化妝土帶著拉掉。減去的小點也是好的稠度，避免黏結在化妝土上，能夠被容易地刷去或甩掉。

2 在減去之前，把泥巴和化妝土調為合適的稠度，會使得你能夠來創造精確的設計，而不會導致問題。它也意味著，關於你想要線條有多深，是否想要只是去掉化妝土或同樣刻入泥巴坯料，這可以是非常確切的。

的表面。在素燒階段，蠟會被燒掉。如果你使用了很多蠟在你的作品上在同一燒製中，確保有很有效的通風設施，因為當它燒掉時創造一種酸性的氣氛。

塗乳膠法

乳膠是一種現成可用的液態橡膠方法，它可以被塗刷上去，易於使用。一旦應用在半乾的泥巴表面，讓它變乾幾分鐘，乳膠會排斥水基化妝土的應用。乳膠液也可用於上釉階段。

乳膠好過蠟的好處是，它可以被從表面挑開，來得到設計。更多的乳膠然後能夠被應用，覆蓋或者先前的，或者設計的困難的區域，讓化妝土也來加上，或以同樣的或不同的顏色覆蓋。這意味著錯誤可以被改正，更加複雜的表面可以發展。乳膠可以留在位置上燒製或被剝離。在剝離乳膠之前不要讓化妝土變成乾透，因為它會拉動其它區域的化妝土和它一起掉落。

剔花

"剔花" 是一個義大利詞語，意思指來剔去或劃入泥巴。它來自義大利語 graffiare，"刻劃"。這項技術描繪剔去表面應用的帶色泥漿層（化妝土），來露出在下方的泥巴坯料的顏色。剔花也可以是一個

錯綜複雜的剔花裝飾
格里·韋德
這三個水罐使用帶色化妝土和剔花進行裝飾。當代的剔花繪畫的聯合和水罐的傳統的形狀並置。

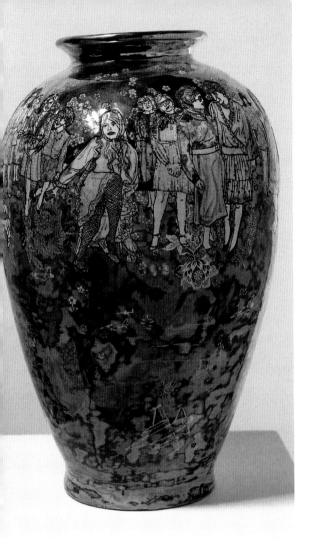

珍貴的男孩
格力森·佩里
　　這裡使用的陶瓷技術給了表面極好的深度。能夠來聯合你的知識技術，會幫助來創造既是個人的又有個性的作品。

　　的、尖銳的工具刮穿化妝土，當工具切割進入化妝土和泥巴時，大的毛邊會在線條的兩邊出現。你需要等到形式變乾，來把它們刷掉。如果留在位置上，一旦燒製，它們會變成剃刀一般銳利，會常常從上了釉的表面突出來。在此階段，使用某個較軟較寬的東西如橡皮工具、海綿或你的手指，把泥漿推到一邊，創造出一個流動的軟線條。為了更深的刻劃的線條，當還是濕的時候，化妝土和泥巴會更容易減去。

　　為了銳利的、準確的、窄的線條，等待直到化妝土乾到一個非常堅固的陰乾的階段，類似於剛從冰箱裡取出的奶酪。那時，當你刮擦出設計，線條會只創造非常小的毛邊，能夠容易刷掉而不干擾表面。根據工具和泥漿的乾燥程度，當減去的時候，你可能會不創造毛邊；這就是它看起來最令人滿意的時候。

　　如果表面是乾透的，當你刮擦你的設計，根據泥漿配方和泥巴坯料的不同，它會開始碎裂，而不是平滑地掉落。這也取決於化妝土層的厚度。

　　一項被稱作"梳梳子"的技術動作與剔花相似。這描繪了刻劃或拉動一個梳子穿過泥巴表面來創造空間相等的線條。"刻花"描述另一種與剔花相似的技術，指減去沒有化妝土覆蓋的泥巴。

　　剔花線條能夠通過來增加其深度和趣味的陶瓷程序被強調，如嵌入其它著色劑、氧化物和釉彩等。根據線條的深度，釉料也會落入和匯聚進去；這會給表面圖案增加更多的豐富性。

幾何紋樣的盤子
希迪·艾爾·尼勾密
　　這個盤子簡單地使用了穿過化妝土裝飾和拋光部分的剔花裝飾。它被留著未上釉，這幫助它來保持一種超越時間的品質。

　　術語，使用於在陶瓷過程的任何階段描繪刻劃穿過任何陶瓷物質。比起語音短而硬的詞語"刮擦"來說，"剔花"這個詞語具有渲染了的華麗裝飾的語音。

　　選擇使用甚麼來刮擦或刻劃穿過化妝土，以及何時做，很大程度上取決於你想要來創造的標記的類型。你能夠得到的線條的豐富性和效果是廣闊的──從精細的、針尖細的銳利的線條到大的、軟邊的線條。

　　陶瓷供貨商為剔花提供豐富的特別的刻劃工具。你會需要來試驗它們，來看哪種適合你的要求。時常，製作者會調整它們，或為一項具體的任務定製他們自己的工具。

　　剔花能夠在任何點完成，從第一次施用濕的化妝土層一直到當作品乾透。選擇你刮擦進入和穿過化妝土層的時間會決定最終結果的類型。

　　如果當化妝土還是濕的時候你使用一把窄

刻花和直接鑲嵌

有幾種方法來嵌入化妝土：你可以把你的設計刻入半乾的泥巴，然後化妝土擠線進入凹槽，或把帶顏色的泥巴直接放在一個石膏表面，按壓一個泥板在它上面（嵌入）。

方法1：

1你可以試驗你想要線條是多深，根據你計劃來做的在程序的最後階段你想要刮擦進去多少。在刻花之後，可以去掉小的毛邊，用手指軟化邊緣。這會創造一個更好的線條來填充化妝土（見細節）。

2使用一把硬刷子從刻花圖案上清理掉小點的泥巴。這會保證在最終的結果中那裡沒有小的瑕疵。

3使用一把刷子和泥漿擠線器來用化妝土填充圖案。讓這部分乾燥幾分鐘。當化妝土變乾，它會收縮入圖案。如果你想要最終的鑲嵌與表面的其餘部分齊平，你可能需要應用另一層化妝土。等變乾，線條會稍微高出表面的其餘部分。

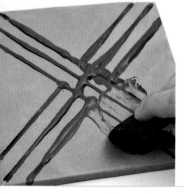

4把泥巴坯料和化妝土留著稍微晾乾，然後用一道直邊來刮掉多餘的化妝土。如果設計有非常精細的線條，你可能需要讓泥巴晾乾更多；否則，如果線條是濕的，它們會合攏起來消失。逐漸地，圖案顯露出來。當泥巴和化妝土完全變乾，可以去掉化妝土，但如果裡面有熟料，這會導致在表面留下刮擦記號。

方法2：

1直接應用帶顏色的泥巴進入石膏模具，來創造你的設計。

2準備一個泥板，把它放在你的設計上，按壓它進入模具。當你按壓泥板時，帶顏色的泥巴或化妝土會全部嵌入 或在表面印刷。

3讓形式變得半乾，然後把它拿出模具。

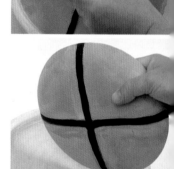

4來清理掉瑕疵並完成表面，使用一把金屬橢圓形刮片來揭露出你的設計。確保在工作面的下方全面地支撐形式，因為在此階段泥巴會變得脆弱。

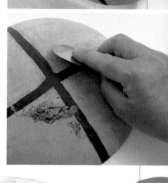

5另一種方法是，使用一個泥漿擠線器在石膏的表面畫出你的設計。

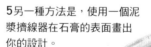

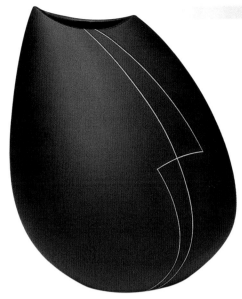

鑲嵌

　　嵌入化妝土在日本的技術中有它的根。你可以把任何化妝土嵌入任何泥巴坯料。使用這種技術的原因是，你想要你畫出的設計是完美的水平，是平直的，這樣它們顯現出全面與泥巴表面結合一體。對完美的嵌入，在你的指尖下你會感覺不到在表面水平的任何不同。如果在作品上你要求非常銳利、精細的圖像線條，使用這項技術是最合適的。

　　當在表面畫出線條，刮去多餘的化妝土，選擇特殊的泥巴坯料會決定表面效果和結果。選擇光滑、精細的泥巴坯料不帶熟料會導致一種光滑、平直的表面，帶有完美的平直線條。如果泥巴坯料包含很多熟料，結果會是粗硬的，得到更多紋理和鋸齒狀嵌入的線條。

　　鑲嵌是一種簡單的技術，你的耐心會得到令人滿意的回報。等你把設計刮入泥巴表面，然後使用刷子或泥漿擠線器來把化妝土填進線條。然後等待化妝土開始變乾，當泥巴收縮，必要時重新填充或施用化妝土。如果感覺線條在表面高出，使用金屬橢圓形刮片的直邊刮掉化妝土來露出嵌入的線條。當你開始看到圖案從一片雜亂的化妝土中顯現出來，這是非常令人滿意的。

　　重要的是，不要太早刮掉化妝土，因為這會導致線條出現毛邊。尤其精細的線條必須被刮回去，等泥巴有時間在濕的嵌入化妝土的周圍變乾，否則它們會完全消失。如果刮擦回來已經完成，當乾透時，化妝土和泥巴有即使極少量的熟料，它也會刮擦表面。然後來嘗試和修補這個表面會是非常困難，非常花費時間的。

　　你可以使用塗蠟法嵌入非常精細的線條到存在的化妝土顏色裡去。把蠟塗到一個已經存在的顏色上面，並且，一旦它變乾，刻劃一道線條進入蠟和化妝土。然後可以嵌入一種不同的顏色進入這道精細的線條，而不必把它混合入下方的顏色。擦去表面的泥漿殘留物；在燒製中蠟會燒掉，留下嵌入的線條。

Terra sigillata（精細化妝土）

　　"terra sigillata"（赤陶，紅陶）是一個有多種含義和概念的術語；它被粗略地從拉丁文翻譯過來，意為"隱藏起來的陶土"。這並不意味著，如平常所認為的，精細的化妝土產生一個隱藏起來的表面。這個術語可以是對於一種中世紀藥物土壤的描述，它在lemnos的島上被發現。它被製作為小蛋糕，用一個阿爾忒迷斯（月亮女神）的頭像的印章來戳印。它也是一個表示古羅馬紅色陶土的普通術語，這種陶器有一個有光澤的表面。現在被當代的製作者用來描述一種化妝土。

　　在歷史上，我們用terra sigillata（赤陶，紅陶）指的是公元一世紀古羅馬陶工在高盧所生產的陶器，被稱為薩米安器物。在此之前，在公元前七到五世紀，古希臘陶工使用這種在他們古典的紅繪和黑繪風格花瓶上。這些對比色並不是化妝土的不同顏色，而是使用化妝土覆蓋的區域，由於更重的鐵的成分，會在窯中受控制的還原和氧化的氛圍中變為黑色。

此處，Terra sigillata（精細化妝土）指的是簡單地製自精細微粒的泥巴。從陶瓷供貨商處購買是不可得的，但自己製作是非常簡單的。你可以使用任何應用方法在作品上來應用這種泥漿，它可以應用於半乾的和乾的泥巴。常常，泥巴乾後會形成它自己的光澤。如果沒有，你可以使用一塊布或光滑的塑料墊包裹著一些布輕輕地拋光表面。這通常會一次燒製為華氏1500-1830度（攝氏820-1000度）。燒製作品的溫度越高，光澤會減退。燒製溫度越低，它就會越脆弱；你需要來找到一個折中點。

一旦應用，這種精細化妝土會帶給泥巴表面一定的密度。這會放慢還是多孔的泥巴坯料對水的吸收，但不會使它防水。

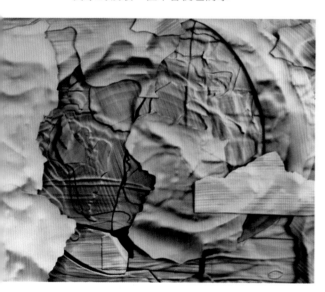

抽象的壁畫片段的細節
尼古拉斯·阿羅亞韋-波特拉
　　泥巴開始時作為一個拉坯形式，被切割、拉伸、按壓，使用被保留為抽象的地質表現來做標記。這個作品多處使用terrasigillata精細化妝土噴灑，它強調了變化的表面紋理。

技術名詞介紹 100

Terra sigillata

　　這種精細化妝土是不能從供貨商處買到的。它要求少量的準備，通常從一種精細的球土泥巴製作。化妝土能夠使用商業生產的著色劑和氧化物著色。

1 稱量出所有的成分，加入一點水來預防太多粉塵。把硅酸鈉加入溫水稀釋，把它加進混合物。硅酸鈉是完全透明的。混合它們，直至達到一種酸奶的稠度。把這種混合物推過一個60-80目的篩子過濾。

2 把它倒入一個2誇脫（2升）左右的瓶子並搖晃，讓它沈澱24小時。把塑膠管的三分之二插入瓶子，或只是在可以看到顏色變深的地方的上面。在它的上方是terra sigillata層，是你需要虹吸抽取的。

　　更重的磨料物質在底部很容易被看到。在用虹吸管抽取掉液體時盡量不要來干擾它。

3 terra sigillata可以使用一把軟的寬刷子應用於陰乾的或乾的泥巴。當應用泥漿時泥巴越乾，它會乾的越快。

成分

　　這個配方會適合於一個清澈的2誇脫（2升）左右的塑料瓶。

水（如果允許的話進行蒸餾，但不是重要的）31/5品脫（1.5升）解凝劑（迪斯帕克斯（聚丙烯酸胺）/硅酸鈉）3/8盎司（10克）2誇脫（2升）左右塑料瓶塑料管1碼（1米）

4 一旦terra sigillata變乾，可能沒有可見的光澤。你可以容易地得到它，通過把薄的塑料包裹在你的手指上，輕輕地摩擦表面。

"瑪瑙紋飾陶器"描述那些由兩種或更多類型或顏色的泥巴製成來創造圖案的作品。它被這樣命名是因為其視覺上類似於寶石瑪瑙，具有帶顏色的礦物質層。你的結果會確切地取決於你如何把不同顏色的泥巴放在一起，以及你如何使用豐富的不同的技術處理它們。

瑪瑙紋飾陶器（也稱絞泥法，絞胎法）

你可以使用任何泥巴來製作瑪瑙紋飾的陶器，但是你所選擇的不同的泥巴坯料必須兼容。它們應該是相似的稠度，否則在收縮和燒製中作品會開裂和分裂。然而，如果你在創造更多雕塑性的形式，泥巴的不兼容性可能創造值得探索的有趣的結果。如果你準備自己的帶色泥巴，你應該使用氧化物和坯料著色劑。根據燒製範圍和釉的要求選擇最適合的白色陶土來加入這些。

有幾種不同的方式來製備泥巴；你選擇哪種會很大程度上取決於你要使用的構造技術。一旦形式被製作，通過使用一個合適的直邊工具來刮擦表面，如金屬橢圓形刮片，表面的圖案會被揭露出來。等泥巴變得陰乾，至多是乾燥階段，這個能夠完成。首先，去掉大部分不想要的多餘的表面泥巴，然後等它變得更乾，來進一步改善。等形式素燒後，也可以使用濕的和乾的砂紙打磨。

拉坯的瑪瑙紋飾器物

被許多人使用來試驗做瑪瑙紋飾器物的一項簡單的技術，是來混合紅色和白色的陶泥。把這些泥巴放在一起，以不同方式混合，會迅速給你一個印象，知道結果能夠是怎樣的。通過把交替的紅色和白色的泥巴的薄的泥板（1/2英吋左右/1厘米左右）放在彼此上面試著創造一個有層的塊。通過從中間向外部邊緣按壓，避免在泥板之間陷入空氣。這個分層的塊然後能被切片切為部分。這些能夠被保留為各層分離，製備為球，為拉坯或可能的更多混

印坯的瑪瑙紋飾器物
馬里恩·岡斯
　　這件作品的泥巴被製備為平直的泥板，放入一個三件式按壓模具來接合。頂部的邊緣是後來加上的，來增加強度和完成形式。

瑪瑙紋飾陶器

任何數目的兼容的不同泥巴可以聯合來創造一種變化的泥巴坯料。你可以探索更遠，通過混合和切割來決定最終的花型。

1 準備不同顏色泥巴的分開的塊，通過使用金屬線分別切割來得到相似的稠度並排除空氣袋（見30頁）。使用金屬線來切割單獨的泥板，準備好來放在一起。

2 用金屬線把兩種準備好的交替的泥巴一起切割，小心不要過分混合它們。你準備泥巴的方式會影響花型怎樣出現。

3 把泥板一個放在另一個的頂部，通過先按壓泥板中間在一起，向外加工，這樣不會在它們之間陷入空氣。

4 使用一個擀泥棍向下按壓，逐漸從中間向邊緣滾動。把泥板轉動180度，重複此過程。應逐漸完成滾壓來壓緊泥巴。

5 泥板可以被對半切開，一個堆在另一個頂部，或者為追求不同的花型，轉動90度或180度，再次滾壓。

6 要得到厚度更薄的的條紋，可以加上泥條並使用擀泥棍混合進去，來進一步發展花型。

合做好準備。通過切片和把它們重新安排為不同方向，能夠創造甚至更多圖案。你切割、混合和重新安排越多，圖案會越精細、越複雜。

當在轉輪上把泥巴中心校正時，把泥巴做圓錐形做的越多，你會變化結果的圖案和層次越多，儘管來預言結果可能是困難的。如果追求單個的鮮明的條紋或帶子，混合較少些，試著盡量小地提拉泥巴。形式的過分拉坯會導致顏色的更多混合。當拉坯時，在表面的泥漿會模糊圖案；直到形式的表面在陰乾階段被完全切削，這才會露出來。

另一種簡單的拉坯方法是，當你在製備泥巴時，把氧化物或著色劑灑在切割的表面，讓泥團時不時把它收集起來，把顏色混合入泥巴。轉輪上的作品會時常清楚地顯示出製作它的扭曲的螺旋形動作。

泥板瑪瑙紋飾陶器

你可以用不同方式來成形一個泥板。它可以是由一個更小的泥板從一個兩色調或多色的夾心的塊上切割而成。這些帶色的泥巴可以被鋪下，在不同的配置中使用不同的交叉部分來影響重複的花型。最初的塊也可以包裹進一種

不同的顏色來創造一個圍繞每一個切開的方形的框架。如果這些切片泥板是薄的，它們可以被按壓在一個更厚的後備泥板上面，而不必干擾花型。以這種方式使用泥板更像嵌入，後者是一種泥巴被推入另一種。這種技術允許瑪瑙紋飾陶器被節省和精確地使用。

你也可以創造不同顏色的泥條，使它們像繩子一樣束縛在一起。然後緊緊地扭曲在一起，確保它們之間沒有空隙。泥條做成的繩子然後可以滾出來做一個泥板。

印坯的瑪瑙紋飾陶器

一旦你準備好泥板，它們可以被放入印坯模或放在隆起物模具上面。當按壓入模具時，可以把精細的塑料放在泥巴頂部，這樣你不會干擾嵌入太多。模具也提供很多機會來成形小的準備好的瑪瑙紋泥板，使用泥漿接合在一起。使用卡紙管作為模具，允許你來創造一個形式，而不干擾表面。

泥漿注漿瑪瑙紋飾器物

不同顏色的稀薄的液體泥漿能夠被分別澆注入模具並倒空，在下一層加入之前讓每一層來部分晾乾。這會創造一個精心的層壓的壁。等形式變乾，能夠脫模，顏色層能夠通過切片或雕透泥巴來揭露。

另一種使用泥漿的方法是，在一個表面開放的模具上面來按壓預先製作的不同形狀的瑪瑙紋泥巴。然後澆注入泥漿，一旦得到要求的壁的厚度，倒空它。瑪瑙的形狀會被植入或嵌入形式的壁中。

瑪瑙紋飾的雕刻
拉斐爾‧佩雷斯

這個形式成功地說明瞭通過使用瑪瑙紋飾技術來探索泥巴和釉料的潛能所提供的豐富性。

瑪瑙紋飾陶器成形

技術名詞介紹 102

如果泥巴表面的顏色在處理中開始變得雜亂，泥巴應該留著來晾乾到一個非常堅固、半乾的稠度，然後表面重複地刮擦回去。

1 分開的、薄的泥條能夠被扭曲在一起，來成形一個裝飾性的邊沿或把手。

2 你可以通過滾壓扭曲的泥條來建造泥板。

3 等你對條紋感到滿意，你可以把窄泥板扭曲為一個更多混合的把手。

4 使用石膏印坯模是一個普通的成形技術來跟瑪瑙紋泥板技術聯合。泥巴能夠被放入模具，或適合入模具，這樣你不需要來按壓在表面上。一旦泥巴被放入模具，你可以來加上更多的添加物。

陶瓷和印刷有一個長長的歷史傳統；最明顯的是在工業革命中燒製可重複圖像的發展。有很多途徑以相對較低的技術水平來達到這個過程，例如在第一次燒製之前直接在泥巴上面印刷。

印刷

下列技術是一個很好的方式來開始試驗印刷，它會允許你看到所提供的不同的效果，和甚麼會使你感興趣，使用更多的設備來發展。

直接印刷法

把一個板子緊固地鋪上水濕的材料，然後使用氧化物和顏料來印刷。一張泥巴能夠被放在這個的表面並使用擀泥棍施用壓力，或穿過一個印刷機，設計就被轉移了。化妝土、氧化物或顏料能夠被印刷在石膏的表面或鋪在頂部的一張泥巴上面，它會來轉移設計。或者，使

用一個來自金屬蝕刻盤子的設計，它被使用一種銅板印刷油墨和氧化物或陶瓷顏料來"墨水塗染"。然後這個能夠被轉移到一張泥巴上。最好的結果是通過使用紙質瓷（見38頁）來得到的，它不易於撕裂。有幾本書是專門著述陶瓷和印刷技術的。可以在濕的泥巴表面或濕的泥漿上面來嘗試的一個簡單的方法是單色印刷。

單色印刷是相對簡單來得到的，不需使用專門的設備和設施，演示一項簡單的印刷技術如何來發展表面效果和趣味。

直接印刷的作品
史蒂夫·布朗
　　這件作品是通過試驗複雜的模具結構來創造的。當形式還在模具中時，表面裝飾被加上，圖案使用直接印刷法轉移到瓷土泥漿上。

開花的盤子
海蒂·帕森斯
　　這件作品展示了複雜的色調效果如雙色版如何能夠直接印刷在一個泥巴表面上，這個表面已經首先塗刷了一層白色的泥漿。

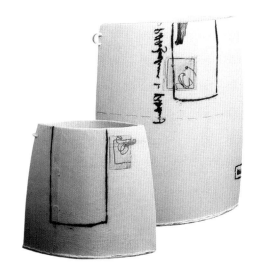

防滑裝飾容器
菲奧娜·湯普森
　　這些陶器的形式已被裝飾的
使用方法包括混合氧化物獨幅印
刷和刷子滑刷。

　　在泥巴或化妝土上來得到畫出的線條的效
果，你可以使用氧化物和紙來創造一種單色印
刷設計。這項技術會在表面的氧化物中複製線
條的效果，當使用不同的手段來畫出設計時，
例如，使用尖細的鉛筆，是和使用平直尖端的
記號筆或海綿墊非常不同的。這是一種理想的
技術來得到非常精細的畫出的線條。以這種方
式創造的線條允許你來迅速應用一次性繪畫，
而不需絲網印刷和轉印法。

　　使用氧化物和水和少量的瓷土溶液（瓷
土對氧化物粉末大約1:10）來繪畫一張玻璃或
有機玻璃。氧化物會幫助來給溶液一些主要成
分，幫助在無孔的表面上塗刷均勻。水和氧化
物並無特殊固定的比率，但需要足夠的量來鋪
設一塊純色。不要使用任何其它的成分或裝飾
媒介物，因為這些會把氧化物固定的太好，使
它不能離開表面。上釉時，混合物的力量會造
成不同結果。這些是你能夠試驗來創造不同重
量的線條的。

　　一旦氧化物變乾，把一片精細的紙放在表
面上，使用膠帶把它黏貼住。你可以購買特殊

直接單色轉印

　　這項技術允許單色印刷非常精
細的線條到濕的、半乾的泥巴或化
妝土上面。

1在一張有機玻璃或玻璃上使用一種水和氧化
物的混合物來做一個塗層。給混合物加上非常
少量的瓷土（1%）會得到更堅固的覆蓋面。
不要加上太多，否則它不會轉移。讓混合物完
全晾乾。

2把一張精細的版畫複製用紙放在頂部並使
用膠帶固定在位置上。使用一隻鉛筆在表面
來畫出你的設計。紙張應該能經受住最銳
利、最精細的畫出的線條。壓力會把氧化物
轉移到下面的紙上。

3小心地揭開紙張，這樣你不會干擾氧化
物。

4確保要把設計轉移上去的泥巴瓷片是濕
的，否則氧化物不會轉移。小心地把紙張
下面向下地放在濕的泥巴瓷片上。輕輕摩
擦紙的背面，把設計轉移到瓷片上。

5輕輕剝離紙張來露出設計。
氧化物是不穩定的，所以小心
不要干擾它。素燒也不會完全
把氧化物固定下來，所以瓷片
需要上釉。這項技術允許你來
繪畫極為精細的氧化物線條。

技術名詞介紹 **104**

直接在泥巴上絲網印刷

大多數泥巴能夠被弄平來接受印刷，儘管在此過程中對不同類型的泥巴要求會有輕微變化。當在白色泥巴坯料上面做黑色印刷，有一種強烈的對比，非常顯眼，而在深色泥巴上面用淺色墨水則創造出一種更為微妙的效果。

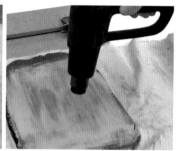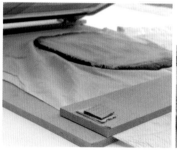

1 如果你在使用一種淺黃色炻器陶土如這種加了熟料的crank，先應用一種白色化妝土會帶回一些在坯料和印刷之間的對比。

2 白色化妝土的燒製溫度和泥巴坯料一樣，給表面一種輕微的綢緞的光澤。在化妝土上繪畫之後，晾乾表面直到把手放上去不覺得黏手。

3 來安裝印刷的基座，你需要一對有鉸鏈的夾板，它被設計為來控制住絲網在位置上。通過把這些用螺絲釘固定在一個木質基座上，你可以製作一個簡單的印刷架。夾具可以在背面升高來適應不同厚度的泥巴面板。

4 數個蠟紙可以被放在同一個絲網上來節省材料，但你需要覆蓋不想要的蠟紙，這樣只有想要的圖像被印刷。在印刷的鉛板邊緣往絲網上裝入足夠的釉下彩墨水，小心不要在任何開放的網眼上弄上墨水，因為在製作印刷之前這會變乾。

6 抬起絲網來檢查下方的印刷。如果因為缺少壓力使得印刷有漏過的區域，或要求同樣墨水的第二次沉積，重複此過程。然而要非常小心，因為在濕的墨水上印刷濕的會導致墨水向外擴散，破壞印刷。

7 修飾瓷片，使用一把美工刀小心地去掉周圍的泥巴。

8 在隆起物上把泥巴對準中心。當泥巴在位置上了，小心不要滑落或扭曲它，因為這會導致印刷變得模糊。

9 在隆起物模具的曲面上輕輕向下按壓，圍繞作品均勻地進行。在此階段，模具可以被對準中心放在陶工的轉輪上，準確地切削出圈足和背部（見118頁），進入低一層的泥巴表面。

5 小心地把絲網從泥巴面板上稍微提起一點,把墨水推下去推過蠟紙圖像邊緣。這給網眼上裝了墨水。抬起橡膠滾軸,把它向下放回後邊的墨水池,放低絲網。緩慢而堅定地朝自己的方向拖動橡膠滾軸,均勻地向下施力。當橡膠滾軸拖過圖像上面時,絲網應該從泥巴上脫落。

直接印刷的作品
史蒂夫・布朗
在此使用的白色化妝土在位置上變得清楚。如果它是被重重地應用,非常精細的表面開裂形式會露出下方加了熟料的炻器陶土泥巴。

的陶瓷印刷紙,儘管精細的印刷紙從藝術商店廣泛可得,在做相似的工作。

如果想要在化妝土上面印刷,你必須應用化妝土到形式的表面,並讓它稍微晾乾。理想的話,(泥巴或化妝土)表面應該是潮濕的,來允許氧化物轉移。選擇繪畫手段並畫在紙上;用壓力把氧化物按壓到紙上。把它放到潮濕的泥巴或化妝土表面上,使用一塊乾海綿在紙的背面上輕微按壓。剝開紙,氧化物會已經轉移到表面上去。如果表面是乾的,線條不會完全轉移。你可以使用小片的紙在表面加上更多設計。盡量不要讓它們接觸到已存在的線條。氧化物在表面是非常脆弱的,直到上釉和燒製的時候被固定下來。

氧化物溶液能夠有更多用途。它應該被覆蓋來預防沾染灰塵,在重新使用濕的塗刷來去掉已存在的線條之前也應被覆蓋。另一種方式是,它能夠被回收,被從泥片的背面刮掉進入一個容器。

10 讓泥巴變得堅固一點,這樣當它被取出模具時,不會再倒下。如果想要乾淨地切削頂部的邊沿,可以把泥巴放回轉輪。

複雜的設計
更為複雜的印刷表面能夠通過使用幾個石膏板子得到。一旦你在板子上做絲網印刷,你能夠通過弄濕表面並按壓泥巴到設計的上面來轉移它。當泥巴變乾,去掉石膏板子:印刷已經被轉移到了泥巴表面上。

人類在物體表面留下標記的固有願望能夠在陶瓷中得到完全的表現。泥巴能夠從一種軟的、變形的、可塑的材料變成一種像石頭一樣的材料，這使得製作者能夠留下永久的印記。在泥巴中創造紋理和製作印記能夠是一種終生的快樂、高興、挑戰，或挫折。

表面紋理

形式已經製作出來——現在是做表面。該對它做什麼？怎樣使它更有趣？它需要甚麼東西嗎？它應該留著痕跡來說明它是怎樣製作的嗎？如果留下它，它會揭示其創造過程太多而失去其神秘性嗎？我應該印製還是刻劃？製作陽刻還是陰刻的標記，還是兩者都有？表面不應該分散，而應該加強作品的平面或立體的效果。如果決定太猶豫不決，這會是明顯的。鮮明的或微妙的，精確的或漫不經心的，增大的或縮小的。在試驗的瓷片上探索想法；這些會形成一個視覺資源，來支持你以後作出見多識廣基礎上的決定。

雙手是關鍵的工具——是從人類開始使用天然的物體發端的其它做紋理的工具的發展。陶瓷標記製作後來繼續急速向前，並常常界定

世紀和年代。表面裝飾的吸引力在作為證據的當代作品中還是有很多的。也許這會伴隨著CAD的使用而發展得更遠——誰知道在未來的數碼和技術程序中甚麼標記和表面會被寫入？

表面裝飾的選項好像是無限的——表面幾乎能夠變成你想要的任何樣子。當你獲得知識和技藝，你能夠使它複製許多已知的材料，從極大的紋理到微妙的、精緻的印痕。

特定的形式會要求在製作過程的最開始，從紋理展現出來。當製作時，其它紋理可以被加上，有的會是最終的效果。這很大程度上取決於你在製作的作品類型和它是怎樣被建造的。

當你在處理泥巴表面時，小心不要損壞或無目的地使之變形。在一個陶瓷的表面上，最小的錯誤或瑕疵在最終的結果中常常是非常顯

泥漿注漿的水果造型
朋克里奇陶瓷
這些著名的視錯覺的例子是高溫燒製的陶土泥漿注漿形式。它們展示了極大的技藝和對工藝的理解，以及對泥巴和釉料如何能夠複製真實事物的理解。

眼的。

你可以使用有紋理的檢驗瓷片試驗，來看化妝土和釉料如何來影響紋理——它們的深度會導致紋理的不同。一旦你對釉料瞭解更多，你可能會發現你得調整表面紋理，這樣使它保留可見。你會需要來建立對以下知識的觀念，即何處表面會適合於一個厚的、豐富的、有高度光澤的透明釉或一種稀薄的、亞光的、乾的釉料，或在兩者之間的可能的變種。

工具

一定的工具會打開對表面探究的創造性反應的鎖。它們會成為你的雙手的延伸。正如畫家信賴他們的畫筆，你會開始來信賴最喜歡的工具，甚至可能變得沒有它們時，不能夠來操作。學習如何來使用這些工具會花費時間，你會需要試驗來找到它們全部的潛能和用途。

模仿

很多製作者喜歡看到泥巴的表面在模仿別種材料中能發展到何種地步——例如，可以把泥巴物體看做小型的羽毛，融化的冰淇淋，或水果和蔬菜。在驅使著和迷惑著一些製作者的，是來把一個活生生的事物的消逝瞬間變為永恆、無窮的試驗；在其消逝之前把它捕捉到永恆之中。一旦你獲得了一個來模仿一種物質的配方，然後如何對待它是另一回事。是簡單地模仿實物並讓觀眾驚訝於你所發展的技藝，還是扭曲和改變它來使他們對此有不同想法？這就是在複製和創造一種超現實的感覺之間的不同，給作品帶來了表現的個性。哪一個都不是"正確的"答案。

拋光

拋光是一種壓縮泥巴表面來創造光澤的動作。它把泥巴的精細微粒壓緊在一起，這樣它們能更好地反射光線。你可以拋光泥巴表面，不管它是否有化妝土在上面。任何泥巴都能夠

拋光

技術名詞介紹 105

由無數的工具或物體可用來拋光。通常的材料包括金屬、玻璃、塑料和石頭。每一位製作者都會有他們喜歡的手段。

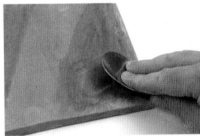

1 當泥巴是半乾和堅固的，開始拋光。使用圓圈形運動來避免創造突起。表面會很快開始壓縮，你會看到它開始閃亮。

2 這個泥片以一個未拋光的十字設計為特徵，來顯示表面的對比。在變乾一些後，表面的光澤可能變暗。使用一些塑料包在手指上來快速摩擦表面會修復它。

3 你也可以在化妝土中創造設計並拋光它們。你可以往已拋光過的表面加上化妝土來繼續發展表面，只要表面還沒有乾的太多。在拋光之前，讓加上的化妝土變得半乾，否則它會擦模糊。不要嘗試來拋光完全乾了的表面，因為它會很快變成白粉。

用不同的效果拋光。通常，精細的泥巴被用來產生平直光滑的表面。含有熟料成分的泥巴也可拋光，但表面會被嚴重擦破。如果你更喜歡使用這些泥巴來製作形式，但不喜歡擦破的痕跡，你可以把表面包裹在化妝土層中，然後拋光。要得到成功的拋光，泥巴必須是堅固和半乾的硬度。如果泥巴太濕，工具會干擾表面太多，創造突起和記號。如果泥巴太乾，表面會

刮擦並顯現白粉狀。這非常明顯，如果乾度正確，它會壓縮並相當快地創造光亮。

　　你可以使用範圍廣泛的即興工具來拋光。從金屬勺子的背面到卵石、細燈管、木頭和塑料的物體；基本上任何光滑的東西都能壓縮表面。你可能需要不同形狀和尺寸來進入偏僻的區域。簡單地施用壓力，以一系列不同的摩擦動作和方向在表面移動工具，來預防明顯的圖案出現，除非這是你願意探索的效果。工具應該容易地在表面滑動，創造一種特殊的咔嚓聲。總是支撐形式的內部，小心不要施用太多壓力，否則形式會開裂。

　　你可以通過使用一塊棉布摩擦表面增加光澤，或使用一塊光滑的塑料，使用軟皮摩擦。當形式變乾，光澤會變暗一點。你可以繼續用棉布和塑料來摩擦，但不要更硬的，因為現在這會擦破表面。

刻花

　　刻花被認為是和雕刻一樣；然而，在陶瓷中，它描述切割或挖一個窄的線條，而雕刻描述減去更大的面積。類似的還有剔花，但那是一個特殊術語，意指挖穿化妝土（見190頁）。

　　歷史上，最經常的刻花標記是使用垂直的條紋、水平的條帶、曲折形和鑽石形的圖案。

　　刻花可以在製作過程的任何時間完成，從泥巴是軟的、新鮮的一直到它是乾透的。隨著使用所有的陶瓷技術，你會發現最適宜的乾燥的階段來得到你要求的效果。泥巴的濕度會綜合影響線條的效果。你也會發現用這種方法最適宜的工具，從尖銳或遲鈍的鉛筆到特殊的刻花工具。

　　如果你對刻花文字感興趣，你可能會採用在筆尖旁帶有墊子的工具，這樣在施用壓力進入半乾的泥巴時，能夠更舒適地握住工具。在選擇何時刻花和使用哪種工具最適宜的時候，毛邊的創造（粗糙的邊緣）和泥巴的條件會成為決定性的因素。

壓印

　　那些專注於陶瓷表面練習的製作者會有現成物品的大量的收集—既有天然的，也有機器製造的一當按壓入泥巴表面時，它會留下有趣的標記。留下來的印痕可能聯繫到那種材料或物體。在穿過化妝土應用層和釉料層時，這些也會改變。

刻花

刻花可以被用來創造極為精細的線條或在整個表面做紋理

技術名詞介紹 106

1 在決定何時在泥巴表面刻花來得到你想要的線條的效果中，泥巴的稠度會是最重要的。不同的工具會得到不同的結果。

2 銼刨是非常有用的工具，在素坯階段來刮平和減去表面。它們界定表面，因此表面能夠變成非常微妙的帶了記號的。

3 當應用的泥漿越多，線條和有紋理的區域會變得越深。

4 當泥漿的稠度改變，最初的記號的外觀也會改變。

歷史上，壓印在一個大型的中國陶器的底部上被發現，日期追溯到7000年前。印痕來自竹子條紋的籃子，它使得形式更容易被圍繞轉動。其它作品有粗糙的編織的席子印痕，由同樣的技術創造。

當把物體印模印入泥巴中時，你會很快得到所追求的結果。如果泥巴太新鮮太軟，物體會黏貼，如果太乾它會開裂。準確的硬度會依據使用何種技術來製作，在創造了印痕之後需要多少進一步的操作來決定。如果你要求新鮮的泥巴能帶來最好的印痕，在使用之前可能會需要留下它來部分乾燥。如果你在按壓早已製作出來的形式，要盡量在內部進行支撐，來預防變形和開裂。當使用搟泥棍或做泥板的滾子來把紋理印入泥板時，記得在下方和頂部鋪設乾淨的、精細紡織的帆布，確保滾子是完全乾淨的，否則會有多餘的印痕。

只有當你完成了作品，全部的影響和製作印痕的趣味才能被完全認識到，特別是在應用化妝土和上釉之後。隨著應用化妝土，特定的紋理會部分合攏，釉料會匯聚在較深的線條或區域。乾的釉料常常帶來一種更為微妙的結果，因為在其表面上沒有反光。

印模

印模在此文中是能夠被用來在新鮮的泥巴中創造印痕的物體。如果你在使用文字或字母，記得當它們被印製入泥巴，它們會顯現相反。如果你在創造一個印模來對未來的人們表明你的作品的身份，要把它左右顛倒地刻。對那些沒有相關知識的人來說，當印刷為浮雕時，你使用簡單的動機或設計能夠得到的結果可以顯得像是一種複雜的方法。對線條的不同力度和深度進行試驗，會生產複雜有趣的設計。通過使用均勻的小印模，你可以創造一個相當複雜的重複的圖案。

最普通的製作印模的方法包括，刻入半乾的泥巴，或從一個有紋理的表面取得印痕並素

壓印

所有風格的物體都可以被用來在泥巴的表面創造圖案。從極大的到最為精緻的，都會留下它們的記號。

1 金屬銼子在形式上來回滾動能夠創造對比強烈的紋理的條帶。如果物體黏貼，那麼可以使用薄瓷土粉來預防。所有的表面紋理可以被製作得更加微妙，或被你選擇的化妝土和釉料來強調。

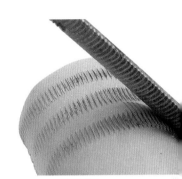

2 任何東西都可以使用一個麵杖來壓印入表面。試著來發展這些，來使得它們交流信息，增加視覺效果。找到吸引觀者的使用紋理的方式，不要明顯複製一種和形式毫無關係的紋理。

3 一旦做出形式，紋理也會被發展。這裡使用一個有刻紋的木槳輕輕拍打形式，來創造一種水平線條的節奏，與其垂直線條形成對比。這個形式在內部有一個卡紙管來保持它不會變形，當形式完成後可以把它去除。

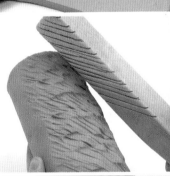

4 通過使用一系列的採用木槳的方法，你能夠快速地創造自己的表面紋理，來增加在發展的作品的獨特的本質。當發展表面紋理時，總是盡量來支持形式內部，預防它變形。

使用印模

　　印模可以製自素燒過的泥巴、石膏或橡膠。素燒了的泥巴保留多孔,所以對此目的是理想的。字母或文字都必須被前後顛倒地刻劃,否則印製後它們讀起來會是由後往前的。

1在石膏或半乾的泥巴上畫出圖案。以使用一隻細針輕輕的刮擦泥巴或石膏的表面為開始;當你畫的超出線條更遠,這道輕微的凹槽會幫助你。錯誤也能夠更容易修正。

2當把標記和線條做的更深和更寬時,能夠使用不同工具來發展。在一小塊泥巴上保持檢查線條的深度和品質,如果被小點石膏弄髒了,可以把它被扔掉。

3當石膏完全變乾時,雕刻起來會比較困難。把印模浸入水中會使得雕刻更容易些。

4在使用印模之前,確保你清理掉了小點的泥巴或石膏。使用濕海綿來軟化邊緣,當印製時,給線條一種圓潤的外觀。在雕刻時小心,不要在設計中創造倒勾,因為當把印模拿離泥巴時,它們會撕扯線條。

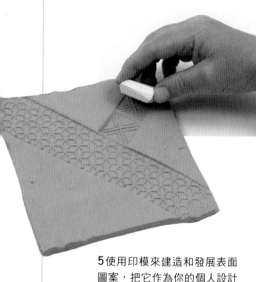

5使用印模來建造和發展表面圖案,把它作為你的個人設計語彙。

6製作一個陽刻的印模要減去較大面積的材料,當印製時,此處創造一個負面的空間。這個是花費時間的。一個製作這個更快的方法是,像先前一樣把它刻入你的設計。燒製結果,然後取一個負面的印刷,它會創造陽刻的泥片。然後把它燒製來創造印模。

7陽刻的石膏印模創造負面設計。

8可以把平直的表面變形來進一步豐富和清楚表達表面。

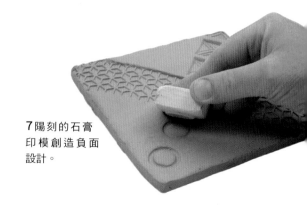

燒至華氏1800度（攝氏1000度）。燒至這個溫度意味著印模還是多孔的，不會黏貼到新鮮的泥巴上。第三種方法是，刻入一塊注漿的石膏。石膏也可以被用來注漿，做出以乳膠或蠟來製作的線條繪畫或圖案。你也可以把你的繪畫發送給一個橡膠印模製作公司，它會為你生產印模。

滾花輪

滾花輪是這樣一個程序，是把一個圓筒形滾過泥巴表面來創造一種重複的、壓製的或浮雕的裝飾。它是在早期的陶瓷中發現的一種古老的技術，在加利福尼亞的伯克利大學赫斯特博物館有一個很好的古羅馬滾花輪的收藏。滾花輪可以和其它很多核心的成形方法一起使用——捏塑，泥條盤築，泥板建造或轉輪拉坯。當和壓印一起時，泥巴的稠度是重要的。如果泥巴太濕，會黏在一起；太乾，會導致開裂和分離。如果你在使用一個無孔的滾花輪，在泥巴表面施以薄薄的瓷土粉層會預防黏貼。在製作作品之前，考慮表面和如何實施。根據技術，滾花輪可使用在形式最初的準備階段，或者等形式完成，根據其堅固度使用。

顯然，滾花輪在平直的泥板上使用是更容易的，但也會根據它們如何被使用而又不同，因為當分散的元素被接合在一起時，干擾和缺口會出現。如果在組合之前，滾花的泥巴太乾，那麼光禿的區域不能被處理。這項技術常常給那些沒有陶瓷知識的人帶來高度技藝和複雜的外觀印象，但在當代陶瓷領域是未被充分使用的。

任何能夠在泥巴表面滾動的圓筒形都可以被用作滾花輪，自己製作或現成的，大的或小的，精確的或粗糙的。滾花輪能夠使用範圍廣泛的材料製作，如泥巴、石膏、木頭、金屬、橡膠塑料。

滾花的花瓶
萊斯·魯辛斯基

這件作品在轉輪上使用滾花輪裝飾。在滾花之後，一個精細泥漿的薄層被應用，然後被擦回來以加強變化的紋理。

檢驗一個滾花輪
來檢驗一個設計，把一塊泥板放在帆布上。當雕刻圓筒形時，可以在軟的泥巴上滾動滾花輪來檢驗圖案的深度（上圖和右圖）。

改編的滾花輪
一個改編的滾花輪被用於在形式的頂部周圍。保持用手支持形式，從內部用壓力對應滾花輪動作的壓力。

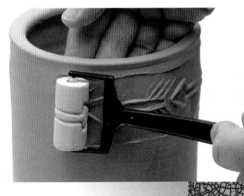

製作一個滾花輪

滾花輪能夠通過把一個設計紋樣雕刻到擠出的泥條上容易地製作。確保你的紋樣適合泥條的圓周。

技術名詞介紹 109

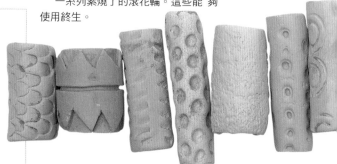

素燒了的滾花輪

一系列素燒了的滾花輪。這些能 夠使用終生。

1 使用擠泥器來創造一個均勻的、光滑的、堅固的或厚的中空的圓筒形（見164-165頁）。另一種方法是，手工滾出一個泥條。留著晾乾到半乾的程度。

2 在測量圓周之後，把一個設計複印在紙上。紙上的設計被滾在滾花輪一周。因為泥巴是潮濕的，紙會黏附在它上面。

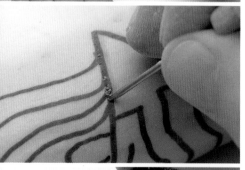

3 如果你曾經使用或複印紙質模版，可以通過用海綿摩擦模板的另一面把圖案轉移到濕的泥巴上。或者你可以使用針尖把設計刺穿紙模版刺出來。

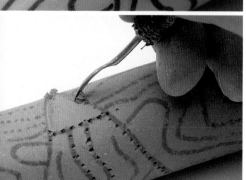

4 去掉複印紙，選擇合適的雕刻工具。通常每一個人有自己調整過的愛好──如果沒有，你很快會有的！減去泥巴的線條。線條會需要被重複來創造深度。毛邊會在邊緣出現。當變乾後使用海綿擦去它們。

泥巴

堅固的或厚的中空的圓筒形能夠被擠出或手工滾出。當軟時，它們能夠滾過任何有紋理的表面來印製圖案。當半乾時，它們能夠被雕刻和完善。所有的都需要被素燒至華氏1830度（攝氏1000度）。

石膏

你可以混合和澆注石膏圓筒形。當製作模具時，常常會有石膏剩餘。如果你有一塊被按壓有圓洞的泥巴，你可以使用多餘的石膏倒入和澆注圓筒形。石膏完全乾後，很難雕刻。可以在雕刻時或一澆注時，就把它浸入水中。石膏滾花輪能夠帶來一種更多細節，銳利、明確和乾脆的設計。

木頭

家用擀麵棍是理想的材料來改編為滾花輪。或者通過圍裹上已有的紋理、線繩或金屬線圍繞它們，或通過雕刻做一個紋理。陶瓷供貨商存有豐富的預先做好的滾子，但來創造你自己的來加上你的個性總是更好的。

做了紋理的滾花輪

一個簡單的不需設計和雕刻的製作滾花輪的方法是，在紋理上滾動一個圓筒形或泥條，來複製它的表面。然後把它素燒。

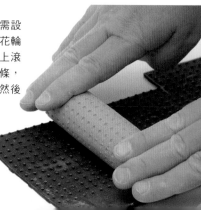

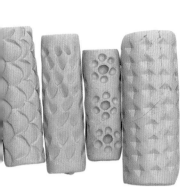  

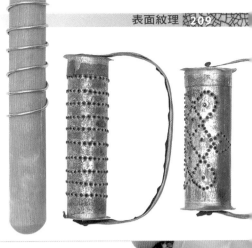

試驗的滾花輪
一個買到的滾子使用一個金屬線纏繞（右圖）。試驗使用不同的圍裹材料。

鋁製滾花輪
這些印第安的鋁製滾花輪（右後圖）能夠被用於穿刺的設計。

金屬

如果你有辦法來用印刷設施，那麼你能夠蝕刻自己的設計和紋理到金屬盤子上，來形成圓的圓筒形。現成的機器零件、齒輪、輪子也是對改編有用的。

橡膠

橡膠印模製造商會使用你的設計製作橡膠條紋。然後這些能夠被包裹和膠黏在圓筒形周圍上面。橡膠墊也會提供有趣的圖案，以同樣方式使用。

塑料

現成物品如瓶子頂部或水管部件提供有趣的效果。在藝術或裝飾商店有很多商業生產的可買到的滾子，能夠使用或容易來改編使用。當附加上一個簡單的把手時，圓筒變得更易於使用，不管是買到的還是自己做的。

這兩個石膏滾花輪（左圖）一個製自改編了的塗繪滾子，另一個的把手用軟的電線內的金屬線製成（右圖）。

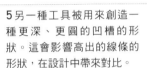

5 另一種工具被用來創造一種更深、更圓的凹槽的形狀。這會影響高出的線條的形狀，在設計中帶來對比。

6 使用一把濕的刷子弄光滑留下的毛邊，來界定和改善線條。

7 可以使用海綿來做更多改善，來完成設計。在此階段，你可以決定你想要紋樣顯現出來的邊緣多輕或多硬。使用海綿來做更多摩擦，軟化圖案並使得設計更微妙。

8 製作一個深度為1/4英吋(1厘米)的孔，裝上一個把手。

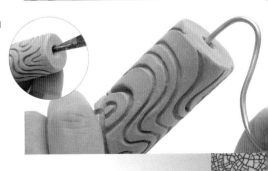

在陶瓷中，透雕和鏤空常常是未充分利用的技術。有一種普通的透雕的方法是，在拉坯的作品上做凹槽（切削側面），它創造有立面的形式。大部分其它建造技術通常是加上而非減去。新手常常認為，減去泥巴似乎是破壞性的。

透雕和鏤空

對雕刻家來說，減去是關鍵，而且常常是費時間和困難的，特別是在加工減去大理石和石頭材料時。然而再也沒有比從一大塊軟的泥巴塊上面雕刻更容易的了。儘管在當代只有相對少數幾個製作者在利用它的潛能。

拉坯作品在可以切削階段使用減去法來完成和改善形式。這有時被認為是不好的事情，就好像它完成了這樣的事實，即你不能拉出你要求的形狀，不得不把它從你設法拉的形式中切削出來！但真的減去具有和加上一樣的價值不是嗎？

你可以使用一個實心的塊狀泥巴開始一個形式，開始通過使用環狀工具減去泥巴來雕刻出來，環狀工具為此目的被製作為範圍廣泛的尺寸。完成了的形式然後可以切割為部件，使用同樣的環狀工具來做中空。然後形式可以使用刻劃和塗泥漿法再接合回來在一起，使顯現為一個堅固的形式。

從內部的操作

陶瓷形式的一個好處是，你可以從內部操作泥巴，正如在外部一樣。一旦創造了表面，

雕刻了的形式
哈利馬·卡塞爾
這些雕刻了的形式（左圖和右圖）透過平板拼接來創造多變的和複雜的表面圖案。減去的設計和光線、陰影和有節奏的運動一起發揮作用。

有紋理的壺
Karin · putsch-grassi

　　當這件轉輪拉坯的形式還在轉輪上是濕的時候，曾被切削和減去。形式然後從裡面推出，來拉伸出泥巴，創造紋理。

　　你可以透過發展和使之變形來探索更遠，從內部輕輕地推動和梳理泥巴向外。這會打開紋理，並根據泥巴的不同，顯現出其它方式不能得到的效果。

　　一般來說，使用其它材料的雕刻家只是在外部加工和再加工，在沒有機會來給作品帶來新的能量來刷新方法和形式時，這能夠變得費力和變為過度加工。在陶瓷中，這種機會猶如外科醫生使用肉毒桿菌！根據其應用不同，這也能夠給出在表面之下已發生、或正在發生的一些物體的外觀。

銼刨

　　銼刨具有豐富的種類，在減去泥巴中非常有效率，來創造平直的基礎、邊緣和邊沿。

透雕和鏤空

技術名詞介紹 110

　　在使用鏤刻和透雕時，泥巴的稠度和對工具的選擇會是決定最終效果的關鍵因素。

1 用鉛筆在半乾的泥巴上把你的設計做出標記，來決定在大的面積上鏤刻。半乾的泥巴容易透雕和鏤空，使用豐富的工具來創造範圍廣泛的記號和表面。

2 為了舒適和創造自己個人的標記，製作者會常常改造工具。任何泥巴都可以透雕，但你的選擇會根據所要求的最終效果的精細和光滑程度來決定。

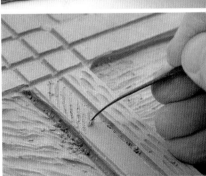

3 試試一系列不同的工具來探索豐富的痕跡製作潛能。習慣於加工它們，這樣當需要它們時，你會感覺舒服。

4 一個範圍廣泛的不同尺寸的環狀工具可以被用來鏤刻泥巴。其中非常大的版本對鏤刻大的面積也是有用的。

　　你可以創造樣本瓷片，在其上嘗試想法，然後它可以作用為視覺資源，在未來應用。

透雕

透雕描述切割穿透半乾的泥巴，在泥巴坯料中創造裝飾圖案的技術。它起源於波斯，是功能性的裝飾形式，通常使用於在烹調類物體中如三腳架或漏勺中創造一種圖案。透雕是一種有趣的和吸引人的技術，它要求貫穿製作和乾燥過程的耐心、準備、技藝和對於泥巴性能極為熟悉的知識。

它是一項能被用於強調最小的設計特徵，或能夠被一種高度裝飾性的方式使用的方法。今天，它主要是與免洗性事物或工業上的使用相聯繫。透雕要求能買到並能改編的特殊工具——通常，製作者會特地為某項工作製作他們自己的工具在手中，為他們自己舒適的使用。

對於新手來說，透雕程序的最重要的方面是選擇合適的光滑的泥巴坯料——非常關鍵，直到你累積起對這項技術的經驗。這種光滑的泥巴會使得容易切割。當透雕時，泥巴的稠度是非常重要的：太軟，泥巴會很快開始倒塌；太乾，泥巴會開裂和破碎。根據設計的複雜性，它可以是一個長長的過程。因此，泥巴始終保持在同樣的工作程度是重要的。一旦你製作了形式，讓它來乾至半乾程度。

設計程序

程序可以開始於一個預先畫好的設計，弄清楚所有的潛在的關鍵、及之後邊導致問題的區域。主要的設計挑戰是，思考陽面和陰面（凸出和凹進的）空間。還有，留下的結構在透雕之後如何貫穿整個陶瓷過程支持它自己，特別是貫穿炻器燒製階段。

透雕的花瓶
詹妮弗·麥柯迪
這是一件技術上不同尋常的透雕的造型。它被富於技巧地逐步雕刻和鏤空。首先，設計被描畫在表面上，然後大部分體積被去掉。改善的程序分幾個階段發生，直到達到這個精緻的框架的珊瑚形式。

雛菊水罐和原型
安東尼·昆
　　這件透雕的水罐被以傳統方式手工製作，但它是在計算機上使用一個3D打印模型來設計的。

有的設計者選擇使用鉛筆直接畫出在形式上，來發展一種更為有機的方式，看到設計在形式周圍生長。第一次嘗試這項技術時的困難是，視覺上看到形式會如何顯現。這是不可知的元素，直到形式被最終透雕。

製作設計草圖

　　對於圓筒形形式，你可以在一個紙質模板上切割出負面形狀。一旦完成，把模板圍繞包裹，來形成一個圓筒形，來得到一個關於最終形式會如何顯現的想法。再一次，根據你的設計的複雜性，這個可以節省相當多的時間。

　　選擇你喜歡的設計方法並轉錄到形式上去。你可以使用紙張、複印紙，或一個直接的方法。選擇合適的工具，開始在形式的頂部鏤刻泥壁。當設計發展時，這會讓底部成為一個穩固的支撐。在泥巴掉落之前，你可能需要來重複切割線條幾次，或者需要多次部分的切割來穿過單個的片。這完全取決於泥壁的厚度。

製作和適合透雕設計

技術名詞介紹 111

　　當考慮如何來保留一個強壯的、能經受抽取過程的支撐結構時，設計的主要挑戰會是界定陽面和陰面的區域。

1 在打印紙或複印紙上大致描畫出設計思路。考慮形狀如何形成合攏的塊或區域。查看在支撐結構中可能的弱處，和在透雕階段可能需要更多考慮的區域。

2 如果在設計某種事物來適合於一個特別的形式，測量形狀的範圍或圓周，然後在其內工作，使你能夠來連接或接合起來設計，來創造一個連續的圖案。此處，一張草圖正被轉移和放大到一個複印紙上面。

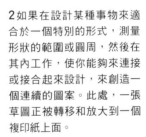

3 檢查設計適合形式，調整設計中不合適的區域。弄濕形式的表面，來幫助模板黏貼在表面，轉移設計。把紙張圍繞包裹，有墨水的一面向著泥巴。

4 一旦紙質模板被固定在表面上，你可以簡單地使用濕海綿摩擦來轉移鉛筆或墨水設計到形式上面去。另一種方法是，保持模板在位置上，使用一個穿透的輪子來切割　和轉移設計（見214頁）。

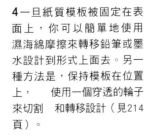

透雕和改善表面

泥巴的稠度是成功的透雕最為重要的因素——和重複的表面清理聯合一起來改善形式的效果。

1 對於某些波動的有機形，使用一個刺穿的滾輪或針狀工具重複地刺戳表面來透過紙質模板標記設計是必要的。

2 來開始切割程序，從形式的頂部開始，推動穿刺工具進入泥巴，確保你的手在支撐後面的區域。每一個區域可能需要好幾個切口來抽取泥巴——這些也可以被劃分為更多部分，因為有時抽取整個形狀是困難的。

3 當在形式的周邊和上下工作，你可能需要來支撐較大的開放的區域。可以使用泥巴塊或紙巾球來支撐。

4 一旦透雕完成，使用一塊濕海綿擦拭來清理掉鋸齒狀毛邊。這會需要重複的動作，和海綿的持續清潔。

5 輕輕地把形式底朝上來倒去廢料——當形式還是皮革的硬度時，這會比較容易。如果把它留到更晚，形式會更脆弱，當乾的泥巴和小的泥巴會黏附在裡面。

形式在泥巴的另一個面上獲得支撐是重要的。這可以使用你的手或一個內部或外部的模板來完成。當繼續加工形式，你可以用抽取出來的廢料在部分之間加入支撐。這些會是同樣的稠度，會以相似的比率來乾燥和收縮。毛巾也會非常有用，當收縮出現時，它們會預防相反的壓力。

可以使用一個吹風機來輕輕地吹乾形式的透雕部分。不要過分乾，因為它會導致在完成設計之前開裂。不管是何種泥巴，小的鋸齒毛邊會在切割處出現。這些可以在繼續加工時刷掉，或留下直到最後它們都變乾。

清理和完成

讓泥巴晾乾到堅固的皮革的硬度。在此階段，當考慮到已做完的工作，形式經常看起來令人失望。然而，當你清理掉毛邊，用海綿擦拭，你的設計會很快被揭示出來，看起來更加精緻和完美。

做效果

既在內部也在外部的邊緣做最終的改善和做效果，可以使用一把濕的畫筆來做。

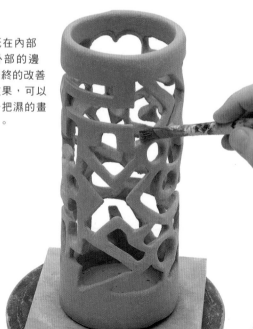

有很多種選項可以在素燒之前加上顏色，而不僅僅是使用化妝土，如金屬氧化物包括二氧化物和碳酸鹽、釉下彩、坯料和釉料粉末顏料，和那些有加入黏合劑如絲光劑的。這些都提供使用顏色來試驗的機會，提供裝飾的可能性。它們也可以在第一次燒製之後被加上。

使用顏色

當使用這些材料時，必須小心，特別是在共用的工作室裡，因為這些顏色在素燒的溫度，並不完全固定在表面，在出窯拿取時會掉落，這意味著，這有玷污其它作品的風險。未上釉時，大部分固定這些材料的溫度不會被得到，除非達到華氏2200度（攝氏1200度）。

在此階段加入顏色的主要好處是，它讓你能夠把顏色和未燒製的泥巴一起彼此混合。如果你不想要使用釉料，這件作品能夠被燒製一次，達到一定溫度，而不需素燒。

著色的氧化物

當對顏色和釉料進行試驗時，一些基本的知識會幫助你。大部分陶瓷粗原料是天然出現的，在全世界的地方被發掘。它們是包含氧化物的——和氧聯合在一起的元素，而且根據發掘地點的不同，可以在化合物中變化。著色的金屬氧化物被工業化地磨碎、製備，產出為不同強度，如氧化物、二氧化物和碳酸鹽。在陶瓷過程的所有階段，它們能提供顏色。為了定義的目的，"氧化物"一般指在陶瓷中上色用氧化物。

氧化物能夠和水一起使用，作為一種稀劑用在乾的、未燒製的或素燒過的泥巴表面上，使用在一種釉料的下面或在釉料的上面，當和一種包含錫的物質一起使用時，被稱為馬略爾卡陶器(majolica)。它們也被加入著了色的泥巴坯料中，著色泥漿和顏色釉。

氧化物是一種極為強大的著色劑。二氧化物和碳酸鹽一般比純粹的氧化物弱。需要使用多少會取決於使用哪種氧化物和形式。在泥漿或釉料配方中使用0.5%會產生一種顏色。它們可單獨使用，或彼此聯合，和其它商業性生產的顏色顏料一起使用，來產生一種無限範圍的顏色和紋理，還受到其它釉料成分、燒製溫度和窯內氣氛的極大影響。

因為它們的力量，你會需要發展測驗來觀察和領會粉末對水的比率，來做出非正式的。

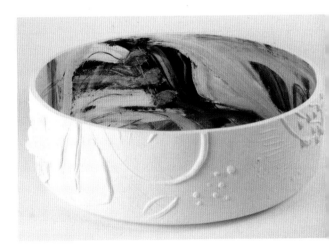

對比的著色造型
簡・布萊克曼
　　內部全部使用顏色和外部的浮雕線條展示了由表面裝飾產生的無窮的可能性。

著色泥巴

著色的瓷器燈盞
鐘吉雲

　　高溫燒製的亞光瓷土泥巴使用坯料著色劑著色，形式注漿為不同層，著色的區域被修坯或雕刻減去。然後光線照亮泥壁最薄的部分。

顏色和形狀裝飾
巴里·斯特曼

　　這些鮮明的表面被創造出來，是通過使用一種坯料著色劑的混合物來著色泥漿，作為釉下彩顏料使用，然後施用一種透明釉來表現出色彩的豐富。

表面色彩的特寫
安妮特·韋爾奇

　　氧化物使用來著色一系列的泥漿。然後這些被鋪設上去，使用不同的排斥釉的技術，把乾釉料施用其上，來得到一種變化的亞光的表面效果。

你使用某種氧化物越濃，它們顯現出來就越像金屬，而且它們會起水泡。通常，溶液越稀，顏色變化越多。

你可以使用氧化物和水的稀漿在素燒了的作品的頂部，來得到非常精細的紋理。在往素坯表面施用之後，使用一塊濕海綿把它們擦回來來強調表面紋理。可以燒至瓷器溫度來固定和產生一種亞光的表面，而沒有施釉。或者等主體晾乾，使用一把噴槍來施用陶器或瓷器釉料。這是為了避免如塗刷、蘸漿或倒漿等沾污釉料（這會干擾氧化物並導致它脫落）。

氧化物可以被施用於釉上或釉下。注意某些氧化物，如果施用太濃，會降低釉料的熔點。根據施用的釉料和氧化物的濃度，它會導致釉料從作品流下，導致作品黏在窯內支架上。

從歷史上，代爾夫特器物——一種錫釉陶器生產於荷蘭代爾夫特——是一個極佳的例子來說明一種單一的氧化物（鈷），是如何和水一起使用為不同溶液強度，來生產藍色的不同色調的。在釉上使用氧化物如有錯誤會導致無法修正的事實。如有錯誤，整個應用了的釉料和氧化物都需要被洗掉，重新來過。

氧化物可以使用範圍廣泛的技術來應用。它們正如金屬，具有不同的熔點，所以，沒有其它成分時，一些會不熔化而固定在泥巴上。當和其它材料一起使用時，可以把它們和水摻合和混合，或者使用研缽和搗杵來研磨。這會預防在最終的應用中出現明顯的斑點。

釉下/坯料著色劑/釉料著色粉末

　　釉下、坯料著色劑、釉料著色粉末都是商業性生產的，製自氧化物和人造的著色基礎粉末顏料。它們提供了穩固可靠的，並常常是可預知的顏色，大部分燒至瓷器溫度。然而，它們是更昂貴的。生產商會總是提供產品的信息，來告訴你現成的粉末的燒製範圍，因為有的不會把它們的顏色控制在瓷器範圍，導致可能全部燒掉。

這些粉末顏料能夠和水，或者和一系列黏合劑一起混合，是一個範圍廣泛的用作在很多事物上面的裝飾目的和技術，從素坯到素燒過的作品。它們能夠被作為顏色稀漿有效地使用。如果應用太濃，當釉料燒製時它們會有氣泡和蜿蜒的痕跡。它們在素瓷階段不固定，直到應用釉料在它們上面並燒製。粉末可以在素瓷階段使用，釉上或釉下。它們可以被加入化妝土、泥巴坯料和釉料。你可以把屬於同樣產品範圍的大部分這些產品彼此混合一起使用，但當混合在一起來形成一個範圍更廣泛的顏色時，它們並不表現為和通常的顏料一樣的方式。然而，當加入到一個釉料成分和氧化物的組合物中時，根據成分、溫度和使用的窯內氣氛的不同，它們會產生一個變化的範圍的顏色、色調和紋理。

絲光釉下彩

絲光釉下彩是商業性可買到的，範圍廣泛的顏色，包含一種黏合劑，來幫助它們的應用和黏附。它們要求兩到三層堅固的覆蓋層。這使得設計作品更容易，因為它們不會混合在一起。它們隨著素燒而變硬，但需要被燒製到陶器溫度的最高溫度來固定，產生一種天鵝絨似的外觀。

著色劑

著對比色的形式
朋克里奇陶瓷公司

這些作品使用了一個全系列的亞光和亮光釉，由著色劑、釉下彩顏料和氧化物著色。有的還施用了透明釉，加入到非同尋常的現實主義的表現上面。

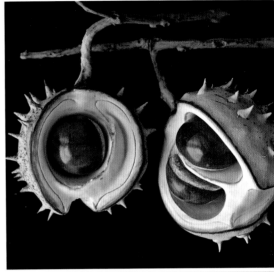

有層次的和修坯的碗
蘇珊・奈米斯

瓷土泥巴被用坯料著色劑上色。這些然後被層壓和修坯，讓圖案透過分層的表面顯露出來。

對比色的形式
雷吉娜・海因茨

這個形式使用一個氧化物、坯料著色劑粉末和絲光著色劑和亞光釉來創造。所有這些元素在一起，表達了一個豐富和有趣的表面。

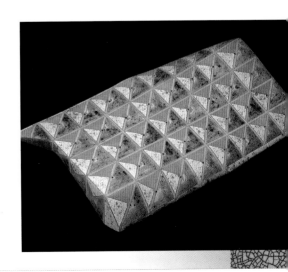

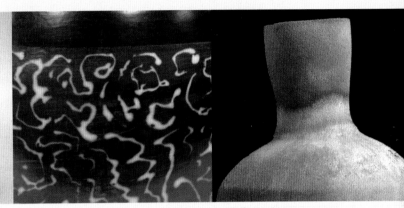

第四部分

燒製

還原釉的花瓶

卡琳・普氏-格拉西

　　這件泥巴的形式和表面被加工來創造一種有趣的紋理效果。這被釉料、燒製和煙氣進一步加強。

製作者從左到右：

喬根・漢森，克里斯蒂安・考克斯，約翰・伊文思，大衛・米勒。

大型窯

這個是在英國聖艾夫斯的里奇陶瓷廠的窯棚。它顯示了兩個燒煤氣的下坡蘇打窯，由帶頭的陶工傑克·多爾蒂建造。

　　對窯的選擇會被幾種因素所決定：生產的作品的種類和尺寸，可得到的空間，要使用的燃料的種類，並且當然還有你的預算。在購買之前，你可以和其他製作者及生產者交流，確保理解每種窯的優點和缺點。

哪種窯，什麼燃料？

　　預想在未來你可能會生產什麼將會是困難的。先選擇小件東西試燒並不浪費，這些窯能夠服務於有用的目的，作為試窯來看你的生產範圍是否超越了它。

尺寸

　　現有的窯有不同的尺寸，來適合於從小作坊到大規模生產的工廠的任何事物。如果購買你能支付的最大的窯，想著某一天你將要開始製作大件作品，可能不是最明智的選擇，因為你不會想要等到填滿它才來燒製它，並且正好在它的能力之下來完成燒製。小一些的窯會被定期燒製，使得錯誤代價更少，使你能夠更快看到效果。擁有兩種尺寸的窯常常是一個效率高的選擇。

　　所有的窯都有關於其外部和內部的容積和重量的特殊信息，如果它們是將要被安置於承重的地板之上，這些都是重要的考慮。好的供貨商常常發送一個關於電力供應、方位、利用率、通風設施的購買前調查表，並總是樂意來談論實用性，提供售後服務。用購買一個窯的價格的零頭，你能夠建造一個自己的窯，很多使用瓦斯窯而不是電窯的人都在這樣做。

　　小型的、便於運輸的窯，也即使用後能被拆開，並被組裝在不同地點的窯，能夠容易地使用陶瓷纖維和金屬線網製作出來。大型的窯趨向於用不同類型的耐火磚包括HTI（高度隔熱絕緣）和一個金屬框架或片製作。它們準確地燒製所有要求的溫度。窯在哪裡座落是另一個因素，但大型窯能夠供應各部件需求，只要在適合位置上建造。

燃料

　　對燒製燃料的選擇取決於你要探索和創造的作品的類型。電窯提供了一個穩定的、高效的、清潔的和可靠的燒製陶瓷的方式。然而，控制和親身實踐的生理上的和感覺的體驗卻消失了。所有其它提供火焰的燃料，提供了不同的效果，不同的表面和顏色，要求很多的經驗和知識。所有的窯都能創造吸引人的結果，但明顯的是，出來的結果取決於你的知識、經驗、和你想要把什麼放入這個混合。

　　你也需要考慮你的地理方位，與燃料的渠道和運送的費用，以及你個人的"碳排放量"。不同國家對燃料排放有不同的法規，而且這些法規時常改變：確保你知道你那裡的法律上的要求。

選擇一個窯

從不同的供貨商那裡，有非常多種類的窯來選擇，而且現在有很多優秀的產品。正如在陶瓷中的大部分事情，詢問其他製作者他們在使用甚麼。小型到中型的頂裝式窯是作為一個第一次"安裝起來"的窯的普遍選擇。

頂裝式窯

前裝式窯

非常少的製作者設計和建造他們自己的電窯；你也可以把自己的要求委託別人。

構造

電窯由輕量HTI磚構造，它比標准磚輕達80%。為更好的絕緣，一層陶瓷纖維毯蓋到頂部。這兩種材料都容易被破壞，所以，為了保護的目的，把它們覆蓋在金屬薄板中。

在窯內，壁上、地板、門上都有切割出的溝道，用來控制盤卷的金屬線元素在位置上，這些金屬線制自被稱作"kanthal"的金屬合金。這些kanthal元素通過放射轉移熱量，不會有燃料的燃燒發生。不像是一般的元素，它由碳化硅（金剛砂）棒包含在陶瓷管中組成。對電窯的確切的描述是，其氣氛是中性的，而非氧化的，儘管大部分陶瓷製作者把它認為是氧化的。

新窯會要求一次單獨的空燒，來氧化外部的kanthal金屬線元素。在此次燒製中，一層氧化鋁在金屬線和窯內的氧之間被創造出來。這會保護和延長元素的使用，因為正是這個層在瓷器溫度的頂部把金屬線合在一起。如果，在未來的燒製中，你使用材料在窯中創造還原氣氛，當碳氣氛吃掉保護性的塗層，這些金屬線的壽命會縮短。你的窯中這些金屬線的生命週期會取決於你燒製多少次，燒至多少度：如果你定期燒至瓷器溫度，那麼你可能需要每幾年換一套新的金屬線。當需要時，它們能夠被容易地更換，每次更換一整套比更換少數更高效。

溫度控制

電窯是使用一系列溫度量計來燒製的；這些通常和自動化數位程序控制器一起購買，後者當窯溫達到預先設定的溫度時，把窯關掉。

電窯燒製在整個窯中產生一種統一和均勻的溫度，儘管仍會有"冷點"和"熱點"以及在頂部和底部之間的溫差，根據裝窯方式。然而，電窯的穩定的氛圍對一些製作者來說還是不夠令人興興，因為他們認為其生產的結果是太可預見了。

頂裝式窯

頂裝式窯有豐富的不同的尺寸可得；它們非常高效，容易操作，安裝和使用都很便宜。作品從底部開始裝起；在一些類型中，你可以加上更多環狀部件來增加高度，你應該開始來製作更高的作品。

對一個商業性生產的窯來說，頂裝式窯相對不貴，對小型工作室是理想的，因為它們只需要18英吋（45厘米）的空間在窯和牆壁之間（如果它們是被安放在一個封閉的房間，會需要更多空間）。因為它們被設計為絕緣層最小，不會迅速冷卻下來，對特定釉料來說，這會產生問題。通過在控制器上安裝一個冷卻程序，這能夠被克服。大部分頂裝式窯會使用單相電，只有大型的橢圓形窯需要三相電。

前裝式窯

前裝式窯可得到範圍廣泛的尺寸，從桌上"測試"窯到大型工業用窯，它們結構更為沈重，比頂裝式窯絕緣好很多。它們更為強壯，有更重的外部框、壁、底部和門。冷卻比頂裝式窯更慢很多，因為有更有效的保溫能力。前裝式窯的價格一般是尺寸相當的頂裝式窯的三到四倍。它們一般要求三相電供應，比頂裝式窯佔用更多空間。前裝式窯的主要好處是，它們非常耐用，如果你將要進入生產工作，它值得這個花費。

窯車窯

一個窯車窯是把它所有的磚基礎建立在一個金屬框的頂部上，框的下方裝有輪子。一旦基礎被裝滿作品，整個推車被輕輕地推入窯內。現在它們被設計為範圍廣泛的尺寸來適合小型的工作室，以前曾被特別製作為大型工業用窯。你會需要窯的尺寸的兩倍的空間，為了當你在裝窯時來適應窯車。這些窯被建造為周圍都是金屬框架，帶有極佳的保溫設施。小型的窯趨向於使用HTI磚建造，而大型的在內壁和天花板中包含有高百分比的陶瓷纖維。像其它類型的窯，它們可以根據個人要求被委託建造。這些是強壯的窯，它們提供工業性生產能力，因為其尺寸，會都需要三相電。窯車窯的主要好處是大件作品能夠被安放在窯車上，然後推入窯內；燒製大型作品的另一種選擇是，圍繞它建造一個窯。

電窯的費用

A=窯的千瓦率（功率，從窯上或手冊上取得）

B=燒製的時間，小時×0.6（因為窯會只朝著燒製週期的結尾燒製為全功率，在結尾階段之前不燒製為全功率）

C=每千瓦的費用/單元（在電費單上）

燒製一次的費用=A×B×C

瓦斯窯

瓦斯窯有三種類型:直焰窯升焰(升焰窯),倒焰窯,橫焰窯。設計會決定火焰和熱量如何傳布,通過作品和窯,最後出去。這會影響窯如何高效地工作,取決於你要燒製到的溫度,何種的氣氛類型。

直焰窯(升焰窯)

這種窯中的火焰在下方或在較低端。熱量在腔體內通過向上移動,通過頂部的一個孔或煙道出去。這發展自早期的篝火到坑燒,其中牆壁被建造為高出火坑,陶瓷碎片被放置在作品的頂部來保留熱量。直焰燒製有不間斷的熱點問題,取決於熱量如何穿過腔體,到達出口的孔,這總會是最快的路線。甚至裝窯對均勻燒製的發生也是重要的。

倒焰窯

這種窯中的火焰進底部或側邊,熱量被迫或順一個壁(擋火牆)反射向上到天花板,又向下通過包含有作品的腔體,被吸收通過在窯後面的一個煙道。熱量然後能夠被吸入腔體或通過一個煙囪離開。這些設計使得熱量能夠更均勻地遍布腔體,使得能夠達到更高的溫度。它們也允許對窯內氣氛有更多控制,使得能夠燒製還原氣氛或氧化氣氛。這是今天的許多窯設計的原則和出發點。

橫焰窯

這種窯中,燃料被在入口處的一邊通過一個燒火孔加入,同時氛圍(或熱量)以一種十字交叉形的模式循環,然後向上到達天花板,向下通過包含有作品的腔體,最終通過窯的後面的、在燒火孔的相反一邊的一個煙道離開。這些窯是最先採用植物灰釉的,通過把灰飛在天花板上,開始滴落在作品上。橫焰窯設計發展為隧道窯或龍窯(階級窯),或更大的多的版本—攀登式腔體窯。

瓦斯窯

是否要購買或建造起一個瓦斯窯的決定會由你的位置、可得到的空間以及當地規劃和法規等決定。也值得和你的保險公司一起檢查。計劃窯的位置也需要考慮鄰居,如果他們將要被煙氣定期地影響。

窯的尺寸應該被你要生產什麼來決定:如果你從不想要填滿它,你擁有一個大型的窯是沒有理由的。製作者常常用一個電窯來做素燒,因為在此階段,瓦斯燒製是沒有好處的。然而對於大型作品,有的人更喜歡能夠在瓦斯窯中來控制熱功量(某物被暴露於熱量中的時間)。

瓦斯窯能夠被安全地燒製,在有充足空間環繞的室內,和在外面有被磚或木料建造的建築的覆蓋下面,在或開放的或合攏的瓦楞金屬屋頂的棚子裡。

設計

經過詳細的關於對未來可能的產品是甚麼和方位會在哪裡的考慮,下一個決定是,是否選擇直焰窯、倒焰窯或橫焰窯。瓦斯窯不必要求一個分開的煙囪來抽出熱量;這個可以由窯自身完成,在一個簡單的直焰窯設計的事例中。出煙孔要足夠大來讓煙氣逸出。

如果你在製作一個倒焰窯或橫焰窯,你要求一個單獨的出口通過一個煙囪,它會抽出熱量和讓煙氣通過。你需要考慮煙囪、火箱的相對尺寸,以及煙囪的高度,因為這些規格有應該遵循的基本原則,來使得它們有效地工作。把火箱做的正確,對有火焰燃燒的燃料來說都是關鍵的。

燃氣供應和儲存

燃氣能夠通過總管/市鎮燃氣,大型儲油罐或丙烷瓶供應。燃氣應該被單獨儲存,由管道輸送。必須從註冊了的燃氣承包商那裡尋求建議,哪種適合管道工作。所有管口應該有切斷的閥門控制,這些在緊急事件中都容易被使用。

燃燒嘴

燃氣在窯內被採用,是透過不同類型的燃燒嘴實現的,燃燒嘴來規範流動的燃料的量和空氣(此處的空氣被指為"初級的")到窯內,隨著圍繞在燃燒嘴周圍的空氣(此處的空氣被指為"第二級的")一起。從製造商那裡有全範圍的可得到;它們的單獨部件也可得到,這樣你可以訂做自己的。有簡單的燃氣噴嘴,依賴於初級空氣壓力,迫使空氣燃燒器依靠由鼓風機供應的壓力;高端的全封閉的噴嘴單元有控制著的空氣和燃料。很多瓦斯窯的設計包含內部低牆(擋火牆),它預防火焰直接進入接觸作品。來選擇最適合的燃燒嘴,與供貨商交流,關於你的窯的容積的能力、溫度,和你在使用的燃氣的類型。

熱量的方向

這些腔室的箭頭方向顯示了熱量的方向。

直焰窯

出口

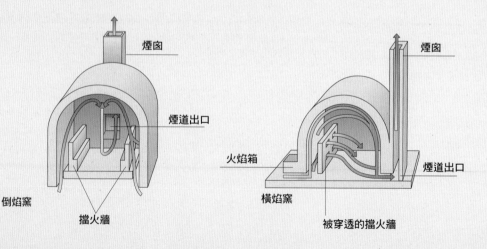

煙囪

煙道出口

擋火牆

倒焰窯

煙囪

火焰箱

煙道出口

被穿透的擋火牆

橫焰窯

你所需要的燃燒嘴的數目會取決於窯的尺寸。所有的都必須和壓力計量器及安全切斷設備一起供應或製作，當火焰有任何失敗時，切斷設備會切斷燃氣。所有的燃燒嘴都需要被精細地調整，以便使成功地操作。如果未點燃的燃氣以低溫進入腔室，然後窯被點燃，會發生爆炸。燃燒嘴座落於剛好在窯的外面的底部，燃氣或孔被留在其周圍，讓火焰和氧氣來進入。

材料

如果你在建造自己的瓦斯窯，

這個倒焰窯在威爾士Aberystwyth 2011
國際陶瓷節被建造為演示的一部分。陶
節後，它被賣掉，材料費用為1418美元
（□00英鎊）。它的基座使用質量沈重的防
□磚建造，主要牆體是HTI磚。所有這些使
□一個簡單的和普通的金屬角鋼條體系固定
□位置上。屋頂的磚塊是被標了數字的，這
□它可以被重建。

買你能支付的起的質量最好的，因為這個窯會使用一些時候。二手的材料能夠被買到。樂燒的窯要求低溫為華氏1832度（攝氏1000度），可以使用一般的房屋用磚；為了更高的溫度，你會需要耐火磚。當熱功率（一個產品能夠經受的最大的溫度）增加，價格也會增加。耐火磚比HTI便宜些。

金屬角鋼框架時常應用在窯磚的周圍來幫助把結構控制在位置上。燒窯的次數和燒至多少溫度會決定在窯需要被重建之前的壽命。大約五年生產250次燒製。

陶瓷纖維是外部使用的，因其具有極佳的隔熱的特性（保持與時俱進，符合當前的健康和安全法規，因為陶瓷纖維是致癌的，刺激皮膚）。當要求增加，新的陶瓷纖維被發展出來，它們更安全，但熱功率不能超過華氏2282度（攝氏1250度）。陶瓷纖維是一種鋁、硅、助熔劑和瓷土的混合物。它易於使用，但總是應該小心操作，你應該戴防塵口罩和保護性的手套。總是保持材料是乾的，因為當濕的時候它會破碎。有一種可得到的液體被塗刷在表面，來提供一種結合的塗層來幫助預防纖維的容易破碎。纖維上市為一系列不同的形式：最有用的是毯子，其溫度可高達華氏2300度（攝氏1260度）。所有這些形式能夠被用在磚牆之間、上方或裡面，來幫助保留燒製的腔室裡面的熱量。毯子也被用於很多不同的窯中，特別是在具體地點的雕刻品燒製（見243頁）。

木料成形模具和遮板能夠幫助注漿耐高溫混凝土（鈣和鋁的混合物）創造結構。對於大型的窯，能夠使用不鏽鋼製作的加強條，它

窯的建造

這是里奇陶瓷廠燃氣燒製的倒焰蘇打窯（1）。它展示了HTI磚，側面和天花板使用一種陶瓷纖維毯覆蓋，使用金屬薄片和金屬網控制在位置上。大的過頂的管道供應主要的燃氣到雙重燃氣噴射燃燒嘴（3）。圖解展示了燃氣燃燒嘴能夠是多麼簡單的（2）。

不會受到侵蝕。

溫度控制

瓦斯窯燒製能夠被數位程序控制燃氣製器全面控制，但常常是由製作者控制的。溫度使用一個在窯內的熱電偶棒讀出，它被繫附到並讀出在高溫計上面（見226頁）。

好處

製作者選擇使用瓦斯窯的兩個原因是，來創造還原原氣氛和往窯裡採用鹽和蘇打（見235-236頁）。還原是通過短時間對窯內供氧不足來創造的，它改變釉料和泥巴的顏色。

重油窯（以工業重油為燃料）

油能夠像燃氣一樣被有效地使用，特別是對於大型的窯。選擇通常會由燃料是否可得、供應和花費決定。同樣的還原和氧化氛圍能夠被創造和控制，正如使用其它火焰燃料。不同種類的石油能夠被和適宜的燃燒器和方法一起使用。一種體系使用重的廢油，是一系列台階狀的金屬盤，在這裡油從一個滴入另一個；當它點燃，一個風扇提供氧氣來燃燒和進入窯內。空氣被迫的燃燒器產生一個分布很好的油和空氣，被壓縮機和風扇控制；這被

1 控制龍頭　　空氣　　燃燒嘴

燃氣

2

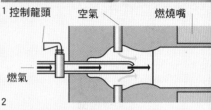

3

商業性生產的窯

一個商業性生產的瓦斯窯，帶有一個在內部的後面的煙道在窯的底部和一個側面擋火牆。

稱作 "初級的空氣"。 "第二級空氣" 是那些被抽取進來在燃燒器周圍的空氣；這由從煙囪的通風設施創造。油通常是由重力餵給，供應油罐位置比燃燒器高，遠離窯。當然對於瓦斯窯，所有的管道工作應該被定期檢查，由專業的裝配工來保持好的秩序。

柴窯

柴窯不能買到：它們要求有經驗的人來建造。像對於瓦斯窯，與定期使用它們的陶工交談，詢問進行參觀或幫助燒製一次的可能性。參加製作和燒製工作室，在做出委託之前來看這是否真正是你想要來投入工作的類型。有一系列不同的窯的設計，都曾被很好地嘗試過和檢測過，其信息和圖解在具體的書中可得到。

材料

柴窯常常製自一系列磚的類型。燒嘴應該使用質量最好的耐火磚建造，因為這是窯經受最多相關熱侵蝕的地方，並且木灰是侵蝕性的。HTI磚對腔室牆壁和拱形是理想的，用陶瓷纖維層在它們之間、裡面或頂部的上方支持。隨著使用一個金屬框架，這可以都被保持在位置上。也可以把它覆蓋在泥巴中。

燃料

得到瓷器溫度要花費大量的木料，所以在計劃燒製之前，要準備好木料供應，確保木料很乾，來即時提供熱量。木料需要被運送或收集、劈開、堆放，在使用之前儲存數月，而不是幾天。不同的木料產生不同的熱量的量：軟的木頭產生強烈的熱，燃燒很快，而硬的木頭會燃燒更久；這兩種的混合對燒製

週期中的不同階段是有益的。

燒製

典型的木頭燒製開始時非常緩慢，使得熱量在燒製週期中柔和地升溫。釉料的效果通過柴燒極大地增強了，被燃氣和在高溫的燃燒木頭的化合物創造，得到一種視覺上的柔軟。這會發生在當木頭投入窯內，在一陣燃燒的噴發中產生出燃氣、煙和灰。灰燼聯合著釉料和未上釉的坯料來得到一種變化豐富的顏色和效果的反應。

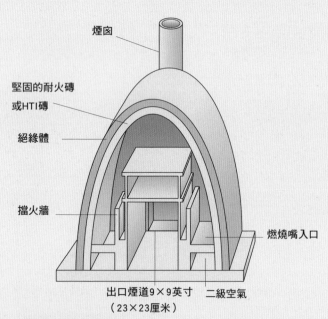

垂曲線燃油燒製窯

這已成為一種經典的和普遍的設計。拱形被使用木料和硬紙板模板建造。

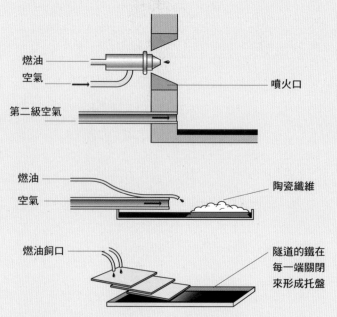

採用燃油

這些燃燒器（嘴）圖解了燃油被採用入窯的不同方式。

直焰窯

這個簡單的直焰窯（右圖）是使用泥巴製作的，它在燒製中被烤變硬。通過卸去門道的磚塊，腔室被暴露。火焰箱在窯的支架的下方，由從一個洞填入的木料維持。

雙重腔室的柴窯

稍小的第一個拱形（左圖）是火焰箱。這是在燒製中木料被填入的地方。

糊成。如果你決定使用纏繞的和交織的紙製作結構，雜誌的紙是最好的選擇，因為它包含最多的泥土內容；報紙的層和泥土被然後加在頂部。這些紙的結構在底部被點著，讓它來燒。除了紙張沒有火焰，小的修補如補丁洞來預防太多空氣進入，都能夠在燒製中採用。從製作小的結構開始來獲得經驗是值得的。所有相關的健康和安全程序都應該被觀察，被安裝。

釉料

一些製作者可能在電窯中先素燒作品，然後使用不同的燃料如木頭，在一個火焰窯裡釉燒。其他人做一次單獨的燒製（上生釉），應用釉料到潮濕的素坯作品上，留到素燒階段，這會節省時間和昂貴的燒製用木材。

固體燃料窯

取決於你在世界的哪個地方燒製，當地的可得性，你可能在使用下列燃料燒窯。幾千年來，這些燃料使得一些美麗精緻的陶瓷作品被生產出來。

煤、焦炭、碳、鋸末、泥炭、動物糞都是燃料，能用於低溫和高溫燒製。使用煤能夠有問題，因為在其化合物中硫能夠分解出一種乾的浮渣影響未上釉和上釉的表面。就是為甚麼在瓶式窯內，作品在匣鉢容器裡燒製的一個原因。鋸末和泥炭用於緩慢低溫燒製，來給出變化的還原、氧化和碳化的效果。當和

拋光了的紅色赤陶作品一起使用，這是特別有趣的。把低溫燒製的作品在燒製後脫脂乳（酪乳）或牛奶中浸洗，當它還是熱的，使用液體中的酪蛋白來封閉泥巴。混合25%的煤炭粉塵或鋸末到有可塑性的泥巴中來支持紅色赤陶的燒製。燃料點燃並燃燒入泥巴在大約華氏1652-1832度（攝氏900-1000度）。當燒製手工製作的磚時，這種方法是普遍的。

紙窯

這些窯能夠提供富有戲劇性的實際燒製。依據它們是如何建造的，有的能夠燒至華氏2102度（攝氏1150度）。紙窯能夠使用不同的紙折疊和纏繞的方法來成形交織在一起的組件，能夠使用金屬線和網控制在位置上。紙窯的其它形式使用木材層和與濕的泥巴一起做成的紙層製成。這些結構變成實際的燒成的雕刻，當燃燒時，它能夠產生足夠的熱量來燒製作品，像傳統的

窯一樣。

構造

一個基礎的基座是使用一種簡單的磚層做成，同時燃燒嘴/空氣入口或金屬網足夠堅強來支持重量。作品被放置在這裡，在作品和磚砌之間的空際處使用煤炭，留下足夠的空間來讓空氣點燃煤炭。當排窯時，更多的煤炭層和鋸末層能夠圍繞作品加上。結構然後能夠圍繞基礎建造。你可以或者插入一個小的金屬管在頂部，作為煙囪，或留出一個簡單的出口。一個方法是通過傾斜硬木的長邊對著牆創造一個框架；這全都被金屬線網固定在位置上。在這個框架的頂部，放有層擺層的紙，使用濕的泥土混合物

紙窯

這個窯清楚地演示了在製作一個紙窯中所使用的纏繞和折疊的方法。它是非同尋常的、功能性物體，將要在火焰中升高。

溫度控制對陶瓷的成功是核心的：太熱，不光釉料會從作品上流下，而且泥巴自己也會變形，最終熔化；不夠熱，泥巴會變得脆弱、多孔，釉料變乾成為粉末。窯溫決定了事物看起來和感覺起來的方式。

窯溫

在過去，訓練燒窯者來判斷窯溫，是通過眼睛看，當熱的顏色在窯中改變，從"初紅"——在華氏1110度（攝氏600度）左右的一種暗啞的紅色發光，到橘黃色（華氏1470度/攝氏800度），到黃色（華氏2010度/攝氏1100度），到華氏2370度（攝氏1300度）白色的熱。你可以使用這個作為一個指南，但現在燒窯者也依賴其它的幫助。

測溫錐

在窯裡面最真實的熱功率（事物被暴露於

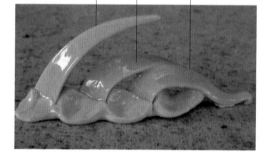

華氏2370度	華氏2350度	華氏2340度
（攝氏1300度）	（攝氏1290度）	（攝氏1280度）

測溫錐

這些測溫錐被朝向前面放在平直的面上，目的是來使得彎曲。這些熔化了的錐體展示了在里奇陶瓷廠的一次完美的燒製，是一個可靠的方式來測量窯溫。

熱的時間量）的讀出者是測溫錐。熱量能夠極大地影響結果。測溫錐的形狀是三角形的，用能夠在特殊溫度變得彎曲的材料製成。它們的側面印製有一個指示那個溫度的數字，它會變化，取決於你購買這個做甚麼。這個錐體可以定期使用，來檢查特定的燒製，特別是如果出現問題的時候。特殊的燒窯者在所有時間都使用它們，特別是在有火焰的燒製中。

測溫錐通常被放置為三個一排，在窯內觀察孔前面，這樣它們能夠被觀察到，來指示何時燒製靠近完成、已經達到了完成、或燒過頭了。根據窯的尺寸的不同，它們一般被放在窯的頂部和底部，來決定一個遍及全窯的均勻的燒製。如果問題如熱點和冷點在窯的某些區域出現，那麼測溫錐也會被放在那裡。

高溫計和熱電偶

溫計是設備——數位的或模擬的——它在顯示板上顯示溫度的上升和降落。不像測溫錐，它們不顯示熱的效果。它們是通過一個感覺的補償電線連接到一個熱電偶，後者取得溫度。熱電偶是一個長的、細的陶瓷棒或管，它含有兩個鉑和銠的金屬線接合在尖端上。這創造了一個小的電壓，它被高溫計讀出。

高溫計能夠被固定到一個永久的位置，或保持為機動設備，使用在不同的窯裡。它們被安放在窯的頂部、背部或側面的一個小孔裡，應該向內伸出至少1英吋（2.5厘米）。總是要小心，來辨別它從哪裡到達窯中，因為如果碰到的話，高溫計容易被擊破。大型的窯會有三個或更多高溫計來做分區控制。控制器會讓頂部、中間和底部連接電阻絲來輸入正確的量的熱來使得溫度均勻。

數位程序控制器

這些控制器是為使用電窯和瓦斯窯而特殊設計的。它們來計劃和使用是非常簡單的，並提供幾個預先設定的燒製計劃表的便利，使得能夠來設定階段或溫度"斜坡"。一般來說，斜坡越多，控制器越昂貴。一旦相關程序被選中，"啟動"按鈕被按下，控制器會在整個燒製週期中負責這個窯，當要求的溫度達到和燒製完成時，把它關掉。窯也可以裝配一個負責安全的"過燒"設備，這樣，如果控制器有問題，窯會在一定的幾個小時之後關掉。控制器也會控制一個電的氣閥，來在設定的點關掉。

電窯控制器

在市場上有兩種手工撥號的控制器，它們操作非常相同的系統，都是規定流入窯中的電的百分比。一個聯合的撥號和開關的度數是從0-100。其它樣本的撥號和開關的度數是關/低/中/高。

電窯的控制器能夠使用測溫錐和帶有高溫計和熱電偶。它們以相似的方式為一個數位控制器工作，都很有效；唯一的不同是，如果和一個高溫計一起使用它們，當燒製完成時你需要在旁邊來關掉窯（除非高溫計是和一個切斷開關一起安裝）。

窯溫開關

這是一種切斷的開關。它通過一個切斷裝置開關的手段來運作，它被一個非常小的、水平的測溫錐控制，這個測溫錐坐在窯的裡面橫穿過三個棒。當它達到了要求的溫度，它會變彎，中間的傳感棒是一個槓桿，這個棒會掉落並觸動"關"的開關：非常簡單，但是有效。

熱電偶和高溫計

你可以清楚地看到熱電偶透過天花板向下伸出，進入窯中（左圖）。總是辨別它在哪裡，這樣你不會碰到它。數位的高溫計（右頂圖）與熱電偶連接，讀出內部的溫度。

測驗環

測驗環被從一個鹽燒窯中取出（左圖）。這些顯示了鹽燒的進程，由此作出是否繼續燒製的決定。

測驗環

測驗環是一個簡單的環，製自在燒製的同樣的泥巴和釉料。儘管窯內的顏色和燒製的時間長度提供一個燒製過程的指示，傳統上，測驗環是窯內的熱功率和溫度能被讀取的唯一的方式；這個環能夠用一個鐵棒在任何時候取出，來顯示燒製進行的怎樣了，以及何時它已達到成熟的溫度。這些環仍然被那些柴燒的陶工，和在釉上使用鹽燒和蘇打燒的陶工使用。

排窯和出窯是陶瓷程序中非常重要的部分，總是更令人愉快的，這時你不再有時間的壓力。它可以被認為是一個立體的拼圖。

排窯（也稱滿窯）

排窯對燒製的成功是非常重要的，根據窯和燒製類型的不同而實施不同。主要的原則是，讓熱量在窯中盡量均勻地循環，貫穿溫度的上升過程。在有火焰的燒製中，當你在使用還原、柴、鹽和蘇打來控制氣氛，那麼作品怎麼安放和在哪裡安放，會決定表面印記和釉的效果。

窯具

在一個窯中來得到最大的空間，你會需要來使用一系列窯的"用具"，也被稱為"耐火材料"。窯具製自耐火的泥巴，能夠經受高溫（華氏2730度/攝氏1500度），它們能夠被再燒幾百次。可用物件的範圍包括：板子，架子，突出的中空的板子，支撐大型的沈重作品的耐火磚，半個支架，中空管或方形架子支撐的支柱，小的延伸的環狀支柱，雉堞狀的支柱，瓷片三角架，以及來保持作品在釉燒中離開窯的不同的支架，如高蹺，三角支架，調節器，燒針等。所有的窯具呈現為範圍廣泛的形狀和尺寸，也能夠被製作為特殊尺寸。

為了燒製非常大型的作品，需要能夠在窯內移動的窯具，當作品在燒製中收縮時，作品能夠被固定在一個棍子的系統上。也使用的是特別重型的金屬條，製自硅滲入碳化硅（Si-SiSi）和氧化鋁；這些會支持窯具和作品，是專業的和昂貴的。也使用白砂（石英砂），它可以被用作在作品下方的一個層，會幫助支撐

排一個素燒窯

排窯（也稱為安放、堆放或安裝一個窯，滿窯）就像從事一個立體的拼圖。你需要考慮如何最好地使用內部空間——這會取決於窯的形狀和尺寸。有幾個基本原則來遵循。判斷所有要燒製的作品，弄清楚哪些物品順著彼此放、在彼此的內部會適合。相似的形式可以堆放在一起，但小心，不要在脆弱的乾的泥巴上放上不適當的壓力。瓷片可以被豎立在其邊緣上，彼此相對或對著其它作品。把很小的物品放在其它作品裡面，這樣它們不會丟失。基座支架能夠用於那些佔用了整個支架的空間的作品，或沈重的作品。對於前裝式窯，把較高的作品朝著窯的後半部分放，把支架放在前半部分，這樣易於傳遞和裝入。對於頂裝式窯，在放置支架之前，你需要用一個棍子來判斷作品的高度；讓出至少3/4英吋（2-3厘米）空隙。

耐火泥漿

使用水混合等量的瓷土和燧石（或瓷土和氧化鋁），調至輕奶油的稠度。這也能從供貨商那裡買到現成製好的。

素燒要點

· 素坯在第一次燒製之前應該是乾透的：作品在室溫下摸起來有點涼的通常還是潮濕的。

· 素坯作品在燒製中可以彼此接觸，因為它們不會黏結到一起。

· 小心地傳遞作品是關鍵的，因為在此階段泥巴是非常脆弱的——特別是瓷器。作品應該總是從底部拿起，而不是從邊沿。

· 三個支柱對窯的支架提供更好的支持，創造三角形的支撐。當排窯進行時，總是把窯的支柱一個在另一個上面安放為垂直線。

· 不要把作品放在側面附近，不要靠近窯的部件；留出11/2英吋（4厘米）的空間。

· 留出一個有效的空隙——1英吋（3厘米）——在平直的作品之間和窯內支撐的上面。

· 不要把作品裝的太緊密，因為這會預防熱量的均勻流動。

· 把非常重的作品放在基座的支架上。

· 如果你的窯有分開的支架（在前裝式窯中每個底部表面區域通常是兩個），那麼當你裝窯時，避免在兩個支架上安放均勻的層；應在架子高度中創造階梯，這會容許熱量在不同高度的支架之間周流循環。環形頂裝式窯也得益於在燒製中安放一些半個架子（半圓形），如果有不均勻的熱量分布。

· 避免放入太多架子，在窯的底部的一半緊靠在一起，而沒有頂部的，這會保留熱量，由於熱力作用能夠過燒底部，因為熱電偶一般被安放在靠近頂部。如果可能的話，改變為不同的高度，安放一些更高的作品朝著頂部。

· 不要把素坯和上了釉的作品混合一個窯中燒製，因為這會影響釉的效果。

裝一個釉燒的窯

不同的窯因為燃料的類型不同，要求有不同的裝法。你可以遵循和素燒同樣的原則來安放支柱和裝入作品，但作品不能接觸到——否則，由於釉料熔化，當它冷卻下來會把作品黏結和融熔在一起。實際上，你應該在每件作品周圍留出至少3/4英吋（2厘米），來預防釉料流動到其它作品上面，因為釉料物質在燒製的氛圍中能夠移動；氧化銅閃光是常見的（在瓷器溫度，氧變得不穩定）。判斷你如何來放置作品，來確保當窯在最高溫度時，它不會變形或彎曲到電的部件上或其它作品上去。有的作品可能會需要支柱來預防變形。確保所有的基礎都乾淨，沒有釉料：釉料不應該與窯接觸，因為當釉料熔化時，會黏結。在製作階段，這應該被考慮到，也常常是為甚麼燒窯者在作品的底部做一個小的隱藏的斜角，來確保釉料不接觸到窯的支柱。這個斜角也為作品提供一個影子和視覺上的改善。對於易流動的釉料來說，或者如果這是某件有趣的事情；你可以製作一個滴落盤，它可以是一個簡單的泥板，足夠大來接到所有的釉料滴落。這會保護昂貴的窯內架子；支撐的支柱能夠建造在托盤上，如果你要求釉料上在整個底部表面。除非你將要使用高蹺，那兒也應該有一小片不上釉的區域在作品底部的側面。

根據你的釉料和結果，保溫（控制窯溫在一個固定的點）在切斷點15分鐘後會均勻化釉料表面。這也會允許熱量來均勻地分布在整個窯中。釉料熔化的時間取決於使用的釉料和窯及燒製。有的釉料在當溫度一達到，就冷卻下來會更好。

燒製之前，把所有的窯具塗刷一個耐火泥漿層。

弱的形式，在收縮中有助於移動。

其它有用的物件包括鎳鉻絲和氧化鋁。鎳鉻絲能夠拴繫在泥巴支撐物上，小型物件也能在釉燒中被其懸掛，或拴繫，使得作品能夠被全塗釉。氧化鋁預防泥巴和釉料黏結到架子上，能夠用為粉末或液態。它是耐火泥漿中的主要成分，耐火泥漿被應用於窯具來提供一個保護性的塗層，來幫助預防物體完全黏結，如果它們黏結，使得易於移動。（避免耐火泥漿的稠的塗層，因為這會創造一個非常不均勻的表面，在瓷器溫度導致一些變形。）

出窯

你可以開始"冷卻來打開"階段，通過在華氏390度（攝氏200度）左右打開氣閥，或者在華氏300度（攝氏150度）左右"啪破裂"窯門。建議把門打開1碼（30厘米）留著一個小時來讓窯進一步冷卻。然後你可以戴上窯用手套，開始卸窯，但值得建議的是，讓窯來冷卻的更多。一旦作品出了窯，它會迅速冷卻。在燒製之前不會看到的錯誤可能會在作品一旦素燒之後顯現。任何作品，把手上帶有髮絲般裂紋的也應該立即扔掉。應該用乾淨的手來操作素瓷。它足夠堅固來堆放在一起。

燒製素坯被稱為"素瓷"燒製（素燒）。一旦作品被燒製並被卸窯，它會有改變了的顏色；根據使用的泥巴不同，它可能主要是淺褐色、淺赤陶色，或者外觀是白色的。用乾淨的手來處理作品，保持作品和工作環境盡量無塵，直到上釉。

第一遍燒製：素燒

在素燒中，泥巴經歷了一個變化週期，把它質變為一種永久的物質叫做"陶瓷"。素燒的燒製溫度取決於所使用的泥巴類型和它將如何上釉：一般是華氏1760-1830度（攝氏960-1000度）。對骨質瓷和低溫燒製的陶器溫度更高；釉料被應用，以一個更低的溫度燒製。把素燒作品燒至這個溫度的原因是，來使得作品穩固和應用釉料時容易處理；而且，這個溫度不會瓷化泥巴，把它留為多孔的，能夠容易吸收液體的釉料到表面上。另一個原因是，在泥巴中沈積的碳和燃氣會被燒掉；這會預防很多釉的缺陷如針孔、膨脹等在第二次釉燒中發生。

一旦窯被排好，門或蓋子被鎖上，窯內的孔眼必須留著打開來讓蒸汽和燃氣逸出。當窯達到了華氏1290度（攝氏700度），能夠把它們關閉，因為這會幫助來保留熱量。它們可以保留關閉直到燒製結束，然後窯應該被全部關掉。

燒製時間表（燒製的時間長度）也取決於你在燒製的是甚麼作品──其尺寸、形狀和厚度。一個素燒平均會用去八到十一個小時之間。有的製作者快燒為四到六個小時之內。一旦你對自己的作品有信心，你也可以試驗。

4 360-480°F (180-250℃)

3 280-360°F (140-180℃)

2 170-210°F (80-100℃)

1 0-280°F (0-140℃)

燒製週期：泥巴發生了什麼

在燒製中泥巴發生的改變是複雜的，但你只需要知道幾個基礎知識來成功地燒製泥巴。在溫度中每小時的升高是在華氏170-210度（攝氏80-100度）之間，是為泥壁均勻、厚度為3/4英吋（2厘米）的作品指示出來的。更厚、更大和更複雜的作品應該採用更謹慎的途徑和更長的燒製週期。

在此兩個溫度被給出，第一個指示在燒製的特殊階段的穩定，第二個指示每小時的最大升溫。

1 華氏0-280度（0-140℃）
2 華氏170-210度（80-100℃）
在此溫度，作品必須被緩慢燒製，即使作品看起來是乾的，水被包含在細小的陶瓷物件之間，在燒製中會被作為蒸氣驅除。水在華氏210度（攝氏100度）沸騰，當水變成蒸氣，它會膨脹；壓力在泥巴中產生，並且如果水被加熱太快，當蒸氣逸出時，會有作品爆炸的風險。泥巴坯料包含的熟料越少，它會越致密，這增加了作品爆炸的機會。當爆炸發生時，能聽到沈悶的砰地一聲從窯的裡面傳出；會出現局部的損壞或整個作品會破碎。在厚的作品中會發生開裂，是由於它花費更長時間來讓熱量穿透，在作品的內部和外部之間存在張力差。更為緩慢的燒製對均勻化這個壓力和預防開裂是必要的。

3 華氏280-360度(140-180℃)
華氏180-210度（攝氏80-100度）每小時升溫直到設定的點華氏1110度（攝氏600度）。如果你有厚的作品，那麼讓窯均勻熱量幾個小時（見8，對頁）會減少作品開裂的風險。這給了這個泥壁以機會在溫度

典型的素燒時間表

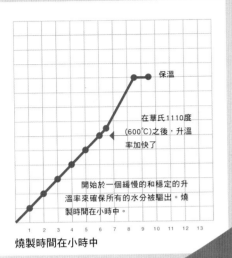

保溫

在華氏1110度
（600℃）之後，升溫
率加快了

開始於一個緩慢的和穩定的升
溫率來確保所有的水分被驅出。燒
製時間在小時中。

燒製時間在小時中

石英反轉

　　硅有不同的物理形式——石英，方石英，鱗石英——但保留化學上一致。硅具有一個結晶狀結構，貫穿燒製過程出現變化被稱作晶相。在華氏1063.4度（攝氏573度），在泥巴中未受束縛的硅經歷了一個被稱作阿爾法-貝塔石英反轉物理變化的。在此階段，阿阿爾法硅分子變成更大1%；當冷卻時，它變化回來。通過微粒運動的這種結構的重新安排，使得結構在尺寸上增加。重要的是不要經過這個點太快，因為在厚的作品中或厚的區域，由於張力，這會導致開裂。過了這一點，泥巴恢復以往，能夠被回收。

12 Beyond 2280°F（1250℃）

11 2280°F（1250℃）

10 2190°F（1200℃）

9 2010°F（1100℃）

8 1830°F（1000℃）

7 1200-1830°F（650-1000℃）

6 930-1200°F（500-650℃）

5 480-930°F（250-500℃）

冷卻

華氏1380-1100度（攝氏750-600度）

　　那些熔化入玻璃態的物質變得僵硬。非常大的作品會需要控制冷卻，從此處到更低華氏300度（攝氏150度），來避免問題如開裂等。

華氏930度（攝氏500度）

　　窯會很快降溫到此溫度，從此階段會放慢。絕緣磚冷卻比陶瓷纖維慢相當多。快速冷卻可以對特定的釉有影響，並導致開裂。

華氏480-350度（攝氏250-180度）

　　在華氏440度（攝氏230度）左右方石英反轉階段周圍應該小心。通過硅分子的熔化，高溫燒製創造了更多方石英，這要求緩慢經過這個轉變的階段。超過此溫度之後不要打開窯門，因為這會導致作品開裂。作品冷卻太快能夠導致被稱為"驚釉或驚裂"的開裂。當溫度達到華氏300度（攝氏150度），可以取出塞子，把孔和門部分打開來加快冷卻程序。

中均勻化以減少張力。

4 華氏360-480度（180-250℃）

　　在此時期，泥巴中的有機物開始氧化。

5 華氏480-930度（250-500℃）

　　在此時期，化合物/晶體束縛的水（在微小的泥巴微粒中保留）被驅出。在早期階段燒製太快不會允許有足夠的時間來燒掉碳沈積。

6 華氏930-1200度（500-600℃）

　　在這些點中，溫度能夠更快地增加。從華氏1120-1290度（攝氏600-700度），取決於作品的種類，會有一個每小時華氏300-400度（攝氏150-250度）的增加。這時你可以繼續進行，使得窯溫升的更快。這是石英倒轉的點（見上面的框）。

7 華氏1200-1830度℃（650-1000℃）

　　在此階段，由於石灰石、有機物和硫化鐵的被氧化，燃氣（氟和三氧化硫，聯合濕氣來形成硫化酸）被放出。包含的水（見26頁）仍然被驅出。窯的孔口和氣閥在華氏1290度（攝氏700度）之後可以關閉，來幫助溫度上升。有的燒窯者把頂部的觀察孔留著打開，來讓所有燃氣逸出。

8 華氏1830度（1000℃）

　　保溫30分鐘到1小時。保溫意思是把窯控制在溫度中。保溫是可選的，由於它看起來並不影響所有的泥巴。然而，通過保溫，會確保燃氣和碳沈積從泥巴中燒掉，這會有益於上釉階段。這是一個平均的素燒溫度，在此點作品足夠堅固來被加工，所有的泥巴還是多孔的。

9 華氏2010度（1100℃）

　　在此溫度，有些泥巴特別是那些富含鐵和高度鈣和錳的泥巴，會開始熔化。這就是為什麼總是要檢測現成的泥巴。

10 華氏2190度（1200℃）

　　這是陶器範圍的結尾。在此溫度達到之前，很多泥巴開始變形和熔化；其它可以燒製更高。

11 華氏2280度（1250℃）

　　在此階段，燒結（泥巴微粒熔化在一起）在大部分炻器泥巴中發生。一些陶瓷材料熔化，開始來填充進其它微粒之間的空間中；這鼓舞其它的來參與，這使結構變得緊密。另一種聯合物硅化鋁形成，它也把微粒黏結在一起。在此溫度，有一個範圍廣泛的釉是可完成的，泥巴在其結構容量中沒有被推的太遠。瓷化是這樣一個點，在此點上泥巴坯料變得封閉。

12 華氏2280度（1250℃）以上

　　其它泥巴和個別物質的瓷化和成熟會繼續。一個製自高嶺土的瓷器坯料可能不會熔化直到華氏3270度（攝氏1800度）以上。

一旦素燒的作品從窯中被取出並冷卻，釉料能夠使用多種技術來應用（見258-261頁）。然後被放回窯中以正確的溫度釉燒。等釉料變乾，它就能夠被燒製。

第二遍燒製：釉燒

如果作品是濕的，為燒製把它留下幾個小時來讓它有效地變乾。釉燒與素燒不同之處在於，你如何排窯和燒製。電窯從窯的部件提供均勻的熱量分布，它應該生產合理的可預期的結果；再一次，這會取決於你個人的知識經驗。使用其它燃料的窯更不可預期。根據窯的類型和溫度，釉燒使用不同長度的時間。

陶器釉燒

在素燒中，如果泥巴坯料沒有被燒到靠近它的瓷化點，釉燒只達到華氏1940度（攝氏1060度），坯料會保留多孔。陶器會要求全部塗釉來消除多孔性。支柱或支釘應該被放置在作品下方來預防接觸到支架。在燒製後，這些會需要被敲掉。小心不要把一件支柱或支釘留在後面，因為它們會像剃刀般鋒利：使用一小塊研磨塊把它們磨掉。在工業性生產的作品上，如果圈足是上釉的，你會注意到在底部有三個非常小的針孔，此處它們被用支釘在下方支持。

釉燒的時間長度的時間表能夠進行得比第一次燒製更快，由於很多變化在泥巴上發生，在素燒中曾被處理。還有，由於熱力穿透和張力，泥巴越厚，你應該燒製的越慢。

炻器和瓷器釉燒

炻器燒製提出更多要求，當製作作品時，必須把這些放入考慮。任何寬的未支撐的區域都易於變形。理想的話，把支撐建立在形式內部是比嘗試在支柱和支釘上燒製作品更好很多的，因為後者會導致在表面的更深的標記，比

在陶器溫度更難以去除，會要求更多研磨。

未上釉的瓷土泥巴會形成一種玻璃質的表面，能夠熔化到窯內支架上，創造一種錯誤名叫"拔蝕"；底部的小片或圈足會破碎掉，被留下卡在支架上。預防這個，你可以放置一層乾的氧化鋁在支架上（小心不要把它黏到任何釉上，它會破壞表面），或製作並素燒同樣泥巴製作的小碟子，用薄的耐火泥漿塗刷（見228頁），放在作品下方。當成熟溫度正在達到，有火焰的燒製會要求注意更多，因為讓泥巴和釉料充分地熔化在一起來得到想要的顏色和表面效果是非常重要的。炻器燒製的平均時間是九個小時，但在柴燒的穴釜窯（校者注：一種日本的像洞穴的窯）中可以花費長達兩個星期。

釉燒階段能夠比素燒進行更快：每小時華氏210-250度（攝氏100-120度）到華氏930度（攝氏500度），然後華氏480度（攝氏250度），或者全力到頂點溫度。

生釉燒製

小件作品可以一次燒製，節省素燒階段，在素坯上應用釉料。成形過程會需要和將如何上釉處理作品的聯繫中一起考慮。怎樣取拿作品是關鍵的，因為當你一應用釉料，作品會變軟。製作者常常會向作品噴釉來預防損傷。要求一個華氏120度（攝氏50度）的更慢的燒製時間表，然後進行如常。

還原燒製

還原燒製的原則是，來減少窯中氧氣的

量。這樣做之後，泥巴和釉料做出不同的反應，產生變化的結果，作品產生更大程度的不可預期性。

在一個燃料燃燒的窯裡，燃料是在腔室內燃燒的，碳被供應。如果碳被供應給空氣或氧氣，那麼一種氧化的氣氛被創造出來。燃氣放出二氧化碳。當氧氣的供應（但不是燃料）對燃燒的區域通過使用對流限制，燃料放出不穩定的一氧化碳氣體（或自由的碳），此一氧化碳足夠熱，把氧從泥巴坯料中或釉料中存在的金屬那裡取走，這會極大地影響它們的顏色。這種反應的主要的例子是，在一種釉料中的銅和氧化鐵。在一種氧化的中性的燒製中，氧化銅通常產生綠色（除非釉料包含錫），但在還原燒製中，它會產生一種不尋常的範圍的美麗的紅色。添加2-5%氧化鐵時，得到淡藍色到青瓷的綠色。

還原程序開始於朝著燒製的末尾，在華氏1830-2010度（攝氏1000-1100度）之間，通過觀察一個單獨的適合的錐體彎曲。它會持續一個短的時間，或整個時期到達頂點溫度。有的製作者在氧化和還原之間切換，當它們達到完成。還原時期是相似的：有的是30分鐘；其它的90分鐘至5小時或更多。正如陶瓷中的許多程序，製作者還原他們的作品的時間有很多變化，來得到一種特殊的釉和泥巴的效果。

過程

來把窯置入還原氣氛，氧氣流動到燃燒嘴是逐漸減少的，直到一種黃色的火焰代替了藍色的。同時，通過特別地關閉煙囪內的氣閥，使窯內的壓力增加，減少了存在的流動。一個被動的氣閥也可以使用；它會是一小塊磚，使得燃氣能夠轉向還原過程。數分鐘之後，窯內氣氛會開始還原。可見的標誌是，根據還原的強度，包括黑色的煙冒出煙囪，一個黃色到桔色色的火焰出現在觀察孔或磚砌的缺口。火焰從任何可得到的地方跑出，尋求更多氧氣來更

還原燒製
還原燒製的火焰尋求窯內氣氛之外的空氣。

還原燒製釉的花瓶
埃迪·柯蒂斯
這件拉坯形式展示了銅還原釉的美麗的豐富的深紅色。

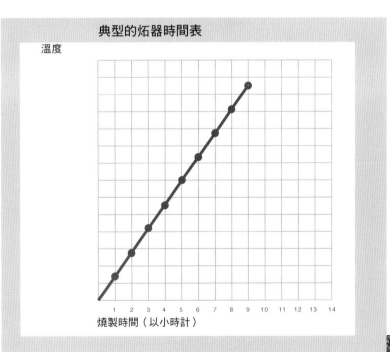

典型的炻器時間表

溫度

燒製時間（以小時計）

柴燒

亞當‧別克的大型柴燒窯在晚上的黑暗中進入還原階段。開窯成了一收穫和慶祝的時機。這為一個面對市場銷售新品的極好的方式。

柴燒窯

這個圖顯示了燃燒是如何被包在一個柴燒的設計裡面的。

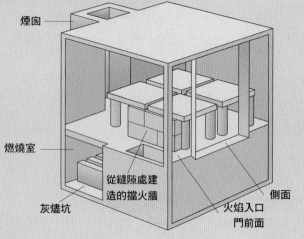

煙囪

燃燒室

從縫隙處建造的擋火牆

灰爐坑

側面

火焰入口
門前面

瓷質月亮罐
亞當‧別克

這些小的拉坯形式展示了從一次柴燒中出來的釉料的範圍。這些中的一些使用當地泥巴嵌入表面，它熔化並滴落，增加了表面的效果。

鹽釉的茶壺
沃爾特‧吉勒

受金屬形式的啟發，這件茶壺使用了拉坯的部件，它們被切削、改變，被鹽燒結合在一起。在鹽燒的表面的變化是由泥漿和氧化物的使用決定的。

有效地燃燒。一個綠色或藍色的火焰指示，沒有發生還原。

一旦你使窯進入還原反應，不要往窯裡靠近，因為這種火焰是凶猛的，延伸出一些距離。火焰從窯的觀察孔和缺口距離出來越遠，還原反應越強烈。當窯達到了想要的溫度，氣閥可以打開一個短的時間，來使還原氣氛和釉料乾淨。一旦窯達到了頂點溫度，關掉氣閥，堵上孔洞，把窯留著自然地冷卻。

柴燒

使用木料燒窯在全世界各地發生，歷史上，柴燒強烈地和東方的陶瓷相聯繫，和山一樣的大型的窯、日本的多室的多節登窯和單室的穴釜窯相聯繫。不管你是否能夠採用這種燒製方式，這種比使用燃氣的窯更多，會被你在哪裡居住決定，因為需要來符合當地規劃法規。

柴燒是花費體力和時間的工作，不只是傳遞木料來填入窯內，還有處理燒製，它要求持續的注意。根據窯的尺寸和製作者或團體希望得到的作品的效果，柴燒會花費一天到兩個星期。

排窯

柴窯的排窯工作遵循和其它燒製相同的原則，但你需要對熱量、燃氣和特別是灰燼在窯內如何流動和降落注意更多。

排窯的方式會影響到表面的有趣的印記的潛在效果。對於蘇打燒和鹽燒（見235-236頁），作品應該放置在三個小的填料板子上，來形成一個三角形的支撐。填料是一種含水氧化鋁和瓷土的混合物。它預防底部黏結到窯內架子上，當木頭的灰燼落在腔室內的每一件物體上。

草木灰作為釉料

草木灰自身可以被用來創造一種釉料；它

的成分中包含有鈣，鉀，和一些硅。作品燒製的時間越長，在腔室中的灰堆越多，對作品創造了一個堆起來的釉料。有的製作者只對作品的內部上釉，讓灰燼的全面的效果發揮出來，來控制外部的面貌。

燒製

木頭被採用，通過一個火嘴進入窯內，對窯的加熱緩慢開始了。燒窯者談論進入燒製的"節奏"：當你採用木料，投入多少是重要的。維持一個緩慢而穩定的速率來開始，讓熱量從燃燒室被抽取出來，進入窯的腔室內通過煙囪。燃料太少，燒製會停止；太多，空氣通道會被堵塞，熱量上升也會停止。太多燃燒屑在燃燒室中會限制空氣進入，會要求清掃灰燼。初級的和第二級的空氣通道需要一直保持暢通。為了有效的熱量增加，你需要在氧氣和燃料之間的平衡來得到完全燃燒，使得熱量能夠上升。燒製的時間越長，熱量會越多，灰燼會堆起來影響表面效果。一旦燒製完成，窯被冷卻，門那裡的磚可以卸去。然後你可以評價結果來決定是否燒製成功。

鹽-釉燒

從15世紀鹽-釉燒在德國早期的發展開始，鹽-釉的炻器的橘皮表面被繼續探索著。這一類的經典例子是來自從1800年代德國萊茵蘭的韋斯特韋爾德陶瓷公司，英國的道爾頓陶瓷。

投鹽程序

潮濕的普通的鹽（氯化鈉）在朝向燒製週期的末尾在華氏2010-2190度（攝氏1100-1200度）之間時被採用進入窯內。在華氏1470-2550度（攝氏800-1400度）之間，鹽是積極的。它蒸發在熱量中，與蒸氣反應，來形成氯和鈉。鈉與泥巴坯料中的硅反應，於是鹽釉在作品的表面上形成。氯然後形成氯化氫和氯

氣，後者通過煙囪釋放。

創造多樣的表面效果和顏色範圍是可能的，這能夠強調精細的細節，不必像厚的釉料那樣覆蓋形式。由氧化物著色的泥漿可以應用到素坯上，產生表面顏色，後者與鹽交叉反應。一種普通的基礎泥漿配方是，50%瓷土、50%精細球土泥巴和添加物氧化物。你也可以使用商業生產的著色劑，但檢查它們的溫度範圍。對於日用瓷市場的目的，作品被內部上釉。所有的炻器泥巴能夠被使用；根據硅內容的不同，坯料會反應不同。供貨商會對各種泥巴會創造不同的表面效果和鹽的反應來給你建議。

窯是特別地為鹽燒設計和建造的；一旦使用，它被保持為單獨為此目的。建造鹽燒窯的材料是和其它火焰窯的一樣。在燒製中，整個內部被覆蓋鈉的釉料，它會在下一次燒製中反應。一個新建的窯會比一個舊的要求更多鹽。由於鹽的侵蝕作用，這些窯的生命週期比其它火焰窯更短。抗鹽泥漿（兩份氧化鋁一份瓷土泥巴）可以塗刷在窯具上面，來預防鹽蒸汽的侵蝕作用。

燃料

鹽燒的燃料可以通過先前提到的任何方式供應。燃氣、木頭或燃油會對作品表面產生不同的效果，特別是當和木灰一起燒製時。

燒製

鹽被放在弄濕的紙袋中或用長把手的設備控制投入窯中，通過火口或投鹽口傾倒進入窯內。它也能夠作為一種液體溶液和水一起被灑進去。作品需要被單獨放置在耐火板子上，因為鹽釉會覆蓋和黏結到任何東西上。一個還原氣氛被使用在這個燒製週期，

鹽燒窯在燒製之前和之後
每一個形式必須被放在三個耐火板子上，來預防鹽黏結在窯內架子的任何東西上。這些區域是清楚可見的，當燒製之後敲掉。

蘇打燒的壺
傑克・多爾茜
　　這件瓷器形式顯示了變化微妙的顏色，這些顏色從蘇打燒得到。

蘇打燒
　　一種水和蘇打的混合物在還原階段被噴灑入窯內，其還原氣氛被火焰顯示出來。這會在燒製過程中發生幾次。

開始於這個窯的第一次鹽燒之後。使用的鹽的量會根據窯的尺寸和你希望單獨的表面效果而變化，但對於一個平均尺寸的窯來說，要求9磅（4.5公斤）以上。

　　測驗環一直被使用，這樣它們能夠被定期地從窯內取出，來判斷鹽燒進行得怎樣。鹽燒有明顯的健康風險，當鹽燒發生時，應該佩戴的一個適宜的種類為氯氣口罩。鹽燒只能在室外進行，窯應該放置在遠離人群和建築的地方。參考當地規劃法規，來看是否允許這些燒製。更多製作者現在在探索蘇打燒，這些被認為比鹽燒毒性更小。

蘇打燒

　　蘇打（烤麵包或洗衣服用）是碳酸氫鈉。它產生和鹽釉類似的表面，對環境的有害影響更少。最為普遍的採用蘇打進入窯內的方法是，把它和溫水一起混合入一種溶液，在整個還原時期把它通過觀察孔噴灑。裝窯和燒窯是和鹽燒一樣的方式。如何裝入作品和在哪裡裝入會影響結果，它的範圍從軟的、變化的表面到那種沈重、橘皮孔一樣的表面。

樂燒

　　樂燒是對那種把泥巴和釉料快燒快冷的技術的命名，它否決了生產有釉陶瓷的通性規律記載。釉的開裂和裂紋（有時是壺）由於其審美而不是其功能性品質而被讚美。

　　樂燒起源於16世紀日本，隨著茶碗用於茶道。一位在京都的茶道大師千利休贊賞一位陶工長次郎的作品，他的個別手工製作的作品從窯裡被拿出來，當還在發熱，被直接放入水中或留著冷卻。樂家族使用一方金色的印章，上面是象形文字表示"樂"，這成為家族標誌。這個家族還在製作這種傳統的作品，目前的第十五代大師是樂吉左衛門。樂燒被翻譯作"快樂"或"樂趣"，今天製作者當然還在享受這個活動。

　　從那時起，這項技術曾被修整過，特別是在美國從二十世紀六十年代年代開始。樂燒作品通常像往常一樣素燒到華氏1830度（攝氏1000度），然後用陶土或者熔化溫度為在華氏1800-1940度（攝氏980-1060度）之間的特別的釉料上釉。這些釉料通常製自低熔點、高度鹼性的玻璃料和氧化物以及商業性生產的著色劑。作品被放置在一套特殊設計的窯裡面，由不同的燃料燒製，快速升溫至大約華氏1830度（攝氏1000度），根據燃料和窯的類型，它花費時間在30-45分鐘。一旦釉料熔化，作品被使用一個長的金屬鉗子取出並把這個紅色的、熱的和發光的物體放入一個包含有鋸屑的金屬桶或坑裡。蓋子被蓋上15-30分鐘，在這段時間裡，鋸屑減少空氣，創造出碳，使得未上釉的區域變黑。由於快速冷卻和熱的衝擊，上了釉的區域會產生裂紋；碳會滲入線條，強調裂紋的圖案。

窯

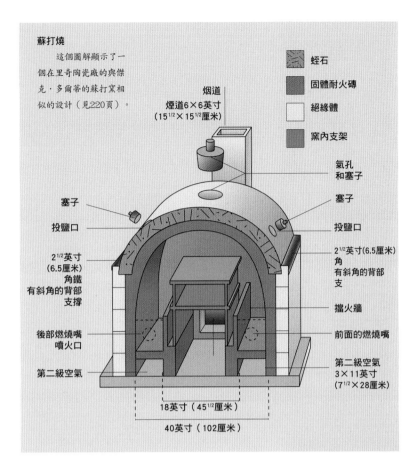

蘇打燒

這個圖解顯示了一個在里奇陶瓷廠的與傑克‧多倆蒂的蘇打窯相似的設計（見220頁）。

圖例：
- 蛭石
- 固體耐火磚
- 絕緣體
- 窯內支架

標註：
- 烟道
- 煙道6×6英寸（15¹/²×15¹/²厘米）
- 氣孔和塞子
- 塞子
- 塞子
- 投鹽口
- 投鹽口
- 2¹/²英寸（6.5厘米）角鐵有斜角的背部支撐
- 2¹/²英寸（6.5厘米）角有斜角的背部支
- 擋火牆
- 後部燃燒嘴噴火口
- 前面的燃燒嘴
- 第二級空氣
- 第二級空氣 3×11英寸（7¹/²×28厘米）
- 18英寸（45¹/²厘米）
- 40英寸（102厘米）

樂燒的壺

鄧肯‧胡森

這些樂燒的碗被製作來測驗不同的邊沿和底部，來展示多樣的裝飾可能性。

你可以使用任何類型的窯來樂燒，但由於作品被放入鋸屑時會產生煙，窯必須被安置在外面。可以買到非常輕的金屬和HTI磚窯，它們以部件的形式可得；這意味著你可以堆起和建造需要的高度。很多陶工現在選擇來建造非常簡單的陶瓷纖維版本，有圓筒形也有正方形，為了穩固，它被包含在厚的金屬網或一個金屬桶裡；這增加了樂燒的普及性和可支付性。窯必須在頂部有一個孔或通風口來讓熱量向上循環出去，這是一個簡單的直焰窯設計。其它設計能夠使用先前提到過的任何磚和材料建造，特別是杜勞克斯（耐火纖維的品牌名）塊（溫度可達華氏2010度/攝氏1100度），它比HTI更大。

燃燒嘴和燃料

現在對樂燒的最普遍的選擇好像是商業性生產的氣壓燃氣燃燒嘴，它被安裝在所有相關的失敗-安全設備上；這些也能夠被製作為單獨的部件。它們被放在有一點離開燃燒嘴，在

窯的磚門

這個門幾乎是被卸掉的（上圖），開始來展示的面貌使人感覺這些努力是值得的，使人感到高興。U形的支架在牆上（右圖）是傑克的一個直覺的解決辦法，來裝上和卸下這個磚門。

上蓋式窯設計

一個簡單的乾淨的樂燒窯能夠使用金屬線和陶瓷纖維製作。陶瓷纖維被用陶瓷扣子使用鎳鉻絲系在框架上固定在位置上。當使用一個分開的蓋子來抬起打開，這些窯能夠保持靜止。如果你要製造大的作品，它難以被抬出又熱又紅的窯，你可以製作一個像這一樣的頂部有蓋式窯。這整個窯是從底部抬起離開的，然後為還原的目的一個中空的鼓座被放在它上方。

HTI磚塊窯

這個簡單的樂燒設計使用HTI磚塊來達到華氏1830度（攝氏1000度）。頂部的缺口作用為一個出口煙道，抽取熱量向上穿過作品。它能夠使用一個單獨的燃燒器來燒製，後者應該被放置離開噴火嘴口一段距離，有一個輕微的角度。作品應該被放置在一個增高的支架上，這樣它是離開直接的火焰通道的。

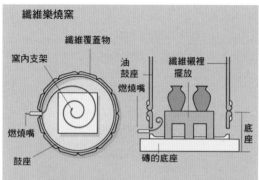

纖維樂燒窯

纖維覆蓋物

窯內支架

油
鼓座
燃燒嘴

纖維襯裡擺放

燃燒嘴

鼓座

底座

磚的底座

此圖解是一個從上方俯瞰一個纖維樂燒窯。方形的窯內支架由於沒有最大化其體積，來讓火焰和熱量從下方盤旋圍繞窯。

這張側面視圖顯示了窯內支架安放在支柱上在火焰會進入的上方。如果火焰在緊密的範圍碰到作品，作品說不定會粉碎或開裂。

一個角度，不是迎面地，來讓火焰來環繞窯流通。燃料被通過一個丙烷燃氣瓶連接通過橡膠管道，並保持10英尺（3米）的一個安全的工作距離。這個系統提供一個非常快速的、乾淨的、有效的方式來樂燒。一個42磅（19英鎊）以下的丙烷瓶會燒製至少15次。所有其它類型的燃料和窯都能夠使用。

排窯

你只使用一個架子在底部；這應該被放在支柱上，並製作的特別穩固，因為當在去除又紅又熱的作品時，你不想讓它移動。架子應該放在燃燒口孔的上方，這樣作品不是直接在火焰的通道上。選擇最困難的作品來首先傳遞，因為當窯是冷的時候，這些能夠被手工放置。盤子可以被傾斜在它們的邊沿上，斜靠在窯的側面。理想的是，作品應該不接觸彼此，由於釉料會熔化在一起；如果它們接觸了，當拿出來時它們很難被分開。

燒製

準備工作對安全燒製樂燒來說是關鍵的；你應該正確穿戴和覆蓋，戴上手套、防毒面具和口罩。

所有類型的泥巴能夠使用，包括瓷土，但試驗會是必要的。加了熟料的"開放的"坯料泥巴，當作品是壁厚均勻，附加物接合很好的。產生最少挑戰的燒製，通過在窯內點燃紙張，或把噴火嘴以一種輕微的火焰來點燃最初的五到十分鐘來暖窯十分鐘。噴火嘴連接應該安裝一個壓力計量器，後者讀出流動到窯裡的燃氣的量。熱量上升應該是逐漸的，在燒製中能夠在兩個階段被加大；需要多少會取決於窯的尺寸。第一次燒製時，在窯被烘暖之前，會比隨後的需要更長時間。一旦你看到釉的表面變得閃亮，把燃氣關小幾分鐘來讓窯保溫，這樣使得熔化均勻。關掉燃氣供應，打開蓋子，理想的是放在窯的支架上的一邊。當窯的內部是又紅又熱的，使用長把手的金屬鉗子把作品夾出來，然後放在坑裡或鐵桶裡，後者應該有一層鋸屑在裡面。一旦鐵桶放滿了作品，扔進去一大把鋸屑，放上蓋子，確保合緊。使用一個浸水的毯子來覆蓋鐵桶，預防大量的煙。

一旦你往鐵桶上放上了蓋子，不要把它去掉來檢查：火焰會和氧氣一起閃燃，創造一個大而高的火光。等待直到鋸屑有機會來燒掉，然後輕輕地去掉蓋子。通過把作品放進一個坑，你會對還原和發展的黑色的覆蓋有極大的控制。以此種方式控制的作品通常具有更清淺、更微妙的灰色和黑色的色調。所有的作品會仍然非常熱，所以使用小的金屬鉗子來把它們從坑中取出。作品可以在水中退火，清洗。當清理掉鋸屑時，判斷你的作品，因為有一種來強力擦拭掉可能是有趣表面和標記的的誘惑。當你第一次開始燒製，會有一些開裂，但當你變得更有經驗，這些應該變得不常發生。不要把排窯手套弄濕，因為弄濕後它們沒有對熱的保護。使用長把手的金屬鉗子重新排窯，當它還是熱的時重新燒製。那些樂燒的陶瓷製作者探索範圍寬廣的釉料和燒後技術，使得這個類型的燒製的可能性繼續進步。

燃氣燻燒

這是非常簡單的技術，它能夠產生廣泛多樣的有趣的圖案和顏色，常常作為樂燒的一部分完成。它使用一種氧化銅配方，被塗在素坯泥巴坯料上，並燒製為標準的樂燒到華氏1830度（攝氏1000度）。然後通過把作品放置在鐵桶裡少量的鋸屑上還原，使得燃煙出現在內部。

其它類型的燒製

這些類型的燒製被認為是在陶瓷中不是非常普遍的，但能幫助陶瓷製作者收穫有創作性的產品。這些燒製使用煙和碳來幫助創造變化的表面圖案。

匣鉢燒製

匣鉢燒製過去和現在都是使用一種有蓋子的陶瓷的容器，由粗糙的、有熟料的泥巴製成，它能夠經受再燒很多次，比精細類型的泥巴好得多。一旦被素燒，它被裝滿作品並放入窯中，它會保護內容物，使其免受在任何火焰燃料燒製中在周圍飛舞的燒著的小片。匣鉢能夠被上下重疊堆放，直到窯所允許的高度。

今天，製作者使用匣鉢來保護窯的磚砌或電路部件，保持燃煙在內。他們也使用它們來探索來自可燃物的熱量的效果，它創造了在素瓷上的表面效果和顏色。通過陷入煙氣和燃煙，一個特殊的氣候在匣鉢中被創造，燃煙帶來此處的還原和碳化。

由於可燃物燃燒對電子部件的損傷會出現，甚至匣鉢內部的燃燒會出現，所以理想的是，任何含有可燃物的作品應該在燃氣窯中燒製。對這些物質的使用太多，在一個電窯內會

技術名詞介紹 113

煙燻樂燒：絲絨效果

這個技術創造非常精細的彩虹色的表面和非常多的變化。這些表面是純粹裝飾性的。

1 燃煙混合物是被塗刷上的，但它能夠被使用任何通常的方法應用。噴灑是人們喜愛的方法，因為它帶來均勻和可控制的塗層—但混合物是厚重的，所以它能夠堵塞噴槍。

2 與樂燒程序類似，形式被在一個室外的窯裡燒製，在華氏1690-1830度（攝氏920-1000度）之間使用金屬鉗子取出，放在一個鋸屑的基礎上，鋸屑會立即點燃。

3 立即把蓋子蓋上容器，然後保留幾分鐘。

4 去掉蓋子。在這個階段，作品會在開放的空氣中迅速冷卻，因為不像樂燒的還原反應，那裡沒有足夠的鋸屑來作用為絕緣體。把作品在水中冷卻，洗去鋸屑殘留物。在水中退火是可選的。

燃煙混合物

氧化銅	90
鹼性熔塊	10
+膨潤土	10
+牆紙漿糊	1

絲絨效果的花瓶
托尼‧布倫金索普
燃煙產生不同尋常的變化的表面顏色，當冷卻時它發展出來。

匣鉢燒製

你如何隨著材料放置物體會影響創造的印記。物體能夠被包裹在金屬薄片的包裹裡,來局部化效果。

1 決定你想要使用何種材料在作品周圍。很多測驗被做出,使用了煤炭、木炭、鋸屑、鹽、蘇打、果皮、海草、氧化物、銅和多種金屬和硫酸鹽。鐵和鹽能產生一系列桔色,硅酸銅能產生紅色和粉紅色。

2 一旦東西都在裡面,滾出一個泥條,把它放在容器的邊沿上。按壓在頂部的蓋子來密封匣鉢,確保它是隔絕空氣的:你不想任何釋放出來的燃煙逃逸並損壞窯,或觸動警報。室內燒製要求極佳的通風設施。

3 匣鉢可以放入任何窯中和其它作品一起燒製。試驗不同燒製溫度,從華氏1650-2280度(攝氏900-1250度)。注意,很多效果會在更高的溫度燒掉。一旦燒製,你需要來打破泥條;你可能需要用一把錘子和鑿子來撬開蓋子。

4 在燒製之前和之後,都值得對內容物照相,這樣你能夠保持一個甚麼是成功的和甚麼是不成功的記錄。

匣鉢燒製的防護服
布萊恩・賈肯茲
這件作品被留下了微妙的陰影和標記。在胸部的銅釘創造了一種綠色的砍痕穿過衣服。

導致大量的煙,這也會觸動警報。極佳的通風設施和抽取設施是基本的。

燻燒

很多製作者使用煙氣來增強作品的表面效果,像樂燒一樣。

使用可燃的燃料和物質的窯都會產生煙。這種技術使用煙氣中的碳在先前素燒過的作品上創造一個變化的裝飾性的表面,素燒的最高溫度達到華氏1830度(攝氏1000度);碳被吸收入多孔的泥巴。煙氣能夠透過點燃紙張在一個容器中產生,顏色的等級被創造出來多少煙和煙與作品接觸的時間所控制。煙氣越多,接觸的時間越多,顏色越深。燻燒可以伴隨其它裝飾技術使用,如精細泥漿,拋光,不同的排斥方法(見193,203頁和187-190頁)。創造出的圖案可以是高度個人化的、變化的,有一個微妙的表面效果。

泥漿阻隔法(也稱泥漿防釉)

泥漿阻隔法有時指"裸的樂燒",主要是因為它沒有釉來在一個白色的表面產生典型的樂燒的黑色裂紋線條圖案,部分是因為這個方法在樂燒程序中也被使用。你可以拋光或應用精細泥漿到表面在素坯階段,然後素燒到華氏1470-1830度(攝氏800-1000度),後者給完成的作品的表面創造一種柔和的光澤。

泥漿被應用到素燒過的作品上,作用為一個臨時的表面阻隔,在燒製之後容易被去掉。在泥漿晾乾之前,可以刮擦設計穿透它(剔花),此處碳會滲入來創造粗的黑色線條。你能夠創造精確的線條畫出的設計或繪畫性的表面。泥漿能夠被厚重或稀薄地應用到素瓷的表面。根據應用泥漿的多少,碳會穿透表面到不同的程度。

當素瓷吸收水分,泥漿會很快變乾。作品然後可以被放在在一個金屬桶裡和紙張或鋸屑一起,投入火中。把蓋子蓋

煙燻的花瓶
阿什拉夫·漢納
　　泥漿阻隔技術提供控制的和隨意的元素，作為當煙滲透刻劃或實施標記的效果。形式常常首先使用精細泥漿塗蓋或拋光。

上，留着10-20分鐘。另一種方法是，你可以在作品周圍燒紙而沒有蓋子來追求更為微妙的煙燻效果。用水來洗表面：泥漿會掉落，揭露出表面的煙的圖案。一旦作品變乾，可以重複更多的煙燻，直到你對結果滿意。這樣同類的方法可以被使用，如通過應用遮蓋的膠帶到素瓷的表面，使用泥漿或沒有泥漿來創造硬邊的阻隔設計等。

坑燒

　　挖一個坑在地面上（這是一個值得的活動：你從不知道你將會發現什麼──也許是泥

泥漿阻隔（也稱泥漿防釉）煙燻法

　　泥漿阻隔技術能夠提供極大的市場潛力，它生產精細地控制的表面細節。

1 使用不同濃度的標準泥漿塗上形式。當煙以不同的程度滲透這些變化的塗層，會產生一種色調變化的表面。

2 當泥漿還是濕的，你可以劃出非常精確或任意的線條，和劃的手段結合。此處線條使用金屬線創造出。在做此之前不要讓泥漿變乾，因為當刻劃時它可能會剝落。

3 一旦形式變乾，你可以把它放入一些鋸屑或報紙之中，點燃。要能夠控制將會滲透線條或做出印記的地方的煙的濃度。

4 一旦形式冷卻，泥漿可以被洗掉，來揭示出煙留下痕跡的地方。

泥漿阻隔煙燻法裝飾的花瓶
約翰·沃德
　　這幅銳利的、對比的和界定了的圖像能夠使用泥漿防釉法得到，在此簡單的碗的形式中被完美地展現出來。

坑燒

坑燒是一種令人興奮的燒製方式，花費一天要來挖坑和燒製。還有，它是一種非常直接的途徑來完成一個形式的表面。

1 這個坑在底部有鋸屑，並成行放入木料。壺是由白色瓷器內部製成，覆蓋精細泥漿，隨後在電窯中素燒到華氏1920度（攝氏1050度）。

2 一旦壺被裝好，木頭要小心放入，不要掉在作品上。最後一層木頭放在頂部，和一層報紙及易燃物一起，幫助開始燒製（見細節）。裝窯會花費數小時。當裝窯完成，在木頭被點燃之前，這個坑被瓦楞板覆蓋。

3 在八個小時中，這個坑被填入木料並覆蓋，但時時打開來讓火均勻流通在壺周圍通過窯內。這裡木頭被燒掉，坑內是一團灰燼，但這個坑要保持36小時不要打開。

4 兩天之後。坑的側邊已倒塌，但幸運的是，壺保留完好。最後壺可以被取出、清洗和欣賞。

5 壺的觸覺效果通過使用一層蜂蠟增強，火焰的痕跡和顏色賦予它們每一個自己的個性。

巴！）它應該足夠大來容納你的素坯或素瓷作品，並往坑中填入適量的木料製作品。要求的最小的尺寸是至少2英尺左右（60厘米）深，允許足夠的木料被放入頂部燃燒足夠長的時間，來創造要求的效果。使用不同種類的硬的和軟的木料的混合（緩慢和快速燃燒）來燒，使得火能夠延續經過一個較長的時期——大約6-16小時。

另一個辦法是，挖一個更大尺寸的壕溝。放入一層鋸屑和一些可燃物，把作品放在頂部。裝入一系列材料（像每次匣鉢燒製一樣）緊密圍繞作品，用更多材料覆蓋，把木料輕輕地放在頂部，分布均勻。在堆的頂部把火點燃；等燒的很好，在它上面放上一個金屬蓋子，讓木料燒掉。你可以堅持燒製，通過定期抬開蓋子，放入更多的木條在灰燼上來點燃，保持有生氣。這會在作品周圍產生還原氣氛。正如匣鉢燒製，坑燒會產生純粹的非功能性的裝飾性作品。你可以使用蠟來密封表面，像對煙薰燒製表面一樣。注意如果留在直接的陽光照射中，效果會消褪。

鋸屑燒

這是一種非常簡單的，但視覺上有回報的方式來燒製素坯或預先素燒過的作品，它們是裝飾性的而非功能性的用途。買一個金屬桶，在裡面做出一系列孔洞，或建立一個你自己的方形的設計，使用杜老克斯磚或HTI磚，為空氣流通在它們之間留出缺口；另一個辦法是並買一個焚化爐。

有很多種方式來排你的"窯"，根據你希望得到的顏色的變化。如果緊密地裝入鋸屑，燒製會緩慢燃燒，創造更暗的區域；如果鬆散地裝窯，那麼顏色會更清淺。

當把作品放入，你可以使用延伸的金屬分層設置，來預防當鋸屑燒掉時，由作品在內部倒塌導致的破壞。當鋸屑被很好地點燃，把蓋

鋸屑燒製的壺
加布里埃爾·科赫

　　鋸屑燒製的單純能夠被控制到一些程度，或留著來創造隨意的微妙的碳的痕跡。你如何裝入作品和鋸屑會影響結果。

建造磚箱窯

　　這是一個最簡單的設計來包含鋸屑燒。注意小的通風口，它讓空氣來幫助燃燒。

子放回去；這會熄滅火焰。如果鋸屑燃燒太迅速，用泥巴堵上一些氣孔來使之放慢。鋸屑會非常緩慢地燒掉，直到它徹底燒完；根據排窯的緊密度，這會需要幾個小時。溫度會達到華氏1470度（攝氏800度）左右。

　　在取出作品和清洗之前，讓作品冷卻；小心不要擦拭它。一些製作者使用蠟來覆蓋作品密封表面，創造一個薄層。使用精細泥漿和鋸屑燒一起在表面產生一種美麗的天然的層。

戲劇化的燒製

　　有很多種方式來建造窯的形狀和結構，使用同樣的如前所述的材料——耐火磚，泥巴和天然物質的混合物，以及陶瓷纖維。陶藝家們發展了製作窯的景觀，如卡琳·普什-格拉西，他創造了帶玻璃底部的窯，而喬根·漢森和妮娜·霍爾製作窯是常常使用新鮮的泥巴來保留在地點，一旦燒製成為半永久性或永久性的雕刻。

　　製作窯的技術變化很寬，但這些窯常常使用組件組合的方法採用泥巴泥條和泥板構建。他們使用簡單的直焰式設計的原則，在底部採用木料作為燃料，燒製一天或兩天的時間。一旦雕刻被製作並變乾，它被包裹在一個陶瓷纖維毯裡面，用鎳鉻絲固定在位置上。這種覆蓋在最高的瓷器溫度時被拿開，雕刻的剪影被揭示出來，光芒嶄新。通過向結構扔入裝鋸屑、鹽和氧化物的紙包，它點燃來產生火花和顏色，強化了這種戲劇性。對於這樣的公共事件來說，必須觀察所有相關健康和安全的程序。

燒製的結構
喬根·漢森

　　這件大型的泥巴結構被製作，變乾，然後包裹進陶瓷纖維。通過填入木料進入底部，窯被燒製。當炻器溫度達到，毯子被拿掉來揭露這發光的火和泥巴的美麗。

瓶式窯
卡琳·普什-格拉西

　　瓶子被堆放和裝入沙子、土和泥巴來創造一個窯。在燒製中，內部的瓶頸閉合併滴落，但並不爆炸！當這個窯被燒製時，成為一道傍晚的景觀。

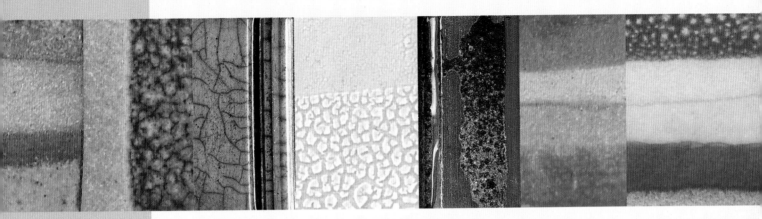

第五部分

上釉

分層的釉
皮平·德賴斯代爾

　　通過噴灑幾種釉料的層和著色劑，一種在另一種的上面，創造出了這些美麗的、光滑的、著色的表面。這些被覆蓋進麗唯特（美國顏料品牌名）阻隔裡，然後被切割進入，這樣更多的釉層能夠被噴上來創造嵌入 的線條。

理解釉料，理解其配製、應用和最終效果，對創造一個成功的最終作品是重要的。通過上釉能夠得到的純粹的效果和裝飾的寬廣度是引人注意的。然而，陶瓷實踐的這個領域是潛在地不穩定的，在作品上是鮮明有力的。要求有詳細的和反覆的練習，來保證上了釉的作品從窯中出來的效果正如預期的那樣。

介紹

上釉常常被認為本身就是一種藝術形式。人們要花費數年來成為精通的專家，付出的回報，顯示在被完成的作品效果上。

在其最簡單的形式裡，一種釉料是一種稀薄的玻璃層，它在燒製過程中熔化到泥巴坯料上。在應用之前，生料按照一個配方來稱重並在水裡混合在一起。

上釉的作用是有不同等級的重要性的。在功能性的作品中，釉被主要用來完成已燒製的陶瓷的表面，使之光滑、無孔和衛生。在藝術的環境中，上釉是一種表達的手段。

釉料能夠從陶瓷供貨商處買到，或作為一種現成混合好的液體，或作為一種粉末，你向它加入水。另一種是，很多藝術效果的釉料是罐裝的，作為"準備來繪畫"的狀態。不管媒介是甚麼，你仍然需要觀察上釉的習慣，以及健康和安全要求，因為一個畫上去的釉料可能包含有毒的物質。

一個釉料是由三種成分組成：硅石或二氧化硅（SiO2），是形成玻璃質表面的主要成分；一種助熔物如氧化鋅（ZnO）或氧化鈣（CaO），來控制玻璃質的熔點；還有氧化鋁或三氧化二鋁（Al2O3），來穩定釉料和把它聯結到泥巴坯料。很多物質可以被混合在一起，但它們仍然必須組成這三個分別的部分。通過使用顏料或金屬氧化物，如氧化鈷（CoO），裝飾效果或顏色被採用到基礎的釉中。

釉料成分能夠被更進一步細分為以下類別：
玻璃成形物質

長石：長石包括鉀長石、鈉長石、康瓦爾瓷石。助熔劑和熔塊用來幫助長石熔化。熔塊：熔塊是研磨了的玻璃，具有低熔點華氏1380度（攝氏750度）；它們在配方中幫助釉料配合，便於在不同溫度熔化，帶給顏色變化。

泥巴：泥巴幫助釉料的懸浮，在燒製之前幫助釉料黏附到坯料上去，並幫助最終釉料的穩定。瓷土泥巴被廣泛用為此目的。

二氧化硅：二氧化硅作為燧石和石英在一個高的溫度形成一種堅硬的玻璃，使得釉的表面變硬，不受磨損。

修改劑

助熔劑：白堊粉、碳酸鎂和碳酸鋰都是可能的助熔劑。碳酸鹽在燒製中分解，和玻璃形成物相互作用，來成為一種釉料。

陶土泥漿和釉料檢驗樣本

這些樣本展示了效果和使用釉下泥漿來改變釉的顏色。不同泥漿的應用意味著，從一種單獨的釉料你能夠得到一個寬廣的色調的顏色。泥漿顏色垂直施用，被安放在一個右手邊角落。釉料水平地施用在泥巴和泥漿上面。

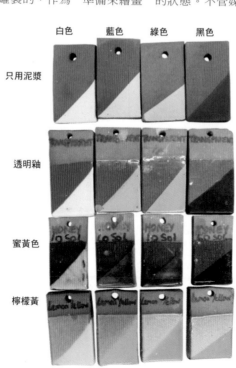

著色劑：當加入助熔劑時，金屬氧化物、碳酸鹽和製備的著色劑帶給釉料顏色，使釉料穩定或不透明。

不透明劑：不透明劑如氧化錫或氧化鈦使得釉料不透明，通過防止釉料內全面結合，作為分散的精細的、微粒停留在表面。

檢驗釉料

一種釉料的質量能夠被判斷為幾個等級：它可以是玻璃化的效果或顏色的深度，表面的光澤，或它在表面上流動的方式，或從細節上匍匐前進的方式。加入特殊的物質，即使是小劑量的，都會有一種效果。你也通過把釉料塗在不同顏色的泥漿上面變化釉的效果。這會增加許多釉料的顏色範圍。

理解一種釉料的變化和潛力，重要的是對它進行試驗，可採用一系列測驗。

來設計測驗用陶瓷試片是一個好主意，它帶有很多的信息。一個完全平直的檢驗用瓷片，像是一個錯失的機會：它需要一個好的表面區域，這樣你能夠看到釉料的深度和效果；它應該有一些突起或尖銳的邊，這樣你能夠看到釉料從邊緣匍匐前進；並且它應該有一種三維形式的感覺，讓你理解釉料如何流動經過一個物體。

記錄你的測驗

有經驗的製作者保持一個對所有釉料試驗的詳細記錄。他們發展了一套分析和標記的體系，確保他們記錄了燒製範圍和保溫時間，測驗試片在窯中的位置，施釉的厚度，釉料如何對形式反應，和視覺的效果如蜿蜒或開裂。如果你從職業生涯的開始做這個，你能夠成功地生產許多年前製作的釉料。一個保存完好的釉料筆記本可以成為像聖經一樣，在你未來的許多年裡都帶著它。

你也會需要有一個體系來記錄你的試驗。一個簡單的數字和字母的體系能方便工作，數字代表基本的釉料，字母指示加入的氧化物的百分比──例如，1a+2%鈷，1b+4%

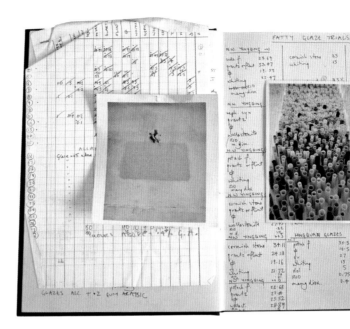

鈷。使用釉下的鉛筆在測驗中寫出數字；另一種方法是，把數字用一種氧化物和細刷子塗刷。

釉料測驗

50：50混合

這是一個進行的好測驗，當你第一次進行釉料配製，由於簡單的混合給你一種對特別物質的特性有好的理解。這是採取最為簡單的測驗中的一個：把釉料物質簡單地在水中以50:50的比例混合、過濾，並澆注在測驗試片上。一個淺的盒子會是好的檢測的設施，因為它幫助來容納釉料的流動。把測驗燒至陶器溫度；對每一個測驗做出對比的註解。任何測驗中不熔化的都應該燒至一個更高的炻器溫度，重複分析。

線性混合：線性混合是一個簡單但有效的檢驗，來理解以逐漸加大的量加入一種物質到一個釉裡的效果。它常被用於檢測一種氧化物添加到一個釉裡。

混合基礎釉，把它分為等量的比例，足夠來進行一個系統化的試驗，將氧化物以逐漸增加的量加入──1%，1.5%，2%，等等。把所有的測驗品一起燒製到一個要求的溫度，然後評價和記錄結果。

釉料筆記本
娜塔莎・丹特里

保持一個你的釉料試驗的詳細的記錄會幫助你在未來複製有效的釉料配方。你應該記錄信息，如燒製範圍，施用的釉料厚度，以及結果。

釉——有用的術語

沒有釉料配方是完美無缺的。燒製過程的特質、窯的類型、供應的乾料，從寫出的配方到實際的結果創造高度的潛在的變化。極有可能你需要調整釉料來得到最佳的表現。具有對釉料的化學和特殊物質特性的深入理解，對於理解釉料和你可能需要作出的可能的調整是重要的。發展這個知識，會是成功的釉料試驗的關鍵。

開裂/裂紋：這是一種釉料在器物的表面上開裂的效果，由釉料與坯料不符合而導致。在商業性生產的環境中，這被看做是一種瑕疵，但在藝術的環境中可以被讚美。

陶器/瓷器/炻器：這是一個簡潔的方式來描述燒製溫度範圍：
陶器 華氏1760-2160度（攝氏960-1180度）
炻器 華氏2190-2370度（攝氏1200-1300度）
瓷器 華氏2260-2460度（攝氏1240-1350度）

無光釉（亞光釉）：一種無光的釉，帶有暗沈下去的光澤。一個亞光的表面常常是相當軟的，這樣在功能性的器物中會被磨損和刮擦，如盤子。然而，高度的白雲石成分能夠為日用瓷的外部或為雕刻產生這些軟的、可愛的表面。

氧化：這是一個電窯的氣氛，描述在燒製中空氣的循環。

樂燒：這描述一個過程，當釉正在熔化時把上了釉的物體從窯中取出，放在一個滿是可燃物如鋸屑或木片等的容器裡。這引起一種過燒的還原氣氛，它能夠創造一系列效果。

還原：這是在燃料燃燒的窯如瓦斯窯或柴窯中的氛圍，當空氣循環被控制，於是還原氧氣。

鹽燒/蘇打燒：這個燒製過程在華氏2265度（攝氏1240度）時採用鹽進入窯內，導致鹽或蘇打和泥巴中的二氧化硅一起熔化，導致獨特的橘皮表面。

緞光釉：這是與亞光釉類似的，但添加物助熔劑在表面創造更多光澤。對功能性器物來說，如果要求亞光的表面，這是一種更好的選擇，但它仍然會刮擦。

透明釉：這是一種清澈的、玻璃似的釉，能讓你透過釉來看到泥巴坯料。這是有用的，如果你的泥巴具有一種特殊材料的效果。

不透明釉：它與透明釉相反，這意味著不能透過釉來看到泥巴坯料。不透明劑會使得釉料不透明。

弧坑釉：使用這種釉料可以得到不同的表面效果。一些是粗硬和尖銳的，具有切割的尖端，而其它具有較軟的邊緣。其配方會包含變化的量的碳化硅，可能有一種特殊的泥漿來得到要求的表面。當和其它釉一起時，應用的厚度發揮作用。

乾式釉：由於其非常乾的表面，它在歷史上被描述為是一種「雕刻性的」釉。由於衛生的原因，它對於功能性器物是不適宜的，特別是它含有鋰和鋇。這些成分常常出現，來產生一種有趣的顏色。

縮釉：這是一種釉色的瑕疵，現在被用在當代陶藝中來創造有趣的表面效果。

器釉料測驗

上圖中的試片顯示了使用兩種釉料的效果，一種在另一種的上面（釉在釉上）。每一片瓷片在兩端單獨蘸漿應用了兩種釉料。改變應用的次序會影響顏色的反應。

釉色樣本

下方的試片顯示了使用一次單獨的蘸漿相對於兩次蘸漿的強度等級。

單次蘸漿

兩次蘸漿

閃光釉

裂紋釉

弧坑釉

縮釉

緞光釉

無光透明釉

白雲石釉

氧化合物

這些金屬氧化物、二氧化物和碳酸鹽的化合物是在釉料製作中提供基本的顏色調色盤的顏料。它們會被單獨使用，或更經常的是彼此聯合使用。

銅化合物

這些強烈的助熔劑在普通的條件下產生蘋果綠色，但在鹼性的釉料中產生豐富的藍綠色。在還原氣氛中，它們產生銅紅釉的特點。

鈷化合物

在所有上色的氧化物中，這是最強大的，鈷化合物產生強烈的藍色，甚至當以低百分比使用時也是。如果錳出現，鈷可以形成紫色。

鐵化合物

在氧化燒製中，氧化鐵產生範圍寬廣的蜜黃色、紅褐色、黑色和黃色。它們在還原燒製中產生藍色和綠色，如青瓷釉料。

錳化合物

錳產生一種褐色，但在鹼性基礎的釉中能夠產生紫色。當和鈷混合，它會產生紫羅蘭色。

不透明劑

氧化物如氧化錫、氧化鋯和氧化鈦使得透明釉不透明──這是白色錫陶釉的一種特色面貌。這些物質被稱為"不透明劑"，也會和其它氧化物反應來產生一系列的釉色。

金紅石

是一種礦石，包含二氧化鈦和鐵，用來產生軟的褐色和斑駁的表面。

帶有氧化物的著色釉料

下方的表格描述了來得到一種特殊顏色所要求的氧化物的量。這只是一個一般的指南，一系列變化如基礎釉、燒製溫度、窯的氣氛和釉的厚度都會對最終效果有影響。金屬著色劑在強度上變化，同時碳酸鹽總是比純粹的氧的形式更弱。

當在釉料中使用，氧化物應該被極細地研磨，來產生均勻的顏色分布。著色劑是商業性生產的顏料。它們相對來說更為穩定，總是會產生好的顏色反應，使得它們對於著色泥巴坯料和上色泥漿是理想的。

單次和兩次蘸漿的測驗試片

顏色的亮度根據泥巴基礎和應用的厚度而變化。

單次蘸漿　兩次蘸漿

斑點鐵　淺黃色 有熱料的　白色 光滑的　白色瓷土

氧化物	%	顏色
黑色氧化鈷	0.1-2	產生一種深藍色；使用更高的量時，它趨向於發黑
氧化鉻	0.5-2	不透明的綠色
氧化鈷	0.5-3	光滑的藍色，在一些釉中很鮮明
氧化鉻	0.5-3	一般產生一種綠色。當和氧化錫結合使用，它能夠產生粉紅色。
碳酸銅	0.5-4	在還原燒製中是紅色，在鉛釉中是綠色。
氧化銅	0.5-5	是強烈的助熔劑，產生綠色，在鹼性釉料中產生豐富的藍綠色。在還原燒製中，是經典的銅紅釉。
二氧化錳	0.5-8	給褐色帶來粉紅色，但比碳酸鹽形式產生的更強烈。
紅色氧化鐵（三價氧化鐵）	0.5-10	對暗褐色產生蜜黃色；這是氧化鐵最普遍的形式。
碳酸鈷		產生一種藍色釉。
二氧化鎳	1-3	冰藍色，黃色，柔和的綠色
氧化鎳	1-3	產生棕綠色或灰色，當加入到高鋅的釉料中時，在氧化燒製中產生一種黃色，在還原燒製中產生一種藍色。

氧化物	%	顏色
碳酸錳	1-5	會對褐色產生粉紅色。
二氧化錳	1-8	粉紅色，淡紫色，褐色
黑/紅色氧化	1-15	淡藍色，發褐色的黑色，淡蜜色
二氧化鈦	2-10	亞光米白色，豐富的藍色
氧化銻	2-10	當加入到一種高度的鉛釉中時，產生一種黃色
氧化錫	2-10	產生質量最好的白色
五氧化釩	2-10	在大多數釉料中產生一種黃色或桔色
金紅石	2-15	淺黃色，褐色，深藍灰色
碳酸銅	3-7	產生一種比氧化物更均勻的顏色，更少斑點的風險。
黃赫石色氧化鐵	3-8	對淺褐色產生黃色，由於氧化物包含泥巴
黑色氧化	4-8	比紅色氧化鐵產生更深的色調
紫色/紫紅鐵粉 三氧化二鐵	4-8	由於其不純，產生斑點效果
二氧化鈦	5-15	產生一種米色。在其不純粹的形式中被稱為金紅石，它產生一種淡褐色。
鋯	6-15	比氧化錫產生一種像牛奶的白色，要求更多注意

普通生料

　　此處列出的生料在日常應用中是普遍的。通過理解這些材料，你會更好地裝備起來在釉料配方中使用它們。

氫氧化鋁或煅燒了的氧化鋁

　　對釉料的一種提純了的添加物。氧化鋁的反應在釉料中是複雜的。它在一種易變的釉中能夠幫助穩定，但它自己不會熔化，直到達到華氏3630度（攝氏2000度）。當少量的氧化鋁和二氧化矽聯合使用，其熔點被降的相當低。當加到泥巴裡，氧化鋁會增加坯料的熔點，使它更少可能熔化。它也被使用為微粒沙子的形式，用作埋入精細的骨質瓷，來作用為燒製中的支撐。氧化鋁也能夠灑在窯內支架上或和瓷土以50:50的比例混合，應用為窯內支架的耐火塗料，來保護它們不受釉料流動影響。

球土

　　是一種具有高度可塑性的泥巴，通常加到其它泥巴裡以增加它們的可塑性。它提高泥巴坯料和注漿泥漿的塑性，用在釉料中是優秀的。在其粉末形式中，對製作泥漿是好的。通常它的顏色是淡象牙色，使得它成為裝飾泥漿的一個很好的基礎。

碳酸鋇

　　是一種第二級助熔劑，使用在炻器和瓷器釉料中，來產生一種亞光的、像牛皮紙似的表面。在它的生料狀態時，它是有毒的。

黑色炻器土

　　一種磨碎了的火山熔岩，使用在釉料中，熔化在炻器溫度。它作為天目釉的基礎是有用的。

膨潤土

　　是被風化和分解的火山灰，是一種高度可塑性的物質。當被加入最大量5％時，它極大地提升泥巴坯料的可塑性。膨潤土也是高度膠質的，吸收大量的水來形成一種果凍似的物質，在釉料中作為懸浮劑（最大量為3％）是優秀的，特別是對樂燒釉料中那些重的微粒。

骨灰

　　在釉料中是一種第二級助熔劑，準備自動物的鈣化了的骨頭，磨碎為精細的粉末。骨灰包含鈣和磷，這是玻璃的成形物質，是骨質瓷的本質的成分，使得坯料透明。骨質瓷典型地包含最多達50％的骨灰，當和瓷土及康瓦爾瓷石一起熔化，形成最薄和最硬的陶瓷坯料。它有時被作為一種釉料不透明劑使用，來減少需要的錫的量。

硼砂

　　是一種極為活躍的低溫的助熔劑，用於那些包含氧化硼和蘇打的釉料。在它本身，它可溶於水，因此它以熔塊的形式被採用入釉料，和二氧化矽一起來使得它對食物是安全的，否則，它是有毒的。

瓷土

　　是一種白色的、殘留的初級泥巴，對製作白色陶器和

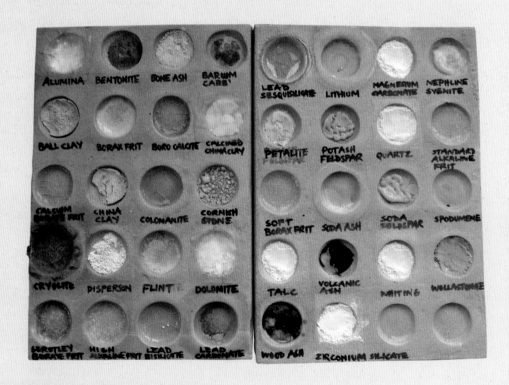

試片測試

　　試片測試是一種非常好的方式來理解特定的物質如何在燒製中反應。這些生的成分被燒製到華氏2280度（攝氏1250度）。通過學習它們燒製的狀態，你會開始理解如何把一種和另一種混合，可能會產生一種光滑或流動的釉。

炻器坯料是理想的。瓷土也被使用在釉料中，來提供氧化鋁和二氧化硅。如果以更大的量加入，它會作用為一種亞光成分。

康瓦爾瓷石（柯尼什石）

一種分解了的花崗岩，在釉料中使用為第二級助熔劑。它由長石、石英、雲母和氟石組成，並包含助熔劑如蘇打、碳酸鉀和鈣。康瓦爾瓷石用於來給泥巴坯料和釉料增白，因為它幾乎無鐵。它被用做一種在泥巴坯料和釉料中代替長石的物質，但易熔性不如長石，因為它含有更高的二氧化硅含量。

方石英

是一種粉末狀、煆燒過的二氧化硅的形式，使用於泥漿中提供對裂紋的抵抗性。當吸入時，它是有害的。

白雲石

是一種鈣和碳酸錳的聯合，它天然地出現，被用為在高溫的瓷器和炻器釉料中的一種第二級助熔劑。當以大劑量在10-20%使用，白雲石會產生一個美麗的絲綢一般的亞光表面。

長石

在泥巴坯料和高溫釉料中是主要的助熔劑，其中有的含有高達70%的長石。長石趨向於像牛奶，由於在釉料坯料中的精細的氣泡。主要有三種長石，每一種的名字指示到主要的，但不是唯一出現的助熔劑。碳酸鉀長石（鉀長石）是通常被使用和被推薦的，但蘇打（鈉長石）和石灰石長石（鈣長石）也很常見。

耐火黏土

是一種提純了的物質，被用作一種炻器泥巴的添加物，來產生一種更開放的紋理和在還原燒製中的斑點效果。在建築窯中，它也被普遍用作一種灰泥。

燧石

是一種高度提純了的物質，它在泥巴坯料和釉料中提供二氧化硅，增加燒製溫度，但減少泥巴的可塑性和收縮率。在釉料中，它也增加對裂紋的抵抗。準備自鈣化的燧石岩石，它被研磨為精細的粉末，是大多數陶工偏愛的二氧化硅的形式。如果吸入它的粉塵形式是有害的。

氟石，螢石

在釉料中是一種強有力的助熔劑。在低溫時，當氟石揮發時能夠導致釉的表面中產生氣泡。

熔塊

物質的特定形式如鉛，具有一個低的熔點，也是高度可溶於水的，使得它們使用起來是有毒的。熔塊包含把這些物質和釉料成分如二氧化硅等，熔化在一起來產生的一種混合物，要麼是不溶於水的，要麼溶解率很低。熔塊的成分是熔化在一起的，並在熾熱時倒入水中。這導致熔塊混合物破碎，使得把它研磨為一種精細的粉末更容易。

熔塊很少以它們純粹的形式用作一種釉料，它需要添加物氧化鋁，通常來自瓷土或一種類似的化合物。普通的熔塊是二硅酸鉛，lead sesquisili-cate，標準的硼砂熔塊，軟的硼砂熔塊，硼酸鈣熔塊，和高鹼性的熔塊。

熟料

預先燒製的泥巴，被研磨粉碎為不同的微粒大小（由它們會通過的過濾篩子的尺寸來分類），並被加到泥巴坯料裡。熟料添加物被加到泥巴坯料中，減少收縮率和倒塌，因為熟料早已經被燒製過，是惰性的。

碳酸鋰

是一種鹼性的助熔劑，當需要防止裂紋時，被用作一種蘇打和碳酸鉀的替代物。它對氧化物給出一種典型的鹼性顏色反應。

碳酸錳

是一種第二級高溫的助熔劑，當使用時最大量為10%，產生一種緞光的亞光表面。如果使用過多，蜿蜒和針眼會出現。在較低的溫度最高為華氏2120度（攝氏1160度）時，它作用為不透明劑，但高於此溫度，它變成一種活躍的助熔劑。在冷卻時，它可能導致形式結晶，創造一種不透明的亞光的效果。

煆燒瓷土

是鈣化了的瓷土，被用為一種純粹的白色熟料，在白色耐火泥巴中很普遍。精細等級的可以被用於玻璃質泥漿中，作為一種泥巴的替代物來減少收縮率。

霞石正長岩

一種與長石類似的礦物替代物，包含鈣和二氧化硅和更多的鹼性助熔劑。它被使用在陶器和炻器釉料中。它比長石更易於熔化，因此能夠被用於來減少釉料的成熟溫度。

雲母

二氧化硅的一種純粹的形式，能夠被用作一種釉料中燧石的替代物。如果吸入，它是有害的。

碳化硅

在電窯中被使用來得到在釉中局部的還原。作為一種釉料成分，它創造起泡的、火山熔岩似的效果。

蘇打灰（碳酸鈉）

被使用在製作注漿用泥漿中，它和硅酸鈉聯合起來。

滑石

是一種第二級助熔劑，富含鎂，被用於釉料和泥巴坯料中。在釉料中，它提升抗裂性，但能夠形成不透明的表面。在泥巴中，它作用為一種助熔劑，對製作耐火的烹調用陶瓷特別有用。

白堊粉

是一種白堊、碳酸鈣和石灰石的混合物。它在釉料中是主要的鈣的來源，被廣泛使用為一種助熔劑。它由精細研磨從貝殼得到的白堊製備。它幫助增加硬度和釉料的耐久性，大量使用時產生一種亞光的效果。

硅灰石（碳酸鈣）

在釉料中是一種對白粉的替代物，包含鈣和二氧化硅。在炻器釉料中，它是一個好的石灰的來源，當有針孔問題時它是有用的。

如何混合釉料

混合一種釉料是直接的，但測量必須是準確的。

技術名詞介紹 117

1 找到一種合適的釉料配方，確保你有列出的所有基礎的物質。你需要兩個塑料碗，精確的秤，一個精細的篩子，一把刷子和一個橡膠橢圓形刮片。使用秤，一個一個地稱出成分，倒入一個容器。小心地稱出盛放成分的容器，在繼續稱重程序之前把秤歸零。把每一種稱過的粉末成分按順序倒入一個尺寸合適的碗或桶。

2 讓水淹過成分，讓它們熟化（見29頁）一段時間；這會最多30分鐘或更多，使得混合更容易。水量是估計的；少量加入，每次加一杯或一壺。使用一個棍子，把所有成分混合在一起，讓它們浸泡一段短的時間。

3 把釉料倒出通過篩子進入另一個碗，使用一把刷子和一個橢圓形刮片來推動物質經過篩子。盡量確保所有物質都經過篩網。

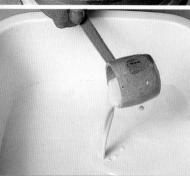

4 釉料的稠度應該像一種稠的奶油。如果需要的話，加入更多水；如果它太稀薄，讓它停留三到四個小時，水與漿會分離，這時從頂部倒出一些水，再次混合。

混合一種釉料涉及到的原則是普遍的：你需要和水一起來混合特別數量的粉末物質。不管是使用一種商業性生產的混合好的現成的釉料，還是創造一種試驗的釉料，都是如此。

混合釉料

混合好的釉料應該被保存在密封的容器中。不要使用任何儲存食物的容器或瓶子，因為這會導致混淆。對於大批量釉料，帶有蓋子的箱子或密封的圓筒是有用的。應該在容器上貼標籤，清楚地標示釉料名和燒製信息，因為在燒製之前來把一種釉料和另一種分別開來，是非常困難的。

上釉的最大問題是粉塵。乾的釉料物質可以是有害或有毒的。如果可用的話，使用抽風設備；否則佩戴防塵口罩。橡膠手套是有用的，由於一些釉料物質對皮膚是有刺激性的。

釉料成分比例

當你在看一個釉料配方，它會給出一份材料和比例的列表，是製作釉料所要求的。其數量可能被記錄為重量或百分比，或簡單的一個數字；這被稱為"份數"，常常加起來會是100。對新手來說不幸的是，沒有通行的規則。很多受到尊敬的釉料書中有困難的釉料，顯示為重量、百分比，有的各部分加起來是100，有的各部分加起來是各種風格的數字。

釉料不必加起來都是100，儘管如果以每100份中的份數工作，更容易來配製自己的釉料。在很多事例中，如果各部分加起來的總數稍微超過了100，基礎釉會加起來到100，為了顏色，氧化物常常被少量加進去，會使得總數稍微超過——例如，到102。
釉料是一種軟科學，這些輕微的矛盾源自在不同的陶瓷作坊發展著特殊的實踐。對於一系列有潛力的配方途徑，重要的是根據釉料如何被書寫，來理解要做什麼。

百分比/份數總數100

如果釉料被寫為每100份中的百分比或份數，那麼你簡單地測量物質到一個量，它與每個百分數或份數相聯繫。例如：

成分		混合×10
A	35% /35份	350盎司（350克）
B	40% /40份	400盎司（400克）
C	25% /25份	250盎司（250克）

各部分加起來不是100

在此事例中，簡單地把各部分用同一個因數相乘，這樣你在用同樣的量來增加每種量。

成分的部分=86	混合×10
A 12	120盎司（120克）*
B 21	210盎司（210克）
C 53	530盎司（530克）
總數	860盎司（860克）

轉換等式

作為一條普遍的規則，釉料更容易被測量為每100份中的份數。如果釉料配方加起來不是每100份，你可以使用下面的轉換等式：

$$\frac{已知部分的量 \times 100}{已知部分的總和} = ?$$

在下面的例子中，最初的配方有以下部分：

最初的釉料		新的配方**
50	$\dfrac{50 \times 100}{77} = 66$	66
20		26
4		4.5
3		3.5
共77		共100

*這些不是直接的轉換。請選擇英製或米製測量。

**數字被四捨五入為整數來簡化說明。

釉料配方◆

這裡有一些簡單的釉料配方可供入門。

釉料配方被分為：陶器，炻器，瓷器，馬略爾卡陶器，樂燒。在每個燒製類別中所選擇的釉料來給出一個變化的、系統化的色彩系列。除非另外說明，否則，生料的量作為乾料的比例被給出。所以，如果一個配方要求4份瓷土和6份球土，你可以決定1份等於1磅（1公斤）*，因此稱出4磅（4公斤）瓷土和6磅（6公斤）球土。基礎的重量單位會根據要生產的釉料的量來決定，並且需要試驗來使之正確。

鉛的警告

那些使用這些釉料配方在功能性器具上的陶工，應該一直檢驗它們的鉛釋放量。這是因為在材料中從不同區域的變化，或使用的個別的燒製方法，能夠影響鉛的釋放量的等級。

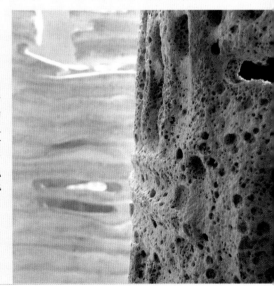

釉的紋理
約翰-埃里克・約翰遜
這些泥條盤築的形式通過使用不同的釉的表面，曾被極大地加強；水平的白雲石釉的線條在背景中和垂直的弧坑釉形成對比。兩種釉都軟化了成形技術。

陶器

這種釉在陶器溫度時，通常是一種比在更高溫度的釉色更亮的、更鮮艷的顏色。這是因為達到低溫很容易，此時釉料成分還保留穩定；它們通常是在更高溫度時揮發性更強，常常"燒出來"。大多數顏色鮮亮的陶瓷是在陶器溫度燒製的。

透明釉
氧化
描述：一種緞光/光澤透明釉，有斑駁的紅色/褐色區域，在紅的紅陶泥巴上面。
用途：裝飾和雕刻
燒製範圍：華氏940度（攝氏1060度）。
乾料重量的份數：

二硅酸鉛	57
長石	31
瓷土	7
白堊	5
+紅色氧化鐵噴劑	

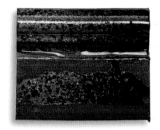

白色緞光釉
氧化
描述：亞光白色/米色緞光釉，在白色的陶器泥巴上。
用途：為裝飾和雕刻作品。是釉上彩的一個好的底釉。
燒製範圍：華氏2010度（攝氏1100度）。
保溫時間：30分鐘。
乾料重量的份數：

二硅酸鉛	47
鉀長石	25
瓷土	16
白堊	12

光澤透明釉
氧化
描述：光澤透明釉白色，在白色的陶土泥巴上。好的通用的陶土釉料，和著色泥漿、釉上和釉下著色劑和顏色一起使用。
用途：裝飾。
燒製範圍：華氏2010度（攝氏1100度）。
乾料重量的份數：

二硅酸鉛	62
康瓦爾瓷石	30
白堊	5
瓷土	3

炻器

炻器是一種瓷化的坯料，這些是無孔的，有時這使得上釉頗為困難。泥巴坯料和釉料在高溫時熔化在一起，釉中物質將要燒出來，留下一個比在陶器溫度時更柔和的顏色系列。使用商業性生產的著色劑，允許得到更亮的顏色的潛力。

高度光澤黑色
還原
描述：高度光澤，純色黑色，當應用較厚，打破後邊緣為生鏽的紅色-褐色。
用途：日用瓷和裝飾。
燒製溫度：華氏2300-2340度（攝氏1260-1280度），還原開始於華氏1830度（攝氏1000度）。燒製有一個12小時的週期。
乾料重量的份數：

鉀長石	60
石英	20
Hvar球土	10
白堊	10
+紅色氧化鐵	8

閃光白色
還原
描述：硬的，有光澤白色。
用途：裝飾和日用瓷。這種釉料在氧化鈷裝飾的上面工作很好。
燒製範圍：華氏2340-2370度（攝氏1280-1300度），還原開始於華氏1580度（攝氏860度）。
乾料重量的份數：

長石	35
燧石	23
碳酸鋯	10
瓷土	9

淡藍色
還原
描述：緞光/光澤，淡藍色，打破後邊緣為白色。稀薄地應用為"瓷"藍。
用途：日用瓷，裝飾和雕刻。
燒製範圍：華氏2300-2340度（攝氏1260-1280度），還原開始於華氏2830度（攝氏1000度）。燒製週期為12個小時左右。
乾料重量的份數：

康瓦爾瓷石	41
燧石	27
瓷土	16
白堊	11
白雲石	5
+氧化鋅	1
碳酸鈷	1
碳酸銅	0.4

乾料重量的份數：
每一個列表加起來是100份。"+"意思是添加物被添加到基礎配方中，通常來創造顏色或效果的改變。

光澤藍

氧化

描述：一種有光澤的暗藍色，當釉被應用的更厚時轉為黑色，在白色的陶土泥巴上。

用途：裝飾。

燒製範圍：華氏2010度（攝氏1100度）。

乾料重量的份數：

二硅酸鉛	62
康瓦 瓷石	28
瓷土	6
白堊	4
+氧化金紅石	2
氧化鈷	2

鍛光

氧化

描述：鍛光，光滑，致密如金屬，在白色陶土泥巴上有綠色的跡象。

用途：主要是雕刻的。

燒製範圍：華氏2010度（攝氏1100度）。

乾料重量的份數：

二硅酸鉛	62
康瓦爾瓷石	30
白堊	5
瓷土	3
+氧化金紅石	3
碳酸銅	3

光澤黃

氧化

描述：有光澤的，金黃色，在白色的陶土泥巴上。

用途：主要是裝飾。

燒製範圍：華氏2010度（攝氏1100度）。

乾料重量的份數：

二硅酸鉛	62
康瓦爾瓷石	30
白堊	5
瓷土	3
+黃色"坯料"著色劑	5
黃色氧化鐵	5

亞光綠

氧化

描述：一種光滑的，亞光綠色，打破時帶有暖紅色赤陶土泥巴坯料。

用途：裝飾和雕刻。

燒製範圍：華氏1980度（攝氏1080度）。

保溫時間：30分

乾料重量的份數：

二硅酸鉛	47
鉀長石	25
瓷土	16
白堊	12
+氧化鉻	3

半透明褐色

氧化

描述：高度光澤，半透明半褐色，帶有裂紋，打破後邊緣為白色/米黃色。

用途：裝飾。

燒製範圍：華氏2350度（攝氏1290度）。

乾料重量的份數：

康瓦爾瓷石	28
石英	20
白雲石	18
白堊	16
瓷土	12
骨灰	4
氧化錫	2
+二氧化錳	2

鈞釉

還原

描述：有光澤，"鈞"類釉料，淡綠色，帶有裂紋。

用途：裝飾。

燒製範圍：華氏2300-2340度（攝氏1260-1280度），還原開始於華氏1830度（攝氏1000度）。燒製週期為12小時左右。

乾料重量的份數：

鉀長石	45
石英	25
白堊	17
瓷土	9
骨灰	2
白雲石	1
+紅色氧化鐵	

光澤淺黃色

氧化

描述：有光澤的淺黃色。能夠被用在瓷器和炻器坯料上。

用途：日用瓷和裝飾。

燒製範圍：華氏2260-2340度（攝氏1240-1280度）。

乾料重量的份數：

鉀長石	34
石英	23
標準硼砂熔塊	14
瓷土	11
白堊	11
白雲石	5
膨潤土	2
+B100黃色釉料著色劑	5

斑點白

還原

描述：鍛光/亞光，白色，帶有斑駁和斑點的灰色區域。

用途：裝飾性器物，能夠在雕刻性作品上工作。

燒製範圍：華氏2300-2340度（攝氏1260-1280度），還原開始於華氏1830度（攝氏1000度）。燒製週期為12個小時左右。

乾料重量的份數：

鉀長石	34
瓷土	30
白堊	21
燧石	12
滑石	3
+二氧化鈦	6

瓷器

　　瓷器是一種高溫燒製的瓷化的坯料，通常和非常精細美麗的器物相聯繫。溫度範圍導致一種微妙或柔和的顏色範圍。瓷器常常和美麗的感覺上的青瓷的藍色和綠色相聯繫，雖然商業性生產的著色劑在幫助陶工在更高的燒製範圍得到更亮的顏色。

光滑亞光
氧化
描述：光滑亞光，米色/灰白色。
用途：日用瓷。
燒製範圍：華氏2340度（攝氏1280度）。
乾料重量的份數：

鉀長石	35
石英	20
瓷土	20
白雲石	20
白堊	5

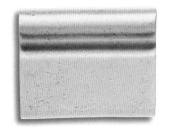

鍛光亞光
還原
描述：鍛光/亞光，有好的灰色/綠色結晶。
用途：日用瓷。
燒製範圍：華氏2370度（攝氏1300度）。
保溫時間：30分。
乾料重量的份數：

鉀長石	36
瓷土	21
石英	10
滑石	10
球土	6
+氧化錫	3
金紅石	3

深紅色
還原
描述：德里克‧艾瑪紅。為充分的櫻桃紅，應用中等到厚，但當應用稀薄時，能夠得到意外的珍寶似的美麗的發紅的粉紅。當厚時流動。
用途：日用和裝飾。
燒製範圍：華氏2300-2370度（攝氏1260-1300度）。
乾料重量的份數：

鈉長石	42
燧石	19
白堊	14
高度鹼性熔	14
瓷土	5
氧化錫	5
碳酸	1

馬略爾卡陶器

　　馬略爾卡陶器描述裝飾了的錫釉陶器。物體首先用一種白色錫釉覆蓋（見左下）；當它摸起來是乾的，顏色被分層塗刷在表面上，每一層在塗刷下一層之前先晾乾。這個配方描述了被塗上物體的各層的順序。應用的層數越多，顏色越強烈。來幫助顏色和白色的釉料混合，釉料著色劑被和無色的釉料混合（見右下）。這個混合是一份粉末狀的釉料著色劑對三份液體的無色釉，然後被和水稀釋到工作的稠度。

桔色到紅色
氧化
描述：左：桔色/黃色與暗褐色混合；右：紅色/黃色/桔色混合。
用途：裝飾。
燒製範圍：華氏2010度（攝氏1100度）。
乾料重量的份數：
　　基礎：白色釉料在紅色陶土泥巴。

　　左：無色
　　+黃色釉料著色劑
　　+紅色釉料著色劑
　　+刷子蘸入一種紫紅氧化鐵粉末和碳酸鈷的混合物。

　　右：如左面，沒有紫紅氧化鐵粉末和碳酸鈷。

銅綠色和金屬似的
氧化
描述：左：銅綠色到黑色金屬似的混合；右：如上。
用途：裝飾。
燒製範圍：華氏2010度（攝氏1100度）。
乾料重量的份數：
　　基礎：白色釉在白色陶土上。
　　左：無色釉
　　+氧化
　　+氧化
　　+刷子蘸入一種紫紅氧化鐵粉末和碳酸鈷的混合物。

　　右：如左面，沒有紫紅氧化鐵粉末和碳酸鈷。

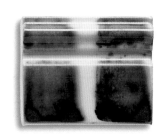

白色釉
乾料重量份數：

二硅酸鉛	60
硼酸鈣熔塊	10
瓷土	10
氧化錫	10
燧石	5
硅酸鈷	5

無色釉
乾料重量份數：

二硅酸鉛	68
硼酸鈣熔塊	12
瓷土	12
燧石	8

乾料重量的份數：
　　每一個列表加起來是100份。"+"意思是添加物被添加到基礎配方中，通常來創造顏色或效果的改變。

青瓷

還原

描述：鍛光-青瓷類型。如果使用厚的來增強"像黃油的"效果，是最好的。

用途：日用和裝飾。

燒製範圍：華氏2370度（攝氏1300度）。

保溫時間：30分。

乾料重量的份數：

石英	26
鉀長石	25
白堊	21
瓷土	15
熟料	13

鍛光亞光藍綠色

氧化

描述：鍛光/亞光藍綠色。能夠被用在瓷器和炻器坯料上。

用途：裝飾。

燒製範圍：華氏2260-2340度（攝氏1240-1280度）。

乾料重量的份數：

鉀長石	49
碳酸鋇	27
白堊	14
HP71球土	9
膨潤土	1
+碳酸	2.5

藍-綠青瓷

氧化

描述：藍/綠青瓷，在濱田青瓷上面，分層的釉料。一種令人愉快的玻璃質的淡綠色，在匯聚的區域更深。

用途：日用和日用。

燒製範圍：華氏2300-2370度（攝氏1260-1300度）。

乾料重量的份數：

康瓦 瓷石	27
白堊	27
瓷土	23
燧石	23

Hamada青瓷

鉀長石	75
白堊	15
瓷土	5
燧石	5
+紅色氧化鐵	5

純白色

氧化

描述：光滑鍛光，純白色，非常均勻的表面。

用途：日用。

日用製範圍：華氏2340度（攝氏1280度）。

乾料重量的份數：

鈉長石	45
石英	17
硼砂熔	15
白堊	13
瓷土	5
氧化錫	5

樂燒

樂燒是一種本能的和令人興奮的釉料技術。在釉料剛開始熔化時，物體被從一個窯中拿出，放入一個充滿可燃物如鋸屑的容器中。這導致一種過燒還原氣氛，這種氣氛能夠創造一系列的效果。樂燒釉料是熔塊為基礎的，來幫助它們在低溫熔化，這讓它們能夠變得光滑和玻璃質。

光澤白色精細裂紋

還原

描述：光滑的有光澤的釉，白色裂紋（小）。

用途：裝飾和雕刻。

燒製範圍：華氏1740-1800度（攝氏950-980度），加上至少一小時燒後還原。

乾料重量的份數：

鹼性熔	68
硼砂熔	25
氧化錫	5
膨潤土	2

藍綠色裂紋

還原

描述：有有光澤，藍綠色/綠色裂紋表面。

用途：裝飾和雕刻。

燒製範圍：華氏1740-1780度（攝氏950-970度），加上一小時燒後還原。

乾料重量的份數：

鹼性熔	90
瓷土	5
氧化錫	4
膨潤土	1
+黑色氧化	3

金屬似的光澤

還原

描述：亞光金屬似的/光澤的表面，帶有黃色的微染。

用途：裝飾和雕刻。

燒製範圍：華氏1800-1830度（攝氏980-1000度），加上一小時燒後還原。

乾料重量的份數：

鹼性熔	50
硼砂熔	20
球土	15
燧石	10
氧化錫	3
膨潤土	2
+氧化錳	4
黑色氧化	4
鈾代用品	2
氧化釩	2
紅色氧化	2

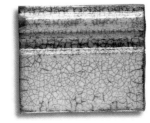
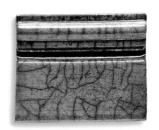

試驗是來發展最初的和個人的使用釉料的關鍵方式的。一個無限豐富的表面是可能的，要有無窮的技術來得到它們。下面是一些最常用的。

釉的應用和裝飾

這些方法可以被單獨使用或一前一後地使用；例如，在茶壺的內部澆釉而在外部噴釉，是合適的。不同應用方法的結合可以在最終的物體中創造非常有趣的效果。有寬廣的釉料應用方法，每一種具有一種要掌握的特殊技術和一種特殊釉料效果或結果。

給底部上釉

在釉的方面，物體的底部是關鍵的區域。如果你不正確處理它，那麼作品會黏到窯內支架上。如果物體沒有圈足，那麼其底部必須被擦拭乾淨，沒有釉料，或懸掛在窯內馬鞍形架上。如果物體有一個圈足，那麼必須把底部上釉，但把足底擦拭乾淨。

正確的厚度

得到釉料的正確的厚度需要練習。由於釉料的發展的本質，有的流動、蠕動，或不同地裂紋。這會需要一些經驗來每次得到正確的釉料厚度。如果你的釉在液態時和泥巴坯料是同樣的顏色，當乾後，會很難判斷其深度。一個好的溶液是加入少量帶色的材料來使得液體釉料染色。這會給釉料一種柔和的綠色、粉紅或藍色，但更重要的是幫助你看到坯體上的釉。

蘸漿

確保釉料桶裝著來充分浸泡物體的足夠的釉料。握住花瓶的足部或邊沿，簡單地浸入釉料中停留幾秒鐘。你握住物體上所選擇的部分，此區域對最終釉的效果影響是最小的，盡量來認識在此區域的效果。你可以使用其它設

施來握住壺，如金屬鉗子，或者你可以把釉料滴入握住形式時遮擋的部分來修補。

刷子刷和塗

這些方法是為了藝術化或裝飾性的釉的效果而使用。你可以使用任何類型的刷子或海綿來應用釉料畫出一種徒手畫的設計。這是一個非常好的技術，來對同一物體使用少量的釉料和應用不同的效果或顏色。來創造不同效果的可能性幾乎是無窮的：你可以畫，用海綿塗抹，做條紋，創造裝飾主題，和分層工作。

倒漿

蘸漿測驗
這些四分形的乾釉測驗展示了從不同的應用厚度得到的變化。頂部三角形被蘸漿一次，中間兩個三角形兩次，底部三角形三次。

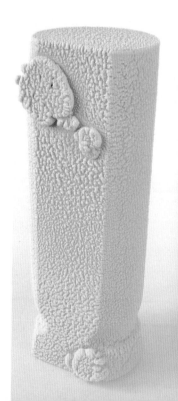

噴釉的康瓦爾瓷石
亞歷克斯·胡本
這件變化了的轉輪拉坯和部分泥板的形式展示了材料的測驗如何可以得到令人著迷的結果。這個表面通過耐心地層層噴康瓦爾瓷石釉，被創造出來。它曾是極為脆弱的，直到被放入窯，燒製到炻器溫度。

上了釉的雕刻

理查德·迪肯

　　創造這樣規模的雕刻所必需的顯著的手藝和技術知識是不能被低估的。其體積、塊面和好像折疊起來的物質的本質，通過豐富的對比和施了釉的表面被提高了。

　　這是一種非常簡單的應用方法，只需要一點練習來得到好的結果。簡單地握住作品在釉料碗上方，這樣多餘的釉能被接到，把釉料倒入作品中直到一半滿，轉動直到釉料均勻地覆蓋了整個形式。把留下的釉料倒回到碗中。倒漿主要被用於容器的內部，儘管它能夠被用作外部，追求一種更藝術化的效果。倒漿常常和蘸漿結合使用。

噴釉

　　這是對泥漿澆注的功能性器具上釉的主要方法，因為它使用一種非常少量的釉料，以連續的厚度來覆蓋坯料。噴的釉需要比使用其它上釉方法稍微更稀薄。噴釉的微粒會是空氣傳播的，所以非常重要的是那個地方要有好的通風設備。把要上釉的物體放在一個轉盤上，在一個通風的空間裡；使用一個瀑布單元是一個非常好的方法。握住噴槍離物體12英吋（30厘米）遠，緩慢轉動轉盤，用釉料來掃物體。重複噴釉直到釉層具有一個好的均勻的厚度。理解釉料的實際厚度是相當困難的，但你可以在釉料中加上食品染色劑，來幫助看見釉的深度；在燒製中這會燒掉。

上生釉

　　這描述應用釉料到一個未燒製的泥巴物品上的程序。最好是在陰乾和乾燥階段之間給物體上釉。釉可以用對素燒器物同樣的方式來應用，儘管因為物體是未燒製的，所以它必須小心處理。這被作為一種標準技術在衛生潔具產業使用。對於上生釉，重要的是首先來檢測作品，因為這不是一個捷徑。上生釉是一個非常有風險的程序，因為泥巴是非常多孔的，所以易於驚釉或驚裂（在燒製後由於太急速的冷卻使陶瓷開裂）和產生其它瑕疵。

釉料阻隔（或排斥，防）

　　這有範圍寬廣的材料，能夠被用作釉料隔離。"排斥"這個詞描述材料在防止釉料接觸到素瓷坯料中的作用。一種隔離劑常常被直接塗在素燒過的物體上，儘管它可能使用模版來規定設計。隔離的物質自己會對設計的效果和概念有一種影響。

失蠟法（也稱蠟防）

　　很可能使用最普遍的釉料排斥的物質是蠟，它可以是熱的或冷的形式。和蠟一起工作需要一些練習，因為它會迅速變乾。如果你的設計是複雜的，來計劃和首先測試它是非常重要的；你可以把一種植物性染料混入蠟中來幫助在坯料上看到它。在使用之前，熱的蠟需要被熔化。一個蠟壺是來熔化蠟的最好的設備，由於它是恆溫器控制的，這意味著為了持續應用，蠟能夠被保持一個好的工作溫度。把少量

試驗

佐伊·克萊爾

　　這件抒情詩一樣的、試驗的、自由風格的形式，由一個帶有泥漿塗層的鋼絲的主體加上一種釉下彩和一種透明釉構成。下圖的細節展示了物體暴露的金屬線輪廓。

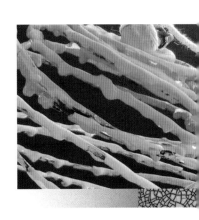

的石蠟加入到蠟裡會幫助它更加流動，為塗刷做好準備。冷的蠟乳劑需要比熱的蠟更長的時間來穩定下來；在應用釉料之前，蠟必須被晾乾，否則它會弄髒和塗抹在物體上。

不管你使用的是什麼類型的蠟，如果蠟被應用到素瓷上，在窯中它被燒掉，露出未上釉的表面或如果應用到一個施了釉的物體上，來露出未裝飾的表面。如果物體是被施釉的，當兩種釉彼此起反應，排斥區域的邊緣會變暗，或在燒製中改變。

為蠟專門保留刷子和工具是一個好主意，因為用過後，它們會變得堵塞，但對蠟的技術可以繼續使用。

乳膠防釉

乳膠是一種液態的橡膠溶液，在空氣中被硫化。當乾時，乳膠有橡皮的感覺，能夠用手術刀或針容易地從物體上拉掉。當從物體上去掉時，這種物質具有可拉伸的特性。對製作複雜的設計，這是一種非常好的材料，因為可以把它塗刷或擠線到坯料上去。

釉料能夠被噴、蘸、塗在乳膠層的上面。當釉料變乾，把乳膠揭掉。像以前一樣，釉料會彼此反應，來增加有趣的效果。

紙防（紙隔離）

在紙上剪出一個設計，做出一個紙的模

版。這個可以被放到物體上，塗釉或噴釉，於是在泥巴上提供一個主題或設計。邊緣會被輕微地羽化，因為釉料具有一種在模板下面流動的趨勢，甚至被卡住。

釉上施釉

釉上施釉有一種頗為令人興奮的和豐富的潛力。當釉被施用到其它釉上，在最終的表面效果中出現的意外的珍奇可以是令人震驚的。這種途徑依賴於檢驗，特別是早期的設計草圖，來使你確保在施用到最終的物體上去之前你理解潛在的結果。

那些具有不同特性的釉料，如閃光釉和亞光釉，當其不同特性在窯中氣氛中彼此反應，更可能產生有趣的效果。

這項技術的最有效的應用是把一種釉料澆在另一種上面；你也可以使用畫筆來做噴濺或輕拍設計。在應用第二種或第三種釉在上面時，要讓底釉變乾。像平常一樣燒製，享受結果。

剔花

刮透剔除上面的釉來露出下面的釉稱為剔花，常常產生相當獨特的燒製結果。當剔花是有目的的，釉料之間彼此的反應是有點不可控制的。

管狀線（泥漿立線）

這是一種非常美麗的技術，在上釉階段之前，它要求一點計劃。其名字描述了這樣的程序，即在素坯階段，使用泥漿擠線器或移液管來畫出一個設計到泥巴坯料上面去。這個設計變成一個燒製到物體上的高出的線條，在物體上釉料被施用為一種濃的懸浮液，在燒製過程中它會流動和匯聚到高出的線條中。這項技術的一個特點是非常多彩的動機和獨特的線條繪畫的效果。

加入球土到釉料裡會確保變濃了的釉料具有一些繪畫的流動性和運動。在應用之前，作

釉上施釉
克里斯‧巴爾內斯

這只盤子具有泥漿擠線的線條，不同顏色的釉料施用在一層白色的基礎釉上面。這項技術會產生一種變化的表面效果，因為釉料厚度會創造不同的色調和滲透入下方釉料的效果。

品的表面必須是潮濕的，這樣釉料在接觸到時不會變乾；如果它開始變乾或開裂，簡單地在表面加水，使用一把軟的細刷子來塗刷。

馬略爾卡陶器

　　馬略爾卡描述這樣的程序，把著色釉料直接塗上一個乾的但未燒製的白色錫釉陶器物體上。歷史上，這是受中國瓷器啟發並企圖模仿中國瓷器的效果。後來，這個程序具有了自己的生命，根據其起源的地點，也被知曉為"彩釉陶器"或"代爾夫特器物"。

　　馬略爾卡風格的顯著特點是一種色彩亮麗的、表現性的繪畫的表面動機在一種灰白色的背景上。其顏色通常是一種氧化物和水和一點基礎釉混合，直接塗繪在乾的未燒製的表面。釉料應該被保留一段時間（過夜）來晾乾和在空氣中變硬。在開始繪畫之前可以使用一只軟鉛筆，在釉上把圖案弄粗糙。顏色被分層建造，輪廓應用醒目的線條，顏色被應用在一種稀劑中，來得到顯著的馬略爾卡效果。

混合和剔花
皮平·德賴斯代爾
　　這些光滑的、簡單的形式展示了通過混合著色劑和釉料所可能得到顏色的變化和微妙。表面的表情隨著填充更多釉料，刻入線條被加上。

馬略爾卡陶器
米什·福拉諾
　　這些形式顯示了一種對馬略爾卡風格表現的途徑，此處氧化物稀劑被自由地塗繪來創造來自氧化鈷的不同的濃度的藍色。

第六部分

釉上表面
裝飾

混合主題的扁平餐具

彼得‧廷

　　一個玩耍的和創造
性的裝飾程序做出了一
個快活的盤子的專集。
這些主題和圖案打破了
物體形式的邊，穿過多
件物體生長發展。

製作者從左至右：格
利特羅工作室，菲利
西蒂‧艾利夫，和詹
森‧沃爾克。

透過釉上彩裝飾來進一步加強作品，會打開各種視覺上表現的機會。使用一定範圍的技藝和技術，釉上程序能產生鮮明的主題和顏色。

介紹

這個程序的幅度和顏色與動機的鮮明使得釉上彩裝飾很有回報。來交叉改變程序和創造複雜的表面和畫面要求幾次燒製來固定這些層，但投入的時間被美麗的稀劑和豐富的顏色系列回報。對大部分而言，這些程序的優點是穩定性；如果正確燒製，顏色確切呈現如期望的一樣。

很可能，釉上裝飾的最普遍的方法是轉印，或者透過傳統的絲網印刷的方法，或者透過直接從一個計算機文件數位印刷。蠟紙的使用是廣泛的和立即的，被證實對於直接印刷到物體上如瓷片和印刷釉料特別有用。彩料被廣泛使用在背面印章的製作，直接噴在釉料上，或印章和商標。光澤彩給背面加上一層最後的薄層和效果。

印花或花紙

印花有時被指為"花紙"，一個"貼花紙轉印法"的簡化詞，一個名詞適用於來描述一種設計，它被生產在一種特殊的紙上，來被轉印到另一個表面。

最初的表面設計，有一個區域在轉印法的發展中是關鍵的，此區域用來隱藏釉中的瑕疵乳針孔或氧化點。這種實踐在手工繪畫中開始，以這種方式繼續直到釉上印刷程序獲得發展。

轉印法的使用是廣泛的，不論是在工業生產中還是在作坊生產中。轉印法製作容易，效果鮮明，容易實施，一旦燒製成為永久的。使用轉印法的優點在於它能夠一次又一次地重複裝飾，達到一定目的和節省人力。轉印法透過幾種方法使用陶瓷油墨創造，並印刷到有特殊

花草裝飾的花瓶
格利特羅工作室
　這些花瓶使用一種直接的圖片技術來露出美麗的表面設計，這些設計對它們裝飾的花瓶來說是獨特的。由於這個程序的性質，每一個設計會是不同的。

泥漿注漿雕刻
克里斯托弗・黑德利

　這些使用泥漿注漿
形式的雕刻製自現成物
品，它們在燒製之前被
組合。強烈的表面效果
使用開放的現成貼花紙
轉印得到，這些花紙被
應用在一個挑戰動機自
身的環境中。

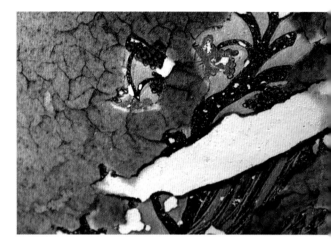

自動變化的燒火的地方
亞歷山大・梅熱-克尼亞泥娃

　這個圖案花紙使用在這些
燒火的地方，只有當圍繞的陶
瓷開始產生熱時，才露出圖
案。當陶瓷開始冷卻，圖像會
緩慢消失。貼花紙的效果掉落
進開裂的釉料表面裡，隨著時
間過去，創造出一種非常美麗
的暴露。

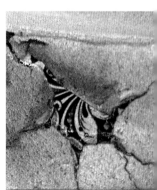

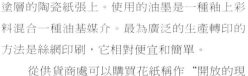

塗層的陶瓷紙張上。使用的油墨是一種釉上彩
料混合一種油基媒介。最為廣泛的生產轉印的
方法是絲網印刷，它相對便宜和簡單。

　從供貨商處可以購買花紙稱作 "開放的現
成的貼花"。這可以是一個好的開始的地方，
儘管你有不是完全原創的風險，因為這些轉印
花紙任何人都可購買。

　另一種方法是，你可以把你的藝術作品發
送出去來印製為花紙，或者你可以自己創造
它們（見267-274頁）。像許多更為工業化的
程序，有一個冗長的安排週期，一旦你開始生
產，它被運行的速度很快就能抵消。

絲網印刷是一種相對低技術含量的工序，對工作室和大量生產是理想的。這個術語描繪了迫使油墨透過一個有網眼的絲網的工序。這個程序的真正好處是，安裝相對便宜，它使你具有印刷複雜的、多色圖像的能力。

絲網印刷

網面網屏是一個長方形框架，帶有精細的網眼伸展穿過它的長邊，來創造一個拉緊的有網眼的畫布。網眼被測量為每英吋或每釐米線支。根據在圖片中所要求的細節，對陶瓷印花理想的是在100到250網眼之間。線支的數目越小，網眼越大，導致一種油墨的厚重印層。更開放的網眼不像精細的網眼那樣支持高度詳細的圖片。透過使用一種照片曝光程序，藝術作品被轉印到這個絲網上。透過使用一個橡膠滾子（被稱作橡膠滾壓），陶瓷油墨然後被推動通過網版，到做了特殊塗層的陶瓷紙張上，然後當浸入水中時用一個塑料塗層來讓印刷從紙上剝離。透過使用一個橡膠橢圓形刮片，結果的轉印花紙被應用到上了釉的表面，並通常燒製到大約華氏1360-1560度（攝氏740-850度）。

當印花被燒製，它們熔化到釉料表面，變為永久。所用這種油墨的一個特點是它的明亮的、鮮明的平面的顏色。印花能夠做詳細的設計效果，由於它們有生產數層顏色的方法，它們能夠做非常複雜的圖案。

網屏可以被買到或者手工製作。一些藝術家製作他們自己的絲網，從專設的材料如圖片框、蚊帳和連褲襪等。這些即興的途徑創造了

印花裝飾的盤子
羅勃·克塞勒
　　這件餐具受到在一架功能強大的電子顯微鏡下的花粉的探索的啟發。在被應用到盤子上之前，不同的花粉微粒細胞被使用顏色來轉錄，並生產為一系列印花。

工作的順序:
· 製作一個印花
· 創造藝術作品
· 分色
· 製作絲網
· 按順序用網版套印每種顏色並晾乾
· 應用覆蓋層並晾乾
· 應用到物體並燒製到華氏1360-1560度
  （攝氏740-850度）

寬廣的效果，使得產生了通常對那種相當固定的程序來說是試驗性的途徑。

創造藝術作品

用於轉印的藝術作品可以從一系列資源來製作。你可能希望來用不同媒體製作的速寫或繪畫，或來自電腦的藝術作品。重要的是認識到每種方法會具有不同的印刷效果。

你創造的藝術作品的類型會影響你使用的印刷的方法。對於一個手工描繪和繪畫的傳統的表面圖案設計，絲網印刷是完美的技術。如果你想要捕捉一個照片圖片，你可能希望使用數

藝術作品的類型

簡單線條

簡單線條的圖像能夠被手工畫出為用於絲網印刷的藝術作品。你可能決定來對版不准來使設計得到一種自由感。

複雜的線條

線條更複雜的作品會適合單色圖像轉印法（見282頁）。

全色

全色插圖或圖片會是數位複製的（見278頁）。

測量來適合一個轉印

技術名詞介紹 118

生產一幅圖片來包裹一個形式的邊沿，如一個碗，首先必要的是來找出哪種形狀"適合"它。

1 使用幾層膠帶來覆蓋碗的邊沿將要分布裝飾的地方，圍繞邊沿畫出一條線。

2 把碗底朝上放在一個平面上，用一隻手轉動它，同時另一隻手握鉛筆穩定地對著碗。這會留下一個畫出的線條平行於邊沿。改變鉛筆的位置，圍繞碗來畫出更多水平的線條；這些會作用為指南。

3 最後，使用一個有彈性的直邊如調色刀來標記垂直的劃分，把邊沿劃分為八等分。然後切割出這些劃分中的一份。

4 小心地把一份膠帶揭掉。把它放平並黏貼到一張紙上。這是在邊沿上的那個區域的"地圖"，裝飾會包裹圍繞這個邊沿。另一種加上圖片的方法是，把邊沿打破為"葉片"狀，如在繪圖的左邊所示。把這個形狀劃分為八片。然後可以把這些弄平，製作一個印花來適合形狀。

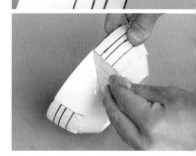

使用CAD製作適合於形式的設計

技術名詞介紹 119

一旦製作了平面的計劃，然後這會被用來產生一個表面設計圖案。一個圖片能夠被手工畫出來適合彎曲的形狀，使用CAD程序能夠更高效地做這個。

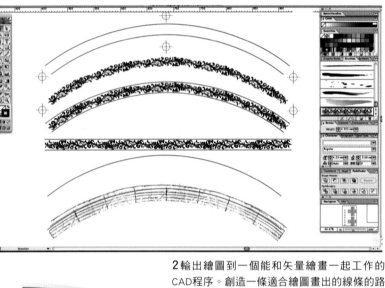

1 把圖片掃描入電腦。（這可以分部分完成。）

2 輸出繪圖到一個能和矢量繪畫一起工作的CAD程序。創造一條適合繪圖畫出的線條的路徑。裝飾被設計出來，並轉變為刷子，然後軟件應用設計到路徑上。線條被從主要裝飾上分離，它們會被印刷為另一種顏色。這個分離使得一個兩色印刷被製作。

3 帶有圖層標記的結果的圖片被在醋酸或透明的膠片上印刷出來。

位印刷或直接照片印刷。

傳統上，一張照片圖片會使用半色調絲網印刷，這把藝術作品減少為一系列點，像一種舊報紙的圖片。這個程序幾乎被數位印刷所取代，儘管它在想要這種特殊效果的地方仍然被使用。

創造藝術作品

你的圖片會被用來創造一個蠟紙模版。這個蠟紙是一個基本的覆蓋，它使得只有你的設計被印刷到轉印的紙張上；橡膠滾子把油墨散布到整個網版，但只讓它透過沒有被覆蓋的區域印刷。

來把你的圖片轉換為準備好的網版可用的藝術作品，它必須被轉移到一張醋酸塗片或膠片上。這是因為曝光網版要求光線來通過除了設計之外的所有區域。如果你使用手工創造藝術作品，簡單地把圖片複印為黑白圖片到一張醋酸塗片上。如果你在絲網上創造藝術作品，使用一張醋酸塗片或與你的打印機兼容的膠片來印刷它。

分色

藝術作品被創造後，為了印刷它必須被轉換。如果設計有兩個以上的顏色，每種顏色需要被捕捉為一個分開的設計。一個普遍的印刷轉換是，每種顏色必須被分別印刷，一次一種。這對T恤衫、海報和陶瓷印花等都是。來得到這個，你必須把你的藝術作品分開為不同的顏色層，稱為"分色"程序。如果你的設計使用四種顏色，會需要來生產四種網版，每種顏色一張。

如果設計被手工生產，你會需要手工來分開色。這是相對簡單的；你只需要來創造一系列藝術作品，每個只表現一種顏色。分色的最簡單的方法是在一個燈箱上手工複印顏色的區域。這個圖片會被圖片複印或掃描，這樣它顯現為一個黑色的圖像，然後被從電腦或複印機印刷到一個醋酸膠片上。如果設計是被程序如Photoshop創造的，那麼你能夠把每種顏色分離為一個圖層。最容易的分色方式是使用撿色工具。從這些圖層的每一層上，會曝光一個網版。

重要的是能意識到特定顏色的燒製溫度。例如，你可能製作一個藍色、金色和紅色的設計。每種顏色會以不同溫度燒製，所以需要弄清楚正確的燒製順序。

編號

多色印刷最重要的方面是編號標記。如果你透過了這創造為一個網版的數字的、冗長的過程來生產一幅圖片，那麼真正重要的是確保它們連接起來。編號標記應該以同樣的確切位置建立在每一圖層。這些標記的目的是使得能夠來檢查圖層的序列。

如果你在一個圖層上面印刷另一層，顏色應該都被一個在另一個上面順序排列。然而，如果一種顏色創造一個不可見圖層，那麼這個網版是編號錯誤的。

準備絲網

絲網通過用一種感光乳劑塗上網眼來製備（這必須被在一個帶有不帶紫外線的安全燈光黑暗的屋子裡完成）。這種乳劑被均勻地塗敷

給絲網做塗層

技術名詞介紹 120

一個圖片的蠟紙模板是通過把一個帶有感光乳劑塗層的絲網在紫外線燈光下曝光來創造的。

1 使用一個上塗層的槽來塗敷一個感光乳劑的塗層。以一定角度握住網屏，把這個槽穩定地對著絲網的非印刷的面放，並把它向上翻倒，這樣液體接觸網眼。

2 在絲網上向上拉動這個槽，施用均勻的壓力，在絲網的表面上留下一個感光乳劑的積層。

3 當到達絲網的頂部，把槽回轉，直到它水平地停留，這樣乳劑流回來進去。然後把網屏平直放置，這樣液體能夠均勻地晾乾。你可以應用微熱和一個電扇加熱器來加速這個過程。

分色程序
內奧米·貝利
這是為一個盤子收藏所做的鮮明的設計，使用一個三色印刷程序。最終的設計顯示了分開的色層被聯合起來。

曝光絲網

　　適合來曝光感光蠟紙的膠片能夠被生產，是通過手工繪畫和把圖像複印到一個醋酸塗片上面，或通過從電腦印刷到醋酸塗片或透明的膠片上。

1 把一個正片膠片放在一個紫外線燈箱上，使用安全燈光 來校正位置。

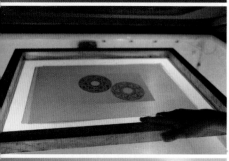

2 把絲網印刷的面放在膠片上，注意把它對準中心放置。

3 在頂部放置紫外線曝光單元。紫外線曝光單元有一個特殊的真空毯，它下來到網屏上，並把它穩定地向下按壓。關鍵的是玻璃、膠片和屏幕的乳膠面被按壓到一起，這樣沒有紫外線光線能夠洩漏透出。

4 把膠片曝光要求的時間長度。不同的乳膠、圖像和紫外線單元要求不同的曝光時間，所以需要試驗來得到對材料和在使用的設備的正確的曝光。

在表面，在曝光之前讓它晾乾一段短的時間。膠片藝術作品被小心地放在絲網前面的中心，放置為面向下在一個紫外線燈箱上。如果圖片依據一個特殊的方向，如字母，你必須把藝術作品放置為透過其平面的背面來讀，這樣當印刷在紙張上時，它會正確顯現。

　　燈箱是一個專用的曝光單元，它使用水銀蒸汽燈來把乳膠在紫外線中曝光。當打開開關，真空拉動絲網和膠片藝術作品靠近在一起時，它被曝光一定長度的時間。

　　曝光後，使用溫水來洗絲網，露出開放的網眼部分，在此部分油墨被推進去來產生一種正片印刷的圖片。如果你的圖片不是完全黏貼，這會有一兩種原因：或者它太精細，這會要求你重新設計或使用另一種方法印刷；或者它沒有被曝光一段足夠長的時間。

印刷一個貼花紙轉印

　　轉印是使用一個真空台來印刷的。這個貼花紙通過一個真空管，透過在台上的孔吸空氣，被控制在位置上。絲網框架被控制在位置上，在一個鉸接的框架上，通過使用一個可移動的印刷臂，能更好地控制橡膠滾子。把你的網屏夾緊在真空台上。

　　相對於印刷台的表面，絲網框架能被增高和降低。在框架下方的在絲網和貼花紙之間的空隙，被稱作“突然折斷”，一旦橡膠滾子做了一個通道並積存了油墨，允許絲網從紙張脫離。

　　使用膠帶來覆蓋屏幕蠟紙不被印刷的區域，它位於直接在你的設計下方，是一疊印花紙。多色印刷能夠被大量生產，通過小心地擺放位置，小卡片標籤在兩個紙張的居前的邊緣。這些會確保在整個印刷運轉中，每次紙張落在同一位置上。

　　為確保真空台盡可能高效地工作，你應該堵塞那些未被覆蓋的孔，這樣它更好地控制住紙張。把橡膠滾子夾緊在位置印刷臂中，確保

閃亮的金邊餐具
彼得·廷
　　這些裝飾豐富的餐具使用一系列
裝飾的轉印效果。圖案是從其它收藏
中取得，和新的設計及磨光金聯合。

夾子是在位置上，這樣，當拉動橡膠滾子時，
其筆畫覆蓋了蠟紙區域。把所選擇的油墨塗
在橡膠滾子的前面，當均勻地移動印刷臂往前
時，在臂上應用向下的壓力。完成後，把貼花
紙張放在一個印刷架上來晾乾。
　　製作花紙的最後一個階段是加上覆蓋塗
層；這封入了油墨，當晾乾和浸入水中，覆蓋
層會帶著油墨從紙上分開。一個粗糙的空白紙
張被使用來印刷覆蓋塗層。鋪設厚的油墨層的
一個典型的線支會是每英吋86線（每厘米34
線）。一個長方形部分被膠帶覆蓋，這樣覆蓋
整個印刷準備好來被塗上。塗層是一種厚的、
黏稠的油墨；有的加有顏色來使得可見。

在274頁繼續 ——→

技術名詞介紹 **122**

清洗網屏

　　在絲網被曝光正確長度的時間之後，關掉紫外線
單元，把網屏取出直接拿到水池的上方來清洗。所有
這些應該在暗室的條件下完成。

1 用水噴在絲網的兩面，這樣你開始看
到設計。

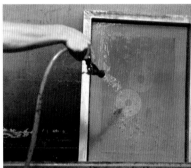

2 一旦兩面都被浸洗，把絲網保留一段
時間，這樣水分可以疏鬆未曝光的乳
膠。

3 現在使用一個高壓水槍來洗出圖
像。在此階段，可以把室內的主要燈
光打開，來看你在洗出哪個區域。更
少的紫外線光線會透過絲網的印刷的
面來曝光乳膠，所以任何這種未曝光
的殘留物需要被洗掉。

4 持續在圖像區域工作，直到網眼徹
底清除了乳膠並開放。充分晾乾屏
幕，使用刷子塗上少量乳膠來去掉針
孔。如果你感覺乳膠曝光不足，把網
版留在白天光線中一段短的時間來使
之更硬。

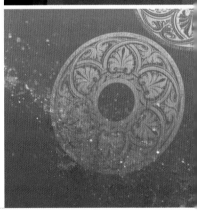

印刷轉印的第一種顏色

一個花紙是一個印刷，被封裝進一個有彈性的像是膠質的層裡，它使得圖像能夠回歸形式，並完美地適合它。

  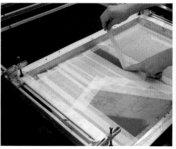 

1 把包含有你的網版的鉸接框架夾緊在真空台上。

2 校正絲網框架，這樣一旦橡膠滾子帶著油墨做了一個通道，網屏能夠從紙上脫離。

3 用膠帶覆蓋你不想印刷的屏幕部分。在此例中，黑色的線條帶著它們的編號標記被首先印刷，因為當安裝第二種顏色時，它們是最容易被看到的。

4 把一張轉印紙直接放在絲網蠟紙下方的區域，它會被印刷，用膠帶固定它。

印刷第二道顏色

絲網印刷程序每次印刷一種顏色，每種新的顏色要求一個新的蠟紙模板。這個蠟紙需要對準位置，這樣它能夠以一種拼圖玩具的方式和其它顏色適合在一起。

 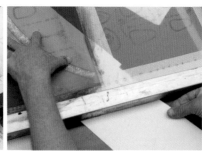  

1 去掉所有的膠帶，把第一種顏色從蠟紙上清潔掉，黏上膠帶為印刷第二種顏色做好準備。

2 在絲網下面，重新放置乾的轉印紙張中的一張。來幫助對齊，在轉印處貼上一張紙作為把手，轉印紙能夠被扭動到位置上。

3 透過絲網看，來檢查通過在另一個上面對準一個編號標記。

4 然後印刷第二種顏色──此處是藍色。一旦完成，把轉印紙放在印刷架中來晾乾。

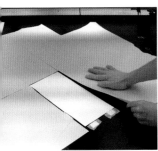

5 堵住未覆蓋的孔，來使它更有效地控制住轉印紙。

6 把橡膠滾子夾緊在印刷臂中在位置上。確保橡膠滾子的滾壓會覆蓋整個蠟紙區域。

7 在橡膠滾子的前面裝入油墨，當一直往前移動印刷臂時，使用印刷臂，向下應用壓力。

8 在一個印刷架裡晾乾第一種顏色的轉印紙張。

印刷覆蓋塗層

技術名詞介紹 125

封裝了油墨的覆蓋塗層被印刷在圖像上面。當浸入水中，塗層會從紙上帶著油墨和它一起分離。

1 一張粗糙的毯子使用來印刷覆蓋塗層。用膠帶覆蓋後面你不想要圖層的區域。

2 覆蓋塗層是一種厚的、黏稠的油墨；有的加有顏色使得可見，儘管這裡所示的沒有。

3 使橡膠滾子陡直地往下施用一個油墨厚層。由於覆蓋塗層是一種溶解基的物質，這應該在一個通風良好的地方完成。

4 把完成的印花紙放在一個晾乾架上，留著過夜晾乾。

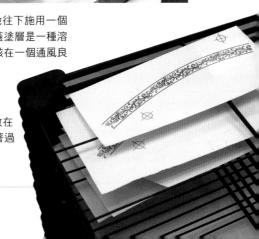

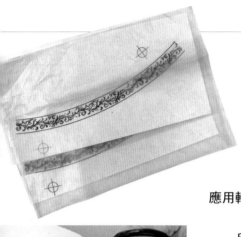

分色的層

覆蓋塗層可以是發黏的；所以，來確保轉印不會黏結到彼此，你需要把它們保持在描圖紙之間。

技術名詞介紹 126

應用轉印花紙

印刷了的設計現在準備被轉印回最初的物體。需要小心來使得轉印準確適合地回形式上去。

1 從轉印花紙上去掉多餘的部分。這會使得應用更容易，因為會有較少的轉印膠片來操作到地方上去。

2 把轉印花紙浸入去礦物質的水中。在幾秒鐘之後，把覆蓋塗層揭掉，在它上面帶有油墨。

3 在應用到碗上之前，弄濕邊沿，這會幫助移動花紙進入位置。轉印是相當有彈性的，所以小心地來精確定位設計。頂部的線條應該隨著邊沿，由於這是最初選擇的位置。這會確保圖案會正確接合在一起。當位置對齊，可以使用一個橢圓形橡膠刮片來刮平刮下去。

緩慢地印刷覆蓋塗層，同時橡膠滾子保持一種陡直的角度來鋪下一個厚層的油墨。這應該在一個通風良好的地方完成，因為塗層是一種溶解基的油墨，留下這個層來晾乾。在通常的條件下，使用的來印刷陶瓷轉印的油基的油墨和塗層都要過夜晾乾，在此之後，轉印準備好來用。

然後要把轉印浸入水中。有時從水龍頭出來的水包含來自舊水管的礦物質，在燒製後它留下看不見的標記在設計的邊緣；為避免這個，使用去礦物質的水。過了幾秒鐘之後，水滲透了轉印紙，把塗層分離，把陶瓷油墨和它一起去掉。這個塗層然後能夠被應用到陶瓷形式上面。把轉印紙放上施了釉的表面，使用一個橢圓形橡膠皮刮片把氣泡刮出去，通過從中心向外刮圖像。當所有的空氣和水被排出，圖片會堅固地黏貼到表面上。

轉印應用

轉印應用是非常簡單的程序，它能夠被相對快地掌握。重要的是在無塵的環境中應用轉印，因為它非常容易在圖像背後沾染塵土，這會導致在燒製中有氣泡。轉印通常被應用到一個施了釉的表面，根據顏色，燒製到華氏1360-1560度（攝氏740-850度）左右。有些顏色，如紅色，是相當容易揮發的，如果過燒一點點就能夠被燒掉。燒製後，塗層會被燒掉來露出最終的圖像。圖像會混和熔化到釉料上，變為永久。燒製溫度必須是釉料開始變軟但還不流動，這樣油墨才能熔化到它的表面。

蠟紙模板

最簡單和最古老的絲網印刷的方法是，使用紙的蠟紙模版印刷。蠟紙可以是基本的，也可以是複雜的，取決於你想要得到甚麼。它可以使用剪刀或美工刀手工剪切，它可以被撕開。使用遮蓋膠帶或水溶性的膠水，把蠟紙固定到絲網的面上，一旦開始印刷，油墨把它吸

紙質蠟紙

紙質蠟紙能被剪切為正片或負片形狀或甚至一個聯合，如看到的植物圖像（左圖）。圖片能夠建立在現實的題材或幾何形設計的基礎上。

到絲網上。

此程序的優點在於其立即和簡單。它允許一種非常快速和創造性的途徑，是來試驗的好的選擇，當你不是真正知道你在試著來得到什麼的時候。

手工製作的蠟紙也允許不同效果的聯合。一個圖像能夠被幾種色彩和成分構成；你可以通過磨舊了的紙條生產一個層，把一個第二種顏色鋪在上面通過一個現成的蠟紙如一個餐桌上的小墊紙巾印刷。這個鋪塗層的程序能夠創造圖像的複雜性，這是通過其它手段難以得到的。

如果你想得到一種更為錯綜複雜和準確的表面，你可以在電腦上生產一個設計，或花費時間來手工畫出。拿一個它的複印品，使用噴的黏結劑把它固定在硬的精細的卡紙上。使用卡紙刀，小心地切割出設計，確保切割線光滑。如果這還不夠精確，可以在電腦上設計一個圖案，商業上把它做成一個乙烯基蠟紙。這些對準確的設計方法是非常有效的。

蠟紙模板的一個原則是，不能有合攏的區域，如零的中心。把這個作品製作在一個蠟紙上，裡面的形狀需要與外面的連接，通過兩個"橋樑"，這創造顯著的、打破的蠟紙類型在圖像上。

技術名詞介紹 127

使用紙質蠟紙

感光蠟紙是最為有效的方式來製作一個絲網印刷，它們要求用到特殊的設備。其它蠟紙能夠被更立即地生產，通過剪切出一個已被畫在紙上的設計，或甚至可以只是撕出一些紙張。

1 大致地撕出一張報紙，這樣它有一個有趣的邊緣。

2 夾緊一個網屏，沒有蠟紙在其上，把它放進真空台上並用膠帶覆蓋出一個開放的長方形。把一張轉印紙直接放入開放的長方形下方，把撕好的報紙放在它上面。放低絲網並拉動印刷一次。

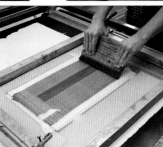

3 抬起網屏，你會注意到那個撕好的報紙遮蓋了印刷，已經黏上了絲網的下邊的面，因為油墨黏貼到它上面。報紙現在被固定在位置上作為一個蠟紙，能夠被用於一次小的印刷運轉。

4 另一種對於簡單的紙切割的蠟紙的辦法是，使用黏貼膠帶來堵住絲網。這最好是在絲網的下面的面上完成，但在此例中，一個第二種顏色的大致線條被從遮蓋的膠帶上撕出，並被放在第一種顏色印刷的上面。

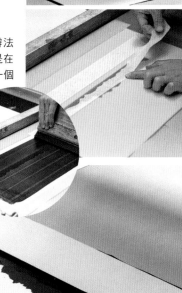

5 以常規的方式拉動一次印刷。這是一個簡單和立即的方式來建立多色印刷。

6 完成了的印刷顯示了兩種顏色如何被分層的。

直接在乾坯上面使用陶瓷油墨印刷，是一種非常簡單和立即的程序。它被廣泛使用在現代瓷磚製造中，但也在工作室中產生大量的效果。

直接印刷

這種技術主要是用在平直的物體上如瓷磚上。油墨被混合為一種硬的、流動的狀態，被透過一個比轉印所用的網眼更大的絲網印刷。通過直接在物體上絲網印刷，你能夠避免需要創造轉印花紙的長的程序。

絲網被採用為和在製作轉印花紙一樣的方式（見167-174頁），但它被安裝來直接印刷在物體上面。關鍵的重要的是來創造編號標記，這樣每一個瓷片被放在正確的地方；做這個的一種方法是，在一張泡沫板中來剪切出一個正方形來控制住瓷片，或者可以把卡紙的邊角固定到桌子上來控制瓷片在位置上。使用平直的木條來增高絲網，稍微高出瓷片，一旦瓷片被印刷，允許絲網被抬開。

在印刷之前混合油墨，使用一個調色刀把油墨塗敷到框架上，然後拉動橡膠滾子順著網屏走，推動油墨透過設計。圖片被轉印到瓷片上。當把它直接印刷到物體上，燒製之前印刷還相當脆弱。你可以把印刷了的物體抬到一個晾瓷片的架子上，在燒製之前減少操作。

瓷片馬賽克室外桌
喬·康奈爾
這個柳樹圖案的桌子被使用切割的瓷片構成。這些瓷片被使用釉上彩混合一種水基媒介印刷。

印刷和畫出的瓷片
卡莉·溫死坦
一個鮮明的一個男孩或女孩的照片圖像被印刷到每一個瓷片上，同時一種紫色的洗劑被畫在一隻眼睛上；使得製作為一個非常不安定的圖像。

直接在瓷片上絲網印刷

因為瓷片是完全平直的，它們提供一個極好的表面來直接印刷在上面。它們已經被上釉，因此應使用的油墨是一種釉上彩和水性或油性絲網印刷媒介的混合物，混合到一種濃的但又流動的稠度。

鉸接的單元

瓷片可以在同樣的簡單的有鉸接片鉸接的單元中印刷，這種單元被描述為直接印刷在素坯上面（見200頁）。

1 瓷片需要被固定在位置上，這樣它在印刷過程中不滴漿。為了做固定，切割一個同樣高度的卡紙框架並用膠帶把它黏上。這也允許橡膠滾子在表面滾動或離開，印刷整個瓷片。在此所示例子中，圖像沒有到達瓷片的邊角，所以瓷片能夠使用膠帶固定。

2 把油墨加到印刷的遠的一邊。朝著自己拉動橡膠滾子，應用穩定均勻的壓力。注釋，在此例中，把油墨裝入網眼不是必要的，因為瓷片的表面是比石膏或泥坯印刷方法中更硬的。如果鋪下太多油墨，圖像會洩漏出來。

3 在應用第二種顏色之前，把印刷了的瓷片留著來晾乾。晾乾的時間長度會取決於你用的是甚麼媒介來和油墨混合：一種水性的印刷媒介會緩慢晾乾；一種油性的版本會用短的時間，但會要求使用一種溶劑來清洗。

7 最終，檢查在正片上的圖像是否與最初的圖像相配，所有信息是否已經都出來在全部絲網蠟紙上面和絲網印刷的陶瓷版本上面。

4 在瓷片上面編號第二種顏色蠟紙，固定絲網到一個有鉸鏈的夾子里，把瓷片移動進入位置。這能夠被完成，通過把一張卡紙用膠帶黏貼到瓷片上，並把瓷片稍微移動直到它完美地適合。因為絲網應該被安裝在瓷片表面上方約1/8英吋（2-3厘米），瓷片會自由移動。

5 以和第一種顏色同樣的方式印刷第二種顏色。

6 印刷了第二種顏色後，小心地抬開絲網，並檢查它是否正確地印刷。

色蠟紙

雙色印刷的瓷片

藍色蠟紙

一種在陶瓷釉上裝飾中最近的革新技術是數位印刷。這是一種程式，其中設計直接印刷自電腦螢幕，使用陶瓷油墨到做了特殊塗層的紙張上。

數位印刷

設計能夠在Illustrator、Photoshop或類似的程式中被創造在屏幕上，或它們能夠被手工畫出或拍照片，然後被掃描和在屏幕上處理。導出的藝術作品能夠然後被保存在一種格式中，如JPEG或TIFF，並用電子郵件發送到打印台。通常打印為A3格式，並被存檔。

這個程式的一個極大的好處是其低廉的安裝費用，沒有必要創造網版或蠟紙，因此非常容易來製作短的印刷流程。這個方法對檢驗想法或限量的版本是完美的，對大量生產特別有用，當每一個瓷片上面有一個不同的印刷。（重要的是要注意，傳統的絲網印刷是一種更為經濟的決定，如果印刷有一定的量，高的安裝費用會被低的印刷每張的費用所抵消。）

數位印刷程序的主要好處是，使用它更易於生產照片圖像，本質上代替更為複雜的半色調印刷。這個程序的問題是，色彩缺少一種特定的活力，特別是紅色，它常常顯得較沈悶。

數位轉印被應用到陶瓷表面，作為它們絲網印刷的對應物以同樣的方式應用，能夠被燒製在華氏1360-1560度（攝氏740-850度）之間，儘管應該指出的是，它通常燒製在這個範圍的更高端，來確保被燒制為永久和耐久。

分層的表面裝飾
密斯·安娜貝爾·第
每一個壺透過釉下繪畫、數位轉印和光澤彩復述一種個人的敘述。這個效果是吸引人的稠密的表面，每次你研究它時，都會發現新的主題。

油墨點的盤子
薰·帕里
這些盤子使用一種非常簡單的手工印刷程序來創造美麗的藝術作品，然後被掃描進Photoshop並被發送到打印台做數位印刷。這個盤子也鍍了18ct金（純度為75%的金），來對油墨點的設計創造一種形式的效果。

在油墨中使用彩料是為了印刷被覆蓋（見266-277頁），但有幾種其它方法來使用彩料。

釉上彩

釉上彩的普遍性源於其可得到的色彩的活力——這是通過不夠穩定的釉或比較柔和的釉下彩難以得到的。

釉上彩是高效的、低溫燒製的釉，要求燒製第三次（也稱彩燒），當它們被應用在坯料釉料上面。有的釉上彩燒製在不同的溫度，意味著你可能需要來做第三次、第四次或第五次燒製。如果這是事實，重要的是首先燒製到一個最高的溫度，後面相應地降低。

當使用釉上彩時所遭遇的主要問題是把它們結合到形式上。在下列的每種技術中，使用輕微的扭擰來解決這個問題。

噴彩（也稱噴花，鏤花著彩）

彩料能夠被應用，使用和噴釉同樣的方法（見259頁）。噴彩在形式上挑出的區域是特別有效的，如一個立面或邊沿。使用噴槍來得到一個乾脆的線條要求一點額外的工作。你可以通過在噴彩之後用一塊海綿試著來做這個，儘管這會花費一點練習，可以是有一點不同的。

來得到想要的顏色的乾脆的邊緣，你可以使用遮蓋膠帶、遮蓋流體或一個乙烯基蠟紙來遮蓋掉區域。在這些程序中，通過預先遮蓋表面來得到效果，因此暴露的區域是唯一接收到顏色應用的部分。當顏色變乾，你可以通過使用一把美工刀來揭開遮蓋。在此階段，彩料還不夠強壯，因此你必須格外小心，當去掉蠟紙時不要損壞設計——它幾乎是不可能修復的。

可能噴彩的最困難的部分是應用到表面。彩料必須被混合到一種流動的稠度來通過噴嘴。預先加熱物體可以是有用的，它來幫助預防流動，因為一旦彩料碰到表面，會更快變乾。你也可以在彩料中混合一點PVA膠水，來幫助它黏結到表面上。

確保噴槍在使用之前是乾淨的。如果這是用於噴釉的同樣的噴槍，和釉或氧化物一起會玷污彩料顏色。彩料也會要求比噴釉更精細的噴嘴。

手工彩繪(這個部分包含古彩、粉彩和新彩等裝飾手法)

釉上彩能夠被手工繪畫到表面上；這個程

釉上彩繪畫的熊
詹森・沃爾克
這個高度裝飾了的熊有著強烈的色彩使用，通過手工繪畫或噴釉被用到物體上。這些鮮明的顏色是顯示釉上彩的。

第一個蠟紙　　　　　　　　第二個蠟紙（堵塞）

為轉印製作高出的白色印刷

這個技術在大量生產中是被大量使用的，這樣的生產中，產業已界定了技術和材料。然而，在工作室中來生產增高的印刷是可能的。

1 混合釉彩顏料和油性印刷媒介，加入粉末直到它成為糊狀。

2 加入食物著色劑會幫助你來編號（見細節）。這會給油墨上色，但在窯中會燒掉，不會改變燒製的白色釉彩。

3 安裝並絲網印刷第一層，如272頁所描述，使用一個粗糙的網眼屏幕。確保裝入油墨到蠟紙上，通過從紙上抬開絲網，把它向前推進入到圖案的網眼裡。

4 第二個蠟紙是比第一個稍微小的，被稱作"堵塞"（見上右邊）。這意味著第二個印刷從第一個層有更多一點油墨"平台"來坐上。印刷第二個層。

5 如果把手指滑過完成了的印刷（右圖），當晾乾，你會感覺到明顯的台階。印刷覆蓋塗層，應用轉印（見273-274頁）。

序，特別明顯地被那些公司如英國皇冠德貝和維奇伍德等用在商業性生產的盤子製造中。手工繪畫在白色的器物上常常被指為"白瓷繪畫"，它需要練習來精通於此。有的陶瓷公司會混合技術如手工繪畫、轉印、噴釉和拋光。混合這些程序的原因是，來創造一個裝飾獨特的表面，也來對程序做出最佳效果的使用。

來做手工繪畫，需要軟的畫筆，來混合釉彩和松節油及油性的媒介。用松節油來混合粉末，然後加入油來得到正確的稠度。在燒製之前顏色會顯現沈悶，但隨後應該變得鮮明和有光澤。

做條紋（這也是古彩、粉彩、新彩等手工繪畫的一部分）

在盤子的邊沿來做條紋是一個好的方式來使用釉彩，因為來使得材料停留在一個水平的表面上，是比在一個垂直的面上更容易的。盤子被對準中心放在一個手動轉盤上。一個寬的、軟的畫筆被蘸入釉彩，另一隻手輕輕地轉動轉盤，使盤子緩慢轉動。畫筆被輕輕地按壓到轉動的表面，它來接收到顏色。這好像是簡單的程序——正如許多簡單的事情一樣——做的好取決於技藝。"條紋"也可以指金、銀或白金的精緻的繪畫在盤子邊沿。這個趨向於被保守地使用，主要是由

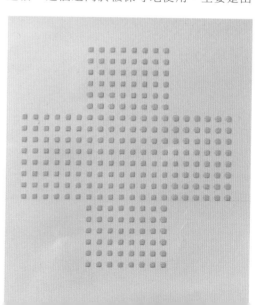

於金、白金和銀的成本；這種繪畫包含貴金屬，因此是昂貴的。少量的使用是一種美學上的考慮，因為例如一個細邊的銀，創造一種複雜的特點。這種對貴金屬的使用強調裝飾性的物體，歷史上稱作"鍍金"。做條紋在此例子中是和釉彩同樣的方式使用，但使用一種更精細的刷子和更少的材料。

磨光金（也稱無光金、厚質金）

金色能夠是一種相當困難來得到的"顏色"，因為它頗為變化無常，要求一種精確的燒製溫度。當出窯後，它也顯現為非常沉悶無光。

磨光金要求另一種稱為拋光的程序，來顯示出金屬的光亮。拋光本質上是擦亮金來得到它的材質效果。當拋光後，它有一種鍛光的效果。

亮金（也稱金水）

液態的亮金有一種比磨光金更光亮的效果。它能夠用同樣的技術來被應用，然而它從窯中取出後，不需要更多的加工。

增高的白色

這是一種非常古老的印刷技術。其名字描述了把一種不透明的白色彩料作為一種轉印來印刷的程序；然後被應用到一個上了白色釉的物體上。效果是非常複雜的，因為在一定的光線下，圖案能夠消失和重新出現。

傳統上，彩料被厚厚地印刷來產生一種增高的主題，給最終的物體帶來一種有浮雕圖案的、觸覺上的效果。隨後的發展使用了印刷製作的技術，來產生更為精細的圖像要點。

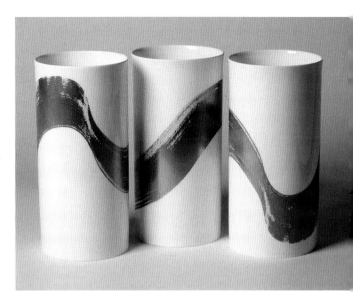

帶有磨光金的骨質瓷
內奧米‧貝利
這些富有能量和活力的標記製作被印刷為18ct金（純度為75%的金）並磨光，來創造一種妖嬈的流動的圖案。

底部印章

底部印章是小的主題，出現在物體下面。這個傳統的製作者的標記表示誰製作了這個作品以及它來自哪裡。印章是收藏者感興趣的，它提供物體的出處。

底部印章的設計是重要的，因為它是一個物體的有效的商標或品牌主題。盡量來發展一個顯著的與你有關的標記。傳統的底部印章常常承載象徵的意義。

底部印章能有幾種方式來生產。可能最普遍的是轉印底部印章。這是容易生產的，因為它能被加到絲網的邊緣，當印刷實際上的轉印時，被順便印刷。然而，絲網印刷可能力圖來收集真正精細的細節。

數位印刷可以是生產大量印章的一種經濟的方式，由於能夠在一頁上排列很多個。

生產一個底部印章的方式是，來使用一個實際的印章來印刷它。這可以使用或者釉下彩或釉上彩來完成，儘管如果選擇釉下彩必須施用透明釉。

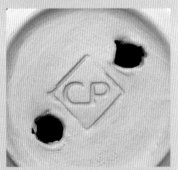

使用照片製作蠟紙模版是非常令人興奮的，是有點雜交的程序。使用來自攝影的技術，圖像被直接曝光到陶瓷表面，創造出戲劇性的、真實照片的圖像。此處的"蠟紙"是設計被複印為負片到一張醋酸膠片上。

直接照片製版

這個程序使用感光乳劑應用到陶瓷表面，把此表面晾乾，然後曝光到光線下進行發展。這是一個非常簡單的程序；在把乳劑塗上表面之後，應用蠟紙並曝光到紫外線燈光下，是和絲網印刷同樣的方式（見269-270頁）。感光區域會變硬，留下圖片在表面準備好在華氏1470度（攝氏800度）燒製。

攝影用乳劑重鉻酸鉀被和阿拉伯膠、水和陶瓷顏料混合，來創造被稱為重鉻酸鹽的膠體物質。使用一把軟刷子把它塗到燒製過的表面上，並感光最多十分鐘。

此程序的好處是其即刻性，儘管有時能夠判斷感光正好，或有時有點沒把握好正確的感光，這些都從實踐中來。

蠟紙製作的花瓶
格利特羅工作室
　　這些花瓶被煞費苦心地製作出來，對此處顯示詳細的使用物品來代替模板的直接印刷程序。花瓶被塗上一種感光乳劑塗層，隨後小心地把植物用膠帶黏貼到表面上。把物體小心地放置進暗室，在一個工作室內的曝光機上曝光。在曝光之後，植物蠟紙被去掉，照片乳劑被清洗掉，來露出在表面上的一個精靈似的設計。

光澤彩是一種薄的金屬似的層，通常應用到上了釉的表面，儘管它也能夠被使用在素瓷坯料上。光澤彩製自貴金屬、松香和油。當在一個氧化的窯中燒製，這種複雜的化學混合物創造一種局部的還原反應。在燒製中，松香和油被燒掉，當釉開始變軟，光澤彩熔化到釉的表面。

光澤彩（又稱電光釉，電光水）

真人大小的光澤彩雕刻
金 · 西蒙森
在這件作品中，光澤彩被使用來創造極佳的效果，來幫助傳達一種運動的感覺。光澤彩的水銀的表面效果意味著在燈光下它持續來改變和運動。

由於此混合物有松香和油，一種光澤始終呈現在表面，它是一種褐色的黏的流體。弄清楚顏色是重要的，因為只有在燒製之後顏色才露出來。

光澤彩可以有以下應用方式：塗刷，海綿抹，印章印製，或噴釉。對手段的選擇聯繫到要求的整體效果。光澤彩的供貨商會推薦使用哪種媒介來把它稀釋到正確的稠度。很可能最普遍的應用是使用一把刷子來塗刷它，儘管這需要一些技藝，因為控制光澤彩可以是困難的，應該被保守地塗敷到刷子和表面上。使用刷子會給特定的區域帶來一種精細的光澤。如果想要創造一種整體的表面效果，你可以噴光澤彩到上面，但確保在一個噴釉的棚子裡實施。海綿塗抹、防釉法和蠟紙法也非常有效；它們創造一種圖案化的效果而不是一種整體的效果，有時只有在正確的燈光下才能看到。

在用光澤彩工作時，重要的是要佩戴口罩和手套，因為它們包含的一些金屬是危險的，不能被吸入或接觸到皮膚。在燒製中，它會放出煙氣，所以好的通風設施是必要的。

第七部分

設計

當代的和傳統的方法的聯合
埃米莉-克萊爾·瑟思
　　一種雜交的製造過程允許瑟思在
Rhino和3D打印模型上面來發展形式，
然後製作石膏模具，以傳統方式把它們
注漿。這種方法意味著複雜的形式能夠
在計算機上製作模型，但製造簡單。

製作者從左向右：埃米莉-克萊爾·瑟
思，辛安住，諾阿拉·歐'多諾萬。

鬱金香設計的研究
米蘭達·霍爾姆斯

受到生機勃勃的、多彩的鬱金香田野的啟發，米蘭達對她的資源材料進行了充分的、專注的研究。通過觀看表面效果、色彩變化和釉的效果，花蕾作為形式的潛力被開發。

啟動開始可以是一個項目最困難的部分。來預防出現"創造的堵塞"，重要的是對範圍廣泛的資源的影響持開放的態度。靈感來自許多不同的形式、不同的區域——建築、自然、時尚、藝術——可能性是無窮的。

視覺的靈感

在程序中盡量早點試著來選擇你將要探索的領域，因為這會幫助你來前進。不要擔心受到靈感的一個特殊資源的影響——這只是開始，這項工作就像通過數個不同物體來進化，後來達到最終的形式。擁有變化的資源材料是好的，只有這個研究是深入和有用的。

靈感到來可以是火花一閃，一個"我發現了的時刻"，但更經常的是，它是所選擇的辛苦的研究結果，從很多不同的視角。你需要來深入探究資源材料，把它上下顛倒、裡外全翻，並且使用不同的媒體在不同的條件下來研究。考慮可替代的主題的途徑，以不同的和表現性的方式來探索材料。一個持久的研究時期會帶來多方面的參考資料的收集，這會反過來啟發設計程序。繪畫、攝影、素描和塗繪是主要的研究部分：它們是你的第一手研究技術。

第二級研究指的是，你收藏的物品，如物件、夾子、明信片，顯示不同紋理的材料樣本，和其它物體。一個好的視覺刺激物的主體會是既有第一級又有第二級的研究材料構成。

靈感來自使用新的視角來看這個世界。使用發散式思維來創造、收集、思考——攝影，繪畫，傾聽，寫作，塗繪，拼貼——來得到一個對你的資源材料的寬廣的理解。

色調板能夠提供一個成功的方式，來把視覺的啟發轉變為能夠使用的形式。創造色調板的好處是，你必須在意象與你的想法相聯繫的基礎上來過濾你的想法和選擇意象，於是你從一個不同的視角看到圖像。

在一個色調板上收集和展示你的研究結果是設計的一個重要部分和發展過程。這會以智慧和個性得到，來使得作品自身呈現為一個視

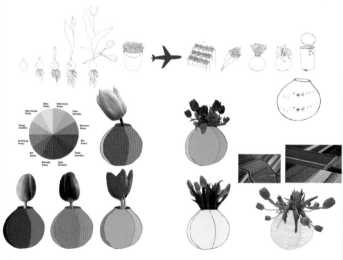

靈感的結果
Cj·歐'尼爾
　　發靈感的過程可以在此處看到；從最初的光影斑駁的照片，到為水壓切割機做的標記，從回收的餐具來成形最終的物體。

覺上有趣和富有啟發的靈感的泉源。

　　把圖像和繪畫作為一個信息的資源來進行選擇的過程是重要的，它是一種有經驗之後會變得更有技巧的事情。在你對圖像的選擇中進行判斷是重要的，這樣每一個圖像都承載意義，特別是當呈現在一個色調板上來代表計劃的作品的一些方面的特點。

　　把視覺信息歸類入不同類別，以特殊的主題來連接是一個好主意。例如，你可能有數張圖像或樣本，在一個板上代表紋理，另一群組是塗繪和攝影，作為建構上的啟發資源在另一個板上。在澄清和分開不同的靈感的串中，這些板扮演了一種本質的角色。最重要的是，每一個色調板都清楚地傳達出由展示的資源所強調的潛力。每一次觀看，它必須也繼續在視覺上激發靈感。如果你能夠從中得到靈感，那麼你的色調板會是創造程序的成功的部分。

到哪裡尋找靈感

　　盡量寬廣地搜索靈感。參觀博物館、美術館和展覽，但也看其它地方，如公園、動物園、百貨商店、城市街道和公共交通。帶一個相機，在日常生活中尋求不平常的東西。

計劃和準備
　　在出發去參觀博物館之前，盡量判斷你想要看甚麼。要求一張展覽的地圖，首先參觀你感興趣的房間。隨身帶一個筆記本和鉛筆，摘要記錄下來能啟發靈感的東西。

博物館
　　參觀博物館並研究陶瓷、青銅器、農業和工業工具，和任何其它你發現激發靈感的東西。記住，小的當地博物館能夠是令人著迷的，會顯示一個地區的地域特點。

美術館
　　找到當地的美術館的地址。參觀它們的展覽，請求你被列入它們的電子郵件名單，這樣你能夠找到合適的即將來臨的事件。

展覽和工作室
　　閱讀當地報紙或雜誌中的列表，找到關於其它展覽的消息。例如，當地市鎮可能有一個節日，在那裡當地的藝術家對公眾開放他們的工作室。抓住機會來看其他藝術家的作品，和他們交流關於他們做的事。有的展覽和集市可以展示出藝術家們在現實中如何製作作品的情況。

雜誌
　　有專門的陶瓷雜誌；咨詢當地的圖書館或書店。

書
　　關於陶瓷的書可以提供一個對全世界陶藝家的工作方式有極好的透視。在當地的圖書館探索這些資源，或在網上查找與陶瓷相關的書。

google
　　在一個搜索引擎中使用圖片選項，從範圍巨大的資源中來找到富有啟發和跟你能想到的題目相關的信息和照片、塗繪和圖形。作為資源材料，不要複製其他藝術家的作品，但使用它來啟發你。

對藝術家或設計師來說，速寫簿是一個無價的裝備，它作用為一個記錄的設備，一個繼續設計發展的工具，並且是一個備忘錄助手。使用速寫簿沒有正確或錯誤的方式，主要的目標是用繪畫、照片、拓印、有用的信息和任何其它你發現有趣的事來填滿它。

速寫簿

最成功的速寫簿是高度個人化的、充滿有趣的念頭的令人陶醉的物體、未完成的塗繪和原創的想法的。來得到這樣的速寫簿的唯一的方式是充滿自信地開始填充速寫本的過程。不要擔心出錯，因為錯誤常常會打開思考的、新的通道或帶有最終設計的DNA，它會需要一些時間來發展。

當你打開一個新的速寫簿，發展它的過程看起來可能有點使人氣餒。你可以採用以下方法來克服這種心情。在第一頁，畫出腦海浮現的第一件事物，筆不離紙地畫。現在完全地塗繪第一頁，使用任意色彩。大致把它扯掉。一旦克服了第一頁，你能夠繼續好好使用你的本子了。

速寫簿是你個人設計發展的重要過程的一部分，它的好處是其便攜性。格式的選擇（尺寸、紙張、裝訂）允許有一個活動範圍，如同紙的質量。水彩紙是有紋理的，對繪畫和其它水基材料很好；打印紙是一種用於一般用途的多用途的紙頁。設計圖紙對重複設計繪圖非常有用的。一個簡單的用於設計發展的速寫本方法是從設計圖紙頁從後向前地繪畫，這意味著每一次你翻頁，你把它放在先前的塗繪上面；這讓你來複印或在先前的塗繪上帶有一定的精確性來創造。

銀幕的靈感
密什·福拉諾
把好萊塢女星偶像作為靈感，這個速寫簿展示了以一種立即和表現性的風格工作的好處。在比喻性的變形發生在瓶子上之前，形象被迅速抽象化。

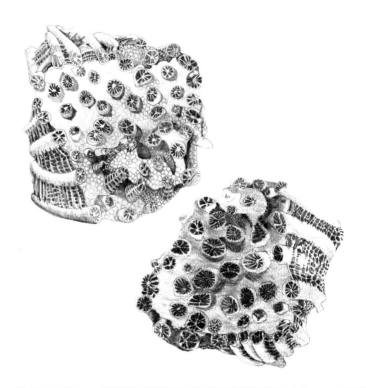

陶器形式

克萊爾‧普雷頓

在此頁中，這個速寫本上最初的研究可以清楚地被複印到最終的物體中。受海洋生物啟發使用貝殼、海膽，觸覺上作為一種裝飾性的板塊。

松果牆片段

諾阿拉‧歐‧多諾萬

這件作品從大自然取得靈感。最初的繪畫和觀察被抽象為有機的形式，在此組作品中被集合在一起。

繪畫作為一種表現的手段，被不斷地寫到。此中的原因是很簡單的，繪畫塗繪是最有效和立即的方法來捕捉你腦海中的念頭並把它們轉移到紙面上來。談到使用筆記本，成功繪畫的關鍵是信心。

繪畫

一疊空白紙張能夠使甚至最有技藝的藝術家感到恐懼，但對繪畫擁有自信是來克服它的唯一方法。在某種意義上來說，你會需要在紙頁上做標記—所以拿起你的筆，思考一個想法，來追求它。當你變得更為自信和有技藝，你的繪畫會提高。來得到你的信心的方法是，停止擔心其他人可能會怎麼想，只是去做。對寬廣範圍的材料進行試驗，會幫助你來發展信心。鉛筆是最明顯的、現成可用的材料，具有立即使用的好。你也可以使用碳、彩色蠟筆、記號筆、繪圖筆和顏料。每一種材料都有其優點和缺點，在特定的表達方法中會更有效率；重要的是對不同的材料和技術持開放態度，因為每一種會有它自己的效果。例如，一個長的畫筆可能缺少準確性，但體現你的想法的精

神，而碳可能產生一種體積感，通過對形象畫陰影和變暗。

探索性的繪畫

繪畫是一種手段來記錄所看到的，它不必是煞費苦心的或像照片的。繪畫的好處是，它是為你自己，並且首先和最重要的要求是，你能夠來探索你的想法。你的繪畫會傳達線條、比例、運動、感情和作品的氣氛，並且隨著時間流逝，幫助你來發展一種你的想法的視覺交流。

當項目在發展，你會從捕捉想法的本質的表現性的繪畫移動到探索性的繪畫，它幫助你理解物體或形式。從每一個角度考慮形式，試著來畫出它盡量多的視角。你這樣做越多，你會越理解它的立體形式。這種分析途徑，可能啟發新的能被抽象入作品主體的想法。

電腦程序如Photoshop和Illustrator能夠用於加工、複製或使圖片成組。繪畫可以被變形、分層、粉碎或拉伸。在這些程序中，過濾器可以是有趣的做抽象的工具，因為它們有設置，通過敲擊一下按鈕即可變形圖像。熟悉這些工具可以幫助你來進一步探索形式。

陶瓷中的繪畫可以被簡單使用，作為一個把你的想法視覺化為形式的方式，或者作為一個設計表面圖案或表面的視覺效果的手段。

繪畫的結合
艾倫·霍恩

電腦是一種非常有用的工具來理解設計的確定的含義。此處的線條繪畫能夠被快速地用顏色填充，使得在一個集合中有一種變化的感覺。

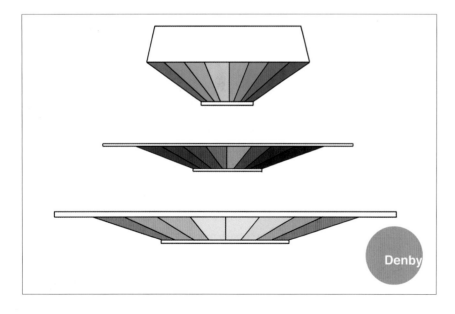

Denby

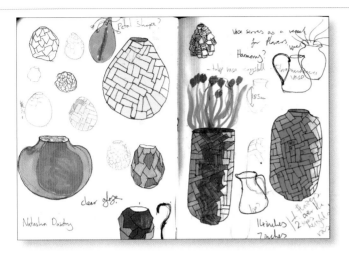

極小的速寫

　　快速描繪常常被製作在桌布上、收據上，甚至旅行支票的背面，但他們在靈感激發時，捕捉了一個想法的本質，這通常是無法預期的。這個極小的速寫的例子來自米蘭達·霍爾姆斯。記著，一個極小的速寫不是關於準確性的。相反，這類速寫的功能是從你的腦海中得出想法，放到紙上。

探索性的速寫

　　在製作一個模型或設計草圖之前，這些艾倫·霍恩的速寫探索規格、線條和物體的比例。注意那些線條如何被數次畫出，來盡量找到正確的那個形式。

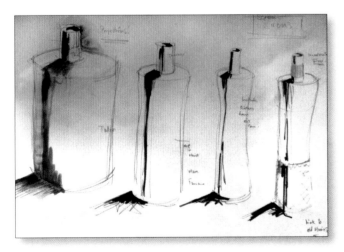

重複的繪畫

　　這個繪畫的形式通過重複發展一種想法，在此處被密什·福拉諾使用。同樣形式或想法的重複性的繪畫會使它導向發展一種小步逐步地增加的道路。這是一種特別有價值的，伴隨著對細節的關注的途徑來發展設計。

總佈置圖

　　一幅總佈置圖是一個精心考慮過的立體的描繪，追求以一種革新性的和代表性的格式來解釋你的物體。這幅由林柴英製作的圖對於描述有些事物如何工作是非常有用的。

對陶瓷作品來說，發展過程中的一個重要的部分是在立體空間中，視覺化你的想法的能力。很多藝術家、製作者和設計者使用一個設計草圖來思考透徹他們的想法。對設計草圖變得精通，會幫助你作為設計師來發展，使得想法的產生令人興奮和有價值。

設計草圖模型（雕塑形式的設計草圖模型，也稱泥稿）

　　一個草圖模型是一種初步的模型。它對幫助你來認識一個想法的效果會怎樣是理想的。透過定義一個模型草圖成為一個三維的"速寫"：它不需要被高度完成，或做細節，但它對給一個想法帶來生命是重要的。把精神注入它的製作，滿懷信心地進行材料的選擇，對草圖模型的成功有影響。類似地，當你想透了你的設計，有時一個非常簡單的、製作很好的模型草圖會捕捉所有的細節。一個成功的草圖模型可以被用來對顧客、同事和老師展示想法。

　　製作草圖模型所用的材料必須是易於操作的——泥巴和孩子們用的製作模型的泥巴是完美的，但也可以使用制型紙、卡紙，及任何手邊的東西。你可以使用一系列技術，包括捏塑泥巴成為一個形式，切割和組合紙張成為一個形狀。

　　草圖模型通常發展自一個速寫——其主要目的是來幫助你理解所描繪內容——儘管你可能直接跳到在草圖模型的形式中思考透徹一個想法，為了來理解它。在此事例中，你可以製作若干個模型，還保留著未完成，通過"試錯法"方法來檢驗它們是否有用。不要害怕來停止製作草圖模型，當它充分展示了它的目的，這並不意味著成為完成了的物體。擁有草圖模型使人感到滿意的方面是，可把它作為一個反覆的設計程序的立體視覺的記錄。有時來畫出形式可以是比只把它製作為模型更為困難的；其它時間你可能發現，在速寫和草圖模型製作之間變換是有幫助的。

　　有的流派認為，草圖模型是一件具有它們自己權利的作品，在特定領域如雕刻或建築中，草圖模型被認為是有價值的物體，它們被保留很多年。可建議的是，來保持草圖模型安全，把它作為你思考過程的一個記錄進行保留。在新的計劃的背景下，來複習這些物體是有用的，因為它們可以啟發新的形式，當新的顧客或博物館館長參觀你的工作室時，能夠向他們展示你的思想上的發展過程。

紙質草圖模型
辛安住

　　辛安住的紙質草圖模型被用來探索比例、規格和輪廓的細微差別。他從電腦打印繪圖，把它們黏貼到泡沫板上，組合它們。帶來的結果即完成的形式在草圖模型旁邊表現出來。

泥巴模型和在發展的作品
金・諾頓

這件小草圖模型（上圖）被製作，來幫助視覺化完成後的大規模的陶瓷公共坐具會怎樣工作（右圖）。設計者在與就座的金屬線人物的關係中探索物體的規格。

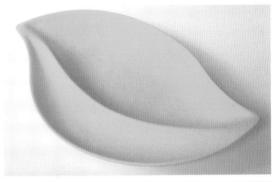

泥漿擠線的模型
佐伊・克萊爾

這些表現性的草圖模型以一種立即和直覺的途徑來使用泥巴，去捕捉在一種自由形式的程序中的想法。這個在金屬線形式中的泥漿擠線的泥巴直接聯繫到泥巴碗的表面，通過草圖模型啟發想法的變形。

草圖模型和隨後完成的作品
萊維恩工作室

萊維恩工作室是一個設計工作室，主要工作為衛浴和餐具陶瓷設計。設計者擅長把他們的想法通過藍色的泡沫模型成形。藍色的泡沫是一種惰性的、輕的材料，能夠被迅速地做成模型。

技術圖紙是一個準確的繪圖，包含了對製作一件作品的所有的本質的信息，如空間、規格、剖面和材料。

技術圖紙（即設計圖）

技術圖紙發揮著三個重要的作用。首先，它提供一個準確的繪圖，由此進行工作。第二，它會引導向實際的設計的合理化。第三，它會作為一套指南來傳遞給一個助手或製造者，讓他們來成功地實施你的設計。

當你的設計發展和草圖模型製作導出一個清晰的關於最終產品的想法，你應該準備技術繪圖。草圖模型對此過程是有價值的，提供數據如比例、規格和測量。詳細地檢查它們會使你能夠解決草圖模型表現出的任何問題。

技術圖紙的目的是來提供一個詳細的設計記錄，這樣物體能夠被生產為正確的規格。來做這個，你必須盡量精確地畫出你的想法。你需要一些基本的設備物件，如一把金屬尺、圓規、一個機械筆、一個橡皮、一對指南針和一些裝有彈簧的分割器。使用電腦軟件來製作技術圖紙是可能的，但在開始，手工繪圖的經驗會是有用的。總之，如果你已經知道如何來製作這樣一個繪圖，你才能真正使用軟件來製作圖紙。

在進行過手工繪圖後，你可能喜歡來嘗試下列軟體：AutoCad，CorelDraw，Ashlar Graphite，或者Adobe Illustrator。每一種有它自己的優點和特點，儘管必須要說的是，Illustrator不是專門的繪圖程序，所以它缺少一些其它繪圖應用的好處，如空間、半徑工具和輸出文件到三維成形程序如Rhino、Graphite或Solid Works的能力。

構建一個技術圖紙

技術名詞介紹 **130**

這個花瓶形式是非常簡單的，儘管它還需要一個繪圖來記錄所有準確的信息。

1 拿出大致的草圖模型，並分析那個信息是否正確或對你的圖紙有用。使用尺子、分割器和圓規轉移這個信息到你的圖紙上去。

3 來畫出剖面，在紙上放一個曲線板在你的交叉點上，移動經過這些點，直到曲線適合在紙上在一個你喜歡的位置裡。延伸曲線，然後擦去多餘部分，這保證是一個乾淨的接合。

2 使用尺子和一個固定的方形，畫出一個基本的線條，然後一個中心線。使用一把尺子，測量物體的高度，並在此點畫出一條線。常規的是首先來畫出物體的一個面。

4 使用一把尺子，在相反的剖面上測量正確的直徑。使用圓規或分割器為曲線板標繪出點。

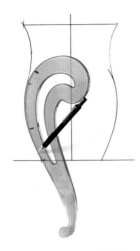

5輕移曲線板過去，對著點來定位你製作的標記。畫出另一邊的繪圖。

6決定物體的壁的厚度，然後在繪圖的一半上畫出內部的剖面。把在曲線板上面的標記和在最初的外輪廓上的標記連起來，然後把曲線拖回來，來製作要求的壁的厚度。

· 使用在外邊緣上的最初的結合點，把它和曲線板上的標記連線，然後移動曲線板向內，來製作要求的壁的厚度。畫出內部的線，這樣它是光滑的和與外部邊緣保持一個平等的距離。

7圍繞繪圖進行你的工作，考慮最終的器物。你會需要來合併注漿的厚度，底部的圓底，邊沿的圓唇等部分。

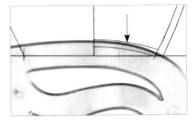

· 在底部的內部畫出一個圓底。這讓物體在此程序中後來上釉。如果它沒有在繪圖上，最終的物體會有一個平直的底。

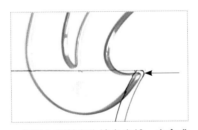

· 如果內部被留為邊角尖銳，它會成片並在釉料中創造一個孔。把這個放在考慮中，實踐中最好邊角留圓。

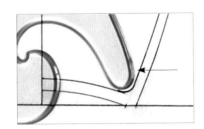

· 這個內部的、圓的曲面指示物體的注漿。一個注漿的物體的外部黏附到模具的形狀上，但在內部創造一個柔軟的形式。

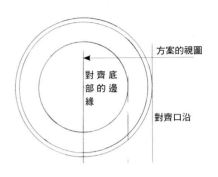

方案的視圖

對齊底部的邊緣

對齊口沿

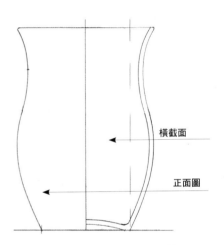

橫截面

正面圖

8常規是來製作一邊的前面的視圖繪圖，被稱作正面圖。來製作另一邊一個內部的視圖，就像是切開了物體。這被稱作"橫截面"。當這個完成，畫出從頂部的視圖——這被稱作"俯視圖"——然後加上相關的維度。

第八部分

專業
實踐

產業的合作
克里斯·基南

　　這個集合被和產地的結合來創造。對這個製作者的挑戰是來生產一個物體的集合，它展示出同樣的形式效果和精緻的表面效果，是為在遠東的一位製造商工作。

製作者由左至右：約瑟·伯德，福斯托·薩爾維，彭克里奇陶瓷。

在交流和陶瓷作品記錄中，照片是非常重要的工具。照片的好處是，它能夠相對簡單地交流，穿越數千公里，來對作品給出一個內容和概念，否則這會是難以表達的。

為你的作品拍照

創造你的陶瓷作品的圖片是關鍵的，如果你想要更多人來看到它，不管是生產和生意的名片、小冊子或作為網站的資料。很多陶藝家會把他們的作品專業地拍照，但這個部分探索一些可以用基本的攝影器材得到的效果。對光線和背景的使用能夠幫助來交流陶瓷作品的不同方面。

擁有幾件基本的器材設備之後，來取得你的作品的或其它相關物品的清晰的圖片是可能的。大部分器材價格合理；在開始你會只需要基本的。

攝影器材

最為重要的器材是數位相機—現在能夠找到適合各種預算的相機，但如果你會大量使用

攝影，你應該嘗試來購買能夠支付得起的盡量貴的相機，來保證圖片效果是令人滿意的。確保相機有微距的功能，這會允許相機來近距離地對小的物體對焦，並使用最高的圖片效果設置。電腦和圖片編輯軟體，如Photoshop可以是想要的，但這不會是在每一個人的預算之內；你能夠容易地在網上或當地的照片店預訂數位打印。

一個相機用的小三腳架對近距離攝影會是有用的，特別是當相機抖動成為問題時。

來找到在售的不貴的、小的方形閃光燈或帳篷是可能的。這些是可折疊的纖維結構，鋼框架前面有一個可去掉的覆蓋，有一個縫隙，通過它可以插入相機的前面。它們有高度閃亮的表面，對作品拍照是特別有用的，因為內部

邊緣光

通過使用一個柔光鏡以45度角在物體和背景之間使用邊緣光，邊緣的細節被揭示出來。留下的光線被使用一大塊白色的卡紙反射回去，給物體增加了一些圓潤。陰影是柔和的。

"自然"光

這幅圖片是在經典的窗戶光線方法中被照亮的，使用柔光鏡以45度角在相機和物體之間拍照。建議自然光來自一個附近的窗戶。用白色的卡紙填充在陰影中。試驗和調整角度，因為沒有固定的方案。

平光

用一個柔光鏡使用直接光線照亮，相機鏡頭從上方（或靠近的任何地方）拍照。這會使陶瓷作品變得平直。然而，這種技術對有邊沿的物體或碗是有用的，因為它在下方留下柔和的陰影。

典型的設置

　　右圖顯示了一個典型的設置中每一件設備的位置。

燈管

　　一個燈管（右圖）給出一種均勻的稀釋了的反射光，來給出一種更為專業的效果。它對光澤彩是特別有用的。

完全是白色的，消除所有不想要的反射。纖維蓋子稀釋光源，柔化陰影來給出一種更為專業化的外觀。柔光鏡也是有用的；這些適合在光線上，產生柔和的中性的色調。

閃光燈單元和　　數位單反相機　無縫紙背景　　白色卡紙
柔光鏡　　　　　　　　　　　　　　　　　　反射物

得到好的結果

　　給自己足夠的時間；拍攝比所需數目更多的照片，變化相機角度和光線—拍攝近距離的細節，還有廣角攝影。數位相機使得大量的拍攝成為可能，這些然後被比較和編輯。你應該保持一個備用電池和存儲卡，以備萬一超過容量。清楚地標示圖片，分類存儲，這樣它們能夠被容易找到；保存一個每一幅圖片高質量的主要副本在一個文件夾裡，小一些的副本在另一個文件夾裡。

高光對比

　　這幅圖片顯示了在形式的表面的光線消除短的陰影和在陶瓷底部的周圍的亮度，然而保留了對比、空間和深度。

側光

　　這個是使用一個金屬反射碗在閃光燈頭（不是柔光鏡）上來側面照亮。這是一種裸露的和非常硬的光源，類似正午的太陽在無雲的天空。它會留下一個更小的高光在閃亮的表面，對比是極好的。

漸變光

　　使用一個燈光來漸變背景應該從背景中分離物體，增加一些戲劇性。柔光鏡應該從稍微在陶瓷後面朝向相機鏡頭。你會需要遮光罩在鏡頭上，來消除閃光。一個較低的相機角度會有幫助。

金屬反光物

　　這兩幅圖片顯示了使用不同的物體時，當使用金屬反光物而不是一個柔光鏡，能得到多少更多的戲劇性。在這個攝影中，光線在上方來到物體的側面，照射下來給出強烈的陰影。

　　為你的作品發展宣傳材料是一個專業途徑的重要部分。對作品拍照（見298-299頁）的照片可以應用到商業名片上、代表作或作品總集的目錄中。也可以來為網站、雜誌或書提供圖像。

宣傳你的作品

　　正如工藝師，今日的藝術家、設計師和製作者被要求來成為公關人員。要把個人實踐暴提供給每時每刻的世界，對一個強烈的、創造性的、實踐的發展是極為重要的。有不同的工具來幫助在此困境中的你。

　　軟體如Photoshop對圖像處理是必需的，能夠來改善光線、色彩、對比或背景，來做出完美的照片用於你要求的目的。保存準備好印刷的照片，儲存為一系列的格式如JPEG或TIFF。通常，準備好印刷的圖片被設置為300dpi（注：dpi為每英吋點數，為打印的分辨率），但仍然足夠小，可以發電子郵件。如果要求為一個高分辨率圖片（對發送電子郵件太大），或者你可以郵寄一個光盤或者使用一個網上的FTP服務，如Dropbox。（FTP代表文件傳輸協議；這些網站允許你上傳大的文件到

服務器，併發送電子郵件給接收者通知他們去到網站下載你的文件。）

　　如果你要為雜誌提供圖片，可建議的是來提供一個新聞稿，以第三人稱來寫，帶有圖片。如果新聞稿足夠好，雜誌會常常簡單地複製你的信息到他們的文章中。來迅速地提供準備好印刷的圖片和文字的能力造成被包含在藝術界內或不包含之間的不同。

　　數位打印使得便宜地生產你的宣傳材料變得更為容易。你可以設計藝術作品，使用你喜歡的軟件，然後上傳一個PDF，把商業名片完成返回只是時間的問題。短期的目錄的生產（約100件）也是非常簡單和低成本的。

設計一個網站/博客

　　可論證的最為重要的宣傳工具是facebook。網站、博客或網頁是宣傳自己的非常有效的設施，它作為一個永久的公共存在的作用不能被低估。它總是在場，並準備來宣傳，它能夠被比你能面對面地見到的更多的人看到，並且它傳達專業實踐的正面形像。擁有一個在線的存在是重要的，你可以把它編輯為適合自己的個人風格；也可以購

網站內容
夏洛特·哈普菲爾德
　　網站應該是簡單的和可進入的。在首頁有一個作品展示是一個好主意。這會保證觀眾進入你的作品，而不會在查看網頁信息中迷失。

買一個建造網站的模板，通過充分思考來得到什麼使之有個性化。

從購買域名開始。這個任務很直接：簡單地搜索域名銷售服務，打出你想要的網站名字，並且，如果可用的話，購買它。你會被詢問你想要使用這個名字多久。來購買三年或更久是一個好主意，因為你會在某些時候來更新它。

你可以使用專門的軟件來白手起家，建立一個網站。如果你是新手，網站模板軟體可能是更好的選擇。

另一個解決辦法是開始一個博客（"網上日誌"的簡稱）。博客本質上是打算作為幾乎每天更新的網頁——一種日記。然而很快藝術家和設計師認識到使用這個系統的好處，此處你需要成為一個網站設計師來定期更新，加上你的在線資料。

Blogger和Wordpress都提供非常好的服務，在那裡你註冊並為你的網頁選擇一種風格（稱為主題），簡單地在那裡建造網頁。這兩個軟體界面是免費的，容易上傳，能夠定期更新。越來越多製作者選擇Blogging來建立他們的網站。你甚至可以註冊一個私人的域名到博客。

設計和展示是一個博客成功的關鍵。考慮訪問者，保持展示簡單，只加上相關的信息。可以用一個故事來幫助訪問者理解網站和它如何工作。

品牌化
馬騰·巴斯

自我宣傳的關鍵是你的品牌的觀念。這可以意味著設計一個標誌或象徵來代表你，或發展獨特的屬於你的作品。馬騰·巴斯這些都做了——他的特殊的陶瓷傢具使用他自己厚實的金屬標誌為品牌。通過在他的網站上使用同樣的印刷格式和標誌，馬騰設計了一個獨特的品牌身份。

營運一個專業的工作室的一個關鍵，是理解如何來進行銷售。知道如何為你的作品定價，在哪裡為它找到正確的觀眾是你的實踐的必要區域。它們影響到你如何來被專業地理解，並且更為重要的是，依靠你的能力來謀生。

銷售和展覽你的作品

選擇正確的區域來銷售你的陶瓷，會絕大部份取決於你所製作的作品的價格區域。

你如何來做定價工作？

為作品定價可以是複雜的，而且常常是煩惱的過程。你如何能夠算清楚你花費了許多小時思考和生產的東西成本？
來計算生產一個物體的成本是相對直接的——

展覽
工藝和設計展覽是一個直接向公眾宣傳和銷售你的作品的理想地方。出席這些展覽的也有網上美術館的所有者和獨立商店和百貨商店的購買者。

簡單地加上材料的費用（泥巴、釉料、色料等）、燒製費用和生產它所花費的時間。為你的勞動來弄清楚一個基礎的每小時費率是一個好主意。一旦你算出作品的生產花費，你也可以設定一個利潤率。最簡單的方法是來加上一個百分比（通常是50-100%）。

不管得到了怎樣的數字，盡量來現實地考慮它。例如，由於嘗試新的程序，你會需要投入更多時間；這不應該作為因素計入價格。

批發還是零售？

如果你將要通過第三方銷售你的作品——一個美術館，一個商店——那麼此處的價格是批發。這簡單地表示你的庫存將會被其他人銷售。因此，你的花費不是最終的花費；最終的花費包括實際上在銷售作品的那個人所設定的價格，這個不同被稱為"利潤"。

有利潤了的價格是零售價格。如果你做一個開放的工作室買賣或一個零售展覽，那麼你應該也加上一個利潤，這樣在作品的定價中有一個一致性。

你必須認識的一件事是，美術館和商店會把利潤的部分加入作品。利潤可以是在100-250%之間。簡單地說，一個100%左右的利潤意味著如果它花費10美元來生產，它會被銷售為20美元。這是為甚麼你的成本要準確和真實是非常重要的原因。如果你的成本超過，意味著加上利潤之和後，作品售價荒唐而昂貴，你需要來考慮是否能夠銷售足夠的作品。

你的作品能夠通過若干方式銷售：
先展覽後支付

　　當美術館/商店免費拿走你的作品，在他們的空間中提供陳列櫃展示它。他們會努力來銷售作品，在你的物件的銷售上支付給你同意了的費用。當剛開始時，這常常是一個好的銷售方式，儘管它有它的限制。這對美術館有利，它可以擁有作品在展覽而不必支付。這個過程意味著你需要來製作作品而沒有帶有保證的銷售，並且由此你開始背上了一件存貨。如果你在銷售或回歸協議中，來設定一個在程序上的時間限制，這樣如果作品沒有售出的話，設定一個召回日期，這是一個好主意。這預防美術館長期佔有作品。

估價和預定

　　這意味著美術館安排訂貨並預先支付。在收到一個訂貨的基礎上，你會提供一個估價的發票，這清楚地向美術館確定，在作品被裝運給他們之前你所期望的支付。然後你會開始來製造作品，直到對方做出支付後才發送作品。這個過程對製作者更有利一點，並且鼓舞美術館來委託。

　　如果你的作品生產是昂貴的，你可以要求預付費用，為了給製作來購買材料，儘管當你成名後，你應該已經停止以這種方式工作了。

在哪裡展覽？

　　有很多種方式來展示陶瓷，你應該選擇對你的作品最合適的安排。

美術館

　　個人或團體展是一個陶瓷家得到麵包的實踐。應該評價每一個展覽的優點；作為一個通

懸掛的裝置
利奧‧理查德森

　　利奧的大型雕刻是一個野心勃勃和實施很好的裝置，在一個七層樓的樓梯的中心懸掛下來。她的計劃、組織和實施對她的設計的成功是最重要的。

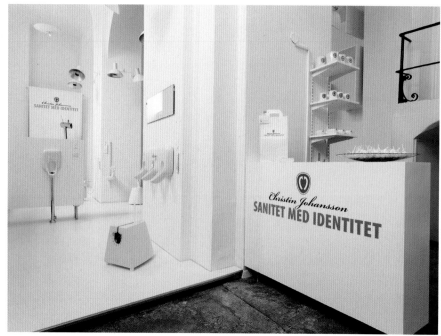
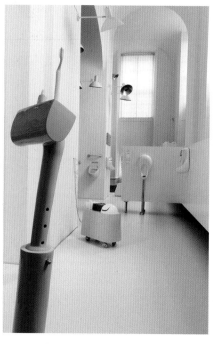

美術館展覽

克里斯汀·約翰遜

　　這個環境消過毒的個人展讓我們完全地沈浸進入製作者的參照的世界。這個不同尋常的這些門診的手工製作的形式，使我們平靜下來進行思考，我們是在看熟悉的功能性的形式，直到更近的查看揭露出這些是真正的如何不循常規。

常的規律，任何展覽都值得做，但在委託之前，你必須查看美術館。知名的一流的展覽空間是一個以藝術家為主導的美術館，它能夠被舉辦展覽的人雇用和安排。如果你主持自己的展覽，那麼你需要來計劃宣傳材料，一份個人發言、新聞稿和為美術館的出席人員準備的材料。

工藝美術集會

　　這些事件對展示你的作品和與同事、美術館、購買者等的交流聯絡是極好的。理解消費者是零售商還是公眾，並相應地對作品定價，是重要的。成為工藝美術組織的成員是有用的，因為他們提供必要的信息，支持展覽。他們常常會在大的事件中提供大力支持，給成員提供機會來參加團體展，否則這會是非常昂貴的。

貿易會

　　貿易會從概念上看是為了貿易，所以它們是批發事件。常常政府的下屬部門為海外貿易會所用，來鼓勵設計獨特的物品出口。它們是極好的機會在新的市場來展示你的作品。在你委託給一個貿易會之前，事先調查瞭解它是非常重要的，因為參與它們是昂貴的。在貿易會上展覽，向一個主要的零售或製造市場展示你的作品。

委託

　　收到委託是一個非常值得回報的經歷，能夠採用很多種形式：它可以是設計一個訂作的禮物，或者一個在公共空間裡的雕刻。不管委託的類型，甚至如果委託者是一個朋友或親戚，應該來起草一個簡單直接的合同。

　　如果委託者是朋友或同事，那麼你可以調整協議的要點，然而如果是為了公共部門或醫院，你應尋求法律的建議。預先支付部分製作費用是常見的，這個在合同中應該是被澄清的。

　　如果委託方是公共領域，那麼得到正確的保證是至關重要的。你的協議的一部分應該與作品的後期有關。有時合同要求藝術家對作品維修負責，這應該被謹慎對待。

不管你是手工藝製作者還是設計者，和陶瓷工業合作的機會是令人興奮的。認真考慮工業給你的作品提供的商業的機會。由於公司總是在尋求一些新的東西，可能會有機會把你的設計銷售給一個公司來製造。

和工業合作

如果在展覽中有製造商來詢問，這個潛在的機會應該被認真地考慮。很多手工藝人談起在他們早期生涯中對這些機會的拒絕，而一些功成名就的製作者或藝術家則從不拒絕這樣一個機會。如果你得到了這樣的機會，你應該把它作為來向更廣闊的大眾揭示你的作品的機會來考慮。作為一個普遍的規律，有三種不同的和工業直接一起工作的模型：

在設計部門內的設計師

在一個製造商的設計部門內工作，為它的目錄設計產品，是一個很好的途徑來得到至關重要的親身實踐的經歷，和從工作室到市場發展一個產品的知識。

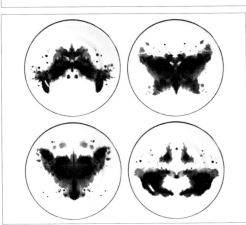

製造質量
薰・帕里
薰・帕里委託她的專輯的生產給一些小的製造商。她個人管理質量控制，確保製造商達到她要求的標準，來供應銷賣她的作品設計為主的商店。

自由設計者

自由設計者的角色是來和一系列的主顧發展個人項目，享受一種豐富的項目機會。根據協議不同，你可能完全地經歷全部的設計程序或只是進入最初的階段。

合作者

這涉及到和製造商一起工作，來發展一部個人的專輯或計劃，通常建立在你自己的作品的基礎上或你發展的一個專輯。這裡的挑戰是來發展獨特的作品，它是你自己的風格的回憶，但不是那麼接近，所以你只是在發展一種你的風格時更便宜的版本。

和工業合作的另一個方面是，它可能對你的實踐是有幫助的。工業的程序可能是認識一個特殊的產品或設計的唯一途徑。來委託製造商通過一個工業的合作者進行短期的或訂製的產品生產，是可能的。如果沒有工廠的製造能力，你的想法也許是不可能實現的，或者可能有一些技術或效果，只有通過特別的製造商才能得到。

外包產品或設計，對一些工作室為基礎的小公司來說是聰明的生意措施。在委託一個公司來生產最終產品之前，製作者可能以一種原型形式發展最初的設計。這樣做的好處是，這使得當別人還在關注存在的作品的產生時，製作者能夠自由地轉向其它項目。

不管你是一個陶瓷家、雕刻家還是設計師，你的作品以一種呈現形式代表作專輯，是至關重要的。代表作可以通過若干種途徑得到，並且正如作品自身，重要的是代表作具有它自己的一種風格，是你的個人化的。

代表作介紹

當發展你的代表作，可把它作為兩個任務來考慮：首先是實際的設計格式的挑戰——尺寸、方向、格式、紙的效果等等；第二點是視覺的挑戰——如何製作使之不同，吸引人，有趣。這不是一個容易達到的平衡，可能要嘗試數次來使之正確，但是取得成功的道路是來嘗遍事物，問朋友或同事的意見。

有幾條關鍵的規律來服從，但除此之外，代表作可以做任何事。首先，一個代表作是關於一個對你的作品感興趣的聚會與交流。把

這點記在腦海中，使你的代表作容易閱讀和理解。這並不意味著它視覺上不有趣，只是你需要考慮在設計展覽中觀者的體驗。另一個關鍵的是，代表作應該是便攜的。可能有時，你要來發送一個代表作給某人，會需要一個小一些的格式，是相對容易來發送郵寄的。對紙張、卡紙或支援材料的選擇也會對總體的作品寄送有影響。

一個近來的發展是使用電子文檔。這常常是博客的形式。掌握後，博客軟件是容易更

代表作序列
帕差拉旁·桑塔納凡
這個代表作具有專業效果的攝影，一個設計很好的展示和整潔的排版，顯示了它的細心地考慮和安排。

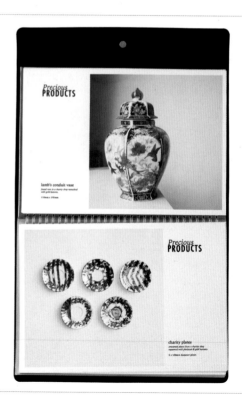

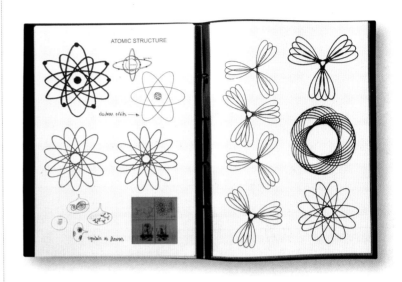

新的，讓你如願地加上圖片和文本。它的好處是，你不需重新打印文件，你能夠容易地更新或重新設計。

在你的代表作中，可展示你的不同的實踐範圍，從速寫、塗繪、檢測和設計草圖的圖片到完成的作品。這會幫助訪問者能全面理解你的作品，欣賞你的思考和技藝的效果。

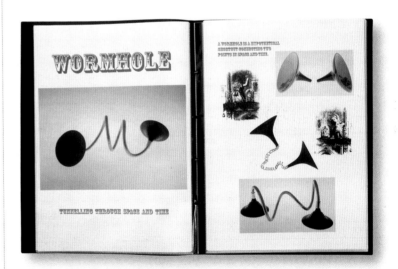

對細節的關注
塔姆辛·埃森

這個代表作非常有效地傳達了設計的概念。塔姆辛設計一個專輯的形式，建立在物理規律的基礎上，決定把這作為這個代表作的設計哲學。圖片、照片和創造出一個顯示類型的集合，清楚地傳達出作品的本質，以一種形象的方式呈現出複雜的信息，所以我們把它作為一個圖像而不是一個圖解或等式來理解。

術語表

瑪瑙紋飾陶器（也稱絞泥法，絞胎法）：泥巴的類型和結構成形可以通過層壓，混合或嵌入不同顏色的泥巴，來得到一種像瑪瑙石的效果。

空氣刷：一種使用一個空氣壓縮機來操作的設備，用於噴塗在顏色上，或者在整個覆蓋面或裝飾的形式裡。

仿古的：一種塗用顏色並把它擦回去來強調有細節的表面的方法。

灰：釉料的助熔劑成分。木灰是不尋常的，但碳灰和其它植物灰也是可用的。灰的二氧化硅含量較高，和混在泥巴一起會形成一種簡單的炻器釉料。

球土：具有高度可塑性的泥巴，燒製溫度較高，顏色發白，是拉坯用泥巴和其它坯料及釉料的成分。

球磨機：一種封閉的、機械轉動的圓筒形機器，裡面包含燧石或瓷球，用來磨碎陶瓷氧化物或與水混合的材料。

用作畫條紋邊的轉盤 （也稱轉盤，手輪）：一種可轉動的手工操作的轉盤，用於裝飾目的。

板子（也稱墊塊）：一種石膏或木質圓盤，拉坯時使用，沒有接觸地移動圓器，可用於晾乾泥巴。

耐火泥漿：窯內泥漿的一個術語。

敲打：用槳打的一個術語。

伯利克：在北愛爾蘭蘭弗馬納郡的一個村子的伯利克陶瓷廠，是這個國家最古老的陶瓷廠，由約翰·考德威爾·布洛姆菲爾德成立於1857年以精細陶器生產而著名。這種瓷器的第一個例子是使用當地儲存的高嶺土和長石製作的。它變得全世界著名，一些人會把它作為描繪精細的半透明瓷器的簡稱，而不管它是在哪裡製造的。

膨潤土：一種可塑性的火山灰泥巴，少量使用可使釉料懸浮，也可增加泥巴坯料的可塑性。

素燒坯（素瓷）：泥巴器物（素瓷）在第一次燒製後成為素瓷通常燒製為華氏1830度（攝氏1000度）左右。首先，泥坯經受低溫燒製。泥巴裡面的水分以水蒸氣的形式，和其它有機物混合物一起被緩慢驅出—泥巴轉變為素瓷，是一種不可逆的化學反應。素燒通常是在華氏1562度和華氏1832度（攝氏850到1000度）之間，但能夠更高，如果要求氣孔更少。作品在被以其它方式裝飾之前常常被素燒。

素燒：陶瓷的第一次燒製，來使泥巴成熟，使它成為永久性的材料。在素燒過程中，素坯可彼此堆疊或套在裡面，因為沒有釉料來把它們黏接到一起。

攪拌機：高速機械化混和泥漿的機器，通常生產注漿泥漿。

坯料：這個術語用於描述一種特別的泥巴混合物，如炻器坯料和瓷器坯料。

坯料/泥巴坯料：這個術語指泥巴，特別是當它是準備好的混合物，可能包括其它無可塑性的物質如熟料和沙子。

骨灰瓷：一種泥巴坯料，在配方中帶有一定量的動物骨灰。

拋光：通過在陰乾狀態時使用一個光滑的、硬的物體摩擦，使得泥巴或泥漿塗層表面致密，來得到一種擦亮的效果。

煅燒：一種提純的形式，通過加熱氧化物或化合物來排出碳氣或水，使成為粉末狀的泥巴，減少可塑性。

金剛砂石頭：一種硬的、緊密的石頭，用於研磨掉燒製後的陶瓷的粗糙斑點。

注漿泥漿：一種液態的泥巴，用於模注程序中。也簡單的稱為泥漿。

（模具的）腔：模具裡面的部分，是注漿形式形成的地方。

青瓷：綠色的炻器和瓷器釉料顏色，包含鐵。

水泥泥巴：這是一種混合物，主要用於工業和建築目的。有的實驗使用50/50的泥巴和水泥聯合，用於自己固定下來的外部雕刻。如果燒製，應該進行測驗，閱讀技術數據，來得到兼容性。

陶瓷：任何在窯中被燒製的泥巴形式。

跳刀：製作不規則表面的技術，由遲鈍的轉動工具或泥巴中粗糙的熟料引起工具跳動。

瓷器：一個與瓷化的白色器物相聯繫的術語。

瓷土：一種純粹的無可塑性的初級泥巴，用在坯料和釉料中。

套筒：一種中空的形式，用泥巴或石膏製作，用於在修坯中安全地控制坯體。

套架：一種金屬的切削車模機固定設備，用於把陰乾的中空的器物放置其上，當修坯時來控制它。也指一個切削過的泥巴的圓頂，陰乾的物體被放置其上來切削加工。

鈞瓷：中國的一種釉，當燒製後，它具有一種牛奶似的藍色。

泥巴（Al2O3．2SiO2．2H2O）：本質上，這是一種風化的花崗岩和長石化的岩石產物；一種與水化合的硅酸鋁。最純粹的"初級"黏土，瓷土（高嶺土），被發現於它所形成的地方。演變了的"第二級"黏土成為被污染的、上了色的，並由於可變的助熔劑的出現，具有一系列低的燒製溫度。

泥巴坯料：一種平衡的泥巴、礦物質和其它無可塑性的成分的混合物，它組成陶瓷的結構。

氧化鈷/碳酸鈷（CoO和CoCO3）：強烈的藍色顏料。廣泛使用在古代的中國，據說鈷首先在波斯被發現。在陶瓷中，青花裝飾是最主要的傳統之一。

泥條盤築：使用泥條或泥巴繩子來製作陶器。

收攏頸部，**收頸**：拉坯時，在一個圓器的周邊做擠壓的動作，目的是來把形狀向內拉。

錐形：見測溫錐。

氧化銅/碳酸銅（CuCO3）：陶瓷中的強烈的著色劑，給出綠色到黑色和褐色。在一定的還原條件下，它能夠出現一種血紅色。

三角支架：對瓷片和盤子等的耐火支撐物。這個詞也指一種熟料含量很多的泥巴坯料的類型。

蚯蚓紋：在釉燒中，由於在表面上的灰塵或油脂，釉料在泥巴坯料上面蜿蜒移動形成的效果。

裂紋：由釉料收縮引起的精細的開裂。

花紙：印刷在特殊的轉印紙上的圖畫和文字，用於裝飾陶瓷。

照片轉印陶瓷：攝影的方法，用於在第二次燒製之前應用圖像到一個燒製過的上了釉的表面。

懸浮劑（也稱反絮凝劑，解凝劑，稀釋劑）：一種鹼性物質，一般是硅酸鈉或蘇打灰，當加入到一種泥巴時，它使得混合物更加流動，而不必加水。泥巴微粒保留分散和懸浮狀態，是注漿要求的一種基本的效果。也參見凝聚劑。

抗絮凝：通過加入電解質如硅酸鈉或蘇打灰，泥漿或釉料，會由此增加流動性和減少觸變性。

德爾夫特器物：也被稱為馬略爾卡和精細瓷器，這種錫釉陶瓷器物被以荷蘭的德爾夫特命名。

蘸漿：通過沉浸應用釉料。

倒焰式窯：一種熱量和火焰被吸向下，通過在底部的煙道或窯的地板出去的窯。

驚釉或驚裂：在燒製後，由於太迅速的冷卻導致的陶瓷開裂。

陶器：被以相對低的溫度燒製的陶瓷。坯料保留多孔，如果它是用於盛水或食物，通常表面要塗釉料。低溫陶瓷通常被燒製為在華氏1180到2156度（攝氏1000到1180度）之間。陶器是熔化了的，但不是瓷化了的，還保留有氣孔，除非被釉料覆蓋。自然地出現紅色的赤

陶泥巴有一個相對高的氧化鐵含量，它作用為一種助熔劑，因此不會經受高溫。白色陶土是一種製造的泥巴坯料，廣泛用於工業生產。

埃及式糊：一種高度鹼性的坯料，具有低的可塑性和氧化鋁的成分。在乾燥過程中，鹼來到表面，留下晶體，如同助熔劑在燒製中給上釉的表面帶來的效果。上色的氧化物也被加入到坯料中。

釉彩：低溫顏料，包含助熔劑，通常應用於燒製了的釉料上面。釉彩要求進一步的燒製，來使得它們變為永久。也被稱為釉上彩或瓷器繪畫。

釉底料：一種白色的或上了色的泥漿，在燒製之前應用於陶瓷。通常泥漿包含一定量的助熔劑，來把它燒製到素瓷器物上面。

修坯：使用一把刀或海綿來清理注漿陶瓷和拉坯陶瓷的過程，特別去掉當開模時留下的縫。

高壓成形機：一種機器，泥漿進入之後在壓力之下被用泵抽，這樣水被抽取，留下硬的可塑的泥巴。

手指打磨：使用手指輕輕地摩擦一個上了釉的表面來去掉突起。

燒製：陶瓷器物在一個窯中加熱，使得釉料或泥巴成熟。把泥巴變為陶瓷的程序（見素瓷）。通常的燒製範圍指的是，樂燒，低溫為華氏1472度（攝氏800度）左右，隨後是陶器，然後是炻器，最後是瓷器，它可以被燒製最高達到華氏2552度（攝氏1400度）。

燒製腔室：窯的內部，在這裡面陶瓷被燒製。

燒製週期：一次燒製中，窯中溫度的逐漸升高和降低。

壺蓋內緣，凸緣：一個蓋子在內部的邊沿，和圍繞一個壺的開口的內部的壁架，用於來定位蓋子和控制它安全地在位置上。蓋子所坐落的壁架有時被稱為壺口內口。

凝聚劑：一種酸或鹽，當被加入泥漿時，有一種稠化的效果，幫助懸浮，耽擱沉澱。氯化鈣和醋是常用的凝聚劑。

絮凝：懸浮的微粒的聚合，通過加入電解質如氯化鈣，來為蘸漿、注漿等得到一個正確的稠度。絮凝減少流動性，增加觸變性。

助熔劑：在釉料或泥巴中的一種成分，導致容易熔化，幫助二氧化硅來形成釉或玻璃。

食品安全：被檢驗過並被確定為對用於食品或飲料安全的陶瓷或釉料。

足部：一件陶瓷的底部。

圈足：在一個圓器的底部，泥巴做成的圓圈，是形式的基礎。

熔塊：釉料的成分，它被熔化來得到一個更穩定的物質，使得危險的物質降低毒性。大部分鉛的化合物被製成熔塊，來預防鉛釋放進入食物和飲料。

熔化：物質熔化在一起，但不一定瓷化。

熔化：當在坯料中的助熔劑導致泥巴熔化，形成一種固體的化合物。

壺口內口：見壁架。

釉：在陶瓷的表面上的一種玻璃似的薄層。

釉的適合性：一種燒製了的釉料結合到泥巴坯料上的程度。理想的是，釉料的熱漲應該比坯料稍低，這樣在收縮中坯料使得釉料壓縮。這避免釉料由於張力產生裂紋。

釉料著色劑：加入到釉料的商業性生產的顏色。

上過釉的：指施過釉的。

素坯：未燒製的泥巴器物。

熟料：一種陶瓷材料，通常是泥巴，在使用之前曾被加熱。熟料加入到泥巴中，來減少倒塌，增加對熱量衝擊的抵抗力。

鋪設底色：和油性的媒介一起，應用一種均勻的釉彩塗層到一個素燒的釉的表面，在此燒製到一個低的溫度大約750攝氏度（1350華氏度）。

阿拉伯膠和黃芪膠：水基膠，在釉料或顏色中用作黏合劑。

硬化：把裝飾了的素瓷陶瓷加熱到大約華氏1200-1290度（攝氏650-700度），目的是來燒掉裝飾中的有機物媒介，和在上釉之前固定顏色。

熱功率：在燒製中輸入的能量，通常表現為溫度和時間的術語。

熱點：被燒到比窯的其它部分更熱的溫度，在的窯的一個部分。

刻花：雕刻一個紋樣進入一個生泥巴表面的程序。

釉中彩：來應用顏料、染色劑或釉料到一個未上釉的或上過釉的表面，這樣在隨後的燒製中，顏色熔化入釉層並和釉層聯合。

氧化鐵：是最普通的並且非常多面項的著色氧化物，用在很多泥漿和釉料中，也常常出現在泥巴中。紅色氧化鐵（鏽蝕）是最常見的形式，但也有其它的（黑色鐵，紫色鐵，黃赭石色）。

碧玉炻器：一種炻器的類型，首先由喬舒亞·維奇伍德發展。它製自著色泥巴，一直是未上釉的。這產生一種亞光的表面效果，被生產為若干種不同的顏色——綠色，黑色；被稱為黑色炻器，最著名的淡藍色被稱為維奇伍德藍。這種裝飾通常採用白色的枝狀裝飾花紋。這個術語也描述一種石英礦物質的名字。

旋壓成形：可塑性的泥巴被成形在其上或在一個轉動的石膏模具裡面，使用一個金屬的輪廓成形。外旋法生產中空的器物，內旋法生產平直的器物。它主要是一種工業程序，但有時被工作室陶工使用。

高嶺土：瓷土。初級泥巴的最純粹的形式（A1203·2SiO2·2H2O）。

橢圓形刮片：見刮片和刮擦器。

窯：陶瓷燒製的設備。窯能夠以木頭、油、燃氣或電力為燃料。

窯具：在燒製中用來分開和支撐窯內支架和陶瓷的耐火物件。

排窯：一個窯被裝入來燒製的方式。

窯內耐火物質：應用到窯具上的耐火物質的塗層，來預防在燒製中黏結。

揉泥：一種使泥巴排出空氣和均勻水分的方法，把它準備好來使用。有時也稱練土。

封泥：使用泥漿來混合兩種泥巴的表面。

鉛排放：從一種接觸到酸溶液的釉的表面中能被溶解出來的鉛量。

硅酸鉛：一種鉛含量高的熔塊，在弱酸或水中具有低的溶解度。

半乾：泥巴是硬的，但還潮濕。它是足夠硬來進行加工，不會變形，但能夠被接合。

壺把：一個壺的側面物件，作用為來拿起器物的一個把手。

光澤：金屬鹽在低溫燒製，給坯料或釉的表面一種富有光澤或彩虹色金屬似的光彩。

麥克勞德：一種具有高度可塑性的超級膨潤土的品牌名稱。

亞光：一種柔和的很少光亮或沒有光亮的效果。

亞光劑：陶瓷化合物，當加入釉料中時，產生亞光的表面。

成熟溫度：一個溫度，在此溫度泥巴坯料發展想要的硬度，或釉料成分熔化入泥巴坯料裡。

馬略爾卡陶器：錫釉裝飾的陶器，顏色裝飾被應用在生釉料的上面。

海泡石：一種不透明的像是泥巴的物質，顏色為白色、灰色或米色。海泡石是一種含水的硅酸鎂。它是難以置信地輕，漂浮在水上。今天使用的大部分海泡石是從土耳其的埃斯基謝希爾平原提取的，被發現為一種不規則的結節狀團塊在沖積的沉積層中。當剛抽取時，海泡石是軟的，能被容易地用手指抓破，但遇熱它會變硬。海泡石偶爾被用作皂石和漂白土的替代物，但它的主要用途是製作出煙的管道。當有煙時，海泡石管會逐漸改變顏色，舊的海泡石能夠從底部向上變為黃色、桔色和紅色。

熔點：當一種泥巴在燒製中熔化的時候，轉變為一種熔化的玻璃似的物質。

小棒（測溫棒）：高溫計的棒，用於來測量窯內燒製溫度。它們通常被用在一個窯內開關中，當小棒變得足夠彎曲來釋放一個負重的開關時，一個機械化的設備來關掉窯的電力。

穆卡陶瓷：一種裝飾類型，作用在濕的泥漿階段，當一種鹼性液體和顏料迅速地分散到泥漿中得出一種精細的格子狀圖案。

模具：一種石膏形式，在其中泥巴能夠被按壓或泥漿注漿來創造形式。模具能夠製作為單片或多片。

模具綁帶（模具條帶）：用布製成的帶子，或者更普遍的是，使用橡皮筋來捆綁模具的各部分，在澆注過程中能在一起。

隔焰室：在一個燃料燃燒的窯內耐火的腔室，它包含陶瓷，保護它不直接接觸火焰和燃氣。

嵌套：素燒裝窯時，陶瓷可以被安全地一個放置在另一個的裡面。

一次燒成：燒製陶瓷沒有素燒，通常有一種生釉料或顏色在陰乾或乾的階段塗用。

釉上彩：見釉彩。

不透明劑（也稱失透劑）：用於使得一種釉料更不透明的物質，常常為氧化錫、氧化鈦或硅酸鋯（鋯英砂）。

不透明：不讓其它顏色來透過顯示的釉料，和透明釉相反。

氧化：在一個窯中燒製陶瓷，有足夠的氧氣供應。

用木漿拍打：使用一個木質工具對著一片泥巴拍打來改變它的形狀。

剝落：在上了釉的陶瓷中的一種缺陷。釉底料或釉從坯料上開片分離，通常由於在塗層中的高度的壓縮張力。

針眼：一種釉料或坯料缺陷，由陷入空氣在燒製中從坯料或釉料爆破出來造成。

巴黎石膏（燒石膏）/石膏（2CaSO4‧H2O）：一種半含水的硫酸鈣，來自礦物石膏，通過把部分水分排出製作。用於模具製作。

可塑的泥巴：泥巴能夠被加工，能夠保持它的形狀。

瓷土：高度瓷化的白色泥巴坯料，含有很高的高嶺土成分。在古代中國被廣泛使用。它的低可塑性使得它成為一種難以加工的泥巴。它能夠被燒製到高達華氏2552度（攝氏1400度），當坯體很薄時，燒製過的坯料是透明的。

注漿孔：模具的開口，用於傾倒泥漿進入模具腔洞內。

初級黏土：這些黏土保留在它們形成的地面，如瓷土或高嶺土。

支柱：一種耐火的泥巴支柱，用於在燒製期間支撐窯內支架。也被稱為支樁。

製作泥料：從一個拌泥機中混合和擠出泥巴。

拌泥機：用於來混合和擠出可塑性的泥巴的機器。

高溫計：一種用於測量窯內溫度的器具。和一個探針（熱電偶）連接在一起使用，被放在窯的牆壁的頂上或側面鑽出的孔裡。

測溫錐：用陶瓷材料製作的小的錐形，被設計為，在燒製中當達到一個特殊的溫度和時間的比率時，它會變軟和彎曲。

樂燒：一種燒製技術，其中作品被直接放入熱的窯中，當又紅又熱時取出。

生釉料：見單次燒製。

起反應的釉料：一種和更硬的釉料聯合的釉，當燒製時在更硬的釉料的下面或上面。

還原氣氛：在一個窯的氣氛中，自由的氧氣不夠時導致富有氧的化合物的還原反應，這影響釉和泥巴的顏色。

耐火物質：陶瓷材料，對高溫有抵抗力。窯磚和支架使用耐火材料製作。

阻隔（排斥，防）媒介：一種裝飾用媒介，如蠟、乳膠或紙，被用於預防泥漿或釉料黏結到陶瓷表面。

刮片：木質或塑料的刮片是用於來形成拉坯的圓器壁的工具，而刮擦片用於來使得泥巴表面變得致密和光滑。有些是橢圓形刮片。

鹽釉：一種釉料，由採用鹽進入一個熱的炻器窯內形成。

匣鉢：一種用耐火泥巴製作的盒子，用來在燃料燃燒的窯中中把上了釉的作品裝入其中，來保護陶瓷不直接接觸到火焰和燃氣。

鋸屑燒：鋸屑是在低溫煙燻或還原陶瓷中最常使用的燃料。

第二級（殘留的）黏土：通過侵蝕和地質運動，初級黏土被運送走，並在此過程中和礦物質雜質聯合在一起。

刮片：金屬和塑料的薄片工具，用來改善泥巴表面。它們可以是平直或橢圓形的，被稱為刮片或橢圓形刮片。

合模縫（在模型上畫出叫分模線）：在陶瓷上的小線條，有一個模具的兩個部分接合的地方，或在泥板建造中面與面匯合的地方產生。

半亞光：一種鍛光似的表面，具有輕微的光澤。

半不透明：通常那些只讓深色來透過顯示的顏色。

半透明：輕微的顏色或者有斑點的顏色，讓大部分顏色來透過顯示，只有輕微的變形。

剔花：通過對一個在外部的泥漿、釉料或釉底料塗層的切削或刮擦，來露出在下方的著色坯料。來自意大利詞語"粗畫"，意思是來刮擦。

二氧化硅（SiO2）：主要的玻璃形式成分，用在釉料中，也出現在泥巴中。二氧化硅直到大約華氏3272度（攝氏1800度）才熔化，必須和一種助熔劑結合使用，來降低其熔點。

絲網：尼龍網眼的屏幕，用於把一個圖像印刷到一個平直的陶瓷表面或轉印花紙上。

單次燒製：把陶瓷的製作、上釉和燒製在一次單獨的操作中完成。也稱為生釉燒。

泥板建造：從泥板製作陶瓷。

泥漿：液態的泥巴。

泥漿注漿：注漿泥漿是製自泥巴和水，但也包含懸浮劑，使得水的成分更少。被倒入石膏模具後，注漿泥漿被留著，在模具的內部表面形成一層薄壁，然後倒出多餘的泥漿。留下的水分被石膏吸收。

泥漿擠線：把泥漿從一個噴嘴裡擠壓出來進行裝飾。

保溫：在燒製週期的末尾保持一個預先設定的溫度，來保持一定的熱量在窯中，來強化釉料的效果。

墊片：一個薄壁的泥巴圓筒形的中空部分，用於來把陶瓷片段黏結在一起。

注漿口模塊：模具中的一個部分，當澆注石膏模具時，它會形成注漿孔。

用海綿塗抹：在燒製之前清理陶瓷的表面，或一種應用泥漿和釉料的裝飾方法。

黏貼浮雕圖案：把可塑的泥巴應用到一個物體上面，來形成一種浮雕裝飾。

觀察孔（通風孔）：在一個窯的門上或側面上的小孔，用於在燒製中觀察測溫錐和進行通風。

橡膠滾子：一個橡膠邊緣的木質工具，用於在絲網印刷中推動油墨通過網眼絲網。

著色劑：一種陶瓷顏料，用於裝飾陶瓷，來給釉和坯料上色。

三臂坯托：小塊形狀的素瓷，有時帶有金屬或金屬線三角支架，用於在燒製中支撐上了釉的陶瓷。

炻器：瓷化了的泥巴，通常燒製為超過華氏2190度（攝氏1200度）。當坯料形成結合的層，釉料也同時成熟。

低溫多孔赤陶：一種含鐵的陶器泥巴，在低的溫度成熟，燒製為一種紅土色。

精細泥漿：一種非常精細的泥漿，作為一種表面塗層，用來拋光或其它處理。

熱漲：燒製期間，在釉料和泥巴中出現的膨脹。

熱衝擊：在泥巴或釉料中出現的突然的膨脹或收縮，導致損壞，通常通過突然的加熱或冷卻造成。

熱電偶：在窯中的溫度探針，它傳遞信息到高溫計。

觸變性：泥巴懸浮液在靜止時變稠的能力。也參見絮凝和抗絮凝。

拉坯：泥巴被放置在一個轉動的陶工轉輪上，用手相接合使用離心力來成形。轉輪設計演變為，從衝力的“人力”轉輪，經過腳踏式“腳踢”轉輪和皮帶驅動的轉輪，手工轉動的方法，到現代性能強勁的電力版本。據說拉坯是在大約公元前3000年在埃及被首先發展的。

T物質：熟料含量很高的白色可塑性泥巴。

有毒的：任何陶瓷材料、生料、氣態的或液態的，都是對健康有害的。

透明：清澈的基本的顏色，不含絮狀物和變形。

修坯：在陰乾狀態修切拉坯的器物來改善它們的形狀，創造圈足。

管狀線（也稱泥漿立線）：在燒製過或未燒製的泥巴坯料上來裝飾，加上一個增高的線。管狀線是泥巴、助熔劑和其它陶瓷化合物的混合物。

特瓦德爾度（°TW）：用於來測量特殊的溶液和懸浮液的單位。

手動擠泥條機：一種手工操作的機器，用於擠出泥巴條。

直焰窯：一種燒燃料的窯，在其中煙氣進入並經過窯中，向上到煙囪裡。

欠燒：燒製不夠熱或不夠長，或既不夠熱又不夠長。

釉下彩：一種顏色，通常應用到素坯或素燒過的陶瓷上，並且在大部分情況下，被用釉覆蓋。一種媒介如阿拉伯膠，通常被用來黏結顏色到素瓷上，但需要在上釉之前被燒製在上面。

瓷化點：一個溫度點，在此點上泥巴物體熔化在一起。

瓷化：通常指被燒製到一個高的溫度的瓷器或炻器，泥巴開始變得像玻璃。

揮發：變為蒸汽狀。某些氧化物如氧化銅，在高溫下揮發，並沉積在其它陶瓷或窯內支架上。

體積計算：一個物體的體積能夠使用排水量測量。當浸入水中，一個固體的物體會在水中排出它自己的體積量的水。在測量用圓筒形的幫助下，能夠來計算它的體積。

圓筒形的體積（v）：
體積=π r2h（其中π=圓周率或3.142；r=半徑；h=高度）
體積=3.142×r×2×h

塊狀的體積：
體積=l×b×h（其中l=長度；b=寬度；h=高度）

圓錐形的體積：
體積=1/3 π r2h（其中π=圓周率或3.142；r=半徑；h=高度）

練土：一種準備可塑性泥巴的方法，通過泥巴團塊到處均勻地分布泥巴微粒和添加物如熟料等完成。

轉盤：旋轉的平直的圓盤，被附加在陶瓷轉輪上，在其上，陶瓷被拉坯成形。

化妝土：用於美化坯體表面的泥漿。

資源和延伸閱讀

收藏

藝術與設計博物館
美國紐約，53路大街西40
號，10019
www.madmuseum.org

不列顛博物館
英國倫敦，WC1B 3DG，Great Russell大街
www.britishmuseum.org

庫柏‧赫威特博物館
美國紐約，91號大街東2號，10128
www.cooperhewitt.org

設計博物館
Shad‧Thames
英國倫敦，SE1 2YD
www.designmuseum.org

嘉丁納博物館
加拿大安大略多倫多，女王公園
111號，M5S 2C7
www.gardinermuseum.on.ca

陶瓷博物館和藝術館
英國ST1 3DW,特倫特河畔斯托克,
貝塞斯達，文化quarter
www.stokemuseums.org.uk

電力博物館
澳大利亞，NSW1238，PO Box
K346, Haymarket
www.powerhousemuseum.com

維多利亞和阿爾伯特博物館
英國倫敦，SW7 2R，克倫威爾路
www.vam.ac.uk

鶯歌陶瓷博物館
台灣新台北市239，鶯歌區文化路
200
www.ceramics.tpc.goc.tw

陶瓷作品中心

凱爾採設計中心
波蘭凱爾採25-009，ul.Zamkowa3
www.designcentrumkielce.com

歐洲陶瓷作品中心
尼德蘭，5211SG’斯海 托亨博斯

南威廉斯運河215
www.ekwc.nl

國際陶瓷工作室
匈牙利，
www.icshu.org

約翰‧邁克爾‧科勒藝術中心
美國威斯康辛州稀少博伊根紐約大
道608號，53081
www.jmkac.org

事件

100%設計，英國倫敦
www.percentdesign.co.uk

不列顛陶瓷雙年展
英國特倫特特河畔斯托克
www.britishceramicsbiennial.com

陶瓷藝術，英國倫敦
www.ceramics.org.uk

收藏，英國倫敦
www.craftscouncil.org.uk/collect

土與火，英國諾丁漢郡
www.nottinghamshire.gov.uk

歐洲陶瓷環境
丹麥博斯霍爾姆
www.europeanceramiccontext.com

國際電影節陶瓷和玻璃主題，法
國巴黎
www.fifav.fr

起源，英國倫敦
www.originuk.org

紐約禮品節，美國
www.nygf.com

SOFA，美國紐約
www.sofaexpo.com

延伸閱讀

亞當森，格倫
《手工藝的閱讀者》
貝爾格，2009
亞當森，格倫

《看透手工藝》
貝爾格，2009

庫柏，艾曼紐
《當代陶瓷》
泰晤士&哈德遜出版社，2009

科森提諾，彼得
《陶瓷技術百科》
斯特林，2002

德‧瓦爾，埃德蒙
《20世紀的陶瓷》
泰晤士&哈德遜出版社，2003

戴爾‧維克爾，馬克
《後現代陶瓷》
泰晤士&哈德遜出版社，2001

格林哈爾希，保羅（編輯）
《手工藝的堅持》
A&C布萊克，2002

格雷戈里，伊恩
《另一種窯》
A&C布萊克，2005

哈默，弗蘭克和哈默，詹妮特
《陶工詞典》
A&C布萊克，2004

哈諾爾，基吉
《打破模具：陶瓷的新方法》
布萊克‧道格，2007

瓊斯，大衛
《燒製：在當代陶瓷實踐中的哲
學》
克羅伍德出版社，2007

（編輯）
《在對話中的手工藝：對在變化中
的實踐的六種觀點》
IASPIS 斯德哥爾摩，2005

萊夫特里，克里斯
《陶瓷（用於有靈感的設計的材
料）》
羅托威任，2003

馬蒂森，史蒂夫

《完全的陶工》
巴倫教育系列，2003

奎恩，安東尼
《陶瓷設計課程》
巴倫教育系列，2007

瑞金德斯安森和歐洲陶瓷作品中心
《陶瓷程序：一個手冊和對陶瓷藝
術和設計的靈感來源》
A&C布萊克，2005

羅茲，丹尼爾
《陶工的泥巴和釉料》
皮特曼，1973

期刊

藍色印刷
www.wdis.co.uk/blueprint

陶瓷藝術和觀念
www.ceramicart.com.au

陶瓷觀點
www.ceramicreview.com

泥巴時間
www.claytimes.com

手工藝雜技
www.craftscouncil.org.uk

偶像
www.icon-magazine.co.uk

歐洲陶瓷雜誌
www.keramikmagazin.de

網站

www.100percentdesign.co.uk
www.designboom.com
www.designnation.co.uk
www.designobserver.com
www.matrix2000.co.uk
www.studiopottery.co.uk

索引

致謝

Quarto要感謝下列藝術家，為他們友好地支持提供此書中所包含的作品圖片：

Allum, Andy, p.158bl
Arroyave-Portela, Nicholas, www.nicholasarroyaveportela.com, Photographer: Sophie Broadbridge, pp.182t, 194bl
Aylieff, Felicity, Photographer: Derek Au, pp.17tr, 263tc
Azumi, Shin, pp.285tc, 292b
Baas, Maarten, www.maartenbaas.com, Photographer: Maarten van Houten, pp.15tr, 81l, 301
Baid, Joseph, www.jbird-design.co.uk, p.297tcl
Bailey, Naomi, www.naomibailey.co.uk, p.269b, 281
Bamford, Roderick, www.rodbamford.com, Photographer: Helene Rosanove, pp.168, 169tr/br
Barnes, Chris, www.morvernpottery.co.uk, p.260bl
Blackie, Sebastian, p.225
Blackmann, Jane, p.215br
Blenkinsopp, Tony, p.239br
Bohls, Margaret, www.margaretbohls.com, p.102b
Bowen, Dylan, www.dylanbowen.co.uk, pp.175tl/tr, 184t
Brown, Rowena, http://rowboatlondon.co.uk, p.38tl
Brown, Steve, http://steveroystonbrown.com, pp.198bl, 201t
Brownsword, Neil, Photographer: Guy Evans, p.12b
Buick, Adam, http://adambuick.com, Photographer: Greg Roland Buick, p.234tl/bc
Carroll, Simon, pp.176b Courtesy of Craft Potters Association, 186br
Casasempere, Fernando, www.fernandocasasempere.com, pp.35r, 80b
Cassell, Halima, www.halimacassell.com, p.210bl
Catterall, Rebecca, www.rebeccacatterall.com, Photographer: Prodoto, pp.53tc, 165t
Cecula, Marek, www.marekcecula.com, pp.150b, 156b, 157tl
Chambers, Matthew, http://matthewchambers.co.uk, p.88br
Chung, Ji-Hyun, http://chungjihyun.wordpress.com, p.216tl
Ciscato, Carina, www.carinaciscato.co.uk, Photographer: Michael Harvey, p.105b
Clare, Zoe, pp.259cr, 293bl
Connell, Jo, www.jjconnell.co.uk, p. 276
Cook, David, pp.136, 149
Cooper, Robert, www.robertcooper.net, p.187tl
Corby, Giles, p.26t/c
Cox, Christine, www.chriscoxceramics.com, p.219tcl,
Cummings, Phoebe, pp.13tl, 21tc
Curtis, Eddie, www.eddiecurtis.com, p.233tc
Daintry, Natasha, www.natashadaintry.com, pp.5, 53tl, 85t, 247tr
Dam, Wouter, www.wouterdam.com, pp.2–3, 82b
Dawson, Robert/Aesthetic Sabotage, www.aestheticsabotage.com, p.162–163t
Deacon, Richard, www.richarddeacon.net, Photographer: Charles Duprat, p.259t
Dee, Miss Annabel, www.missannabeldee.co.uk, p.278br
Doherty, Jack, www.dohertyporcelain.com, Courtesy of the Leach Pottery, www.leachpottery.com, pp.220b, 236tr, 237tr
Drenk, Jessica, http://jessicadrenk.com, p.14tl
Drysdale, Pippin, www.pippindrysdale.com, pp.244, 261t
Dyer, Sue, p.193tr
Eastman, Ken, www.keneastman.co.uk, pp.6, 74tr
Eden, Michael, www.michael-eden.co.uk, Photographer: Adrian Sasson, pp.16tc, 166b, 169l
El Nigoumi, Siddig, pp.171tl, 191tr
Elms, Fenella, www.fenellaelms.com, pp.4, 59tr, 69t
Evans, Damian, p.127tr
Evans, John, www.jevceramics.co.uk, pp.219tcr, 241bl
Follano, Miche, www.michefollano.com, pp.261br, 287b, 291bl, 288b
Gaunce, Marion, p.195

Graham, Stephen, www.stephendavidgraham.co.uk, pp.123b, 133tl
Hanna, Ashraf, pp.67tr, 241tl
Hansen, Jorgen, Photographer: Ivan Mjell, pp.219tl, 243br
Hay, Graham, www.grahamhay.com.au, p.39tl
Headley, Christopher, www.christopherheadley.net, p.265tl
Hearn, Kathryn, p.39bl
Heinz, Regina, www.ceramart.net, Photographer: Alfred Petri, pp.73b, 171tc, 217br
Higgins, John, p.183tl
Hills, Kathleen, www.kathleenhills.co.uk, p.145br
Hogarth, Emily, www.emilyhogarth.com, p.275
Holms, Miranda, www.mirandaholms.com, pp.286b, 291tl
Hooson, Duncan, www.duncanhooson.com, pp.26t/c, 92tr, 100bl, 107bl, 111bl, 237tr
Horne, Ellen, p.290b
Huber, Alex, p.258br
Hupfield, Charlotte, www.charlottehupfieldceramics.com, p.300
Jespersen, Stine, www.stinejespersen.com, Photographer: Ole Akhøj, p.78br
Johansson, Christin, p.304
Johnson, John-Eric, p.253br
Katzenstein, Lisa, www.lisakatzenstein.co.uk, pp.188-189b
Keeler, Walter, p.234br
Keenan, Chris, www.chriskeenan.co.uk, p.297tr
Keep, Jonathan, www.keep-art.co.uk, p.62t
Kessler, Rob, www.robkesseler.co.uk, p.266b
Kim, Sun, www.sunkim.co.uk, Photographer: Michael Harvey, p.105tr
Koch, Gabriele, www.gabrielekoch.co.uk, pp.52, 54bl, 243tl
Laverick, Tony, www.tonylaverick.co.uk, pp.171tr, 172b
Layton, Sandy, http://sandylayton.com, p.103br
Levien, Robin, Studio Levien, www.studiolevien.com, pp.123tr, 140t, 293r
Lin, Chia-Ying, pp.141t, 291br
Lobner Espersen, Morten, www.espersen.nu, p.32bl
MacKenzie, Brian, p.240br
Malhi, Kuldeep, www.kuldeepmalhi.com, p.14tr
Mattison, Steve, www.stevemattison.com, pp.224tr, 225t
Matsunaga, Nao, www.naomatsunaga, p.15tl
Mazur-Knyazeva, Alexandra, www.essenceofflame.co.uk, p.265r
McCurdy, Jennifer, http://jennifermccurdy.com, Photographer: Gary Mirando, pp.16tr, 212
Miller, David p.219tr
Mongrain, Jeffrey, www.jeffreymongrain.com, p.152tr
Moorhouse, Sara, www.saramoorhouse.com, p.180b
Morling, Katherine, www.katharinemorling.co.uk, p.75br
Mueller, Nicole, www.maisonsauvage.de, pp.53tr, 142b
Nacimento, Valéria, http://valerianascimento.com, p.57tl
Nanning, Barbara, www.barbarananning.info, p.89tl
Nemeth, Susan, Photographer: Stephen Brayne, pp.76t, 170, 217cr
Norton, Kim, www.kimnorton.co.uk, p.293tl
O'Donovan, Nuala, www.nualaodonovan.com, pp.20, 38br, 285tr, 289br
O'Neil, Cj, www.cjoneill.com, p.287t
Oughtibridge, James, www.jamesoughtibridge.co.uk, p.79tl,
Pakhalé, Satyendra, Roll Carbon Ceramic Chair, Photographer: Mr. Tiziano Rossi, IT, Design: Satyendra Pakhalé for Gallery Gabrielle Ammann, Teutoburger Str. 27, 50678 Köln, Germany, Tel: +49 221 932 88 03, Fax: +49 221 932 88 06, www.ammann-gallery.com, p.15tc
Parry, Kaoru, pp. 278bl, 305
Parsons, Heノエidi, http://heidiparsons.net, p.198br
Penkridge Ceramics, www.penkridgeceramics.co.uk, pp.202b, 217tr, 297tl
Perez, Rafael, www.rafaperez.es, pp.37tl, 196br
Perry, Grayson, Moon Jar, 2008, Glazed Ceramic 62 x 52 cms, p.17, Precious Boys, 2004, Glazed Ceramic 53 x 33 cms, p.191tl, © Grayson Perry, Courtesy Victoria Miro Gallery, London,
Prenton, Claire, www.claireprenton.com, p.289bl
Putsch Grassi, Karin, www.putsch-grassi.it, pp.211tl, 218, 243tr

Quinn, Anthony, www.anthonyquinndesign.com, pp.125tl, 128bl, 213tl
Quinn, Jeanne, www.jeannequinnstudio.com, Photographer: Ayumi Horie, p.155tr
Rasmussen, Merete, www.mereterasmussen.com, p.64tr
Richardson, Leo, www.lrichardsonceramic.co.uk, Photographer: James Barrell, pp.296, 303
Rowlandson, Jasmin, www.jasminrowlandson.co.uk, p.59tl
Rucinski, Les, p.207tr
Rueth, Jochen, www.jochenrueth.de, pp.21tl, 34tr, 83br
Ruhwald, Anders, http://ruhwald.net, p.13b
Rylander, Kyell, www.kjellrylander.com, p.12tr
Sada, Elke, www.elkesada.de, p.179tr
Salvi, Fausto, www.faustosalvi.net, Photographer: Marta Pirto, p.297tcr
Selwood, Sarah-Jane, www.sjs-ceramics.info, p.37tr
Silverton, Anna, pp.94tr, 193tl
Simonssen, Kim, www.kimsimonsson.com, p.283
Slotte, Caroline, www.carolineslotte.com, from the series Unidentified View/2010/ceramic second-hand material/20 cm/Øystein Klakegg, p.15bl
Spira, Rupert, www.rupertspira.com, p.96bl
Spurgeon, Julie, www.juliespurgeon.com, p.122
Stedman, Barry, www.barrystedman.co.uk, p.216cl
Stevens, Simon, p.138b
Studio Glithero, www.glithero.com, pp.263tl, 264bl, 282
Suntanaphan, Pacharapong, www.visuallyod.co.uk, p.306
Taylor, Louisa, www.louisataylorceramics.com, p.83t
Thompson, Fiona, www.fionathompsonceramics.co.uk, p.199tl
Thorn, Emily-Clare, www.emily-clare.com, Photographer: Chia-Ying Lin, pp.167b, 284, 285tl
Ting, Peter, www.peterting.com, Photographer: Jan Baldwin, pp.262, 271t
Tudball, Ruthanne, www.ruthannetudball.com, p.85br
Twomey, Clare, www.claretwomey.com, Photographer: Dan Prince, p.13tr
Van Der Beugel, Jacob, www.jvdb-ceramics.com, p.85bl
Van Essen, Tamsin, www.vanessendesign.com, pp.16tl, 307
Van Hoey, Ann, www.annvanhoey-ceramics.be, p.69br
Van Wijk, Jacob,www.jvdb-ceramics.com, p.298
Vlassopulos, Tina, www.tinavlassopulos.com, p.60b
Walker, Jason, jasonwalkerceramics.com, p.263tr, 279b
Warid, John, p.241t/br
Waters, James and Tilla, www.jamesandtillawaters.co.uk, p.84t
Wedd, Gerry, Photographer: Grant Hancock, p.190b
Welch, Annette, p.216bl
Whitaker, Alan, p.36tl
Wilson, Derek, www.derekwilsonceramics.com, Photographer: Christopher Martin, pp.1, 10-11
Wolf, Petra, www.neuewolfkeramik.de, p.68b
Wright, Daniel, www.danielwrightceramics.co.uk, p.177tl
Youll, Dawn, www.dawnyoull.co.uk, Photographer: Shannon Toft, pp.14tc, 154tr

特別致謝

感謝那些在這個美好的泥巴的旅程中曾在途中幫助過我的人。在學校中從Billings女士開始學習陶瓷，在夜校中跟著克萊爾‧Heath學習。我從Bristol的優秀的藝術學士學位課程中結交到一位終生的朋友，在Cardiff認識了藝術碩士學位，當搬到倫敦時，受到South Bank手工藝中心同事們的影響，留下了終生的記憶，並認識了我的妻子克萊爾‧韋斯特。他們的批評的眼光掃視──克萊爾，好兄弟Rob和同事Pete Silver-ton。向那些失去的週末和深夜道歉！向本書所用的圖片的製作者道謝。也向那些一直向我提供有價值的信息的製作者和教育者道謝。特別感謝傑克‧Doherty和所有Leach陶瓷公司的員工，為他們付出的時間，感謝C.P.A.（陶瓷手工藝協會）的Marta。最後我必須感謝我的合作者，托尼‧昆先生，為了所有的"英式早餐吃飽"的相會。

──鄧肯‧Hooson

寫出這樣一本雄心勃勃的書要求許多支持，我要感謝以下各位：林柴英，感謝她無價的、謙虛的和有指導意義的幫助，作為一個工作室助手做了很多逐步的演示。感謝Steve‧布朗，為他表面裝飾的所有事物的廣泛的知識，和他為此書準備的表面裝飾部分的逐步的演示，他的眼光是無價的。我也要感謝安迪‧Allum，為他旋壓成形過程的詳細的演示，感謝大衛‧莫里斯，為他在釉料配方轉換部分的幫助。我要感謝我在中央聖馬丁藝術與設計學院藝術碩士陶瓷設計課程的所有同事，在此這種沉默的知識被探索和學習。最後我要感謝藝術家克萊爾‧圖美，作為藝術家，她和我的同伴作者鄧肯，提出挑戰，來寫一本陶瓷的書，比在此之前的書都探索更深更遠。

──Anthony‧昆

感謝下列機構，為使用他們的工作室：中央聖馬丁藝術與設計學院，Morley學院和Hertfordshire大學。

感謝Jacquiv‧Atkins，為她在工具和設備部分的工作。

Quarto也會要感謝下列製作商，為他們好心地提供圖片：
Amaco AMACO/布倫特，美國藝術瓷股份有限公司

Axminster courtesy Axminster電力工具中心有限責任公司

工具由Top Pot供應公司提供。
攝影：瑞貝卡‧萊特